国家科技基础条件平台中心

重大科研基础设施和大型科研仪器开放共享政策制度汇编

国家科技基础条件平台中心　编

科学技术文献出版社
SCIENTIFIC AND TECHNICAL DOCUMENTATION PRESS
·北京·

图书在版编目（CIP）数据

重大科研基础设施和大型科研仪器开放共享政策制度汇编 / 国家科技基础条件平台中心编. —北京：科学技术文献出版社，2021. 11
ISBN 978-7-5189-8499-2

Ⅰ. ①重… Ⅱ. ①国… Ⅲ. ①科学研究—基础设施—资源共享—科技政策—汇编—中国 ②科学研究—仪器—资源共享—科技政策—汇编—中国 Ⅳ. ① G322.0

中国版本图书馆 CIP 数据核字（2021）第 212381 号

重大科研基础设施和大型科研仪器开放共享政策制度汇编

策划编辑：张　丹　　责任编辑：李　鑫　　责任校对：文　浩　　责任出版：张志平

出 版 者　科学技术文献出版社
地　　址　北京市复兴路15号　邮编 100038
编 务 部　（010）58882938，58882087（传真）
发 行 部　（010）58882868，58882870（传真）
邮 购 部　（010）58882873
官方网址　www.stdp.com.cn
发 行 者　科学技术文献出版社发行　全国各地新华书店经销
印 刷 者　北京虎彩文化传播有限公司
版　　次　2021 年 11 月第 1 版　2021 年 11 月第 1 次印刷
开　　本　787×1092　1/16
字　　数　601千
印　　张　28.5
书　　号　ISBN 978-7-5189-8499-2
定　　价　98.00元

《重大科研基础设施和大型科研仪器开放共享政策制度汇编》

编 辑 委 员 会

主　　编　苏　靖

副 主 编　李加洪　王瑞丹

编写组长　王　晋

编写成员　（按姓氏笔画排序）

王　祎　王呈珊　石　蕾　卢　凡

刘　瑞　汤高飞　许东惠　严　辉

李俊瑶　李笑寒　杨玉雯　张　超

范治成　岳　琦　周琼琼　徐　波

徐　婕　徐振国　高孟绪　崔　燚

程　苹　赫运涛

前　言

为加快推进重大科研基础设施和大型科研仪器向社会开放，提高科技资源利用效率，国务院于2014年12月31日正式发布《国务院关于国家重大科研基础设施和大型科研仪器向社会开放的意见》（国发〔2014〕70号）。各部门、各地方深入贯彻落实意见要求，积极推动重大科研设施与仪器开放共享，并紧密结合工作实际，积极推动制度创新，制定实施了一系列政策措施，为推动科研设施与仪器开放共享提供了重要保障。

为总结经验，促进制度创新，国家科技基础条件平台中心组织编写了《重大科研基础设施和大型科研仪器开放共享政策制度汇编》。本书对全国各部门和各地方在设施与仪器开放共享方面的规章制度进行梳理和比较，选取有代表性的政策文件汇编成册。本书具有较强的指导性，可作为各部门、各地方推进科研设施与仪器开放共享工作的重要参考资料。本书分为两个部分：第一部分为国务院及相关部门促进科研设施与仪器开放共享的政策制度；第二部分为各地方促进科研设施与仪器开放共享的政策制度。

国家科技基础条件平台中心

2021年10月

目　录

第一篇　国务院及相关部门促进科研设施与仪器开放共享的政策制度

第二篇　各地方促进科研设施与仪器开放共享的政策制度

【管理办法与细则·管理服务平台】

第一篇　国务院及相关部门促进科研设施与仪器开放共享的政策制度

国务院关于国家重大科研基础设施和大型科研仪器向社会开放的意见

国发〔2014〕70号

各省、自治区、直辖市人民政府，国务院各部委、各直属机构：

国家重大科研基础设施和大型科研仪器（以下简称科研设施与仪器）是用于探索未知世界、发现自然规律、实现技术变革的复杂科学研究系统，是突破科学前沿、解决经济社会发展和国家安全重大科技问题的技术基础和重要手段。近年来，科研设施与仪器规模持续增长，覆盖领域不断拓展，技术水平明显提升，综合效益日益显现。同时，科研设施与仪器利用率和共享水平不高的问题也逐渐凸显出来，部分科研设施与仪器重复建设和购置，存在部门化、单位化、个人化的倾向，闲置浪费现象比较严重，专业化服务能力有待提高，科研设施与仪器对科技创新的服务和支撑作用没有得到充分发挥。为加快推进科研设施与仪器向社会开放，进一步提高科技资源利用效率，现提出以下意见。

一、总体要求

（一）指导思想

以邓小平理论、“三个代表”重要思想、科学发展观为指导，深入贯彻党的十八大和十八届二中、三中、四中全会精神，认真落实党中央和国务院的决策部署，围绕健全国家创新体系和提高全社会创新能力，通过深化改革和制度创新，加快推进科研设施与仪器向高校、科研院所、企业、社会研发组织等社会用户开放，实现资源共享，避免部门分割、单位独占，充分释放服务潜能，为科技创新和社会需求服务，为实施创新驱动发展战略提供有效支撑。

（二）主要目标

力争用三年时间，基本建成覆盖各类科研设施与仪器、统一规范、功能强大的专业化、网络化管理服务体系，科研设施与仪器开放共享制度、标准和机制更加健全，建设布局更加合理，开放水平显著提升，分散、重复、封闭、低效的问题基本解决，资源利用率进一步提高。

（三）基本原则

制度推动。制定促进科研设施与仪器开放的管理制度和办法，明确管理部门和单位的责任，理顺开放运行的管理机制，逐步纳入法制化轨道，推动非涉密和无特殊规定限制的科研设施与仪器一律向社会开放。

信息共享。搭建统一的网络管理平台，实现科研设施与仪器配置、管理、服务、监督、评价的全链条有机衔接。

资源统筹。既要盘活存量，统筹管理，挖掘现有科研设施与仪器的潜力，促进利用效率最大化；又要调控增量，合理布局新增科研设施与仪器，以开放共享推动解决重复购置和闲置浪费的问题。

奖惩结合。建立以用为主、用户参与的评估监督体系，形成科研设施与仪器向社会服务的数量质量与利益补偿、后续支持紧密挂钩的奖惩机制。

分类管理。对于不同类型的科研设施与仪器，采取不同的开放方式，制定相应的管理制度、支撑措施及评价办法。

（四）适用范围

科研设施与仪器包括大型科学装置、科学仪器中心、科学仪器服务单元和单台套价值在 50 万元及以上的科学仪器设备等，主要分布在高校、科研院所和部分企业的各类重点实验室、工程（技术）研究中心、分析测试中心、野外科学观测研究站及大型科学设施中心等研究实验基地。其中，科学仪器设备可以分为分析仪器、物理性能测试仪器、计量仪器、电子测量仪器、海洋仪器、地球探测仪器、大气探测仪器、特种检测仪器、激光器、工艺试验仪器、计算机及其配套设备、天文仪器、医学科研仪器、核仪器、其他仪器等 15 类。

二、重点措施

（一）所有符合条件的科研设施与仪器都纳入统一网络平台管理

科技部会同有关部门和地方建立统一开放的国家网络管理平台，并将所有符合条件的科研设施与仪器纳入平台管理。科研设施与仪器管理单位（以下简称管理单位）按照统一的标准和规范，建立在线服务平台，公开科研设施与仪器使用办法和使用情况，实时提供在线服务。管理单位的服务平台统一纳入国家网络管理平台，逐步形成跨部门、跨领域、多层次的网络服务体系。

管理单位建立完善科研设施与仪器运行和开放情况的记录制度，并通过国家网络管理平台，向社会发布科研设施与仪器开放制度及实施情况，公布科研设施与仪器分布、利用和开放共享情况等信息。

（二）按照科研设施与仪器功能实行分类开放共享

对于大型科学装置、科学仪器中心，有关部门和管理单位要将向社会开放纳入日常运行管理工作。对于科学仪器服务单元和单台套价值在 50 万元及以上的科学仪器设备，科技行政主管部门要加强统筹协调，按不同专业领域或仪器功能，打破管理单位的界限，推动形成专业化、网络化的科学仪器服务机构群。对于单台套价值在 50 万元以下的科学仪器设备，可采取管理单位自愿申报、行政主管部门择优加入的方式，纳入国家网络管理平台管理。对于通用科学仪器设备，通过建设仪器中心、分析测试中心等方式，集中集约管理，促进开放共享和高效利用。对于拟新建设施和新购置仪器，应强化查重评议工作，并将开放方案纳入建设或购置计划。管理单位应当自科研设施与仪器完成安装使用验收之日起 30 个工作日内，将科研设施与仪器名称、规格、功能等情况和开放制度提交国家网络管理平台。

鼓励国防科研单位在不涉密条件下探索开展科研设施与仪器向社会开放服务。

对于利用科研设施与仪器形成的科学数据、科技文献（论文）、科技报告等科技资源，要根据各自特点采取相应的方式对外开放共享。开放共享情况要作为科技资源建设和科技计划项目管理考核的重要内容。

（三）建立促进开放的激励引导机制

管理单位对外提供开放共享服务，可以按照成本补偿和非营利性原则收取材料消耗费和水、电等运行费，还可以根据人力成本收取服务费，服务收入纳入单位预算，由单位统一管理。管理单位对各类科研设施与仪器向社会开放服务建立公开透明的成本核算和服务收费标准，行政主管部门要加强管理和监督。对于纳入国家网络管理平台统一管理、享受科教用品和科技开发用品进口免税政策的科学仪器设备，在符合监管条件的前提下，准予用于其他单位的科技开发、科学研究和教学活动。探索建立用户引导机制，鼓励共享共用。

统筹考虑和严格控制在新上科研项目中购置科学仪器设备。将优先利用现有科研设施与仪器开展科研活动作为各科研单位获得国家科技计划（专项、基金等）支持的重要条件。

鼓励企业和社会力量以多种方式参与共建国家重大科研基础设施，组建专业的科学仪器设备服务机构，促进科学仪器设备使用的社会化服务。

（四）建立科研设施与仪器开放评价体系和奖惩办法

科技部会同有关部门建立评价制度，制定评价标准和办法，引入第三方专业评估机制，定期对科研设施与仪器的运行情况、管理单位开放制度的合理性、开放程度、服务质量、服务收费和开放效果进行评价考核。评价考核结果向社会公布，并作为科研设施与仪器更新的重要依据。对于通用科研设施与仪器，重点评价用户使用率、用户的反馈意见、有效服务机时、服务质量以及相关研究成果的产出、水平与贡献；对于专用科研设施与仪器，重点评价是否有效组织了高水平的设施应用专业团队以及相关研究成果的产出、水平与贡献。

管理单位应在满足单位科研教学需求的基础上，最大限度推进科研设施与仪器对外开放，不断提高资源利用率。对于科研设施与仪器开放效果好、用户评价高的管理单位，同级财政部门会同有关部门根据评价考核结果和财政预算管理的要求，建立开放共享后补助机制，调动管理单位开放共享积极性。对于不按规定如实上报科研设施与仪器数据、不按规定公开开放与利用信息、开放效果差、使用效率低的管理单位，科技行政主管部门会同有关部门在网上予以通报，限期整改，并采取停止管理单位新购仪器设备、在申报科技计划（专项、基金等）项目时，不准购置仪器设备等方式予以约束。对于通用性强但开放共享差的科研设施与仪器，结合科技行政主管部门的评价考核结果，相关行政主管部门和财政部门可以按规定在部门内或跨部门无偿划拨，管理单位也可以在单位内部调配。科技行政主管部门、相关行政主管部门要建立投诉渠道，接受社会对科研设施与仪器调配的监督。

（五）加强开放使用中形成的知识产权管理

用户独立开展科学实验形成的知识产权由用户自主拥有，所完成的著作、论文等发表时，应明确标注利用科研设施与仪器情况。加强网络防护和网络环境下数据安全管理，管理单位应当保护用户身份信息以及在使用过程中形成的知识产权、科学数据和技术秘密。

（六）强化管理单位的主体责任

管理单位是科研设施与仪器向社会开放的责任主体，要强化法人责任，切实履行开放职责，自觉接受相关部门的考核评估和社会监督。要根据科研设施与仪器的类型和用户需求，建立相应的开放、运行、维护、使用管理制度，保障科研设施与仪器的良好运行与开放共享。要落实实验技术人员岗位、培训、薪酬、评价等政策。科学仪器设备集中使用的单位，要建立专业化的技术服务团队，不断提高实验技术水平和开放水平。

各行政主管部门要切实履行对管理单位开放情况的管理和监督职责，实施年度考核，把开放水平和结果作为年度考核的重要内容。

三、组织实施和进度安排

改革分阶段实施，在 2014 年科技部会同有关部门和地方启动现有科研设施与仪器的资源调查、摸清家底、建立科研设施与仪器资源数据库的基础上，逐步实现科研设施与仪器向社会开放的全覆盖。

2015 年，科技部会同有关部门充分利用现有全国大型科学仪器设备协作共用平台，启动统一开放的科研设施与仪器国家网络管理平台建设，年底前基本建立。遴选状态良好、管理制度健全、开放绩效突出并具有代表性的科研设施与仪器，先行开展向社会开放试点。制定管理单位服务平台的标准规范，制定并发布统一的评价办法，开展评价考核工作，财政部门会同有关部门建立开放共享后补助机制。完善科技部、财政部、教育部、中科院等相关部门对新购科学仪器设备的查重和联合评议机制。所有管理单位制定完善的开放制度，并在国家网络管理平台上发布。

2016 年，科技部会同有关部门和地方建成覆盖各类科研设施与仪器、统一规范、功能强大的专业化、网络化国家网络管理平台，将所有符合条件的科研设施与仪器纳入平台管理。所有管理单位按照统一的标准规范建成各自的服务平台，明确服务方式、服务内容、服务流程，纳入国家网络管理平台，形成跨部门、跨领域、多层次的网络服务体系。所有管理单位在国家网络管理平台上发布符合开放条件的科研设施与仪器开放清单和开放信息。

2017 年，科技行政主管部门对管理单位的科研设施与仪器向社会开放情况进行评价考核，并向社会公布评价考核结果。

国务院

2014 年 12 月 31 日

科技部办公厅关于印发《重大科研基础设施与大型科研仪器向社会开放相关规范》的通知

国科办基〔2015〕63 号

各省、自治区、直辖市及计划单列市科技厅（委、局），新疆生产建设兵团科技局，国务院各有关部门科技主管单位：

依据科技部印发的《落实〈国务院关于国家重大科研基础设施和大型科研仪器向社会开放的意见〉实施推进方案》（国科发基〔2015〕199 号）的相关要求，为实现重大科研基础设施与大型科研仪器（以下简称科研设施与仪器）管理单位在线服务平台建设、运行、管理和数据报送相关工作的规范化和标准化，科技部组织专家和相关单位研究制订了《科研设施与仪器管理单位在线服务平台建设运行管理规范（试行）》和《科研设施与仪器国家网络管理平台管理单位数据报送规范（试行）》。

现将相关规范印发给你们，请加强组织管理和督促检查，指导所属各科研设施与仪器管理单位按照规范要求尽快建立管理单位在线服务平台，开展运行服务和数据报送工作。

科技部办公厅

2015 年 11 月 27 日

附件 1：

科研设施与仪器管理单位在线服务平台建设运行管理规范（试行）

第一章 总 则

第一条 依据《国务院关于国家重大科研基础设施和大型科研仪器向社会开放的意见》，为规范科研设施与仪器管理单位（以下简称管理单位）在线服务平台建设，公开科研设施与仪器使用办法和使用情况，提供实时在线服务，建立完善科研设施与仪器运行和开放情况的记录等建设运行管理方面的相关工作，特制定本规范。

第二章 在线服务平台建设

第二条 管理单位在线服务平台建设可以采用如下两种方式：

（一）依托科研设施与仪器国家网络管理平台（以下简称国家网络管理平台）进行建设。管理单位作为国家网络管理平台的用户，利用国家网络管理平台提供的功能模块和技术支持，根据要求填报相应的信息，在国家网络管理平台上建立管理单位在线服务平台。

（二）管理单位自行建设在线服务平台，统一纳入国家网络管理平台服务体系。已建有在线服务平台网站的单位，可依据本规范要求对原平台网站进行升级或完善。尚未建设在线服务平台网站的单位须在行政主管部门指导下，根据自身业务需求，设计和建设管理单位在线服务平台网站。管理单位在线服务平台网站建设须满足以下文件要求：

1. 《GB 9361—88 计算站场地安全要求》；
2. 《ISO/IEC 17799 信息系统安全管理准则》；
3. 《GB 50173—93 电子计算机机房设计规范》；
4. 《GB 2887—89 计算站场地技术条件》；
5. 《信息产业部 2000 年第 3 号令 互联网电子公告服务管理规定》；
6. 《计算机信息网络国际联网安全保护管理办法》。

第三条 自行建设在线服务平台网站的管理单位，应当根据国家网络管理平台的要求，通过数据填报、批量上传或实现数据抓取接口等方式，将科研设施与仪器信息、开放共享制度、运行服务记录、仪器预约即时信息等内容同步报送到国家网络管理平台，并向社会公布，接受用户和相关管理部门的监督和评价。管理单位应安排专人负责数据报送工作，确保数据真实、完备、有效，符合有关标准规范要求〔参见《科研设施与仪器国家网络管理平台管理单位数据报送规范（试行）》〕。

第三章　在线服务平台基本要求

第四条　实行“谁主管，谁负责；谁建设，谁发布”的原则，管理单位必须确保在线服务平台上网内容为非涉密信息，并报上级行政主管部门备案，接受管理与监督。

第五条　任何单位和个人不得利用在线服务平台发布和传播下列信息：煽动抗拒、破坏宪法和法律、行政法规实施的；煽动颠覆国家政权，推翻社会主义制度的；煽动分裂国家、破坏国家统一的；煽动民族仇恨、民族歧视，破坏民族团结的；捏造或者歪曲事实，散布谣言，扰乱社会秩序的；宣扬封建迷信、淫秽、色情、赌博、暴力、凶杀、恐怖，教唆犯罪的；公然侮辱他人或者捏造事实诽谤他人的；损害国家机关信誉的、其他违反宪法和法律、行政法规的。同时，注意保护他人的知识产权、商业秘密等，不得侵犯他人的版权、署名权、肖像权、隐私权等合法权益。

第六条　依据信息共享最大化原则，信息应尽可能公开，减少不必要的访问约束。

第七条　管理单位享受科教用品和科技开发用品进口免税政策的科研设施与仪器，在符合海关监管规定的前提下，可通过在线服务平台公布信息并为其他单位的科技开发、科学研究和教学活动提供服务。

第八条　在线服务平台应提供单位简介、相关资质、开放共享制度、科研设施与仪器信息、服务项目、运行服务记录、用户评价等内容，具体内容参考《科研设施与仪器国家网络管理平台管理单位数据报送规范（试行）》相关要求。

第四章　在线服务平台功能要求

第九条　资源导航功能：在线服务平台网站应具备资源导航功能。对内容和服务功能加以梳理、概括和分类，设计多种频道和栏目，以方便用户快速准确查找到需要的信息。

第十条　信息检索与搜索功能：在线服务平台应具备信息检索和搜索功能。允许用户根据需要，输入相应的检索条件或关键字，快速高效获取所需要的分布在网站中的信息资源。

第十一条　预约申请功能：为方便用户申请使用科研设施与仪器，在线服务平台应具备预约申请功能。通过预约申请流程，对用户的预约信息进行审核和处理，并提供相应服务。

第十二条　投诉与评价功能：在线服务平台应具备用户评价、投诉、追加评价功能。用户可通过在线服务平台对管理单位提供的服务情况进行评价、投诉和追加评价，处理结果可追溯。

第十三条　信息发布功能：在线服务平台应具备信息发布功能。通过信息发布，使用户实时了解管理单位科研设施与仪器的在线运行现状和可预约的服务内容。

第十四条 用户管理功能：在线服务平台应具备用户管理功能。在线服务平台通过注册审核流程，允许符合要求的用户注册为系统用户。在线服务平台通过用户注册登录方式，对用户的身份和操作进行监控和管理，保证系统的安全性。

第五章 在线服务平台运行管理

第十五条 上级行政主管部门指导和监督所属管理单位在线服务平台的运行和管理。建立在线服务平台内容发布审核机制，先审核后发布，保证所发布内容合法、合规。

第十六条 管理单位应建立在线服务平台运行维护管理制度。制度包括信息管理制度、安全管理制度、应急响应制度等。明确科研设施与仪器开放服务的工作任务和具体要求。

第十七条 管理单位应建立相应的服务支撑队伍，为用户提供服务。管理单位至少配备一名专业专职的服务人员，并在国家网络管理平台系统中注册为咨询员，为用户提供咨询服务。对用户非实时咨询的响应时间不超过 3 个工作日。

第十八条 依托国家网络管理平台建设在线服务平台的管理单位应指定相关责任人和工作人员，并保证人员相对稳定和通信畅通。

第十九条 自行建设在线服务平台网站的管理单位应指定相关责任人和工作人员，对网站的软硬件设备及系统定期进行维护，保证服务器和网络设备 7 天 ×24 小时开机运行。

第二十条 自行建设的在线服务平台网站应具备性能较为完善的网络信息安全设施，并设专人进行日常管理监控与防范建设。在线服务平台应建立应急预案，及时解决网站运行过程中遇到的各类问题，确保网站和数据交换系统的正常运转。

第二十一条 管理单位在线服务平台应具有科研设施与仪器运行和开放服务情况的详细记录，并接受相关部门的考核评估和社会监督。

第六章 附 则

第二十二条 本规范由科技部基础研究司、国家科技基础条件平台中心负责解释。

第二十三条 本规范自发布之日起试行。

附件2：

科研设施与仪器国家网络管理平台管理单位数据报送规范（试行）

第一章　总　则

第一条　依据《国务院关于国家重大科研基础设施和大型科研仪器向社会开放的意见》，为保证科研设施与仪器管理单位（以下简称管理单位）及时、准确地将科研设施与仪器、开放制度和运行服务记录等数据信息报送至国家网络管理平台并实时向社会公布，特制定本规范。

第二章　数据信息报送原则

第二条　充分填报原则：所有符合条件的科研设施与仪器信息都应报送至国家网络管理平台。

第三条　法人负责制原则：符合条件的科研设施与仪器管理单位负责组织本单位数据信息整理、加工、报送、审核工作，确保在主管部门规定的时限内完成数据报送工作。

第四条　真实可靠原则：管理单位要确保报送的科研设施与仪器信息真实准确。上级行政主管部门要承担审核职责，确保报送数据完整可靠。

第三章　数据信息报送要求

第五条　对自行建设的在线服务平台，若管理单位数据信息报送系统已与国家科技资源调查系统对接的，部分数据已在数据信息报送系统中自动生成，管理单位只需在此基础上对已有数据进行补充和完善，无须重复填报。若管理单位数据信息报送系统未与国家科技资源调查系统对接的，则需要填报全部数据。

第六条　依托国家网络管理平台建设的在线服务平台，部分数据已由国家网络管理平台自动生成，只需填报系统所要求的相关数据。

第七条　如无特殊说明，数据报送规范中的元数据字段均为必填项。

第四章　数据信息报送方式

第八条　管理单位数据信息通过网络报送的，可登录国家网络管理平台进行报送。

无法通过网络报送的，按规范要求以光盘形式报送至国家网络管理平台。

第五章　数据信息报送时间

第九条　对于管理单位现有的科研设施与仪器，管理单位应责成专人实时同步报送。

第十条　对于管理单位新建的科研设施和新购置的科学仪器，管理单位应当自该科研设施与仪器完成安装并通过验收之日起30个工作日内，将科研设施与仪器名称、规格、功能等信息和开放制度报送至国家网络管理平台。

第六章　数据信息报送内容

第十一条　管理单位信息：科研设施与仪器所属的高校、科研院所、企业等单位基本信息。

第十二条　管理制度信息：管理单位制定的有关科研设施与仪器的开放共享制度信息。

第十三条　科研设施与仪器信息：大型科学装置、科学仪器中心、科学仪器服务单元和单台套价值在50万元及以上的科研设施与仪器（包括隶属于大型科学装置、科学仪器中心、科学仪器服务单元的符合填报要求的单台套价值在50万元及以上的科研设施与仪器）的基本信息。

第十四条　服务记录：科研设施与仪器共享服务情况的记录。

第十五条　服务成效：利用科研设施与仪器开展的科研项目，发表的论文、论著及其他成果的相关信息。

第七章　数据信息报送程序

第十六条　管理单位信息报送人员登录国家网络管理平台，开展信息报送工作。

第十七条　管理单位对报送的科研设施与仪器相关信息进行审核、确认，并报上级行政主管部门审核备案，接受管理与监督。

第十八条　国家网络管理平台管理人员对报送的信息进行复核。

第八章　数据信息填报说明

第十九条　管理单位基本信息

（一）填报内容

科研设施与仪器所属管理单位的相关信息，主要包括单位名称、上级行政主管部门、联系方式和地址等。

（二）管理单位核心元数据字段

字段名称	字段说明
单位名称	管理单位的正式完整名称，不可简写
组织机构代码	根据国家标准《全国组织机构代码编制规则》（GB 11714—1997），由 8 位数字（或大写拉丁字母）本体代码和 1 位数字（或大写拉丁字母）校验码组成
上级行政主管部门	管理单位的上级行政主管部门的正式完整名称
单位属性	企业、高等学校、科研机构、检测机构、医疗机构、其他（单选）
单位简介	本单位情况的简单介绍，如单位概况、相关资质、主要服务内容或研究方向等（最多 300 个汉字）
在线服务平台网址	与国家网络管理平台对接的、管理单位在线服务平台的 URL
联系人	联系人的姓名
电话	联系人的电话号码，座机（加区号）或手机
传真	联系人的传真号码，座机（加区号）
电子邮箱	联系人的电子邮箱
通信地址	管理单位所在地的详细地址，如果单位分设在不同地点时，填写单位法定代表人办公室所在地址
邮政编码	管理单位所在地邮政编码

第二十条　管理制度

（一）填报内容

管理单位关于科研设施与仪器开放共享管理的相关制度，如开放共享的管理办法，仪器的申请、使用、运行和维护等相关制度信息。

（二）管理制度核心元数据字段

字段名称	字段说明
制定单位	制定该制度的管理单位的正式完整名称，不可简写
制度名称	管理制度的中文规范名称
制度编号	管理制度的发布文号

续表

字段名称	字段说明
制度摘要	制度的简要介绍，如用途、适用范围、内容要点等（最多 200 个汉字）
关键词	制度内容的关键词（不少于 3 个）
发布日期	制度发布的日期（按 YYYY-MM-DD 格式填写）
实施日期	制度实施的日期（按 YYYY-MM-DD 格式填写）
附件	制度全文，PDF 格式

第二十一条 科研设施与仪器资源信息

（一）大型科学装置基本信息

大型科学装置指为实现国家科技重大战略目标，由国家发展和改革委员会及国务院其他部门批准建立的大型科学研究设施。

1. 填报内容

大型科学装置名称、技术指标和服务内容等信息。隶属于大型科学装置且符合填报要求的单台套价值在 50 万元及以上的科研设施与仪器需参见“单台套科学仪器设备核心元数据字段”填报相应信息。

2. 大型科学装置核心元数据字段

字段名称	字段说明
统一编号	无须填写，由系统自动生成
装置名称（中文）	按铭牌信息填写装置的规范名称
英文名称	进口科学装置的英文名称，依据技术资料或铭牌填写。无英文名称的进口或国产科学装置不填此项
所属单位	科学装置所隶属的法人单位的正式完整名称，不可简写
装置网站的网址	提供科学装置所在网站的 URL
原值	科学装置的购置单价或研制成本，按资产登记价格填写。国产科学装置以人民币填报，进口科学装置根据建账时的汇率折合成人民币计算（单位为万元，保留 2 位小数），优惠价及赠送仪器按市场价或资产登记价格填写
产地国别	科学装置的实际制造地所在国家或地区，按国家标准《世界各国和地区名称代码》（GB/T 2659—2000）选择填写，自主研发的填写中国

续表

字段名称	字段说明
启用日期	科学装置投入使用的日期（按 YYYY-MM-DD 格式填写）
装置类别	通用或专用
主要线站与仪器设备及技术指标	构成科学装置的核心线站、主要仪器设备的名称、型号以及能代表仪器设备主要技术性能的指标或参数
主要功能	对科学装置主要功能的简要介绍（最多 300 个汉字）
主要学科领域	按国家标准《学科分类与代码》（GB/T 13745—2009）选择科学装置支持科技活动的主要学科名称及代码，涉及多个学科领域的可多选（最多 4 个，填写到 5 位代码的二级学科）
服务内容	科学装置面向用户提供的各类服务项目的描述（最多 200 个汉字）
服务的典型成果	列举该科学装置面向社会提供服务、支撑重大项目或主要成果的典型案例（1 ~3 个，没有可填写无）
图片	科学装置图片及对应的文件名或 URL，图片要求 1M 字节以内，jpg 格式
运行状态	指科学装置当年通常技术性能状态，按正常、待机、远程服务中、偶有故障、故障频繁、待修、待报废选择填写（单选）。按科学装置当年一般状况下的运行状态填写，并非填报时的特定状态
对外开放共享规定	用户申请条件、申请方式、申请时间、申请流程、申请材料、服务时间安排等方面的要求
参考收费标准	对外开放相关收费标准，为用户提供服务时收取的费用，按照单位已有收费标准填写。是对大型科学装置现有收费标准的概述，无须精确到每台仪器
预约服务网址	管理单位在线服务平台提供的用户在线预约获取服务接口的 URL，能够实现对本科学装置的预约申请
安放地址	科学装置所在的详细地理位置，标准格式：省（自治区、直辖市）、市、区（县）、街道（乡镇，需包括街道/乡镇门牌号）
联系人	联系人姓名

续表

字段名称	字段说明
电话	联系人电话号码，座机（加区号）或手机
电子邮箱	联系人的电子邮箱
通信地址	联系人的办公地址，标准格式：省（自治区、直辖市）、市、区（县）、街道（乡镇）
邮政编码	联系人办公地址的邮政编码

（二）科学仪器中心基本信息

科学仪器中心指将科学仪器进行集中集约管理、推进科学仪器协作共用而设立的大型科学仪器管理机构。包括相关部门认定和管理单位自行成立的科学仪器中心。

1. 填报内容

科学仪器中心名称、主要科学仪器技术指标和服务内容等信息。隶属于科学仪器中心且符合填报要求的单台套价值在50万元及以上的科研设施与仪器需参见“单台套科学仪器设备核心元数据字段”填报相应信息。

2. 科学仪器中心核心元数据字段

字段名称	字段说明
统一编号	无须填写，由系统自动生成
仪器中心名称	科学仪器中心全称，不可简写
所属单位	科学仪器中心所隶属的法人单位正式完整名称，不可简写
仪器中心级别	国家级、省部级、地市级或单位级等（单选，以所属最高级别为准）
仪器中心网址	提供该仪器中心网站对应的 URL
成立日期	仪器中心的成立日期（按 YYYY-MM-DD 格式填写）
科学仪器中心类别	通用或专用
主要学科领域	按国家标准《学科分类与代码》（GB/T 13745—2009）选择填写仪器中心支持科技活动的主要学科名称及代码，涉及多个学科领域的可多选（最多4个，填写到5位代码的二级学科）
服务内容	科学仪器中心提供的各类服务项目描述，如样品测试、分析检测、技术咨询、认证服务等（最多200个汉字）

续表

字段名称	字段说明
服务的典型成果	列举该科学仪器中心面向社会提供服务、支撑重大项目或主要成果的典型案例（1～3个，没有可填写无）
图片	科学仪器中心图片及对应的文件名或URL，图片要求1M字节以内，jpg格式
对外开放共享规定	用户申请条件、申请方式、申请时间、申请流程、申请材料、服务时间安排等方面的要求
参考收费标准	对外开放相关收费标准，为用户提供服务时收取的费用，按照单位已有收费标准填写。是对仪器中心现有收费标准的概述，无须精确到每台仪器
预约服务网址	管理单位在线服务平台提供的用户在线预约获取服务接口的URL，能够实现对本仪器中心仪器的预约申请
联系人	联系人姓名
电话	联系人的电话号码，座机（加区号）或手机
电子邮箱	联系人的电子邮箱
通信地址	联系人的办公地址，标准格式：省（自治区、直辖市）、市、区（县）、街道（乡镇）
邮政编码	联系人办公地址的邮政编码

（三）科学仪器服务单元基本信息

科学仪器服务单元指针对科研需求或为实现某种特定功能，将相关科学仪器设备组合而成的仪器设备机组。

1. 填报内容

科学仪器服务单元名称、主要科学仪器技术指标和服务内容等信息。隶属于科学仪器服务单元且符合填报要求的单台套价值在50万元及以上的科研设施与仪器需参见“单台套科学仪器设备核心元数据字段”填报相应信息。

2. 服务单元核心元数据

字段名称	字段说明
统一编号	无须填写，由系统自动生成

续表

字段名称	字段说明
服务单元名称	服务单元全称，不可简写
所属单位	服务单元所隶属的法人单位正式完整名称，不可简写
成立日期	服务单元的成立日期（按 YYYY-MM-DD 格式填写）
服务单元类别	通用或专用
主要功能	对服务单元主要功能的简要介绍（最多 300 个汉字）
主要学科领域	按国家标准《学科分类与代码》（GB/T 13745—2009）选择服务单元支持科技活动的主要学科名称及代码，涉及多个学科领域的可多选（最多 4 个，填写到 5 位代码的二级学科）
服务内容	服务单元面向用户提供的各类服务项目的描述（最多 200 个汉字）
服务的典型成果	列举该服务单元面向社会提供服务、支撑重大项目或主要成果的典型案例（1 ~3 个，没有可填写无）
图片	服务单元图片及对应的文件名或 URL，图片要求 1M 字节以内，jpg 格式
运行状态	服务单元当年通常技术性能状态，按正常、偶有故障、故障频繁、待修、待报废选择填写（单选）。按服务单元当年一般状况下的运行状态填写，并非填报时的特定状态
对外开放共享规定	用户申请条件、申请方式、申请时间、申请流程、申请材料、服务时间安排等方面的要求
参考收费标准	对外开放相关收费标准，为用户提供服务时收取的费用，按照单位已有收费标准填写。是对服务单元现有收费标准的概述，无须精确到每台仪器
预约服务网址	管理单位在线服务平台提供的用户在线预约获取服务接口的 URL，能够实现对本服务单元的预约申请
安放地址	服务单元所在的详细地理位置，标准格式：省（自治区、直辖市）、市、区（县）、街道（乡镇，需包括街道/乡镇门牌号）
联系人	联系人姓名

续表

字段名称	字段说明
电话	联系人的电话号码，座机（加区号）或手机
电子邮箱	联系人的电子邮箱
通信地址	联系人的办公地址，标准格式：省（自治区、直辖市）、市、区（县）、街道（乡镇）
邮政编码	联系人办公地址的邮政编码

（四）单台套科学仪器设备基本信息

单台套科学仪器设备是指价值在50万元以上，能独立完成实验任务的单台套大型科学仪器设备。包含隶属于大型科学装置、科学仪器中心、科学仪器服务单元的单台套价值在50万元及以上的科研设施与仪器。

1. 填报内容

单台套科学仪器设备名称、技术指标和服务内容等信息。

2. 核心元数据字段

字段名称	字段说明
统一编号	无须填写，由系统自动生成
仪器设备名称	按铭牌信息填写仪器设备的规范名称
英文名称	进口仪器设备的英文名称，依据技术资料或铭牌填写。无英文名称的进口或国产仪器设备不填此项
所属单位	仪器设备所隶属的法人单位正式完整名称，不可简写
所属大型科学装置/仪器中心/服务单元	仪器设备所隶属的大型科学装置、仪器中心或服务单元（无隶属关系可填写无）
所在单位仪器编号	管理单位资产管理部门赋予该仪器设备唯一的资产编号
设备分类编码	依据“大型科学仪器设备资源的建设与整合”平台建设项目的《大型科学仪器设备分类标准与编码规则（试用）》，按大类、中类、小类选择填写（6位数字代码）
仪器设备来源	购置、研制、赠送、其他
海关监管情况	仪器是否被海关监管，若仪器被海关监管，填写是；若仪器不被海关监管，填写否

续表

字段名称	字段说明
原值	仪器设备的购置单价或研制成本，按资产登记价格填写。国产仪器设备以人民币填报，进口仪器设备根据建账时的汇率折合成人民币计算（单位为万元，保留2位小数），优惠价及赠送仪器按市场价或资产登记价格填写
产地国别	仪器设备的实际制造地所在国家或地区，按国家标准《世界各国和地区名称代码》（GB/T 2659—2000）选择填写，自主研发的填写中国
生产制造商	仪器设备生产或设计制造单位的全称（非代理商），自主研发需填写本单位
启用日期	仪器投入使用的日期（按 YYYY-MM-DD 格式填写）
仪器设备类别	通用或专用
规格型号	按仪器设备生产制造厂商的标识填写
主要技术指标	指验收时达到的、能代表仪器设备主要技术性能的指标或参数
主要功能	对仪器设备主要功能的简要介绍（300个汉字以内）
主要学科领域	按国家标准《学科分类与代码》（GB/T 13745—2009），选择单台套科学仪器设备支持科技活动的主要学科名称及代码，涉及多个学科领域的可多选（最多4个）
服务内容	单台套科学仪器设备面向用户提供的各类服务项目的描述，如样品测试、分析检测、技术咨询、认证服务等（最多200个汉字）
服务的典型成果	列举该仪器设备面向社会提供服务、支撑重大项目或主要成果的典型案例（1~3个，没有可填写无）
图片	仪器设备图片及对应的文件名或 URL，图片要求 1M 字节以内，jpg 格式
运行状态	仪器设备当年通常技术性能状态，按正常、偶有故障、故障频繁、待修、待报废选择填写（单选）。按仪器设备当年一般状况下的运行状态填写，并非填报时的特定状态

续表

字段名称	字段说明
对外开放共享规定	用户申请条件、申请方式、申请时间、申请流程、申请材料、服务时间安排等方面的要求
参考收费标准	对外开放相关收费标准，为用户提供服务时收取的费用，按照单位已有收费标准填写
预约服务网址	管理单位在线服务平台提供的用户在线预约获取服务接口的 URL，能够实现对本仪器的预约申请
安放地址	仪器所在的详细地理位置，标准格式：省（自治区、直辖市）、市、区（县）、街道（乡镇，需包括街道/乡镇门牌号）
联系人	联系人姓名
电话	联系人的电话号码，座机（加区号）或手机
电子邮箱	联系人的电子邮箱
通信地址	联系人的办公地址，标准格式：省（自治区、直辖市）、市、区（县）、街道（乡镇）
邮政编码	联系人办公地址的邮政编码

（五）科研设施与仪器海关监管信息（选填项，无此类信息可不填写）

1. 填报内容

科研设施与仪器海关监管情况、进口情况、免税情况等。包含隶属于大型科学装置、科学仪器中心、科学仪器服务单元的单台套价值在 50 万元及以上的科研设施与仪器。

2. 核心元数据字段

字段名称	字段说明
仪器设备名称	按铭牌信息填写仪器设备的规范名称
所在单位仪器编号	管理单位资产管理部门赋予该仪器设备唯一的资产编号
海关监管情况	仪器设备是否被海关监管，若被监管，填写是；若不被监管，填写否
征免税证明编号	长度 12 位：固定位（5 位）+ 年份（2 位）+ 随机（5 位），按《中华人民共和国进出口货物征免税证明表》（以下简称征免税证明表）中的编号填写

续表

字段名称	字段说明
征免税证明序号	若多个货物同时申报免税，那么在征免税证明表中货物按序号排列，填写对应的序号
进口报关单编号	长度18位：海关编号（4位）+年份（4位）+进口标志（1位）+随机（9位），按征免税证明表填写
合同号	按征免税证明表填写
进口口岸	按征免税证明表填写
主管海关	按征免税证明表填写
进口日期	按征免税证明表填写
申报共享标志	已申报共享，填写是；未申报共享，填写否
收费标准 已评议标志	收费标准已评议，填写是；未评议，填写否
HS编码（税号）	按征免税证明表填写
后续管理记录	仪器的后续管理记录信息（最多200个汉字）

第二十二条 服务记录

（一）填报内容

科研设施与仪器服务于各类课题和非课题形式的服务记录信息。主要包括申请人的信息、课题情况、服务时间、服务内容和用户评价情况等。

（二）服务记录核心元数据字段

字段名称	字段说明
单位名称	管理单位的正式完整名称，不可简写
仪器设施或 仪器名称	科研设施与仪器规范的中文全称
所在单位仪器编号	管理单位资产管理部门赋予该仪器设备唯一的资产编号
服务金额	实际服务的总额，以元为单位
实际服务时间	科研设施与仪器向用户实际提供服务的日期或时间段
实际服务内容	科研设施与仪器向用户实际提供的服务项目，如样品测试、分析检测等

续表

字段名称	字段说明
服务方式	一是占用共享，即服务客体（需求者）按一定规程自行操作使用；二是技术共享，即在服务主体的技术指导下，服务客体有限度地自主使用操作仪器设备；三是委托共享，即受服务客体委托，由服务主体按要求启动和运行仪器设备，并向委托方提交相应结果；四是远程共享；五是其他（可多选）
服务量	根据订单，科研设施与仪器所提供的服务量，根据仪器类型和服务方式的不同，可按所占用的时长或次数（包含必要开机准备时间、测试时间和必需的后处理时间，不包括空载运行的时间，计量单位为小时）、样品测试数量、分析检测数量、技术指导次数等该领域统计方法计算
课题名称	用户利用科研设施与仪器所支撑的课题名称（没有则填写无）
课题经费来源	课题最主要的经费来源，可多选（最多4个）： A 国家重大科技专项；B 国家自然科学基金；C 863 计划；D 国家科技支撑（攻关）计划；E 火炬计划；F 星火计划；G 973 计划；H 211 工程；I 985 工程；J 公益性行业科研专项；K 国家社会科学基金；L 国家科技基础性工作专项；M 科技基础条件平台专项；N 除上述国家计划外由中央政府部门下达的课题；O 地方科技计划项目；P 其他（没有则填写无）
课题主要学科领域	用户申请机时进行研究的课题所属的主要学科领域，按国家标准《学科分类与代码》（GB/T 13745—2009）选择填写主要学科名称，涉及多个学科领域的可多选（最多4个，填写到三级学科）（没有则填写无）
课题研究内容	用户利用科研设施与仪器所研究的课题的基本内容概述（最多200个汉字）（没有则填写无）
申请人	申请人的姓名
申请人电话	申请人的电话号码，座机（加区号）或手机

续表

字段名称	字段说明
申请人电子邮箱	申请人的电子邮箱
申请人单位	申请人所在单位
用户评价及意见	用户对本次服务的评价，非常满意、基本满意、一般、不满意、极差（单选）。具体的意见和建议

第二十三条 服务成效

（一）填报内容

管理单位通过提供科研设施与仪器在线共享服务支持的科研项目、发表的论文、论著以及其他成果的数量和产生的经济效益等。建议以 PDF 格式上交相关材料，作为科技服务效果证明。

（二）服务成效核心元数据字段

字段名称	字段说明
单位名称	管理单位的正式完整名称，不可简写
科研设施与仪器入网比例	指该管理单位在国家网络管理平台注册填报的科研设施与仪器占符合申报条件的全部科研设施与仪器的比例，体现了纳入国家网络管理平台的情况
正常运行设备比例	纳入国家网络管理平台的科研设施与仪器正常运行的数量占纳入的全部科研设施与仪器数量的比例
参与共享比例	指参与共享（包括内部共享和外部共享两种方式）的科研设施与仪器和全部符合共享条件科研设施与仪器的数量之比，体现了总体开放共享服务的情况
外部共享比例	指提供对外服务的科研设施与仪器占全部符合共享条件的科研设施与仪器的比例，体现了对外开放共享服务的比例情况
仪器创新开发	管理单位仪器功能开发、新技术和新方法的研究、仪器设备功能的升级改造、仪器研究能力、科研设施与仪器自主创新研发能力的情况及数量
服务总量	科研设施与仪器对外提供服务的总量，根据仪器类型和服务方式的不同，包括设备机时服务、样品测试数量、分析检测服务、培训等

续表

字段名称	字段说明
用户类型及数量	科研设施与仪器服务用户的类型及数量（单位：人/次）
支撑项目	科研设施与仪器对外服务，用户完成的各种科研项目或合作项目数的数量，特别是服务各级各类科技计划（专项、基金、重大工程）等情况
支撑论文	用户利用科研设施与仪器所产生的论文数量，包括已公开发表的论文，或者尚未正式发表但已被录用的论文，特别是在三大检索 SCI、Ei、ISTP 发表的论文
支撑论著	用户利用科研设施与仪器所产生的论著或专著数量
支撑科技报告	用户利用科研设施与仪器所产生的科技报告数量
支撑发明专利	用户利用科研设施与仪器所产生的发明专利的数量，指已授权发明专利数，不含实用新型和外观设计
产出科学数据	用户使用科研设施与仪器过程中产生的原始数据及研究分析数据，包括调查观测、测试化验、实验研究等相关科学数据
科技成果及获奖情况	使用科研设施与仪器产生的科技成果及获奖成果数量
对外服务收入	管理单位科研设施与仪器对外服务获得的收入，以人民币计算（单位万元，保留小数点后两位）。包括科研设施与仪器对外提供服务收入的测试费、租赁收入和其他服务收入等
社会效益	科研设施与仪器对外开放共享所产生的社会效益，如服务重大工程、企业创新、服务民生、应急事件、科学普及、政府决策、其他等情况
其他成果	非上述成果之外的成果
服务成效附件	可列举相关成果，PDF 格式，选填项

第九章　附　则

第二十四条　本规范由科技部基础研究司、国家科技基础条件平台中心负责解释。

第二十五条　本规范自发布之日起试行。

科技部　发展改革委　财政部关于印发《国家重大科研基础设施和大型科研仪器开放共享管理办法》的通知

国科发基〔2017〕289号

各省、自治区、直辖市及计划单列市科技厅（委、局）、财政厅（局），新疆生产建设兵团科技局、财务局，国务院有关部委、有关直属机构，有关单位：

为落实《国务院关于国家重大科研基础设施和大型科研仪器向社会开放的意见》（国发〔2014〕70号），推动国家重大科研基础设施和大型科研仪器的开放共享，科技部、发展改革委、财政部三部门共同研究制定了《国家重大科研基础设施和大型科研仪器开放共享管理办法》。现印发给你们，请遵照执行。

科技部　发展改革委　财政部

2017年9月20日

国家重大科研基础设施和大型科研仪器开放共享管理办法

第一章 总 则

为推动国家重大科研基础设施和大型科研仪器的开放共享，充分释放服务潜能，提高使用效率，根据《中华人民共和国科学技术进步法》、《国务院关于国家重大科研基础设施和大型科研仪器向社会开放的意见》（国发〔2014〕70 号），制定本办法。

本办法所指的国家重大科研基础设施和大型科研仪器（以下简称科研设施与仪器）主要包括政府预算资金投入建设和购置的用于科学研究和技术开发活动的各类重大科研基础设施和单台套价值在 50 万元及以上的科学仪器设备。

对于单台套价值在 50 万元以下的科学仪器设备，由管理单位自愿申报，主管部门择优纳入国家网络管理平台。

本办法所称管理单位是指科研设施与仪器所依托管理的法人单位。

本办法适用于中央级研究开发机构、高等院校以及其他机构。

本规定所称的开放共享，是指管理单位将科研设施与仪器向社会开放，由其他单位、个人用于科学研究和技术开发的行为。

科研设施与仪器原则上都应当对社会开放共享，为其他高校、科研院所、企业、社会研发组织以及个人等社会用户提供服务，尤其要为创新创业、中小微企业发展提供支撑保障。法律法规另有特殊规定的除外。

免税进口仪器设备纳入国家网络管理平台对外开放，应符合国家的有关规定。对于纳入国家网络管理平台统一管理、符合支持科技创新进口税收政策规定的免税进口的科学仪器设备，在符合监管的条件下准予用于其他单位的科学研究、科技开发和教学活动，未经海关审核同意不得擅自转让、移作他用或者进行其他处置。

第二章 管理职责

科技部牵头负责科研设施与仪器开放共享的宏观管理与综合协调，其主要职责是：

按国务院要求协调、推动和监督科研设施与仪器开放共享工作；研究制定科研设施与仪器开放共享的政策措施和标准规范；会同有关部门建立和管理科研设施与仪器国家网络管理平台，指导管理单位建立在线服务平台；会同有关部门建立考核评价制度，组织开展科研设施与仪器开放共享评价考核工作。

财政部协同推动科研设施与仪器的开放共享工作，主要职责是：会同有关部门开展科研设施与仪器开放共享的评价考核工作；依据评价考核结果对科研设施与仪器开放效果好、用户评价高的管理单位通过后补助机制予以支持；会同有关部门，根据评价考核结果，推动科研设施与仪器优化配置。

国务院有关部门（以下简称主管部门）在推动科研设施与仪器开放共享的主要职责是：建立健全本部门科研设施与仪器开放共享的政策和规章制度，鼓励直属研究机构、高等院校及其他单位分享仪器设备、实验平台等创新资源；审核所属管理单位报送至国家网络管理平台的科研设施与仪器相关信息，监督指导本部门所属管理单位的开放共享工作；组织开展本部门所属管理单位开放共享的评价考核。按照国家开放共享评价考核工作的要求，组织做好相关工作。

管理单位是科研设施与仪器开放共享的责任主体，主要职责是：落实国家有关政策要求，制定本单位科研设施与仪器开放共享规章制度；建立健全科研设施与仪器开放共享的激励和约束机制；建设科研设施与仪器开放共享在线服务平台；加强实验技术人才队伍建设；配合有关部门做好开放共享评价考核工作，并接受社会监督。

第三章　开放共享

管理单位应当自科研设施与仪器完成安装使用验收之日起 30 个工作日内，将符合开放条件的科研设施与仪器的有关信息按照统一标准及要求报送至国家网络管理平台。报送采取网络上传方式，需经上级行政主管部门审核。

管理单位应按照统一的标准规范建立在线服务平台，把科研设施与仪器纳入国家网络管理平台统一管理，公布科研设施与仪器目录、开放共享管理制度、服务方式、服务内容、服务流程、收费标准等信息，实时提供在线服务。

科研设施与仪器不纳入国家网络管理平台应有正当理由，由管理单位提出申请，经主管部门审核同意后，报科技部备案。

管理单位提供开放共享服务，应当与用户订立合同，约定服务内容、知识产权归属、保密要求、损害赔偿、违约责任、争议处理等事项。

管理单位提供开放共享服务可按照成本补偿和非盈利原则收取费用，开放服务收费标准应采取适当方式向社会公布。行政事业单位相关收入按国有资产有偿使用收入有关规定执行。

管理单位要建立完善的科研设施与仪器运行和开放情况记录，每季度向国家网络管理平台报送一次。报送方式和流程参照第十一条规定办理。

管理单位应建立和稳定高水平专业化的实验技术队伍，在岗位设置、业务培训、薪酬待遇、职称晋升和评价考核等方面实行富有激励性的政策措施。

管理单位应当建立知识产权管理工作机制，保护科研设施与仪器用户身份信息及在使用过程中形成的知识产权和科学数据。

用户独立开展科学实验形成的知识产权由用户自主拥有；用户与管理单位联合开展科学实验形成的知识产权，双方应事先约定知识产权归属或比例。

用户使用科研设施与仪器形成的著作、论文等发表时，应明确标注利用科研设施与仪器情况。

第四章　考核和奖惩

科技部会同相关部门按照分类、分级、分步的原则，制定考核标准和办法，组织实施科研设施与仪器开放共享评价考核工作，在国家网络管理平台上公布考核结果。

评价考核应按照科研设施与仪器不同类型特点制定相应的考核指标，实施分类考核。国家重大科技基础设施的考核要符合《国家重大科技基础设施管理办法》的有关规定。

评价考核采取试点先行、分步实施的方式组织开展。选择科研仪器多、大型仪器集中、开放共享需求大的管理单位先行考核，在取得经验的基础上逐步推开。

财政部会同有关部门，根据评价考核结果和财政预算管理的要求，对开放服务效果好、用户评价高的管理单位，安排后补助经费予以支持，调动管理单位开放共享积极性。

考核结果应作为科研设施与仪器建设和配置的依据。有关部门要结合考核结果和仪器设备资产存量情况，对拟新建设施和新购置仪器开展查重评议工作，避免资源重复建设。

利用政府预算资金购置大型科学仪器、设备后，不履行大型科学仪器、设备等科学技术资源共享使用义务的，由有关主管部门责令改正，对直接负责的主管人员和其他直接责任人员依法给予处分。

对于使用效率低、开放效果差、考核结果较差的管理单位，科技部会同有关部门将给予警告、公开通报并责令其限期整改；并视情节采取核减管理单位修缮购置资金、在申报科技计划（专项、基金）项目时不准购置仪器设备等措施予以约束。

对于通用性强但使用率比较低、开放共享差的科研设施与仪器，可以按规定在部门内或跨部门无偿划拨，管理单位也可以在单位内部调配。

第五章　附　则

本办法由科技部负责解释。

有关部门按照本办法结合实际制定或修订相关管理规定和实施细则。地方可参照本办法执行。

本办法自公布之日起施行。

科技部　海关总署关于印发《纳入国家网络管理平台的免税进口科研仪器设备开放共享管理办法（试行）》的通知

国科发基〔2018〕245 号

各省、自治区、直辖市及计划单列市科技厅（委、局），新疆生产建设兵团科技局，国务院有关部委科技主管单位，广东分署、各直属海关：

为落实《国务院关于国家重大科研基础设施和大型科研仪器向社会开放的意见》（国发〔2014〕70 号），推动纳入国家网络管理平台统一管理、享受支持科技创新进口税收政策的免税进口科研仪器设备开放共享，科技部、海关总署研究制定了《纳入国家网络管理平台的免税进口科研仪器设备开放共享管理办法（试行）》。现印发给你们，请遵照执行。

科技部　海关总署

2018 年 10 月 30 日

纳入国家网络管理平台的免税进口科研仪器设备开放共享管理办法（试行）

第一章　总　则

第一条　为落实《国务院关于国家重大科研基础设施和大型科研仪器向社会开放的意见》（国发〔2014〕70号），推动免税进口科研仪器设备开放共享，根据党中央、国务院关于推进科技领域"放管服"改革的要求，按照"简化程序、优化监管"的原则，依据《财政部　海关总署　国家税务总局关于"十三五"期间支持科技创新进口税收政策的通知》（财关税〔2016〕70号），制定本办法。

第二条　本办法所称"国家网络管理平台"，是指为推进国家重大科研基础设施和大型科研仪器向社会开放，由科技部会同有关部门和地方建立，用以实现科研仪器配置、管理、服务、监督、评价的统一开放的网络管理平台。

第三条　本办法所称"免税进口科研仪器设备"，是指纳入国家网络管理平台统一管理，享受支持科技创新进口税收政策，处于海关监管年限内的免税进口科研仪器设备（有特殊规定的除外）。

免税进口科研仪器设备海关监管年限届满的，不纳入本办法管理。

第四条　本办法所称"管理单位"，是指免税进口科研仪器设备所依托管理的科学研究机构、技术开发机构和高等学校等法人单位。

管理单位应建立免税进口科研仪器设备开放共享管理制度和开放共享台账，真实准确记录免税进口科研仪器设备用于开放共享的情况；在不涉密条件下，按照数据报送规范如实向国家网络管理平台报送管理单位基本信息（包括变更情况）、开放共享管理制度信息、免税进口科研仪器设备基本信息、开放共享服务记录以及开放共享台账（模板）等相关信息（以下统称"免税进口科研仪器设备开放共享相关信息"）。

第五条　本办法所称"开放共享"，是指管理单位按照《国务院关于国家重大科研基础设施和大型科研仪器向社会开放的意见》、《财政部　海关总署　国家税务总局关于"十三五"期间支持科技创新进口税收政策的通知》及其他有关政策规定，将免税进口科研仪器设备用于其他单位的科学研究、科技开发和教学活动。

管理单位在将免税进口科研仪器设备开放共享前，应按本办法第二章规定办理海关手续。

第六条　科技部负责建设和运行国家网络管理平台，制定发布数据报送规范，指导管理单位建设在线服务平台并按照数据报送规范向国家网络管理平台报送免税进口科研仪器设备开放共享相关信息。

国家网络管理平台向中国电子口岸实时传输管理单位报送的免税进口科研仪器设备

开放共享相关信息。

第七条 海关总署指导各直属海关按规定对免税进口科研仪器设备开放共享实施监督管理。

第八条 国务院有关部门以及省、自治区、直辖市、计划单列市和新疆生产建设兵团科技主管部门（以下简称主管部门）负责审核确认本部门、本地区管理的管理单位报送至国家网络管理平台的免税进口科研仪器设备开放共享相关信息，监督指导管理单位如实、准确、按时报送相关信息。

第二章 开放共享程序

第九条 管理单位在将免税进口科研仪器设备开放共享服务前，应按规定事先向所在地海关（以下简称主管海关）提出申请。

第十条 管理单位符合下列条件的，可向主管海关申请按简易程序办理免税进口科研仪器设备开放共享有关手续：

（一）已建立免税进口科研仪器设备开放共享管理制度；

（二）已建立免税进口科研仪器设备开放共享台账（模板），承诺完整记录开放共享服务时间、服务类型、服务内容、服务对象等情况信息；

（三）已按照数据报送规范，将免税进口仪器设备基本信息报送至国家网络管理平台，并已经主管部门审核；

（四）截至申请之日，近一年内未因违反规定擅自将免税进口科研仪器设备转让、移作他用或者进行其他处置而被处罚，近三年内未因擅自将免税进口科研仪器设备转让、移作他用或者进行其他处置而被追究刑事责任。

第十一条 管理单位申请适用简易程序的，应在将免税进口科研仪器设备开放共享前，向主管海关提出申请，并提交《管理单位适用简易程序申请表》（格式见附件 1）。

主管海关自接受管理单位申请之日起 10 个工作日内，对照国家网络管理平台传输的管理单位报送的免税进口科研仪器设备相关信息等进行审核。经审核符合适用简易程序条件的，主管海关出具《适用简易程序通知书》（格式见附件 2，以下简称《通知书》）。

自海关出具《通知书》之日起，管理单位可以将免税进口科研仪器设备用于开放共享。管理单位应将《通知书》编号，及时上传至国家网络管理平台。

适用简易程序的管理单位，可不必在每次将免税进口科研仪器设备开放共享前，向主管海关提出申请。

第十二条 已适用简易程序的管理单位，连续 3 次及以上未按本通知第十六条规定报送免税进口科研仪器设备开放共享情况，或者出现本通知第十条（四）情形的，暂停适用简易程序。管理单位应将主管海关出具的《暂停适用简易程序告知书》（格式见附件 3）编号，及时上传至国家网络管理平台。

管理单位整改后符合适用简易程序条件的，可以向主管海关重新申请适用简易程序。

第十三条　对于管理单位未申请适用简易程序的，经主管海关审核不符合适用简易程序条件的，暂停管理单位适用简易程序的，以及管理单位主动申请不再适用简易程序的（以下简称非适用简易程序的），管理单位应按照现行规定，在每次将免税进口科研仪器设备开放共享前向主管海关提出申请。

经主管海关审核同意，管理单位可以将免税进口科研仪器设备用于开放共享。管理单位应将海关审核同意文件的编号，及时上传至国家网络管理平台。

第十四条　免税进口科研仪器设备开放共享一般不得移出本单位，因特殊情况确需短期或临时移出本单位使用的，应于移出前向主管海关提出申请。

经主管海关审核同意的，管理单位可以将免税进口科研仪器设备短期或临时移出本单位使用，并在使用结束后及时运回本单位。管理单位应将海关审核同意文件的编号，及时上传至国家网络管理平台。

第十五条　免税进口科研仪器设备开放共享应当用于科学研究、科技开发和教学活动。管理单位确需将免税进口科研仪器设备用于其他用途，应按规定事先向主管海关提出申请。

第十六条　适用简易程序的，管理单位应于每月 10 日前，将上月已开展的免税进口科研仪器设备开放共享服务记录报送至国家网络管理平台。

非适用简易程序的，管理单位应于每季度首月 10 日前，将上季度已开展的免税进口科研仪器设备服务记录报送至国家网络管理平台。

第三章　监督管理

第十七条　免税进口科研仪器设备开放共享情况纳入海关年报管理。管理单位应于每年 6 月 30 日前，将本单位上一年度纳入国家网络管理平台管理的免税进口科研仪器设备开放共享情况汇总后，向主管海关报告。

第十八条　主管部门应加强对本部门、本地区管理的管理单位免税进口科研仪器设备开放共享情况的监督，将管理单位报送信息的真实性、完整性、及时性和开放共享台账实际运行情况等纳入对管理单位开放共享的评价考核。

主管部门发现管理单位存在应报未报、报送信息不完整不及时，以及开放共享台账记录不准确的，应督促管理单位限期整改，并将发现的问题及管理单位整改情况及时告知有关直属海关。

第十九条　科技部将管理单位免税进口科研仪器设备开放共享相关信息报送质量、开放共享管理制度执行情况等，纳入对管理单位开放共享的评价考核。

第二十条　主管海关以国家网络管理平台传输的免税进口科研仪器设备开放共享相关信息为基础，加强对免税进口科研仪器设备开放共享情况的抽查监督。

对管理单位违反规定，擅自将免税进口科研仪器设备转让、移作他用或进行其他处置的，按照相关规定处罚。

第四章　附　则

第二十一条　本办法由科技部、海关总署负责解释。

第二十二条　本办法自 2018 年 12 月 1 日起试行。

附件：1.《管理单位适用简易程度申请表》（略）

2.《适用简易程序通知书》（略）

3.《暂停适用简易程度告知书》（略）

财政部　科技部关于印发《中央级新购大型科研仪器设备查重评议管理办法》的通知

财科教〔2019〕1号

各有关部门（单位）：

为规范中央级新购大型科研仪器设备查重评议工作，减少重复浪费，促进资源共享，提高财政资金的使用效益，依据《国务院关于国家重大科研基础设施和大型科研仪器向社会开放的意见》（国发〔2014〕70号）等规定，财政部会同科技部研究制定了《中央级新购大型科研仪器设备查重评议管理办法》，现印发给你们，请遵照执行。

财政部　科技部

2019年1月8日

中央级新购大型科研仪器设备查重评议管理办法

第一条 为规范中央级新购大型科研仪器设备查重评议工作，减少重复浪费，促进资源共享，提高财政资金的使用效益，依据《国务院关于国家重大科研基础设施和大型科研仪器向社会开放的意见》（国发〔2014〕70号）等规定，对中央和地方所属高等院校、科研院所及其他科研机构利用中央财政资金申请购置大型科研仪器设备实施查重评议，特制定本办法。

第二条 本办法所称“大型科研仪器设备”是指利用中央财政资金购置的单台（套）价格在200万元及以上，用于科学研究、技术开发及其他科技活动的科研仪器设备。

“查重评议”是指有关单位申请购置大型科研仪器设备预算时，提请负责审核批复仪器设备购置事项预算的部门或单位（以下简称组织查重部门）按本办法规定对新购大型科研仪器设备的学科相关性、必要性、合理性等进行评议，从源头上避免仪器设备重复购置，提高利用效率。

第三条 有关单位申请购置大型科研仪器经费预算时，需提请组织查重部门进行查重评议并提交购置申请报告。购置申请报告主要内容包括：拟购仪器设备基本情况、购置的必要性以及本单位同类仪器设备保有和运行开放情况等。

第四条 组织查重部门是查重评议工作的责任主体，负责自行组织或委托第三方机构利用重大科研基础设施和大型科研仪器国家网络管理平台中仪器设备数据和相关信息开展，并将查重评议结果作为批准新购大型科研仪器设备事项的重要依据。

组织查重部门要改进服务和管理，统筹做好与项目评审、预算审核等工作的衔接。

第五条 查重评议的主要内容包括：

（一）申购单位相关学科发展和承担科研任务需要购置仪器设备的必要性；

（二）申购单位及所在地区（一般指所在的直辖市、省会城市或地级市，下同）同类仪器设备的保有情况（包括分布情况、共享情况、利用情况及年平均有效机时）；

（三）申购仪器设备功能及相关技术指标的先进性、适用性、合理性；

（四）申购单位实验队伍支撑情况；

（五）申购单位物理条件（安置地点、水电环境等）支撑情况。

第六条 查重评议的原则包括如下两条。

符合下列条件之一的建议购置：

（一）申购单位及所在地区无同类仪器设备或有同类仪器设备但其功能无法满足当前研究需要；

（二）申购单位及所在地区虽有同类设备但机时饱满（原则上年平均机时达1200小时以上），无法满足当前研究需要；

（三）申购单位及所在地区虽有同类仪器设备，但由于实验性质和条件所限不适合共享；

（四）申购仪器设备为在线仪器设备或对已有设备的配套和升级改造等。

具有下述情况之一的不建议购置：

（一）申购单位及本地区现存同类仪器设备较多且功能可以满足当前研究需要，可以通过共享支撑当前研究（一般按照现有共享仪器设备利用机时不足 1200 小时来判断）；

（二）申购仪器设备与本项目的研究方向不符；

（三）对申购仪器设备刻意拆分、打包或未使用规范名称；

（四）申购单位缺乏合适的专职/兼职实验管理人员、仪器设备操作人员。

第七条　组织查重部门自行开展查重评议的，要根据本办法制定具体的操作办法；采取委托第三方评议机构开展的，应要求第三方评议机构根据本办法制定具体的操作办法，充分利用信息化手段，遴选符合条件的专家，公平、公正、高效地开展评议工作。

第八条　组织查重部门应将查重评议的结果，及时反馈有关单位。

第九条　有关单位对查重评议结果有异议的，应提请组织查重部门进行研究并提出处理意见。

第十条　财政部会同科技部等负责查重评议制度设计，推进完善国家网络平台管理，对组织查重部门、第三方评议机构等开展查重评议情况进行监督指导。

第十一条　对有关单位提交虚假材料申购仪器设备等行为、组织查重部门未按规定开展查重评议等行为，以及第三方评议机构徇私舞弊等行为，财政部将会同有关部门，采取扣减仪器设备购置预算、计入法人单位科研严重失信行为记录等方式，予以惩戒。

第十二条　为应对应急突发事件需购置大型科研仪器设备的，可不进行查重评议。涉及国防领域大型科研仪器设备购置，不适用本办法。购置单台（套）价格在 200 万元以下的，有关单位要合理统筹利用仪器设备资源，减少重复购买，提高资源和资金利用效率。

第十三条　本办法由财政部负责解释。

第十四条　本办法自 2019 年 1 月 1 日起施行，《中央级新购大型科学仪器设备联合评议工作管理办法（试行）》（财教〔2004〕33 号）同时废止。

教育部办公厅关于加强高等学校科研基础设施和科研仪器开放共享的指导意见

教技厅〔2015〕4号

各省、自治区、直辖市教育厅（教委），新疆生产建设兵团教育局，有关部门（单位）教育（科技）司（局），部属各高等学校：

为贯彻落实《国务院关于国家重大科研基础设施和大型科研仪器向社会开放的意见》（国发〔2014〕70号）精神，切实推进高等学校科研基础设施和科研仪器（以下简称科研设施与仪器）的全面开放、充分共享，提高科研设施与仪器使用、配置的效率和效益，提出以下指导意见。

一、总体目标

加强开放共享，服务创新。加快推进高等学校科研设施与仪器在保障本校教学科研基本需求的前提下向其他高校、科研院所、企业、社会研发组织等社会用户开放共享，并提供专业化服务，实现资源共享，充分释放服务潜能，支持创新创业，支持小型微型企业发展，为实施创新驱动发展战略和创新创业提供有效支撑。

合理配置资源，提高效率。有力促进高等学校统筹管理现有科研设施与仪器，合理布局新增科研设施与仪器，避免重复建设和购置，杜绝闲置浪费现象，切实提高科研设施与仪器的利用效率和效益。

二、组织管理

1. 加强引导和督查。高等学校的上级主管部门将高等学校科研设施与仪器开放共享水平和评估结果作为基地管理、科研管理的考评内容之一，把开放共享综合考评结果与规划发展再投入安排相结合，引导高等学校科研设施与仪器的共享共用。主管部门指导和监督高等学校向社会公布科研设施与仪器开放共享制度、实施情况及具体做法，并开展不定期督查。

2. 强化法人主体责任。高等学校是本单位科研设施与仪器开放共享的责任主体，要强化法人责任，切实履行实施科研设施与仪器开放共享职责。学校应设立由校领导牵头的工作组，统筹协调各相关职能部门，并明确专门管理机构和管理职能，制定本校科研设施与仪器开放共享实施细则，报上级主管部门备案，并负责具体实施。

3. 明确分级管理职责。高等学校应建立学校和下属二级单位共同推进本校科研设施与仪器开放共享的管理体制，明确学校、院系、研究团队分级管理职责，协同做好科研设施与仪器开放共享工作。

三、重点工作

1. 建立开放共享机制。高等学校应建立科学有效的科研设施与仪器开放共享服务管理制度，认真梳理本校已有科研设施与仪器整体情况，包括设备原值、功能类型、专业领域、运行和开放共享情况等，建立符合学校实际的科研设施与仪器开放共享机制。除涉密、功能特殊、技术要求特殊、研究目的特殊等仪器设备之外，其他用于教学科研且具有一定共性需求的科研设施与仪器，特别是单台套价值在50万元以上的科研设施与仪器，均应纳入开放共享范围，提供开放共享服务。

2. 建设信息服务平台。高等学校应建立科研设施与仪器管理和开放共享的网络信息和服务平台，实现科研设施与仪器配置、管理、服务、监督、评价的有机衔接，并根据主管部门和地方政府要求统一纳入国家与地方网络管理平台，逐步形成跨学校、跨领域、多层次的网络服务体系。

3. 加强人才队伍建设。高等学校根据本单位科研设施与仪器开放、运行、使用和维护的技术需求，合理配置实验技术人员岗位，建立专业化、职业化技术服务队伍。要制定实验技术人员的岗位、培训、薪酬、评价和激励政策，充分调动技术服务人员积极性、稳定实验技术人才队伍，不断提高实验技术水平和开放服务水平。

4. 创新完善管理模式。高等学校可以借鉴分析测试中心或同类型大型仪器公共平台的模式，建立学校实体公共服务平台集中集约管理，也可以通过信息化手段建立分散配置但统一管理的虚拟公共平台，鼓励探索联合企业和社会力量参与科研设施与仪器服务机构建设管理和开展社会化服务的新模式。

5. 建立成本核算和服务收费管理机制。高等学校应按照成本补偿和非营利性原则，建立科研设施与仪器开放服务收费管理机制，合理制定公开透明的成本核算和服务收费标准。开放共享服务收入纳入学校预算，由学校统一管理，并接受上级主管部门的监督。

6. 建立分类考核评价办法。对于通用科研设施与仪器，重点评价用户使用率、用户评价、有效服务机时、服务质量以及相关研究成果的产出、水平与贡献。对于专用科研设施与仪器，重点评价是否有效使用，是否有效组织了高水平的科研设施与仪器应用专业团队以及相关研究成果的产出、水平与贡献。

7. 建立激励和调控机制。构建用户参与的绩效评价体系，探索开放共享后补助机制和校内调配制度，把科研设施与仪器开放共享效果与仪器新购和维护的资源投入挂钩，并根据开放效果和用户评价，对提供开放共享服务的单位和技术人员给予绩效奖励，调动科研设施与仪器开放共享积极性。

8. 加强信息安全和知识产权保护。用户独立开展科学实验形成的知识产权由用户自主拥有，成果发表时应明确标注利用科研设施与仪器情况。高等学校要加强网络防护和网络环境下数据安全管理，依法保护用户身份信息以及在使用科研设施与仪器过程中形成的科学数据、技术秘密和知识产权。

教育部办公厅
2015年12月25日

教育部科技司关于进一步做好重大科研基础设施和大型科研仪器开放共享工作的通知

教技司〔2018〕110号

各省、自治区、直辖市教育厅（教委），新疆生产建设兵团教育局，有关部门（单位）教育（科技）司（局），部属各高等学校：

为贯彻落实《国务院关于国家重大科研基础设施和大型科研仪器向社会开放的意见》（国发〔2014〕70号）精神，我部发布了《教育部办公厅关于加强高等学校科研基础设施和科研仪器开放共享的指导意见》（教技厅〔2015〕4号）。2017年12月，中央改革办督察组联合各部委对仪器开放共享工作开展了专题督察。目前各高等学校科研仪器的利用率和共享度大幅度提升，开放共享配套制度建设全面推进，仪器共享平台的覆盖面不断扩大，有力促进了仪器开放共享，但还有一些方面有待进一步提升：一是目前个别地方教育主管部门对于仪器设备开放共享监督责任力度不够；二是部分高等学校课题组由于没有专职的设备维护人员，课题组在课题完成后出现设备闲置。

为进一步推进高等学校科研基础设施和科研仪器的全面开放、充分共享，提高科研设施与仪器使用、配置的效率和效益。请各单位按照《教育部办公厅关于加强高等学校科研基础设施和科研仪器开放共享的指导意见》（教技厅〔2015〕4号）要求，切实履行好主体责任，采取有力措施，保障各项政策落地。

1. 加强引导和督察。高等学校的上级主管部门将高等学校科研设施与仪器开放共享水平和评估结果作为基地管理、科研管理的考评内容之一，把开放共享综合考评结果与规划发展再投入安排相结合，引导高等学校进一步加强科研设施与仪器的共享共用。主管部门指导和监管高等学校向社会公布科研设施与仪器开放共享制度、实施情况及具体做法，并开展不定期督查。

2. 化法人主体责任。高等学校是本单位科研设施与仪器开放共享的责任主体，要强化法人责任，切实履行实施科研设施与仪器开放共享职责。各高等学校应采取切实有力的措施推进，用好分类考核评价的手段，利用制度起到引导作用。

3. 做好典型示范。进一步做好政策措施的宣传和贯彻落实工作，选取开放共享优秀单位和典型案例，加大科研仪器开放共享的宣传和推广力度。将制度建设、人才激励等方面好的经验做好整理收集，做好示范推广。

教育部科技司

2018年3月30日

交通运输部办公厅关于印发《交通运输重大科研基础设施和大型科研仪器开放共享管理暂行办法》的通知

交办科技〔2019〕10号

经交通运输部同意，现将《交通运输重大科研基础设施和大型科研仪器开放共享管理暂行办法》印发给你们，请认真贯彻执行。

交通运输部办公厅

2019年1月18日

交通运输重大科研基础设施和大型科研仪器开放共享管理暂行办法

第一章　总　则

第一条　为推动交通运输重大科研基础设施和大型科研仪器开放共享，充分释放服务潜能，提升协同创新能力，依据《国务院关于国家重大科研基础设施和大型科研仪器向社会开放的意见》（国发〔2014〕70号）、《国家重大科研基础设施和大型科研仪器开放共享管理办法》（国科发基〔2017〕289号）等，制定本办法。

第二条　本办法所称交通运输重大科研基础设施和大型科研仪器（以下简称科研设施和仪器）是指政府预算资金投入建设和购置的用于交通运输领域科学研究和技术开发活动的各类重大科研基础设施和单台套价值在50万元及以上的科学仪器设备。

对于单台套价值在50万元以下的科学仪器设备，由管理单位自愿申报，交通运输部择优纳入管理。

第三条　本办法所称管理单位是指科研设施和仪器所依托管理的法人单位，包括部属科研单位、高校及行业重点科研平台依托单位。

第四条　本办法所称开放共享是指管理单位在满足科研教学的基础上，将科研设施和仪器向社会开放共享，为其他单位和个人（以下统称用户）提供科学研究和技术开发服务的行为。

第五条　本办法所称的交通运输行业重点科研平台大型仪器设备开放共享平台（以下简称开放共享平台）是作为科研设施和仪器开放服务的统一门户，提供科研设施和仪器的信息集成、展示、在线服务、管理评价等功能。

第六条　开放共享平台按照有关要求与国家重大科研基础设施和大型科研仪器国家网络管理平台实现对接。

第七条　全部或部分利用财政资金投资的科研设施和仪器原则上应对外开放共享。法律法规、相关管理办法和保密制度另有特殊规定的按其规定执行。鼓励社会资金投资的科研设施和仪器向社会开放共享。

第八条　纳入开放共享平台统一管理、享受支持科技创新进口税收政策的免税进口的科学仪器设备开放共享，按科技部、海关总署印发的《纳入国家网络管理平台的免税进口科研仪器设备开放共享管理办法（试行）》（国科发基〔2018〕245号）执行。

第二章　管理职责

第九条　交通运输部负责管理指导科研设施和仪器开放共享工作，主要职责是：

（一）按国家有关要求协调、推动和监督科研设施和仪器开放共享工作；

（二）制定完善科研设施和仪器开放共享的政策措施；

（三）建设和管理开放共享平台；

（四）按照国家和部有关规定组织开展科研设施和仪器开放共享执行情况的评价考核。

第十条　省级交通运输主管部门、部属单位、中央管理的大型交通运输企业是推动科研设施和仪器开放共享的协助管理机构，主要职责是：

（一）建立健全科研设施和仪器开放共享的措施和制度；

（二）定期开展科研设施和仪器开放共享工作检查，跟踪掌握工作进展情况；

（三）按照分级分类原则，审核并发布科研设施和仪器的共享信息；

（四）按照交通运输部的要求，协调、组织开展对有关管理单位科研设施和仪器开放共享情况的评价考核。

第十一条　管理单位是科研设施和仪器开放共享的责任主体，主要职责是：

（一）落实国家和行业有关政策要求，制定本单位科研设施和仪器开放共享的制度；

（二）按要求向开放共享平台报送本单位科研设施和仪器信息及开放共享情况；

（三）加强实验技术队伍建设；

（四）配合做好开放共享评价考核工作，并接受社会监督。

第三章　开放共享

第十二条　交通运输部依托开放共享平台，会同协助管理机构建立科研设施和仪器开放共享的信息互通机制。

第十三条　管理单位应采取适合的方式对科研设施和仪器实行集中集约管理，促进科研设施与仪器开放共享和高效利用。

第十四条　管理单位应当自科研设施和仪器完成安装使用验收之日起 30 个工作日内，将符合开放共享条件的科研设施和仪器的有关信息按照要求报送至开放共享平台，经协助管理机构审核后发布。

第十五条　管理单位在提供开放共享服务中应当与用户订立合同，约定服务内容、知识产权归属、保密要求、损害赔偿、违约责任、争议处理等事项。

第十六条　管理单位使用科研设施和仪器对外提供开放共享服务，可按成本补偿和非盈利原则收取费用，也可按市场化方式商定收费标准。开放服务收费标准应通过开放共享平台等渠道向社会公布。行政事业单位相关收入按国有资产有偿使用收入有关规定执行。

第十七条　管理单位要建立完善的科研设施和仪器运行和开放情况记录，每半年按照要求向开放共享平台报送相关信息。部属科研单位、高校的信息报送按照国家有关规定执行。

第十八条 管理单位应当加强网络防护和网络环境下数据安全管理，保护科研设施和仪器开放共享的用户身份信息及在使用过程中形成的知识产权和科学数据。

用户独立开展科学实验形成的知识产权由用户自主拥有；用户与管理单位联合开展科学实验形成的知识产权，双方应事先约定知识产权归属或比例。

用户使用科研设施和仪器形成的著作、论文等发表时，应明确标注利用科研设施和仪器情况。

第四章 评价考核

第十九条 交通运输部会同协助管理机构组织开展科研设施和仪器开放共享执行情况评价考核，并通过适当方式公布评价考核结果。部属科研单位、高校科研设施和仪器开放共享考核按国家有关要求执行。行业重点科研平台科研设施和仪器开放共享考核工作与重点实验室、研发中心的定期评估相结合。

第二十条 评价考核结果将作为科研设施和仪器建设和配置的重要依据。交通运输部将结合评价考核结果和仪器设备资产存量情况，对部属单位拟新建设设施和新购置仪器开展查重评议工作，避免资源重复建设。

第二十一条 评价考核结果将在行业重点科研平台评估等工作中应用。对于使用效率高、开放效果显著、评价考核结果好的管理单位，部将以适当方式通报表扬。对于评价考核结果较差的管理单位，部将通过开放共享平台予以通报。

第二十二条 评价考核的内容包括：科研设施和仪器运行情况、开放制度建设、服务质量、开放效果和信息报送等。重大科研设施开放共享的评价考核参照《国家重大科技基础设施管理办法》执行。

第二十三条 协助管理机构和管理单位要加强对有关单位科研设施和仪器开放共享工作的监督管理。

第五章 激励机制

第二十四条 管理单位应重视实验技术队伍建设，加强教育、培养和培训，不断提高实验技术人员的专业素质、业务能力，保障科研设施和仪器的安全可靠使用和服务功能的充分发挥。对表现突出的实验技术人员，要及时予以激励。

第二十五条 开放共享服务收入纳入管理单位预算统一管理。具体由管理单位制定细则或参照所在地政策执行。

第二十六条 管理单位间可通过建立联盟等合作形式，聚焦关键共性技术、前沿引领技术、现代工程技术、颠覆性技术研究，集中优质资源开展科研设施和仪器开放共享，促进学科交叉融合，提升协同创新能力。鼓励行业重点科研平台在符合有关保密规定的条件下与国防科技重点实验室、军工和军队重大实验设施开放共享，提升军民协同创新能力。

第二十七条　鼓励企业和社会力量以多种方式参与共建科研设施和配置科研仪器。管理单位可委托专业服务机构承担科研设施和仪器的日常管理维护工作，加强社会化服务和市场化运营。

第六章　附　则

第二十八条　协助管理机构可依据本办法结合实际制定或修订相关管理规定和实施细则。国家铁路局、中国民用航空局、国家邮政局可参照本办法制定或修订铁路、民航、邮政领域科研设施和仪器开放共享管理办法。

第二十九条　本办法由交通运输部科技司负责解释。

第三十条　本办法自 2019 年 3 月 1 日起施行，有效期 5 年。

中国科学院关于印发《中国科学院重大科技基础设施管理办法》、《中国科学院重大科技基础设施建设管理实施细则》和《中国科学院重大科技基础设施运行管理实施细则》的通知

科发条财字〔2019〕61号

院属各有关单位:

根据国家重大科技基础设施管理的新要求，为进一步规范和促进我院重大科技基础设施的建设和运行管理工作，现将《中国科学院重大科技基础设施管理办法》、《中国科学院重大科技基础设施建设管理实施细则》和《中国科学院重大科技基础设施运行管理实施细则》印发给你们，上述文件自发布之日起实施。2013年印发的《中国科学院关于印发〈中国科学院重大科技基础设施管理办法〉、〈中国科学院重大科技基础设施建设管理办法〉和〈中国科学院重大科技基础设施运行管理办法〉的通知》(科发条财字〔2013〕188号)和《中国科学院条件保障与财务局关于印发〈中国科学院重大科技基础设施基本运行经费管理实施细则〉的通知》(条财字〔2013〕32号)同时废止。

中国科学院

2019年7月22日

中国科学院重大科技基础设施管理办法

第一章　总　则

第一条　为加强中国科学院重大科技基础设施的管理，更好地为社会提供高水平的大型科学实验装置和公益科技设施，提高重大科技产出和社会效益，提升国家自主创新能力，根据《中共中央国务院关于全面实施预算绩效管理的意见》、《国务院关于国家重大科研基础设施和大型科研仪器向社会开放的意见》、《国务院关于优化科研管理提升科研绩效若干措施的通知》、《国家重大科技基础设施管理办法》等国家有关法规和规章，制定本办法。

第二条　本办法适用于中国科学院主管的重大科技基础设施。对于与院外单位共建或共同运行的设施，如本办法有不适宜之处，应以协议的形式对相关管理问题加以规定。

第三条　重大科技基础设施管理遵循“科学规划、严格立项、法人负责、规范建设、高效运行、开放共享”的原则。

第四条　为加强重大科技基础设施建设工程及其预先研究的管理，制定《中国科学院重大科技基础设施建设管理实施细则》。

第五条　为加强重大科技基础设施运行工作的管理，制定《中国科学院重大科技基础设施运行管理实施细则》。

第二章　定义与分类

第六条　重大科技基础设施是指为提升探索未知世界、发现自然规律、实现科技变革的能力，通过国家统筹布局，依托高水平创新主体建设，面向社会开放共享的大型复杂科学研究装置或系统，是长期为高水平研究活动提供服务、具有较大国际影响力的国家公共设施。

第七条　重大科技基础设施的重大升级改造是指为提升科学技术目标而大幅度提高设施性能或扩充功能，或改建为用于其他领域的设施而进行的改造。

第八条　按照应用目的，重大科技基础设施分为三种类型：

（一）为多学科领域的基础研究、应用基础研究和应用研究服务的公用实验设施；

（二）为特定学科领域的重大科学技术目标建设的专用研究设施；

（三）为国家经济建设、国家安全和社会发展提供基础科技数据与信息等技术支撑，并开展相关科学技术研究的公益科技设施。

第九条　按照投资渠道、承建形式和运行方式，重大科技基础设施可按以下形式划分：

（一）投资渠道分为国家全额投资、国家和其他方共同投资；

（二）承建形式分为一个法人单位独立建设、一个法人单位负责并与多个单位共同建设；

（三）运行方式分为一个法人单位独立运行、一个法人单位负责并与多个单位共同运行，或委托其他单位运行。

第十条 重大科技基础设施发展的全生命期分为工程预先研究、工程建设、设施运行、退役四个时期。

第三章 管理体制

第十一条 中国科学院重大科技基础设施管理实行院、所两级管理体制。

第十二条 中国科学院院长办公会议是重大科技基础设施的最高决策机构，审议批准重大科技基础设施工作的重大事项。分管院领导召开专门会议或由秘书长办公会议协调重大科技基础设施发展中需提交院长办公会议决策的重大问题。

第十三条 中国科学院条件保障与财务局（以下简称条财局）负责重大科技基础设施建设与运行管理工作的综合协调、归口对外。其主要职责是：

（一）制定重大科技基础设施管理规章制度；

（二）组织重大科技基础设施的发展规划研究；

（三）部署重大科技基础设施的工程预先研究项目；

（四）向国家有关部门建议重大科技基础设施建设项目，报告重大科技基础设施建设进展和运行情况，组织与国家有关部门、地方政府协商解决有关问题；

（五）组织开展重大科技基础设施《项目建议书》、《可行性研究报告》和《初步设计报告》论证或审查、报批或审批；

（六）建立日常监管机制，检查工程进展，组织工程重大变更的审查、报批，组织工程专业验收；

（七）审核批复重大科技基础设施建设与运行期间相关管理机构和负责人；

（八）向国家有关部门申请建设及运行经费，审核重大科技基础设施建设和运行经费的年度预算和决算；

（九）部署维修改造等项目，组织运行工作评估；

（十）其他与重大科技基础设施管理有关的工作。

第十四条 中国科学院各业务局负责科研有关的业务管理，包括组织与重大科技基础设施相关的新原理、新方法、新技术研究，以及依托重大科技基础设施的科研工作等。

第十五条 设立设施管理办公室，作为重大科技基础设施管理工作的办事机构。其主要职责是：

（一）组织重大科技基础设施运行计划评审，汇总分析设施运行情况，组织运行工作评估；

（二）设施维修改造项目、预先研究项目等组织管理；

（三）在建设施的监理、进展检查并汇总分析报告；

（四）组织工程建设与运行管理人员的培训；

（五）组织开展设施管理相关的政策研究；

（六）组织编印设施年报、成果汇编等，对设施网站和管理平台进行日常维护。

第十六条　中国科学院明确重大科技基础设施所依托的研究所、研究院、大学为设施建设与运行的依托单位，对中国科学院负责。依托单位应具有事业法人资格。

第十七条　对于共建工程或共同运行的设施，中国科学院明确一个研究所为依托单位。依托单位是整体工作的组织者，与其他单位以合同或协议的形式明确各方的责任、任务、权利及相关事宜，保证整体工作的实施。

第十八条　依托单位负责所承担重大科技基础设施的预先研究、工程建设和运行维护的组织实施及其主体责任。其主要职责是：

（一）组织队伍、建立机构；

（二）制定管理规章；

（三）有效调配依托单位资源；

（四）合理、有效管理使用专项经费；

（五）其他相关工作。

第十九条　为加强重大科技基础设施的管理，应成立相应的领导、执行、咨询和监督机构，机构设置和名称作如下原则性规定：

（一）建设期间，设立工程领导小组、工程指挥部、工程科学技术委员会；

（二）运行期间，依托单位负责设施的运行管理，并确保设施建设和运行的有效衔接。依托单位应成立运行管理机构，并明确总负责人；应设立设施科技委员会和用户委员会。运行管理机构的成立、总负责人的任命或调整、设施科技委员会和用户委员会的设立报中国科学院审批。共同投资或共同运行设施可设立管理委员会。

第四章　管理要求

第二十条　中国科学院根据国家科技发展规划，制定本院重大科技基础设施发展规划。

第二十一条　重大科技基础设施必须向国内外用户开放、共享公用，并定期向公众开放，开展科学普及活动。开放情况向社会公开，接受监督。

第二十二条　利用重大科技基础设施推动新兴学科或交叉学科的研究、技术的创新与集成、高新技术成果的转化，并加强人才的培养。

第二十三条　加强重大科技基础设施的国际合作与交流，在国家有关部门的主导和支持下，组织或参与重大科技基础设施国际合作项目。

第二十四条 针对重大科技基础设施特点，在组织架构、管理机制、考核评估等方面实行分类管理。

第二十五条 加强对重大科技基础设施建设与运行工作的检查与评估，并接受国家评估。

第二十六条 按照国家相关法规，做好设施发展全过程中环境保护、卫生健康、设施与人身安全、节能与资源综合利用工作。

第二十七条 按照国家质量管理的法规和中国科学院的有关规定，建立重大科技基础设施质量管理体系，加强质量管理。

第二十八条 按照国家档案管理的法规和中国科学院的有关规定，做好重大科技基础设施的档案管理。

第二十九条 按照国家有关保密的法规和中国科学院的有关规定，做好重大科技基础设施涉及的保密工作。

第三十条 加强重大科技基础设施间的交流与合作，可通过协议方式，实现技术共享、人员互助及仪器设备共用。

第三十一条 加强重大科技基础设施信息化管理，建立重大科技基础设施管理信息系统和信息管理规范。

第三十二条 重大科技基础设施实行重大事项逐级报告制度，不得延误和瞒报。

第三十三条 因工作失职造成工程质量低劣、严重拖期、经费严重超支，发生重大责任事故，或违反国家法规、财经纪律等情况，对负有直接责任的领导和人员，依据有关规定给予行政处分；构成犯罪的，依法追究刑事责任。

第五章 经费管理

第三十四条 重大科技基础设施建设与运行经费以国家投入为主，多方筹集资金。鼓励引进国际合作资金。

第三十五条 设施建设和运行经费管理要纳入中国科学院和设施依托单位绩效管理，提高经费使用的科学性、规范性和有效性。

第三十六条 经费使用按照国家有关法规和中国科学院相关规定执行，专款专用，不得截留、挪用或挤占。

第三十七条 经费管理实行预、决算制度。严格预算编制、审批与执行，据实编报决算。

第三十八条 经费管理分级负责。依托单位负责经费使用管理，条财局负责检查、监督、考核经费使用情况。经费管理和使用接受国家有关部门的审计和监督。

第六章　人力资源管理

第三十九条　重大科技基础设施工作所需人员由依托单位岗位聘任人员和项目聘用人员构成。重大科技基础设施建设完成后，应做好人员流转工作。

第四十条　依托单位应根据重大科技基础设施工作的特点，加强工程建设、运行维护、科研和管理队伍的建设，制定分类考核办法，建立相应的激励机制。设施建设和运行重要岗位负责人的实际贡献可作为人才评价的重要参考依据。

第四十一条　依托单位应做好重大科技基础设施人员培训和上岗资格认证工作。

第七章　资产与知识产权管理

第四十二条　重大科技基础设施发展中购置、研制及受赠的仪器和设备纳入依托单位固定资产账户管理与核算。属基本建设经费安排的，按照基本建设单位会计制度及资产管理的有关规定执行；属于科学事业费安排的，按照事业单位资产管理的有关规定执行。

第四十三条　由依托单位负责固定资产的有效使用和维护管理，固定资产的管理应账、账物、账表一致。

第四十四条　对于共同投资建设的重大科技基础设施，产权归属按国有资产管理的有关规定和各投资方签署的协议执行。没有约定的，原则上以设施运行单位为产权所有人。

第四十五条　重大科技基础设施建设竣工验收后，建设单位应按照国家有关规定，及时与运行单位或约定的共建设施产权所有人，做好财务关系划转和资产、债权、债务清理交接工作。

第四十六条　加强重大科技基础设施工作中的知识产权保护。各方共同研发形成的新技术等无形资产，按照协议确定各方的所有权、使用权和经营权，成果转化产生的效益分配按相关规定执行。

第八章　附　则

第四十七条　本办法由条财局负责解释。

第四十八条　本办法自发布之日起施行。2013 年印发的《中国科学院关于印发〈中国科学院重大科技基础设施管理办法〉、〈中国科学院重大科技基础设施建设管理办法〉和〈中国科学院重大科技基础设施运行管理办法〉的通知》（科发条财字〔2013〕188 号）同时废止。

中国科学院重大科技基础设施建设管理实施细则

第一章　总　则

第一条　为规范和加强中国科学院重大科技基础设施建设及其预先研究的管理，根据国家相关法规及《中国科学院重大科技基础设施管理办法》，制订本细则。

第二条　本细则适用于中国科学院主管的重大科技基础设施建设项目。对于与院外单位共建的项目，如本细则有不适宜之处，应以协议的形式对相关管理问题加以规定。

第三条　中国科学院重大科技基础设施建设工程参照国家基本建设项目管理程序分为项目建议、可行性研究、初步设计、开工准备、建设实施和竣工验收六个阶段，其中前四个阶段称为工程前期。

第四条　可行性研究报告和初步设计报告所确定的建设内容、性能指标、经费和工期构成工程基准，是工程实施的目标及工程管理的核心。

第五条　重大科技基础设施建设管理遵循“强化计划、监控过程、严守基准、保证质量、精心管理”的原则。

第二章　管理机构及职责

第六条　中国科学院条件保障与财务局（以下简称条财局）是重大科技基础设施的院主管部门，按照《中国科学院重大科技基础设施管理办法》履行对设施建设的管理职责。

第七条　在国家发展和改革委员会（以下简称国家发展改革委）批准项目建议书后，成立工程领导小组，其主要职责是：

（一）负责与国家有关部委及地方政府的工作协调；

（二）批准向国家发展改革委提交重要工程文件和报告；

（三）审议工程指挥部报告的重大事项。

第八条　对于多方投资的建设项目，按相关协议成立工程领导机构。

第九条　中国科学院明确重大科技基础设施所依托的具有事业法人资格的研究所、研究院、大学为设施建设的依托单位。项目依托单位为项目法人，对完成工程建设任务向中国科学院负责。

第十条　依托单位和共建单位法定代表人的主要职责是：

（一）合理调配资源，保证工程实施；

（二）责成单位已有管理机构为工程提供管理支持；

（三）保证单位自筹资金到位；

（四）掌握工程进展，及时发现并解决问题。

第十一条　项目建议书获得批准后成立工程指挥部（以下简称指挥部）。指挥部一般由总指挥、副总指挥、总工程师、总工艺师、总经济师组成，根据需要可设副职。成员由依托单位提名，报中国科学院聘任。指挥部须设立工程办公室，作为指挥部的办事机构和工程综合管理机构。

第十二条　指挥部主要成员应具有一定的重大科技基础设施管理经验或经过重大科技基础设施管理培训。未经工程领导小组同意，指挥部主要成员在项目建设期内不得担任其他研究或工程项目的负责人，也不得调动岗位或工作单位。

第十三条　指挥部的主要职责是：

（一）制定《项目前期工作计划》和《工程实施及管理计划》；

（二）实施工程日常管理，实现建设目标；

（三）贯彻工程领导小组的指示，支持和配合院主管部门对工程的管理工作；

（四）贯彻国家政策法规，防止违规现象发生。

第十四条　工程指挥部总指挥一般由依托单位法定代表人担任，当依托单位法定代表人不担任总指挥时，应与总指挥签订协议，并签署法人委托书，授权总指挥在协议规定的范围内作为项目法人代表行使职权。依托单位法定代表人同时应履行以下职责：

（一）为工程队伍组建提供支持和保障；

（二）保证工程使用单位设备、加工能力、场地等资源的优先权；

（三）掌握工程进展，及时发现问题，帮助工程指挥部解决问题；

（四）监督国家政策法规的贯彻执行；

（五）检查和督促工程总指挥履行职责，对不称职者，提请中国科学院撤换。

第十五条　工程领导小组和指挥部成立后组建工程科学技术委员会（以下简称科技委）。视情况可成立工程国际科技顾问委员会。科技委是工程领导小组和指挥部的科技咨询机构，其主要任务是：

（一）评议工程进展，提出相应建议；

（二）应工程领导小组或指挥部要求组织专项科技咨询；

（三）研究工程季度进展报告，并向工程领导小组和指挥部提出建议。

第十六条　科技委由学术水平高、责任心强，并确能参加工作的科技专家组成。科技委主任原则上由非建设单位的人员担任，主任和成员由中国科学院聘任。

第十七条　对于共建项目，在项目建议阶段，依托单位应与所有共建单位签订项目共建协议，规定各方在工程中的任务分工。

第十八条　项目建议书获得批准后，依托单位应与每个共建单位分别签订共建合同，详细规定共建中的相关事宜。合同由双方的单位法人、总指挥及共建单位的工程负责人共同签署。工程项目进行中，视需要签订补充协议。

第十九条　共建单位应在总指挥指导下建立工程指挥系统，在所承担的任务范围内行使日常管理职权。共建单位的工程负责人对总指挥负责。

第三章　预先研究管理

第二十条　预先研究是指为提出重大科技基础设施项目建议所开展的研究，其任务是初步确定项目科学技术目标、建设目标、总体技术方案，并开展关键技术研究，验证方案的基本技术可行性。

第二十一条　相关单位应根据国家需要和中国科学院相关规划，多方筹措经费，自主开展前期研究。研究工作取得一定进展后及时向条财局报告。

第二十二条　条财局统筹规划部署预先研究项目，对预先研究项目进行管理，检查和评估项目进展。

第二十三条　项目完成后，根据支持方式由相关部门组织验收。

第四章　工程前期文件编制及审查

第二十四条　设施建设项目实行审批制，包括审批项目建议书、可行性研究报告、初步设计。国务院、国家发展改革委批准的专项规划中已经明确、前期工作深度达到项目建议书要求、投资规模较小、国家投资比例较低的项目，可以直接编报可行性研究报告。

第二十五条　依托单位应委托项目所属领域的甲级工程咨询机构组织编制项目建议书和可行性研究报告，并委托项目所属领域的甲级设计单位编制初步设计报告和投资概算。条财局对项目建议书、可行性研究报告组织专家评审后上报国家发展改革委审批。国家发展改革委核定投资概算，审批或委托中国科学院审批初步设计方案。

第五章　项目建议阶段

第二十六条　中国科学院向国家推荐重大科技基础设施项目时，由条财局组织遴选评议，经秘书长办公会议审查，报院长办公会议批准。列入国家规划后，启动项目建议书编制工作。

第二十七条　在项目建议阶段应召开设施用户会议，就科学技术目标、用户需求、主要功能和性能要求、建设方案、建设内容等进行研讨，形成用户意见，作为项目建议书的附件。

第二十八条　项目建议书批复后应制订《项目前期工作计划》，项目前期工作计划应包括（但不限于）以下内容：

（一）工作进度计划和关键时间节点；

（二）研究试验计划，包括每个主要研究试验项目的内容、研究目标、进度、经费及验收要求；

（三）与研究试验和设计工作相适应的管理机构、工作分解结构和组织分解结构，以及相应的人力资源计划；

（四）关键部件设计的评审计划和用户评议计划；

（五）规章制度、技术规范的制订计划和各自的要点。

第六章　可行性研究和初步设计阶段

第二十九条　可行性研究/初步设计工作须依据获批准的项目建议书/可行性研究报告进行。对项目建议书/可行性研究报告已定内容做重大调整的，应由依托单位提出申请，条财局组织审查后，经主管院领导审定，报国家发展改革委审批。

第三十条　可行性研究和初步设计阶段，依托单位应向条财局提交季度工作进展报告。视需要，工程领导小组可委托科技委对工作进展进行检查、对重大科学技术问题进行评议。

第三十一条　工程经费估算、概算应依据中央预算内投资项目经费相关规范如实编制。

第三十二条　可行性研究和初步设计阶段应加强工程风险分析，形成《风险管理计划》，在可行性研究报告和初步设计报告院级评审时一并加以评审。

第三十三条　可行性研究和初步设计阶段应召开用户评议会，就实验系统及开放共享配套设备、设施的建设方案形成评议意见，作为可行性研究报告和初步设计报告的附件。

第三十四条　初步设计阶段，依托单位应制订《工程实施及管理计划》，报条财局备案。

第七章　开工准备阶段

第三十五条　依托单位应按照国家相关规定，完成以下开工准备工作：

（一）完成《工程实施及管理计划》中规定的主要规章和技术规范的制定；

（二）依据《工程实施及管理计划》，完成工程组织机构的建立，工程队伍基本组织到位；

（三）系统及以上工程负责人到位，重大设备负责人基本到位，管理机构的负责人和主要人员到位；

（四）对相关人员进行工程管理、规章制度和技术规范培训。

第八章　建设实施阶段

第三十六条　指挥部应按照《工程实施及管理计划》建立完善的工程管理体系，

制订完备的管理规章制度和技术规范，加强质量、经费、进度、风险、变更、安全、采购和合同、档案、信息等管理，认真履行管理职责，尽力保证工程基准的实现。

第三十七条 工程实施过程中应视需要对《工程实施及管理计划》进行修订。修订计划应报条财局备案，重大计划修订须经工程领导小组批准。

第三十八条 指挥部应在每季度结束后10个工作日内向条财局提交工程季度进展报告。工程季度进展报告应同时提交科技委。报告应包括（但不限于）以下内容：

（一）工程进展和关键技术进展综述；

（二）总体至系统级及重大设备的经费使用情况与经费使用计划对照；

（三）总体至系统级及重大设备的实际进度与计划进度对照；

（四）若工程进展与计划有较大偏离，分析原因，预测对实现工程基准的影响，提出改进措施；

（五）存在的问题、困难及解决措施。

第三十九条 条财局负责对季度进展报告进行分析，发现重大问题时，应到建设单位进一步了解情况并向工程领导小组汇报。

第四十条 条财局负责组织对工程实施计划的执行情况进行年度检查，并形成检查意见。

第四十一条 科技委举行年度例会，评议工程科学技术进展，提出相应建议，并形成会议纪要。

第四十二条 当建设实施中出现重大问题时，指挥部应及时报告工程领导小组，领导小组应及时反馈意见。视需要领导小组可要求科技委组织专项咨询。

第四十三条 对检查意见、咨询报告以及科技委会议纪要提出的问题，指挥部须向工程领导小组报告处理意见和改进措施，领导小组和院相关部门应及时采取必要的管理措施。

第四十四条 条财局负责建立重大科技基础设施日常监管机制，对工程实施过程进行跟踪、监督和检查，了解掌握工程实施进展和经费使用情况等。

第四十五条 当工程实施状况与实施计划有重大偏离并可能危及工程基准的实现时，指挥部须及时报告工程领导小组，提出矫正措施，并适时报告事态的发展，直至偏离得到矫正。

第四十六条 当对实施计划的偏离已不可矫正时，指挥部应评估其对工程基准的影响。对于需要国家或院批准的重大基准变更，应及时向条财局提出申请。

（一）投资概算发生变化，调整幅度超过10%的，指挥部应提交概算调整报告，经条财局审核后报国家发展改革委调整；

（二）设施建设内容发生重大变化的，包括建设地点、建设规模、技术方案、验收指标等，指挥部须及时提交变更申请和调整方案，经条财局审核后报国家发展改革委审批。

第四十七条 因拨款延误造成工程进度拖延的，由指挥部向条财局提交工期变更请示，经审批后对工期进行相应调整。

第四十八条　对因严重失职造成项目不能按基准完成的，应追究相关人员的责任。

第九章　竣工验收和转入运行

第四十九条　工程竣工验收按照国家相关规定进行。在国家验收之前，中国科学院组织工程验收，包括性能测试、专业组验收。专业组验收内容主要包括性能（工艺）、财务、资产、建安、档案五个部分。

第五十条　当工程满足竣工验收条件时，依托单位向条财局提出验收申请，经条财局审核后启动验收工作。

第五十一条　条财局会同相关部门组织专业组验收。当设施运行单位不是建设单位时，运行单位须参加验收工作。

第五十二条　在验收中发现重大问题的，应及时报告工程领导小组，并责成依托单位加以解决。必要时，工程领导小组应组织专家咨询，提出处理建议。

第五十三条　验收合格后，形成验收报告，由条财局向国家发展改革委提出国家验收申请，并会同相关部门协助做好国家验收工作。

第五十四条　国家验收完成后，依托单位应及时制定解决工程遗留问题的工作计划。遗留问题解决后，依托单位向条财局提交工作总结，由条财局加以认定。当运行单位不是建设单位时，运行单位须参与制订解决遗留问题的工作计划以及对工作完成情况的认定。

第五十五条　工程后期应根据《中国科学院重大科技基础设施运行管理实施细则》的要求，适时制订《运行方案报告》，并报条财局审查。

第五十六条　竣工验收通过并根据《运行方案报告》完成运行准备工作后，按程序转入正式运行。

第五十七条　若设施的部分系统需在工程竣工验收前先期投入运行，应在可行性研究报告和初步设计报告中加以说明，经过专家论证，报国家有关部门批准后执行。

第五十八条　当设施的验收指标和设计指标不同时，在设施的性能已达到设计指标后，建设单位和运行单位应共同向条财局提出设计指标验收申请，由条财局组织实施验收工作。

第十章　附　则

第五十九条　本细则由条财局负责解释。

第六十条　本细则自发布之日起施行。2013 年印发的《中国科学院关于印发〈中国科学院重大科技基础设施管理办法〉、〈中国科学院重大科技基础设施建设管理办法〉和〈中国科学院重大科技基础设施运行管理办法〉的通知》（科发条财字〔2013〕188 号）同时废止。

中国科学院重大科技基础设施运行管理实施细则

第一章　总　则

第一条　为规范和加强中国科学院重大科技基础设施运行工作的管理，根据《中国科学院重大科技基础设施管理办法》，制订本细则。

第二条　本细则管理范围包括重大科技基础设施的运行维护、利用和开放、运行经费、运行工作评估、退役的管理。

第三条　本细则适用于中国科学院主管的重大科技基础设施运行工作。对于与院外单位共同运行的设施，如本细则有不适宜之处，应以协议的形式对相关管理问题加以规定。

第四条　运行工作管理遵循“明确目标、加强计划、高效运行、开放共享”的原则。

第二章　管理机构

第五条　中国科学院明确重大科技基础设施所依托的研究所、研究院、大学为设施运行的依托单位。依托单位应具有事业法人资格。

第六条　依托单位须明确主管重大科技基础设施运行工作的所领导，建立与依托单位的组织体系相协调的运行工作组织与管理机构，并报中国科学院条件保障与财务局（以下简称条财局）备案。

第七条　科技委员会是重大科技基础设施运行工作的科技咨询机构。其主要职能是：对科学技术目标、发展方向提供科技咨询；评议设施的运行工作计划、运行和利用情况、重大合作计划等。

科技委员会人数一般不超过25人，其中，所外专家比例应高于1/2。科技委员会的设立报中国科学院批准。科技委员会可下设专业委员会。

第八条　用户委员会是重大科技基础设施运行与利用的监督机构和用户联络机构。其主要职能是：听取用户意见，反映用户需求，监督设施运行和利用情况，配合依托单位组织用户培训与交流，开展机时分配，对设施改进发展提出建议，推动新技术的应用与合作研究。

用户委员会成员由用户代表组成，通过用户选举、推荐等方式确定，主任经成员选举产生。用户委员会的设立报条财局备案。

第九条　科技委员会、用户委员会应定期召开会议，并将会议纪要送达依托单位。依托单位应对提出的意见和建议给予书面回复，并将回复结果抄报条财局。

第三章　运行维护

第十条　依托单位应做好新建重大科技基础设施运行工作的准备，成立运行管理机构，提出运行工作方案，报条财局审查。

第十一条　运行工作方案包括任务与目标、组织管理模式、技术条件、运行指标、人力资源、开放共享、经费预算、管理规章等。

第十二条　条财局审查运行工作方案后，下达审查意见。依托单位根据审查意见，做好相关准备工作。

第十三条　工程项目竣工验收后，重大科技基础设施正式投入运行。对于工程竣工验收前，部分系统需先期投入运行的情况，应按国家有关部门批复的意见，由依托单位将相关的运行工作方案与经费预算报条财局审查。

第十四条　建立专职运行维护队伍和岗位责任制，人员须经培训合格后上岗。

第十五条　设立安全管理机构或专职安全管理岗位，建立安全责任制度、操作规程和紧急情况处理预案。

第十六条　依托单位每年 2 月中旬须向条财局报送上年度《运行工作总结和经费决算报告》（以下简称运行工作总结报告），每年 9 月底前报送下一年度《运行工作计划和经费预算报告》（以下简称运行工作计划报告）。新建设施运行的前一年，依托单位须报送下年度运行工作计划报告。

运行工作计划应以保障重大成果产出为目标，重点保障前沿基础研究重大突破、服务国家重大战略需求和解决行业或产业关键核心技术等。

第十七条　依托单位参照本年基本运行经费预算和上年经费实际支出，按照运行工作需要，编制下年度运行工作计划报告。报告内容包括运行目标以及运行、维护、利用、人员、交流合作、经费预算等具体计划。运行工作计划经设施科技委评审后实施。

第十八条　若核定运行经费与申请经费不同，或经审查有其他需要调整的内容，依托单位应根据核定经费和审查意见修改运行工作计划报告。

第十九条　运行工作总结报告应对照运行工作计划报告，总结并分析计划执行和经费使用情况。

第二十条　条财局每年召开“中国科学院重大科技基础设施运行工作会议”，检查、交流上年度运行工作和预算执行情况。

第二十一条　依托单位须按照运行计划，完成日常维护与经批准的维修改造项目任务。

第二十二条　依托单位应制定日常维护计划，以及技术标准和规范，做好维护记录和归档，建立以设备完好率为核心的维护工作考核制度。

第二十三条　维修改造项目由依托单位提出申请，条财局组织专家对申请项目进行评审，根据评审意见组织项目立项。

第二十四条 维修改造项目获得批准后，条财局与依托单位签订《维修改造项目任务书》，明确项目目标、内容、经费、验收时间与方式。

第二十五条 条财局视情况对维修改造项目执行情况进行检查。

第二十六条 维修改造项目完成后，依托单位应向条财局提交项目完成报告，由条财局组织专家验收。若维修改造项目与相关系统的建设或改造同期进行，可一并验收。

第二十七条 维修改造项目如无法按时完成任务的，依托单位应在执行期满六个月前报告，说明已完成内容、财务收支情况、延期原因、拟采取的补救措施和新的完成时限。条财局研究决定是否终止、结题或延期。未经核准延期超过 1 年的，暂缓依托单位新的维修改造项目申请资格。

第二十八条 维修改造项目任务书批复后，原则上不得更改建设内容或降低验收指标。如有特殊情况确需调整，依托单位应及时组织同行专家论证，将变更情况和专家意见报条财局核准。条财局研究决定是否终止或结题。未经核准擅自调整项目建设内容或验收指标，则按照验收不通过处理，结余经费按国家及院有关管理规定收回；同时暂停依托单位至少 1 年新的维修改造项目申请资格。

第四章　利用和开放

第二十九条 重大科技基础设施必须对外开放，共享公用，并承担国家有关部门下达的任务。参照国内外同类设施的开放共享标准，建立公开、公平、开放的设施使用申请管理制度。

第三十条 依托单位应为用户提供设施使用所必备的科学实验条件或公益服务功能。对于用户所需的特殊条件、设备或服务要求，须由用户自行或与依托单位共同争取经费解决。

第三十一条 依托单位应落实国家关于重大科研基础设施和大型科研仪器向社会开放的要求，利用开放共享信息平台管理设施运行和开放共享工作，按时填报相关信息。

第三十二条 用户开展科学实验所需科研经费，由用户自行解决。

第三十三条 依托单位须做好用户开放工作：

（一）利用重大科技基础设施共享服务平台向用户发布设施技术指标、运行计划、公用设备、服务范围、申请受理、机时安排等信息；

（二）为用户提供技术支持及必要的办公和生活条件；

（三）通过召开用户年会和研讨会、举办用户培训班、出版年报等形式，加强与用户的交流；

（四）建立用户意见反馈机制，改进服务。

第三十四条 依托单位应建立公平、公开的课题审批制度。优先安排国家重大项目所需机时和数据服务。依托单位和用户应明确双方责任、义务、权利以及其他事宜。

第三十五条 依托单位应做好数据的收集、汇总、同化、存档、备份、分发和交流工作，在确保国家安全和保护知识产权的前提下，最大限度地实现科学数据共享；加强数据库的建设和公用分析软件的开发。

第三十六条　以国家投入为主建设的重大科技基础设施，一般应无偿向公益型事业单位用户开放。其他用户依协议承担相应的成本费用。

第三十七条　用户在已建成运行的设施上投资建设新的实验装置，原则上应经条财局初审后报国家发展改革委，由国家发展改革委审批或国家发展改革委委托中国科学院审批。

第三十八条　开放中的知识产权管理：

（一）用户独立开展科学实验形成的知识产权由用户拥有，完成的著作、论文等发表时，应以适当方式说明利用该设施开展科学实验的情况和结果；

（二）依托单位与用户共同开展科学实验形成的知识产权由用户单位和依托单位共同拥有，使用权和经营权由双方协议确定。

第五章　运行经费

第三十九条　重大科技基础设施运行经费实行全成本核算，以中央财政资金为主，以其他科研经费及对外服务收入为辅。

第四十条　运行经费管理遵循“严格核算、统筹安排、保证运行、兼顾维修”的原则。

第四十一条　为落实《中共中央国务院关于全面实施预算绩效管理的意见》，设施依托单位应制定合理的运行经费绩效目标，包括产出、效益、开放共享程度等；条财局和依托单位做好绩效运行监控，对绩效目标实现程度和预算执行进度实行“双监控”，确保绩效目标如期保质保量实现；通过自评和外部评价相结合的方式，对预算执行情况开展绩效评价。

第四十二条　运行经费主要用于设施基本运行、维修改造及相关支撑。基本运行经费用于保证设施正常运行、日常维护以及包括对外开放在内的业务支出，是相对稳定支持的经费；维修改造项目经费用于支持系统或主要设备的维修，是一次性支持的经费。运行经费不用于设施的重大升级改造。

第四十三条　基本运行经费分为四部分：直接消耗经费、运行维护经费、人员费和其他业务经费。

（一）直接消耗经费指为了保证设施运行需要支付的水、电、气、暖、特殊耗材、委托业务、租赁及其他经常性消耗支出。

直接消耗经费根据设施的运行机时和核定的单位机时消耗确定。设施的直接消耗应与依托单位的其他部门直接消耗分开计量。依托单位通过节能或其他技术改造使设施的单位机时消耗费用降低，所节余经费经报条财局批准后可用于该设施其他经费支出。如设施经过重大维修改造，应视情况重新核定单位机时消耗。

（二）运行维护经费分为：备品备件经费、一次性备品备件经费、更新设备经费、设备维护经费。

备品备件指为保障设施正常运行，应备有的、经常需要更换的易损件；一次性备品备件指寿命相对较长，原件一旦损坏将影响设施运行的必备的关键设备或部件，此类备件要用后才可再备；更新设备指由于同型号的产品停产不得不更新，或同等价格性能更高的设备；设备维护经费指对现有运行设备进行的日常维护维修保养发生的消耗性经费或维护合同经费。

依托单位可在运行维护经费的 20% 范围内自行调整预算中的设备清单，超支部分自筹解决。

（三）人员费是指在不突破工资总额的前提下，用于运行维护人员岗位及绩效津贴、项目聘用人员和临时工工资等的费用。人员费依据设施运行维护人员岗位职数，按统一标准核定。

（四）其他业务经费是指依托单位为支持设施运行而支出的公共费用，包括设施的办公费、大型修缮费、信息网络费、国际交流费、会议费、差旅费、培训费、用户服务费等。该费用应全额用于设施相关的支出。

其他业务经费以直接消耗经费和运行维护经费为基数，按照分段超额累退比例法核定。

核定标准如下：基数在 1000 万元及以下部分按照 10% 的比例核定；超过 1000 万元至 3000 万元的部分按照 5% 的比例核定；超过 3000 万元至 5000 万元的部分按照 2% 的比例核定；超过 5000 万元的部分按照 1% 的比例核定。

第四十四条 依托单位应按照国家规定，将设施运行经费预算纳入依托单位年度财务预算，并对运行经费预算加以说明。

第四十五条 运行经费预算包括收入预算和支出预算。

收入预算包括中央财政拨款、上年度结余经费、其他渠道获得的可用于运行的经费。支出预算包括消耗性支出、其他资本性支出、人员支出、业务支出和管理费。

依托单位应按照《政府会计制度——行政事业单位会计科目和报表》（财会〔2017〕25 号）等规定进行会计核算、编制财务报表和预算会计报表。

第四十六条 条财局负责审核依托单位设施运行经费预算，向国家有关部门申请运行经费。

第四十七条 国家有关部门批复中国科学院部门预算后，条财局结合各设施上年度运行工作总结报告、下年度运行工作计划报告、国家或中国科学院对运行工作评估的结果，以及安排的维修改造项目，核定各设施下年度运行经费。运行经费使用要强化预算约束。

对于基本运行经费预算，条财局组织专家组进行审查。对新投入运行的设施须连续现场审核三年以确定基本运行经费；对正常运行的设施，每三年现场复查一次。

第四十八条 运行经费的管理和使用接受财政部、国家审计部门的检查与监督。

第四十九条 根据需要，条财局组织财务专家或委托中介机构对依托单位运行经费使用情况进行专项检查。

第五十条 依托单位或个人违反本细则的，中国科学院视情节轻重分别采取警告、通报批评、经费缓拨等处理措施；情节严重的，追究有关单位和人员的责任；构成犯罪的，依法追究刑事责任。

第六章 运行工作评估

第五十一条 中国科学院定期对重大科技基础设施运行工作进行评估。

第五十二条 公用实验设施和公益科技设施一般采用国内评估，由条财局组织实施。

（一）专家组由国内科技、管理、财务专家组成。科技专家以用户专家为主；

（二）工作方式包括听取运行工作报告，考察现场，查阅运行工作计划报告和运行工作总结报告，抽查运行维护和实验或公益服务记录、财务和资产账目、制度和档案，听取用户和依托单位人员意见等；

（三）评估重点是支持科学实验或公益服务的情况、重大成果产出、开放共享、运行维护与改进、队伍建设与人才培养、经费使用效率、管理、后续发展能力等；

（四）专家组提出评估报告，可附专家个人意见。

第五十三条 专用研究设施一般采用国际与国内评估结合的方式，由条财局组织实施。

（一）专家组由国内外专家组成；

（二）工作方式包括听取运行工作报告、考察现场、听取用户和依托单位人员意见、查阅相关资料等；

（三）国际评估重点是科学目标实现情况、技术状况与运行水平、交流与合作、后续发展能力等。视情况，也可采取通讯评审；

（四）国内评估重点是运行经费使用效率、队伍建设与人才培养、管理情况等；

（五）专家组提出评估报告，可附专家个人意见。

第五十四条 条财局和依托单位应对评估报告提出的问题和建议，提出改进措施和处理意见。

第五十五条 视需要可对重大科技基础设施运行工作进行专项检查。

第七章 退 役

第五十六条 重大科技基础设施因科学寿命终结或其他原因需要终止运行的，由条财局组织专家对退役理由和方案、环境保护措施以及所需经费进行论证，报院长办公会议审查后，向国家发展改革委提出设施退役方案。

第五十七条 国家有关部门批准设施退役后，中国科学院责成依托单位，按照有关规定做好设施退役工作：

（一）做好固定资产清理、人员安排及其他善后工作；

（二）采取必要措施，保护环境安全；

（三）退役经费在国家有关部门批准的额度和范围内使用。

第八章 共同运行设施

第五十八条 共同投资或共同运行设施可设“管理委员会”。管理委员会是运行工作的领导机构。管理委员会主任和成员经协商产生，由中国科学院聘任或共同聘任。

第五十九条 对于共同运行设施，中国科学院明确一个研究所为依托单位。依托单位应与其他运行单位签订运行协议，建立协调机构，规范工作程序，统一技术标准，保证整体工作的实施。

第六十条 对于多点接收或观测的设施，由依托单位负责数据总成与总体设计，协调技术支持，实施质量控制，共享数据信息。

第六十一条 共同运行设施基本运行经费的核定由条财局和运行单位研究后，选择以下一种方式：

（一）分别核定各运行单位的基本运行经费；

（二）核定设施的基本运行经费总额，由依托单位与其他运行单位协商分配。

第六十二条 各运行单位设施的运行经费预算纳入本所的年度预算，实际支出纳入本所年度决算，并对运行经费预算和使用情况加以说明。

第六十三条 共同运行设施的运行工作方案报告、运行工作计划报告、运行工作总结报告、维修改造项目申请书、运行工作报告等，由依托单位组织其他运行单位共同编制，形成总体报告，并由依托单位上报，必要时可附各单位方案或分报告。

第九章 附 则

第六十四条 本细则由条财局负责解释。

第六十五条 本细则自发布之日起施行。2013 年印发的《中国科学院关于印发〈中国科学院重大科技基础设施管理办法〉、〈中国科学院重大科技基础设施建设管理办法〉和〈中国科学院重大科技基础设施运行管理办法〉的通知》（科发条财字〔2013〕188 号）和《中国科学院条件保障与财务局关于印发〈中国科学院重大科技基础设施基本运行经费管理实施细则〉的通知》（条财字〔2013〕32 号）同时废止。

中国科学院条件保障与财务局关于印发《中国科学院大型仪器区域中心和所级公共技术中心管理办法》的通知

条财字〔2020〕38 号

院属各有关单位：

为规范和加强我院大型仪器区域中心和所级公共技术中心的建设和运行管理，现将《中国科学院大型仪器区域中心和所级公共技术中心管理办法》印发给你们，请遵照执行。本办法自印发之日起实施。

中国科学院条件保障与财务局

2020 年 12 月 14 日

中国科学院大型仪器区域中心和所级公共技术中心管理办法

第一章 总 则

第一条 为规范和加强我院大型仪器区域中心（以下简称区域中心）和所级公共技术中心（以下简称所级中心）的建设和运行管理，促进院属科研单位（以下简称研究所）科研仪器设备资源的高效利用和开放共享，加强技术支撑队伍建设，提升技术支撑能力，充分发挥区域中心、所级中心在我院技术支撑系统建设中的骨干与基础作用，制定本办法。

第二条 区域中心是综合考虑学科规划布局和发展需求，根据区域特点和学科共性，由相关研究所共同规划、建设、运行和管理，有效统筹区域内相关科研装备资源，建立的集科研仪器设备、高水平技术人才于一体，特色明显、功能强大的大型仪器区域共享与技术交流中心。

第三条 所级中心是研究所综合考虑学科特色和发展需求，统筹管理研究所相关科研装备资源，建立的集科研仪器设备运行维护、技术服务和技术开发、技术人才培养于一体的公共技术中心。

第四条 条件保障与财务局（以下简称条财局）是区域中心、所级中心的主管部门，主要负责统筹规划区域中心布局，宏观指导区域中心、所级中心的建设和运行，组织院所两级中心评估，设立专项经费支持院、所两级中心的运行，坚持统筹规划、稳定支持、定期评估和动态调整的原则。

第二章 组织建设

第五条 区域中心的建设布局由条财局统筹规划，相关单位共同研究制定建设方案，经批准后实施。区域中心设立管理委员会，由区域中心各成员单位有关负责人组成，由牵头单位主要负责人任主任，经条财局批准后聘任。

第六条 所级中心由研究所结合本所科研工作特点制定建设方案，自行组织实施，实现研究所仪器设备统一管理、统一运行。所级中心实行主任负责制，由研究所相关负责人或部门负责人担任。

第三章 运行管理

第七条 区域中心应充分发挥管理委员会的职能作用，加强日常管理。

（一）规范区域中心的建设和运行管理。制订、完善区域中心管理细则，设立办公室，负责区域中心日常管理工作。

（二）统筹区域内大型仪器设备资源配置与规划，督促大型仪器设备使用与开放共享。

（三）根据财政部和院有关要求，组织成员单位编制本区域的仪器设备类修购专项规划，督促成员单位修购专项执行，受条财局委托组织修购专项验收工作。

（四）组织成员单位开展功能开发项目立项、验收、成果应用与技术推广等工作，定期遴选优秀功能开发项目报条财局备案。

（五）搭建区域技术交流平台，定期组织承办管委会会议、办公室主任会议、片区交流会议等，开展成员单位之间的技术、管理交流与培训。

（六）加强技术人才队伍建设，组织评选院、所两级公共技术中心优秀集体和优秀个人。

（七）承担院主管部门委托的技术支撑系统相关工作。

第八条　所级中心主任全面负责中心日常工作，加强运行管理。

（一）规范所级中心的建设和运行管理。制订、完善所级中心管理细则，设立管理机构，聘用专职管理人员，负责所级中心日常管理工作。

（二）统筹研究所科研装备资源配置。加强仪器设备开放共享，提升仪器设备使用效率。

（三）按照财政部和院有关要求，编制研究所仪器设备类修购专项规划和年度计划，组织专项项目执行。

（四）规范所级中心经费收入与支出管理，制定合理收费标准，经费实行年度独立核算。

（五）提升技术支撑能力与水平，稳定技术人才队伍。建立、健全技术支撑人员考核评价机制，组织推荐院、所两级公共技术中心优秀集体和优秀个人。

（六）承担院、区域中心委托的技术支撑系统相关工作。

第九条　为深入贯彻落实国家大型科研仪器开放共享的要求，仪器设备（50 万元以上且可以独立运行服务）如无特殊原因均须纳入“中国科学院仪器设备共享管理平台”（http：//samp. cas. cn/）管理，自用和对外服务原则上须通过智能卡系统统计机时和计费，提高运行管理效率，并保证网络数据真实有效。

第十条　年度工作总结是考核区域中心、所级中心年度工作的重要依据。区域中心、所级中心应于每年 3 月份之前向条财局提交上一年度工作总结报告，总结中心发展状况和存在的问题。

第十一条　条财局根据区域中心、所级中心年度工作情况，每年给予运行补贴经费支持，经费使用须符合各级财务部门制定的相关政策和法规。经费支出范围包括中心直接消耗经费、运行维护经费和其他业务经费等。

第四章 考核评估

第十二条 院条财局定期组织对区域中心进行评估，评估周期为5年。

（一）评估内容主要包括资源建设与整合、运行效果与贡献、组织管理等。

（二）评估结果分为A、B、C 3类。评估结果为A类的区域中心，院将予以适当政策倾斜或奖励。评估结果为C类的区域中心，应在2年内限期整改。整改期核减区域中心运行补贴等相关经费支持。到期未通过整改验收的区域中心，院将予以撤销。

第十三条 院条财局定期组织对所级中心进行评估，评估周期为5年，每年评估1个领域。

（一）评估内容包括总体情况、平台能力与水平、技术支撑队伍建设、运行效果与贡献、管理体制与运行机制等。

（二）评估结果分为优秀、通过和不通过三类。评估结果为优秀的所级中心，院将予以运行经费奖励；不参加或不通过的所级中心，院将不予以运行补贴经费支持。

第十四条 区域中心名称变更、牵头单位调整、成员单位变更等需报条财局审批，区域中心管理委员会（办公室）成员、所级中心主任变更等需报条财局备案。

第五章 附 则

第十五条 区域中心统一命名为“中国科学院××大型仪器区域中心”，英文名称为“Regional Center of Large-scale Instruments for ××，CAS”。所级中心统一命名为“××公共技术中心”，英文名称为“Institutional Center for Shared Technologies and Facilities of ××，CAS”。

第十六条 本管理办法自发布之日起施行，由条财局负责解释。

第二篇　各地方促进科研设施与仪器开放共享的政策制度

【实施意见与方案】

北京市人民政府办公厅关于加强首都科技条件平台建设　进一步促进重大科研基础设施和大型科研仪器向社会开放的实施意见

京政办发〔2016〕34 号

各区人民政府，市政府各委、办、局，各市属机构：

为深入贯彻 2016 年全国科技创新大会和《国务院关于国家重大科研基础设施和大型科研仪器向社会开放的意见》（国发〔2014〕70 号）精神，进一步促进本市重大科研基础设施和大型科研仪器（以下简称科研设施与仪器）向社会开放，不断提高科技资源利用效率，努力将科技资源优势转化为创新发展优势，经市政府同意，现提出以下实施意见。

一、指导思想

深入贯彻落实党的十八大和十八届三中、四中、五中全会精神，深入学习贯彻习近平总书记系列重要讲话和对北京工作的重要指示精神，牢固树立创新、协调、绿色、开放、共享的发展理念，牢牢把握首都城市战略定位，坚持制度推动、信息共享、资源统筹、奖惩结合、分类管理原则，积极打造覆盖各类科研设施与仪器、统一规范、功能强大的专业化、网络化管理服务体系，建立健全科研设施与仪器开放共享的制度、标准和机制，努力实现科研设施与仪器配置、管理、服务、监督、评价全链条有机衔接，为实施创新驱动发展战略、建设全国科技创新中心提供重要支撑。

二、适用范围

本实施意见所指的科研设施与仪器，包括大型科学装置、科学仪器中心、科学仪器服务单元和单台（套）价值在 50 万元及以上的科学仪器设备等，主要分布在高等学校、科研院所和部分企业的各类重点实验室、工程（技术）研究中心、分析测试中心、野外科学观测研究站及大型科学设施中心等研究实验基地。其中，科学仪器设备可分为分析仪器、物理性能测试仪器、计量仪器、电子测量仪器、海洋仪器、地球探测仪器、大气探测仪器、特种检测仪器、激光器、工艺试验仪器、计算机及其配套设备、天文仪器、医学科研仪器、核仪器、其他仪器等。

三、主要任务

（一）建设科研设施与仪器开放共享信息系统

1. 建设首都科技条件平台信息系统。根据本市科研设施与仪器开放服务特点，参照有关标准和规范，建设全市统一的首都科技条件平台信息系统，融科研设施与仪器的配置、管理、服务、监督、评价等功能于一体。信息系统设置科技资源情况、开放制度、服务项目、使用情况等栏目，向社会公开科研设施与仪器的分布、利用和开放共享情况等信息，并对接国家相应网络管理平台。有关行政主管部门组织并督促符合条件的科研设施与仪器管理单位（以下简称管理单位）建设在线服务平台，并对接首都科技条件平台信息系统。

责任单位：市科委、市经济信息化委、市教委、市发展改革委、市国资委、市质监局、市卫生计生委、市农委

2. 推动科研设施与仪器纳入首都科技条件平台信息系统。有关行政主管部门组织并督促管理单位将所有符合条件的科研设施与仪器信息，纳入首都科技条件平台信息系统开放共享。其中，存量科研设施与仪器于2016年底前完成信息报送；新增科研设施与仪器由管理单位自完成安装验收之日起30个工作日内，将科研设施与仪器的名称、型号规格、主要功能、应用范围、服务内容等提交信息系统。鼓励管理单位根据开放意愿和市场需求，将本实施意见适用范围以外的科研设施与仪器纳入信息系统开放共享。

责任单位：市科委、市财政局、市教委、市发展改革委、市国资委、市质监局、市卫生计生委、市农委

（二）健全科研设施与仪器开放共享服务体系

1. 实行分类开放共享服务。有关行政主管部门督促管理单位在满足本单位科研教学需求的基础上，通过线上推介、线下服务等方式，积极推进科研设施与仪器开放。对大型科学装置、科学仪器中心，管理单位应将向社会开放纳入日常运行管理。对通用科学仪器设备，有关行政主管部门通过建设科学仪器中心、分析测试中心等方式，实行集中集约管理。

责任单位：市教委、市发展改革委、市国资委、市质监局、市卫生计生委、市农委

2. 鼓励建立专业服务机构。管理单位可通过建立运营公司或利用现有运营公司，承担科研设施与仪器的日常管理维护工作，加强社会化服务和运营。有关行政主管部门加强统筹协调，支持打破管理单位界限，按专业领域或仪器功能，推动形成专业化、网络化的科研设施与仪器服务机构群。对重大科研基础设施，鼓励企业和社会力量参与共建，组建专业的科学仪器设备服务机构开展运营。

责任单位：市科委、市教委、市发展改革委、市国资委、市质监局、市卫生计生委、市农委、市经济信息化委

3. 搭建开放共享服务网络。深入推进首都科技条件平台“小核心、大网络”工作体系建设，促进科技资源拥有方、专业服务机构方、科技资源需求方有效对接，逐步形

成跨部门、跨领域、多层次的网络服务体系，推动科研设施与仪器的深度开放和高效利用。

责任单位：市科委、市教委、市发展改革委、市国资委、市质监局、市卫生计生委、市农委、各区政府

（三）完善科研设施与仪器开放共享激励机制

1. 建立开放共享服务标准。管理单位使用科研设施与仪器对外提供开放共享服务，可按成本补偿和非营利原则，收取材料消耗费和水、电等运行费，并对测试检测、合作研发、成果转化等涉及的人力资源与知识产权，参照市场标准收取相应的服务费。服务收入视为技术服务收入或科研合同项目收入，纳入管理单位预算，由其统一管理。服务收入可用于实验人员及辅助管理人员的绩效激励、人员培训、实验室建设和运行、仪器及测试方法研发等方面的费用支出。

责任单位：市教委、市发展改革委、市国资委、市质监局、市卫生计生委、市农委、市财政局

2. 强化对提供开放共享服务的激励。科研设施与仪器开放共享服务收入中扣除相关成本费用后的结余部分，以不低于 70% 的比例用于对科研人员提供开放共享服务的绩效奖励。该绩效奖励一次性计入本单位工资总额，但不受当年本单位工资总额限制，不纳入本单位工资总额基数。

责任单位：市人力社保局、市财政局、市教委、市发展改革委、市国资委、市质监局、市卫生计生委、市农委

（四）建立科研设施与仪器开放共享约束机制

1. 建立购置查重机制。使用财政经费购置科研设施与仪器时，管理单位应首先利用首都科技条件平台信息系统查询可协作共用的科研设施与仪器信息，优先使用已经开放共享的科研设施与仪器，科学评估购置的必要性，避免科研设施与仪器闲置浪费。

责任单位：市教委、市发展改革委、市国资委、市质监局、市卫生计生委、市农委、市经济信息化委、市科委、市财政局

2. 建立评价考核机制。有关行政主管部门定期对科研设施与仪器的运行情况、开放共享在线平台的建设情况，以及管理单位开放制度的合理性、开放程度、服务质量、服务收费和开放效果进行评价考核。评价考核结果作为有关行政主管部门和财政部门审批科研设施与仪器更新的重要依据。对不按规定公开开放与利用信息、开放效果差、使用效率低的管理单位，由科技、财政部门会同有关行政主管部门予以通报，并限期整改。

责任单位：市教委、市发展改革委、市国资委、市质监局、市卫生计生委、市农委、市科委、市财政局

（五）加大对科研设施与仪器开放共享的支持力度

1. 完善后补贴政策。依托首都科技条件平台，继续完善科研设施与仪器开放共享评价体系和后补贴机制。针对管理单位和专业服务机构，建立包括开放资源量、服务企

业量、服务收入、合同额等指标在内的绩效考评评价体系，并依据绩效考评结果，采取后补贴或政府购买服务等方式支持科研设施与仪器开放共享。

责任单位：市科委、市财政局

2. 发挥首都科技创新券作用。深入实施首都科技创新券政策，对小微企业和创业团队开展的测试检测、合作研发、委托开发、研发设计、提供技术解决方案和购买新技术新产品（服务）等科研活动给予资助，促进优质科技资源开放共享。

责任单位：市财政局、市科委

3. 实施中关村开放实验室建设工程。围绕产业发展和企业需求，深入推进中关村开放实验室建设，促进其开展合作研发、成果转化、产业促进及实验室资源的市场化运营，打造开放式、产学研用相结合的创新服务平台，推动优质实验室资源开放共享。

责任单位：中关村管委会

4. 落实科研教学单位免税设备共享使用政策。对免税进口且在海关监管期内的科教用品和科技开发用品，经海关允许，用于其他单位的科技开发、科研教学活动的，免于补征进口关税和进口环节税。

责任单位：北京海关

5. 开展大型仪器设备租赁费、使用费出资入股试点。在满足正常教学科研需要的前提下，市属高等学校向企业提供大型仪器设备的租赁、使用服务，可与企业协议约定将企业应向高等学校支付的租赁费、使用费折算为股权，作为高等学校向企业的投资。

责任单位：市教委、市财政局

四、保障措施

（一）完善工作机制。建立由市科委牵头，市财政局、市教委、市发展改革委、市国资委、市质监局、市卫生计生委、市农委、市经济信息化委、市人力社保局等部门参加的科研设施与仪器开放共享协调推进机制，积极推动科研设施与仪器向社会开放。

（二）明确主体责任。各行政主管部门要切实履行对管理单位开放情况的管理和监督职责，落实鼓励政策，完善激励措施，实施评价考核，督促整改落实。各管理单位要切实履行开放职责，自觉接受相关部门的考核评估和社会监督；根据科研设施与仪器的类型和用户需求，建立相应的开放、运行、维护、使用管理制度；合理配置实验技术人员，建立专业化的技术服务团队，落实技术人员岗位、培训、薪酬、评价等政策。

（三）强化知识产权保护。加强网络防护和数据安全管理，切实保护用户身份信息以及在科技资源使用过程中形成的知识产权、科学数据和技术秘密。用户独立开展科学实验形成的知识产权由用户自主拥有，完成的著作、论文等发表时，应明确标注利用科研设施与仪器情况。

（四）加强督导落实。市科委、市财政局对各管理单位科研设施与仪器开放共享情况进行督导评价，每年4月底前公布开放共享评价结果。对开放效果不好、用户评价不高的管理单位，在首都科技条件平台信息系统中予以记录，并限期整改。

本实施意见自发布之日起实施。市科委等部门印发的《北京市关于促进科技条件共享的若干意见（试行）》（京科条发〔2007〕2号）同时废止。

北京市人民政府办公厅

2016年7月23日

关于印发《落实〈关于加强首都科技条件平台建设　进一步促进重大科研基础设施和大型科研仪器向社会开放的实施意见〉实施推进方案》的通知

京科发〔2016〕689 号

各有关单位：

为落实《关于加强首都科技条件平台建设　进一步促进重大科研基础设施和大型科研仪器向社会开放的实施意见》（京政办发〔2016〕34 号），全面推动本市重大科研基础设施和大型科研仪器向社会开放服务，我们研究制定了《落实〈关于加强首都科技条件平台建设　进一步促进重大科研基础设施和大型科研仪器向社会开放的实施意见〉实施推进方案》，现印发给你们，请结合工作贯彻落实。

特此通知。

北京市科学技术委员会　北京市财政局
北京市教育委员会
北京市人民政府国有资产监督管理委员会
北京市质量技术监督局
北京市卫生和计划生育委员会
北京市农村工作委员会
北京市经济和信息化委员会
北京市人力资源和社会保障局
北京市发展和改革委员会
中关村科技园区管理委员会
中华人民共和国北京海关
2016 年 12 月 26 日

落实《关于加强首都科技条件平台建设 进一步促进重大科研基础设施和大型科研仪器向社会开放的实施意见》实施推进方案

2014 年 12 月国务院发布了《国务院关于国家重大科研基础设施和大型科研仪器向社会开放的意见》（国发〔2014〕70 号），为全面落实 70 号文，北京市颁布了《关于加强首都科技条件平台建设 进一步促进重大科研基础设施和大型科研仪器向社会开放的实施意见》（京政办发〔2016〕34 号）（以下简称《实施意见》）。为深入落实《实施意见》，全面推动北京地区国家重大科研基础设施和大型科研仪器（以下简称科研设施与仪器）向社会开放服务，提高科研设施与仪器配置使用的社会效益，制定本方案。

一、工作目标

全面落实《实施意见》提出的各项任务，建立健全科研设施与仪器开放共享的管理制度、标准规范、网络条件和工作机制，打破资源壁垒，优化资源布局，提高科研设施与仪器开放服务水平。

二、工作思路

（一）制度推动，明确责任。组织制定《北京市重大科研基础设施和大型科研仪器向社会开放评价考核实施细则》，以制度形式明确工作要求、管理流程以及主管部门和管理单位的职责。

（二）突出主线，分步实施。围绕建立科研设施与仪器开放共享服务为主线，按照科研设施与仪器功能实行分级管理、分类共享，逐步建立科研设施与仪器信息公开、开放服务、考核奖惩的全链条管理体系。

（三）全面管理，重在服务。充分利用相关部门现有工作基础，加强统筹协调和分工协作，做到“中央意见要求的，落实到位；本市的成功经验，总结提升；其他省区市已经突破的，借鉴参考；先行先试的政策，加强推进”。

三、主要任务和分工安排

（一）宣传和解读《实施意见》内容

1. 利用各主流媒体、政府网站等宣传和解读《实施意见》内容。2016 年 7 月底前完成信息发布。（市科委）

2. 组织有关专家向各主管部门和管理单位集中讲解《实施意见》内容，明确《实施意见》确立的工作方向、实施办法和各责任主体的主要任务。2016 年 12 月底前完成。（市科委）

（二）建设首都科技条件平台信息系统

3. 依科技部信息系统建设及数据报送要求，形成《首都科技条件平台信息系统建设及数据报送规范》(试行稿)。2016 年 8 月底完成。(市科委)

4. 按照《实施意见》中提出的信息系统建设“融科研设施与仪器的配置、管理、服务、监督、评价等功能于一体”的要求，针对全市开放系统的建设要求，形成满足开放服务与管理要求的建设方案及项目立项审批。2017 年 3 月底完成（市科委、市财政局、市经济信息化委）

5. 按科技部信息系统建设及数据规范要求，完成首都科技条件平台信息系统的建设，并对接国家网络管理平台。2017 年 6 月底之前完成。(市科委)

6. 组织并督促本系统符合条件的管理单位建设在线服务平台，并对接首都科技条件平台信息系统。2017 年 10 月底完成。(市教委、市质监局、市卫生计生委、市农委)

（三）推动科研设施与仪器纳入首都科技条件平台信息系统

7. 各主管部门形成本系统开放的管理单位名单，并组织填报科研设施与仪器开放信息，逐步掌握北京市科研设施与仪器的建设、运行和开放共享情况。2016 年 12 月底前完成管理单位存量资产的数据上报工作。（市教委、市质监局、市卫生计生委、市农委）

（四）实行分类开放共享服务

8. 推动本系统的管理单位将分散或使用效率不高的科研设施与仪器进行集中集约管理。支持按照专业领域或仪器功能，推动形成专业化、网络化的科研设施与仪器服务机构群。此项工作持续推动。(市教委、市质监局、市卫生计生委、市农委)

（五）鼓励建立专业服务机构

9. 督促并要求本系统的管理单位利用、委托或建立专业服务机构或第三方机构开展对外开放的促进和服务工作。2017 年 3 月底前完成。(市教委、市质监局、市卫生计生委、市农委)

10. 持续推动按专业领域或仪器功能，推动形成专业化、网络化的科研设施与仪器服务机构群。(市科委)

（六）搭建开放共享服务网络

11. 将市属管理单位纳入首都科技条件平台，扩大科技资源对外开放服务量。2017 年 3 月底前完成。(市科委牵头，市教委、市质监局、市卫生计生委、市农委、相关区参与)

（七）建立开放共享服务标准，强化对提供开放共享服务的激励

12. 督促本系统的管理单位将开放工作纳入日常管理，制订或完善科研设施与仪器开放的管理制度以及开放共享的绩效奖励制度，确定服务及收费标准，落实对服务收入及实验人员等绩效奖励。2016 年 12 月底完成制度建设，持续落实管理制度及绩效奖励工作。(市教委、市质监局、市卫生计生委、市农委，市财政局、市人力社保局)

（八）建立购置查重机制

13. 建立科研设施与仪器购置的查重工作流程。2017 年 1 月底前完成（市财政局），持续开展购置查重工作。（市科委、市教委、市发展改革委、市质监局、市卫生计生委、市农委、市财政局）

（九）建立评价考核机制

14. 建立《北京市重大科研基础设施和大型科研仪器向社会开放评价考核实施细则》。2016 年 12 月完成。（市教委、市发展改革委、市质监局、市卫生计生委、市农委、市科委、市财政局共同发布）

15. 主管部门组织对本系统开放情况进行评价，并依评价结果进行督促改正。每年 1 月份组织评价。（市教委、市质监局、市卫生计生委、市农委、市科委）

16. 汇总并与主管部门进行评价结果沟通。每年 4 月份向社会公布评价结果。（市科委、市财政局）

（十）完善后补贴政策

17. 组织管理单位自愿加入首都科技条件平台，依据开放的绩效进行后补贴支持。每年 9 月底完成绩效后补贴。（市科委、市财政局）

（十一）发挥首都科技创新券作用

18. 按照《首都科技创新券实施管理办法》，促进科技资源服务小微企业和创业团队。此项工作持续开展。（市财政局、市科委）

（十二）实施中关村开放实验室建设工程

19. 围绕产业发展和企业需求，推进中关村开放实验室建设。此项工作持续开展。（中关村管委会）

（十三）落实科研教学单位免税设备共享使用政策

20. 对免税进口且在海关监管期内的科教用品和科技开发用品，经海关允许，用于其他单位的科技开发、科研教学活动的，免于补征进口关税和进口环节税。此项工作持续开展。（北京海关）

（十四）开展大型仪器设备租赁费、使用费出资入股试点

21. 在满足正常教学科研需要的前提下，市属高等学校向企业提供非海关监管的大型仪器设备的租赁、使用服务，可与企业协议约定将企业应向高等学校支付的租赁费、使用费折算为股权，作为高等学校向企业的投资。此项工作持续开展。（市教委、市财政局）

（十五）鼓励引导市属国有企业实施开放共享服务

22. 鼓励和引导市属国有企业按照北京市关于科研设施与仪器开放共享服务的标准和相关政策实施开放共享服务，市科委视情根据信息填报情况对具备条件的管理单位仪器开放共享情况进行考核评价。此项工作持续推动。（市国资委、市科委）

（十六）完善工作机制

23. 建立科研设施与仪器开放共享协调会议制度。2016 年 9 月完成。（市科委牵头，

市财政局、市教委、市发展改革委、市国资委、市质监局、市卫生计生委、市农委、市经济信息化委、中关村管委会、市人力社保局等部门参加）

（十七）明确主体责任

24. 督促管理单位建立或完善开放制度。2016 年 12 月完成对管理单位的要求，并持续开展督促整改。（市教委、市质监局、市卫生计生委、市农委、市科委、市财政局）

（十八）加强督导落实

25. 加强对全市落实工作的协调与督导，组织全市开放工作的评价，公布开放共享评价结果。对开放效果不好、用户评价不高的管理单位，在首都科技条件平台信息系统中予以记录，并限期整改。此项工作每年 4 月底前完成。（市科委、市财政局）

附件：《关于加强首都科技条件平台建设　进一步促进重大科研基础设施和大型科研仪器向社会开放的实施意见》工作落实分工及进度安排（略）

河北省人民政府关于推动科技创新平台和大型仪器设备面向社会开放服务的实施意见

冀政发〔2015〕16号

各设区市人民政府，各县（市、区）人民政府，省政府各部门：

为贯彻落实《国务院关于国家重大科研基础设施和大型科研仪器向社会开放的意见》（国发〔2014〕70号）精神，加快推进我省科技创新平台面向社会开放服务和大型仪器设备资源共享，充分发挥科研设施与仪器设备对科技创新、大众创业的服务和支撑作用，进一步提高科技资源使用效率，结合我省实际，提出如下实施意见。

一、主要目标

力争用3年时间，建立健全科技创新平台与大型仪器设备开放共享制度和激励措施，建成覆盖全省各类科技创新平台和大型仪器设备的管理服务体系，形成一批重点开放基地和专业化服务品牌，基本解决科技创新平台和大型仪器设备分散、重复、封闭、低效的问题，资源利用率进一步提高，协同创新能力和资源共享水平实现大幅度提升。

二、适用范围

本意见所指科技创新平台，是在我省区域内从事科学研究、技术开发、中间试验、技术服务等科研开发业务的各类机构和各类平台。包括科研院所、高等学校、技术服务单位；国家或省级重点实验室、工程技术研究中心、产业技术研究院和行业研发中心、企业技术中心；各类检验检测机构、科技企业孵化器等。

本意见所指大型仪器设备，是指我省区域内各类科技平台拥有的单台套价值在30万元以上的大型科研仪器和实验、分析、检测、试验设备。

科技创新平台和大型仪器设备面向社会开放服务，是指科技创新平台及大型仪器设备的信息公开、对外开放、资源共享和协作共用。信息公开，是指科技创新平台、大型仪器设备、研发优势资源、专业科技服务项目、开放服务绩效等在互联网上公开发布。对外开放、资源共享、协作共用，是指科技创新平台和大型仪器设备面向社会各类法人、社会组织和自然人的创新创业活动进行开放并按照市场机制提供专业性服务。

三、工作任务

（一）加强开放共享的法制保障。修订《河北省大型仪器管理办法》，明确各级政府及其组成部门和高等学校、科研院所、企业、技术服务机构等各业主体在科技创新平台和大型仪器设备开放共享方面的责任义务，确定相关制度和措施，为科技创新平台开放和大型仪器设备开放共享提供法制保障。

（二）建立统一开放的省级网络平台。省科技厅会同有关部门和市、县（市、区）采用“互联网+科技创新平台+大型仪器设备等服务资源”的方式，加强“河北省大型科学仪器联盟”建设，建立统一开放的河北省科技创新资源统筹管理与公共服务网络平台，将各类符合条件的科研开发平台和大型仪器设备纳入平台管理，向社会发布科研设施与仪器分布、仪器设备信息、服务项目和开放共享情况等信息，对接用户需求和资源供给，对科研开发平台、仪器设备开放服务情况进行跟踪记录和统计分析，形成跨部门、跨领域、多层次的网络服务体系（以下简称省级网络管理平台）。科技创新平台和大型仪器设备管理单位（以下简称管理单位）按照统一的标准和规范，建立本单位研发机构和仪器设备开放服务平台，统一纳入省级网络管理平台系统，形成互联互通、密切协作的协同工作体系。

（三）实施分类管理和全面开放。各类科技创新平台建设和管理部门要完善平台建设条件标准，将科技创新平台对外开放和大型仪器设备共享共用的要求纳入平台建设方案及运行绩效评价指标体系，引导科技创新平台面向社会开放服务。对科技创新平台和科学仪器服务单元及单台套价值在30万元及以上的仪器设备，由省科技厅统筹协调，全部纳入省级网络平台管理，统一向社会开放。对单台套价值在30万元以下的科学仪器设备，采取管理单位自愿申报、行政主管部门择优加入的方式纳入省级网络管理平台管理，参加共享共用。对高等学校、科研院所、大型企业等重点单位的通用科学仪器设备，引导和支持管理单位采用集约管理模式，设立仪器中心、分析测试中心进行集中管理，配备专业操作人员，在保障内部使用的同时向社会开放，积累实验经验和科学数据，提高仪器设备利用效率和实验（试验）成功率。对具有较强专业使用特点的专门仪器设备，管理单位要实施专台设备专人管理，熟练掌握仪器设备的性能指标，创新分析实验方法和试验操作流程，培养专业实验人才，打造专业化服务品牌项目，提升专业化的分析实验、工程化试验服务能力。对利用科研设施与仪器设备形成的科学数据、科技文献（论文）、科技报告等科技资源，要根据各自特点采取相应的方式对外开放共享。鼓励国防军工科研单位在不涉密条件下开展科研设施与仪器设备向社会开放服务。科技行政主管部门要加强统筹协调，打破管理单位的界限，按照专业领域或仪器设备功能分类，建立相关领域的服务联盟或专业服务中心，为不同行业、不同产品、不同阶段的科学研究、技术开发、技术集成和产业化活动，提供集群式、全过程、全面配套的专业化服务。

（四）加强新建新购和修缮更新管理。购置大型仪器设备须坚持“统筹规划、合理布局、先进适用、减少重复”的原则。科学事业单位购置大型仪器设备须同时具备下列条件：承担国家和省级重点科研任务、学科建设发展需要、有固定研究和使用方向；有较大的使用工作量；具备安装、使用大型科学仪器设备的条件；参加河北省大型科学仪器设备联盟并对外开放服务。加强专项预算管理。省财政厅会同省科技等有关部门统筹整合资金，建立健全仪器设备购置、联合评议等相关管理办法，实现对科学事业单位新建设施和新购仪器的统筹管理，对拟新建设施和新购置仪器，要强化查重评议和信息公开工作，并将开放方案纳入建设或购置计划。将优先利用现有科研设施与仪器设备开展科研活动，作为科研事业单位获得财政科技计划（专项、资金等）支持的重要条件，合理控制在新上科研项目中购置科学仪器设备。建立使用绩效与后续支持挂钩的动态管理制度。对对外开放好、使用效率高、社会服务贡献大的科学事业单位，在科研设施改造和仪器设备维修、更新方面给予重点支持。财政对财政供养科学事业单位和国有及国有控股企业科研设施及仪器装备的投资，按照财政投资和国有资产管理的有关规定执行。非国有控股企业、民营科技企业、民办科研组织等非财政供养的单位，因承担政府科技计划项目、接受政府奖励等形成的科研仪器设备，归相关企业或单位所有。鼓励企业和社会力量根据发展需要建立科技创新平台。引导企业和社会力量按照“科学合理、资源统筹、共建共用”的原则购置科学仪器设备，完善科学研究、技术开发、分析检测、工程化试验、技术转移服务等科技创新创业服务体系，并以多种方式参与共建国家和省级科技创新平台。

（五）推动管理单位实施规范化管理。管理单位是科技创新平台与仪器设备向社会开放服务的责任主体。要强化法人责任，切实加强管理，认真履行开放职责，自觉接受相关部门的管理、考核和社会监督。要建立完善科研设施与仪器开放服务的管理办法，疏理科技创新平台及仪器设备的开放服务项目，明确有关服务项目的收费标准，总结科技创新平台及仪器设备开放服务情况，并通过网络平台向社会发布。管理单位对外提供开放服务，可按“成本补偿、非营利性”原则收取材料消耗费和水、电等运行费，并根据人力成本收取服务费，凡实行政府定价和政府指导价的项目按政府定价或指导价执行，其余项目按照市场机制协商议价，收费金额由服务需求方和服务供给方协商确定。对外开放服务收入单独记账，纳入管理单位预算，由单位统一管理。管理单位要履行对科技创新平台、大型仪器设备的管理、维护职责，充分发挥科研设施和大型仪器设备的功能，并按照有关检定规程或校准规范定期对仪器设备进行检定或校准，保障大型仪器设备有效用于科学技术活动。要配备必要的实验技术人员。实验技术人员应当进行上岗技能培训，不断提高实验技术水平。要建立开放服务的激励机制，统筹管理单位、仪器设备所在科室、实验操作人员的关系，建立开放服务收入的合理分配机制。要建立大型仪器设备使用档案和实验记录，按年度将使用情况和开放服务情况进行总结报有关管理部门备案，并按上级管理机构有关统计分析、评价考核的要求提供翔实资料和真实数据。管理单位提供对外开放服务要签订技术服务合同，约定与技术服务项目相关的服务标准、服务费用、知识产权、技术保密等具体内容。管理单位要妥善保管对外服务获得的实验数据，遵守知识产权和技术秘密保密的规定，为用户保守技术秘密。要在科研设施与仪器完成安装使用验收之日起 30 个工作日内，将科研设施与仪器设备名称、规格、功能、对外服务项目、开放制度等情况提交省级网络管理平台。

（六）建立开放共享绩效评价制度。省科技厅会同有关部门建立评价指标体系，制定《河北省大型科学仪器设施共享服务评估办法》，引入第三方专业评估机制或专家组织，定期对科研设施与仪器设备的运行情况、管理单位开放制度的合理性、开放程度、服务质量、服务收费和开放效果进行评价考核。评价考核结果向社会公布，并作为实施奖励后补助、科研设施与仪器更新、科技项目立项支持、管理单位考核的重要依据。对通用科研设施与仪器，重点评价用户使用率、用户的反馈意见、有效服务机时、服务质量以及相关研究成果的产出、水平与贡献；对专用科研设施与仪器，重点评价是否有效组织了高水平的设施应用专业团队以及相关研究成果的产出、水平与贡献。对科研设施与仪器开放效果好、用户评价高的管理单位，同级财政、科技行政主管部门会同有关部门根据评价考核结果和财政预算管理的要求，进行开放共享服务后补助，调动管理单位开放服务的积极性。对不按规定如实上报科研设施与仪器数据、不按规定公开开放与利用信息、开放效果差、使用效率低的管理单位，科技行政主管部门会同有关部门在网上予以通报，限期整改，并采取停止管理单位新购仪器设备、在申报科技计划（专项、基金等）项目时不准购置仪器设备等方式予以约束。对于通用性强但开放共享差的科研设施与仪器，相关行政主管部门和财政部门按规定在部门内或跨部门无偿划拨，或由管理单位在单位内部进行调配。相关行政主管部门要建立投诉渠道，接受社会对科研设施与仪器调配的监督。

（七）建立大型仪器设备共享服务奖励制度。科技行政主管部门要会同有关部门，统筹整合资金，优化支出结构，按照“省市县联动、双向补助”的原则，建立科技创新平台和大型仪器设备面向社会开放服务后补助机制，充分发挥政府对科技创新、大众创业的宏观调控和激励引导作用。参加仪器设备共享服务联盟、纳入共享服务平台管理的仪器设备拥有单位，向社会开放科研基础设施和大型仪器设备等科技资源，省级财政科技资金按出租仪器设备年收入的 20% 给予拥有单位补贴，最高不超过 80 万元，补助经费可用于开放共享仪器设备运行维护、管理和操作人员培训及相关费用支出。租用开放服务的单位，由所在市、县（市、区）按该单位租用仪器设备年度支出总额的 20% 给予租用单位补助，最高不超过 30 万元，补助经费用于相关研发工作、委托检测实验和仪器设备租用。对纳入省级网络管理平台统一管理、享受科教用品和科技开发用品进口免税政策的科学仪器设备，在符合监管条件的前提下，准予用于其他单位的科技开发、科学研究和教学活动。

（八）加快京津冀协同发展和环渤海区域合作。支持京津冀共建各类科技创新平台，引导支持我省高等学校、科研院所、高新技术企业与北京、天津优势科技资源联合共建实验室、工程技术中心、产业技术研究院、科技企业孵化器和高新技术成果产业化基地，强化联合研发和协同创新，引进京津优质科技创新平台和高端仪器设备服务我省，丰富我省科技创新平台资源及仪器设备的种类和数量，增加高端服务项目，提升资源层次和开放服务水平。积极推动建立京津冀科技创新平台联盟和京津冀大型科学仪器设备资源共享联盟，实现“河北省大型科学仪器资源共享服务联盟”“首都科技条件平台”“天津市仪器共享服务平台（科服网）”互联互通和相关资源共享共用。加强环渤海区域科技条件资源开放共享，构建信息交流、专家服务等科技服务平台，共同推动环渤海六省市在大型仪器设备、科学文献、自然科技资源等方面建立信息和资源共享机制，共享创新资源和科技成果转化渠道。拓展“河北省大型科学仪器资源共享服务联盟”的工作内容、服务方式，借助“首都科技条件平台”“科服网”资源单位的服务优势，建设覆盖科学仪器设备研发、生产、应用全过程的分析检测和认证服务平台，增加我省检测服务项目，提升我省分析检测和认证服务的能力。支持中小企业创新创业公共服务。综合运用政府购买服务、无偿资助、业务奖励等方式，支持中小企业公共服务平台和服务机构建设，推动科技创新平台、大型仪器设备与中小企业及其公共服务机构有机结合，推进技术集成应用和商业模式创新，发展现代科技服务业，培育具有影响力的科技服务品牌。

四、组织实施

（一）2015 年省科技厅会同有关部门，对我省科技创新平台、大型仪器设备进行调查摸底，分别建立全省重点科技创新平台和 30 万元以上大型仪器设备资源数据库；完善“河北省大型科学仪器资源共享服务联盟平台”公共服务网络系统的组织结构、服务功能设计，加强技术和管理服务人才团队建设，进行升级再造；启动“河北省科技创新资源平台”综合服务网站建设，构建集各类科技创新平台信息公开、大型仪器设备共享共用、科学文献信息查询、自然科学资源服务等功能于一体的综合科技创新资源公共服务平台，并在年底前向社会开放。省教育厅组织省属高校，省科学院、省农科院组织本系统单位，省有关部门组织所属非营利性科研机构和技术服务机构，省科技厅、省发展改革委组织省级以上科技创新平台，建立健全科研设施和仪器设备面向社会开放服务的规范制度，先行向社会开放。

（二）2016 年修订《河北省大型科研仪器管理办法》，为科技创新平台和大型仪器设备开放服务提供法制保障。省科技厅会同有关部门制定管理单位服务平台的标准规范，制定并发布统一的评价办法，开展开放服务评价考核工作。省科技厅会同有关部门制订出台共享共用补助实施细则和新购大型仪器设备联合评价工作管理办法，完善省科技厅、省财政厅、省教育厅、省科学院、省农科院及有关专家参加的查重和评议工作体系，建立对新购科学仪器设备的查重和联合评议机制。所有管理单位按照统一的标准规范，明确服务方式、服务内容、服务流程，完善各自的服务平台，并与省级网络服务平台链接，形成跨部门、跨领域、多层次的网络服务体系。制定完善的配套开放制度，并在省级网络管理平台上向社会发布。根据国家统一平台建设部署，将我省所有符合条件的科研设施和 50 万元以上仪器设备纳入国家网络管理平台，在国家网络管理平台上发布我省重点科研设施与仪器设备开放清单及开放信息。

（三）2017 年形成统一规范、网络服务与线下服务有机结合、省市县政府和管理单位联动、京津冀互联互通、全方位开放服务的科技平台与大型仪器设备开放服务体系以及各项管理制度与激励政策，全面实施新建新购、开放共享、绩效评价、奖励后补助等各项政策措施，规范开展科技创新平台与大型仪器设备开放服务工作，建立全省科技创新平台和大型仪器设备开放服务情况年报制度并向社会公布，接受社会各界的评议和监督。

河北省人民政府

2015 年 5 月 28 日

山西省人民政府关于大型科研设施与仪器等科技资源向社会开放共享的实施意见

晋政发〔2016〕4号

各市、县人民政府，省人民政府各委、办、厅、局：

为贯彻落实《国务院关于国家重大科研基础设施和大型科研仪器向社会开放的意见》（国发〔2014〕70号），加快推进我省以大型科研设施与仪器为核心的科技资源（以下简称科技资源）向社会开放共享，提高科技资源的利用效率和共享水平，充分发挥科技资源对科技创新的服务和支撑作用，现结合我省实际，提出如下实施意见。

一、总体要求

（一）指导思想

深入贯彻党的十八大和十八届三中、四中全会精神，认真落实国家和省有关决策部署，围绕提高全省科技创新能力，通过科技体制机制改革和制度创新，加快推进科技资源向高等院校、科研院所、企业、社会研发组织等社会用户开放，实现资源共享，避免部门分割、单位独占，充分释放服务潜能，为营造大众创新、万众创业的良好环境和实施创新驱动发展战略提供有力支撑。

（二）主要目标

力争用三年时间，建立健全科技资源开放共享制度，建成全省统一开放的科技资源网络管理服务平台，形成覆盖全省的科技资源服务体系，实现科技资源配置、管理、服务、监督、评价全链条有机衔接，基本解决科技资源分散、重复、封闭、低效的问题，资源利用率和开放共享水平进一步提高，专业化服务能力明显增强，对科技创新的服务和支撑作用大幅度提升。

（三）基本原则

统筹资源。盘活存量，调控增量，既要充分利用我省现有科技资源，挖掘服务潜力，促进利用效率最大化，又要合理布局新增科技资源，以全面实施开放共享推动解决重复购置和闲置浪费问题。

制度推动。制定促进科技资源开放共享的管理制度和办法，理顺开放共享运行的管理机制，逐步纳入法治化轨道，推动符合条件的科技资源一律向社会开放。

分类管理。对于不同的科研设施与仪器和不同类型的科技资源，采取不同的开放方式，制定相应的管理制度、支撑措施及评价办法。

奖惩结合。建立以用为主、用户参与的评价监督体系，形成科技资源向社会开放共享和提供服务的数量质量与利益补偿、后续支持紧密挂钩的奖惩机制。

（四）适用范围

主要分布在高等院校、科研院所和企业的各类重点实验室、工程实验室、工程（技术）研究中心、分析测试中心、中心实验室、野外科学观测研究站及大型科学设施中心等研究实验基地的大型科学装置、科学仪器中心、科学仪器服务单元和单台套价值在20万元及以上的科学仪器设备；财政资金资助建设或形成的科学数据、科技文献、自然科技资源、科技报告等科技基础条件平台与科技公共资源；财政资金和国有企业投资的各类平台及20万元以上的仪器设备资源。

鼓励单台套价值在20万元以下的科学仪器设备向社会开放服务；鼓励民营企业和社会资本购置的科研设施与仪器向社会开放服务；鼓励国防科研单位在不涉密条件下开展科技资源向社会开放服务。

二、重点任务

（一）开展科技资源调查，建立科技资源开放共享目录和数据库

省科技厅会同有关部门和地方按照国家及我省有关要求，确定科技资源调查范围，编制统一规范，制定调查流程，开展调查培训，组织资源调查，在摸清家底的基础上建立科技资源开放共享目录和数据库。

科技资源调查的内容主要包括大科学装置、科学仪器中心、科学仪器服务单元和原值20万元以上单台套科学仪器设备的状态、利用和共享情况；生物种质保藏机构及其保藏的种质资源基本情况；科学数据库建设和利用情况；省直有关部门及地方政府批准建立的研究实验基地基本情况；法人概况以及科技人力资源配置、科技产出情况等。

（二）建设统一开放的省级网络管理服务平台，将符合条件的科技资源纳入平台管理

省科技厅按照统一标准和规范，建设统一开放的“山西省科技资源开放共享网络管理服务平台”（以下简称省级网络管理服务平台），将所有符合条件的科技资源纳入平台管理，提供信息集成、信息展示、在线服务、管理评价、评估考核等全流程管理服务与衔接。

科技资源管理单位（以下简称管理单位）按照统一的标准和规范，建立在线服务平台，公开科技资源的开放制度、使用办法和使用情况，统一纳入省级网络管理服务平台，向社会实时提供在线服务，逐步形成跨部门、跨领域、多层次的网络服务体系。

（三）按照科技资源特点实行分类开放共享，面向社会提供开放共享服务

对于大型科学装置、科学仪器中心，有关部门和管理单位要将向社会开放纳入日常运行管理工作。对于科学仪器服务单元和单台套价值在20万元及以上的科学仪器设备，科技行政主管部门要加强统筹协调，按不同专业领域或仪器功能，打破管理单位的界限，推动形成专业化、网络化的科学仪器服务机构群。对于通用科学仪器设备，通过建设仪器中心、分析测试中心等方式，集中集约管理，促进开放共享和高效利用。对于科

学数据、科技文献、自然科技资源、科技报告等科技基础条件平台资源，要根据各自特点采取相应的方式面向社会开放服务，开放共享情况要作为科技资源建设和科技计划项目管理考核的重要内容。

管理单位对外提供开放共享服务，可以按照成本补偿和非营利性原则收取材料消耗费和水、电等运行费，还可以根据人力成本收取服务费，服务收入纳入单位预算，由单位统一管理。管理单位对各类科技资源向社会开放服务建立公开透明的成本核算和服务收费标准，行政主管部门要加强管理和监督。

用户独立开展科学实验形成的知识产权由用户自主拥有，所完成的著作、论文等发表时，应明确标注利用科技资源情况。加强网络防护和网络环境下数据安全管理，管理单位应当保护用户身份信息以及在使用过程中形成的知识产权、科学数据和技术秘密。

（四）实施查重评议制度，合理布局新增大型科研设施与仪器

省科技厅会同有关部门建立大型科研设施与仪器购置查重评议制度，制定查重评议的标准规范和组织流程，组建稳定的查重评议专家队伍，依托省级网络管理服务平台，科学评估科研设施与仪器申购，推动新增科研设施与仪器合理布局。

拟新建科研设施和新购置仪器设备，要将开放方案纳入建设或购置计划，并在完成安装使用验收之日起30个工作日内，将科研设施与仪器名称、规格、功能等情况和开放制度提交省级网络管理服务平台。鼓励选购自主研发的科学仪器设备。

（五）建立促进开放的激励约束机制，按照绩效考评实施奖惩

省科技厅会同有关部门建立绩效评价制度，制定评价标准和办法，引入第三方专业评估机制，定期对科技资源的运行情况、管理单位开放制度的合理性、开放程度、服务质量、服务收费和开放效果进行评价考核。评价考核结果向社会公布，并作为科研设施与仪器更新的重要依据。对于通用科研设施与仪器，重点评价用户使用率、用户的反馈意见、有效服务机时、服务质量以及相关研究成果的产出、水平与贡献。对于专用科研设施与仪器，重点评价是否有效组织了高水平的设施应用专业团队以及相关研究成果的产出、水平与贡献。对于科技基础条件平台，重点评价服务数量、服务成效、运行管理及资源整合等情况。

管理单位应在满足单位科研教学需求的基础上，最大限度推进科技资源对外开放，不断提高资源利用率。对于科技资源开放效果好、用户评价高的管理单位，同级财政部门会同有关部门根据评价结果和财政预算管理的要求，建立开放共享后补助机制，调动管理单位开放共享积极性。对于不按规定如实上报科技资源数据、不公开开放与利用信息、开放效果差、使用效率低的管理单位，在网上予以通报，限期整改，并采取停止管理单位新购仪器设备、在申报科技计划（专项、基金等）项目时不准购置仪器设备等方式予以约束。对于通用性强但开放共享差的科研设施与仪器，结合绩效评价结果，相关行政主管部门和财政部门可以按规定在部门内或跨部门无偿划拨，管理单位也可以在单位内部调配。省科技厅及相关行政主管部门要建立投诉渠道，接受社会对科研设施与仪器调配的监督。

统筹考虑和严格控制在新上科研项目中购置科学仪器设备。将优先利用现有科研设施与仪器开展科研活动作为各科研单位获得省级科技计划（专项、基金等）项目支持的重要条件。

三、政策保障

（一）深化部门工作协同

省科技厅、省财政厅、省发展改革委、省经信委、省国资委、省教育厅等相关部门应加强工作协同，组织成立山西省科技资源开放共享管理委员会，建立健全相关规章制度、规范标准，形成统筹规划、协同配合的运行管理机制。管理委员会下设办公室，委托专业管理服务机构具体负责平台建设及日常运行管理工作。

（二）加大财政支持力度

省财政部门针对科技资源开放共享服务收费制定专门政策，对于全额无收入事业单位提供开放共享的服务收入，纳入单位预算统一管理，用于科研设施与仪器的更新维护、运行补助及人员绩效等方面的支出，并对单位的事业经费不予核减。

整合现有相关科技专项资金设立科技资源开放共享专项经费，用于对科技资源开放共享绩效考核的奖补经费。按照《中共山西省委山西省人民政府关于实施科技创新的若干意见》，实施科技创新券政策，每年安排一定金额的科技创新券，对科技型中小微企业购买创新服务、开展技术合作等给予支持。

（三）加强专业技术队伍建设

省人力资源社会保障厅针对科技资源开放共享专业技术队伍建设，从专业技术人员的编制、岗位、培训、薪酬、评价等方面制定有关政策，为建立专业化的技术服务队伍、促进科技资源开放共享提供有效保障。

（四）强化管理单位主体责任

管理单位是科技资源向社会开放的责任主体，要强化法人责任，切实履行开放职责，自觉接受相关部门的考核评估和社会监督。要根据科技资源的类型和用户需求，建立相应的开放、运行、维护、使用管理制度，保障科技资源的良好运行与开放共享。要落实专业技术队伍建设的有关政策，加快建立专业化技术服务团队，不断提高实验技术水平和开放水平。

各行政主管部门要切实履行对管理单位开放情况的管理和监督职责，实施年度考核，把开放水平和取得的成效作为年度考核的重要内容。

四、进度安排

采取分阶段实施方式，在摸清我省现有大型科研设施与仪器等科技资源底数基础上，建立科研设施与仪器资源数据库和网络管理服务平台，将符合条件的科技资源纳入平台统一管理，逐步实现全省科技资源的开放共享和对外服务。

2015 年，省科技厅会同有关部门对我省科技资源进行调查摸底，启动省级网络管理服务平台和相关制度建设，逐步完善科研设施与仪器等科技资源开放共享目录，初步完成省级网络管理服务平台的框架和功能设计。

2016 年，制定完善有关制度和标准规范，建立开放共享后补助机制。对接国家网络管理平台，初步建成统一开放的省级网络管理服务平台，先行开展向社会开放试点。按照统一标准规范，启动管理单位在线服务平台建设，实现省级网络管理服务平台试运行。

2017 年，按照统一标准和规范，全面建成统一开放的省级网络管理服务平台，实现与国家网络管理平台对接，依托平台面向社会全面开展共享服务。

山西省人民政府

2016 年 1 月 14 日

内蒙古自治区人民政府关于推进大型科研仪器及科研基础设施开放共享的若干意见

内政发〔2015〕133号

各盟行政公署、市人民政府，自治区各委、办、厅、局，各大企业、事业单位：

为贯彻落实《国务院关于国家重大科研基础设施和大型科研仪器向社会开放的意见》（国发〔2014〕70号）精神，破除全区大型科研仪器及科研基础设施管理使用中的体制机制障碍，提高仪器设施使用效率，现就推进大型科研仪器（单台套价值在50万元及以上）及科研基础设施开放共享提出如下意见。

一、自治区财政、科技、教育等部门联合制定大型科研仪器及科研基础设施统计分析制度。明确统计范围、内容、主体和时限要求，规范仪器设施持有单位及时、准确、完整地上报相关信息。通过规范化、常态化的统计分析制度，有效解决仪器设施信息分割、底数不清的问题。在信息采集基础上，对信息数据进行梳理、分类及分析汇总，形成仪器设施基础数据库，并以统计年报形式向社会公布。

二、建立财政资金购置大型科研仪器联合评议制度。对使用财政资金购置的大型科研仪器，进行仪器存量查重，提出现有仪器分布、配置及利用效率的分析意见。自治区财政、科技、教育等部门组成联合评议小组，会同行业和领域专家，结合仪器存量查重情况、分析意见和购置单位的特殊需求，对新购仪器的必要性、合理性及仪器种类、数量进行分析评议，对使用单位的仪器购置预算进行审核，综合考虑仪器设施的地域、领域分布及利用现状，做出“通过、调整和不予通过”的决定，以此控制购置规模，优化仪器布局，最大限度减少重复购置和闲置浪费。

三、凡财政资金购置的大型科研仪器和科研基础设施，除涉及国防、国家安全、国家利益、重大社会公共利益以及特殊情形之外，持有单位在保证本单位的科研生产任务及仪器使用安全的前提下，应创造条件面向社会进行开放共享，提高仪器设施的利用率。

四、自治区发展改革、财政、科技等部门制定大型科研仪器及科研基础设施开放共享收费管理和使用办法。允许持有单位收取补偿成本的服务费。仪器设施使用服务费为经营性服务收费，仪器持有单位可以根据提供的服务成本确定收费标准。探索制定“创新券”使用办法，鼓励用户以“创新券”购买仪器设施使用服务，仪器设施持有单位凭“创新券”申请财政后补助。

五、推行大型科研仪器及科研基础设施开放共享绩效评价制度。自治区科技部门制定仪器设施开放共享绩效评价指标体系和实施办法，组织相关专家对持有单位仪器设施的开放共享绩效及自治区仪器设施的总体共享工作进行定期评价，并将评价结果向社会公布，接受社会监督。

六、制定奖惩制度。各级科技、财政等部门设立大型科研仪器及科研基础设施开放共享后补贴专项，根据仪器设施开放共享的绩效评价，对绩效突出的仪器设施持有单位进行奖励补贴，并对其申报的科技项目同等情况下优先给予支持。对不按规定如实上报仪器设施信息数据，名义上开放实际封闭，开放共享绩效差的单位，自治区人民政府将责成相关部门予以通报，并限制其新购置仪器设施。

七、优化大型科研仪器及科研基础设施开放共享网络平台。自治区科技部门按照国家大型科研仪器及科研基础设施开放共享的数据标准、接口规范及共享模式，结合自治区仪器设施管理和使用特点，依托内蒙古科技创新资源信息系统建设，构建上下贯通、区域联通、覆盖全区的开放性、便利化的仪器设施共享信息平台，使仪器设施的信息统计、查重、评议及开放、共享、用户对接等工作均能实现网络化管理。

八、自治区质监部门按照实验室资质认定工作的有关要求，根据大型仪器持有单位实际需求，提供政策咨询与专业服务，帮助其尽早取得合法资质，为社会开展高水平服务。自治区科技部门会同自治区各相关部门以主办或委托形式，聘请国内专家对分析测试专业人员进行定期培训，促进分析测试人员之间的技术交流，并将特殊的、关键的分析测试人才纳入重点人才引进培养计划。

九、依照《事业单位人事管理条例》（国务院令第652号），人力资源社会保障部门会同教育、科技部门出台提高分析测试专业技术岗位配置比例和绩效奖励待遇的办法，有效调动分析测试人员的积极性。

十、推行“代理制”模式。仪器设施持有单位可以通过授权、委托等形式，将所辖仪器设施的对外服务、设备维护、使用调度、分析测试人员聘用等事项交由专业服务机构代理，实行市场化运作。

十一、探索建立“融资租赁”模式。积极采取有效措施，鼓励有条件的企业、行业协会、孵化器、众创空间、新型研发机构等采用自筹或融资形式购置、租赁通用性、专业性的仪器设施，纳入大型科研仪器及科研基础设施开放共享网络平台，面向社会有偿服务，实现服务增值。

十二、自治区成立大型科研仪器及科研基础设施开放共享工作领导小组。领导小组定期召开会议，研究仪器设施共享中存在的突出问题，听取各相关部门仪器设施开放共享情况汇报，协调政策、资金等保障措施。各相关部门要高度重视仪器设施开放共享工作，履行好各自的监管、推进和规划职责，保障仪器设施的良好运行与开放共享。积极构建跨部门、跨行业、跨层级的资源统筹模式，通过试点带动、典型引领，促进大型科研仪器及科研基础设施大规模、深层次开放共享。

内蒙古自治区人民政府

2015年11月30日

辽宁省科学技术厅关于印发《辽宁省促进重大科研基础设施和大型科研仪器向社会开放实施方案》的通知

辽科发〔2018〕21号

各市科技局，各有关单位：

为进一步深化落实《国务院关于国家重大科研基础设施和大型科研仪器向社会开放的意见》（国发〔2014〕70号），深入推动促进我省重大科研基础设施和大型科研仪器向社会开放，按照国科发基〔2018〕30号文要求，省科技厅研究制定了《辽宁省促进重大科研基础设施和大型科研仪器向社会开放实施方案》，现印发给你们，请结合实际推进落实。

辽宁省科学技术厅

2018年7月18日

辽宁省促进重大科研基础设施和大型科研仪器向社会开放实施方案

按照《科技部关于进一步深化落实〈国家重大科研基础设施和大型科研仪器向社会开放的意见〉的通知》（国科发基〔2018〕30号）的要求，为深入推动促进我省重大科研基础设施和大型科研仪器（以下简称科研设施与仪器）向社会开放，切实提高科技资源配置和使用效率，制定本方案。

一、总体要求

（一）基本思路。以习近平新时代中国特色社会主义思想为指导，贯彻落实总书记关于国家重大科研基础设施和大型科研仪器开放共享重要指示精神，围绕创新型省份建设，坚持“制度推动、信息共享、资源统筹、奖惩结合、分类管理”的原则，深入推进科研设施与仪器向高校、科研院所、企业、社会研发组织以及个人等社会用户开放，加大资源共享力度，充分释放服务潜能，更好为科技创新服务、为社会服务，为创新创业、中小微企业发展服务，为深入实施创新驱动发展战略、加快建设重要技术创新与研发基地提供有力支撑。

（二）主要目标。到2020年，力争建成覆盖各类科研设施与仪器、统一规范、功能强大的专业化、网络化管理服务体系，科研设施与仪器开放共享制度、标准和机制更加健全，建设布局更加合理，开放共享质量显著提升，资源使用效率进一步提高。

（三）适用范围。我省向社会开放的科研设施与仪器包括大型科学装置、科学仪器服务单元和单台套价值在30万元及以上的科学仪器设备等，主要分布在高校、科研院所和部分企业的各类重点实验室、工程（技术）研究中心、科学研究中心、技术创新中心、分析测试中心、质检中心、临床医学研究中心、野外科学观测研究站及大型科学设施中心等研究实验基地和创新平台。法律法规另有特殊规定的除外。

二、重点措施

（一）完善统一开放的网络管理平台

加强部门协同、省市联动，加快推进建成全省科研设施与仪器网络管理平台。完善信息集成、信息展示功能，扩大入网仪器设备总量，推动更多的公共财政投资形成的科研设施与仪器纳入网络管理平台；完善在线服务功能，开展网络平台手机客户端建设，实现在线数据填报、在线数据审核、在线共享服务需求对接；完善动态管理评价和评估考核功能，开发远程监测系统，实时监测入网仪器工作状态，实现共享数据动态管理，逐步形成跨部门、跨领域、多层次的网络服务体系。

（二）构建分类开放共享机制

扩大入网仪器范围。对于单台套价值在30万元（国家规定50万元）及以上的科学仪器设备，管理单位应当自科研设施与仪器完成安装使用验收之日起 30 个工作日内，将科研设施与仪器的有关信息按照统一标准及要求报送至网络管理平台。对于单台套价值在 30 万元以下的科学仪器设备，采取管理单位自愿申报、行政主管部门择优加入的方式，纳入全省网络管理平台管理。通过加强统筹协调，按不同专业领域或仪器功能，打破管理单位的界限，推动形成专业化、网络化的科学仪器服务机构群。

对于通用科学仪器设备，结合事业单位改革和科研基地优化整合，促进集中集约管理和开放共享。推动建立辽宁省地方科学仪器中心，鼓励高校、科研院所、企业等建立科学仪器中心，便于科研设施与仪器的开放共享和统一管理。

对于拟新建设施和新购置仪器，通过开展查重评议和制定开放共享方案，避免重复购置和设备闲置，促进资源优化配置与高效利用。

（三）健全促进开放共享的激励引导机制

鼓励出台支持开放共享的激励政策。结合沈大国家自主创新示范区建设和沈阳全面创新改革试验，鼓励和支持管理单位和地方政府在制定促进科研设施与仪器开放共享的激励政策等方面进行先行先试，在调动实验技术人员积极性等方面进行探索创新。

引导管理单位加大开放共享服务。推进管理单位健全规范开放共享服务收费机制，完善公开透明的成本核算和服务收费标准。管理单位对外提供开放共享服务，可以按照成本补偿和非盈利性原则收取材料消耗费和水、电等运行费，还可以根据人力成本收取服务费，服务收入纳入单位预算，由单位统一管理。在满足本单位正常工作需求的基础上，最大限度开放共享科研设施与仪器，提高资源利用率。将开放共享等情况作为省重点实验室、工程技术研究中心评估考核的重要内容。

鼓励高效利用现有资源。建立新建科研设施和新购仪器联合评议机制，统筹考虑和严格控制利用财政资金新上项目中购置科学仪器设备。将优先利用现有科研设施与仪器开展科研活动作为各科研单位获得省级科技计划（专项、基金等）支持的重要条件。

加强开放使用中形成的知识产权管理。用户独立开展科学实验形成的知识产权由用户自主拥有，所完成的著作、论文等发表时，应明确标注利用科研设施与仪器情况。

（四）加强开放共享评价考核

健全完善科研设施与仪器开放共享评价考核制度和评价标准及办法，探索开展第三方专业评估，定期对科研设施与仪器的运行情况、开放共享程度、服务质量、服务收费和开放共享效果等进行评价考核，评价考核结果向社会公布。

建立财政资金奖补机制，充分发挥财政资金的引导作用，对于科研设施与仪器开放效果好、用户评价高的科技研发平台和服务类机构，开放共享后给予补助，鼓励加大开放力度，提高服务水平和质量。

加强约束，根据评价考核结果，对不按规定如实上报科研设施与仪器数据、不按规定公开开放与利用信息、开放效果差、使用效率低的管理单位，省科技厅将会同有关部门予以通报，限期整改，并采取停止管理单位用财政资金新购仪器设备、在申报科技计划（专项、基金等）项目时不准购置仪器设备等方式予以约束。

（五）推进开放共享“供需”对接

探索建立科研设施与仪器的开放共享联盟。以需求为导向，以开放共享为主线，通过组建联盟的形式，促进供需之间信息互通、资源共享、优势互补。组织开展供需对接会等多种活动，促进供需双方开展有效对接。

搭建开放共享服务直通车。通过统一开放的网络管理平台，发挥平台的桥梁纽带作用，为中小微企业提供“一站式”仪器开放共享服务。成立开放共享专家服务团队，帮助中小微企业解决在开放共享服务中遇到的难题。利用开放共享手机客户端便捷、实时、高效的信息沟通功能，实现供需双方的实时精准对接。围绕创新创业发展需求，构建科研设施与仪器开放共享需方数据库，促进供方提供精准服务。

加强开放共享服务的宣传与培训。充分利用各类媒体，大力宣传我省科研设施与仪器开放共享服务信息、服务政策、服务内容，使高校、科研院所、企业以及创新创业人员充分了解和有效使用科技资源。针对一线仪器操作人员，结合工作需要和用户需求，组织开展技能培训，提高仪器使用技能和服务水平。

三、组织实施

（一）组织管理。省科技厅会同相关部门制定和完善促进科研设施与仪器开放共享管理办法、新建科研设施和新购仪器查重评议办法、科研设施与仪器开放共享绩效评估和后补助办法。管理单位是科研设施与仪器向社会开放的责任主体，要强化法人责任，切实履行开放职责，制定和完善本单位的开放共享管理制度，加强技术队伍的组建和培养，保障科研设施与仪器的良好运行，提供开放共享优质服务。

（二）进度安排。2018 年，完善促进科研设施与仪器开放共享管理办法，完善科研设施与仪器资源数据库功能信息，并启动实施科研设施与仪器开放共享评价考核工作，开通手机客户端服务。2019 年，探索建立开放共享联盟，构建科研设施与仪器需方数据库，为重大科技创新和中小微企业发展提供更好的支撑保障，启动完善新购科研仪器查重评议机制。2020 年，建成覆盖各类科研设施与仪器、统一规范、网络化的网络管理平台，全省 30 万元以上大型科学仪器入网台套数达到 3000 台套以上，50 万元以上大型科学仪器入网台套数达到 1200 台套以上。

吉林省人民政府关于进一步推进科研基础设施和大型科研仪器向社会开放的若干意见

吉政发〔2015〕25号

各市（州）人民政府，长白山管委会，各县（市）人民政府，省政府各厅委办、各直属机构：

为贯彻落实《国务院关于国家重大科研基础设施和大型科研仪器向社会开放的意见》（国发〔2014〕70号）和《中共吉林省委吉林省人民政府关于深化科技体制改革加快推进科技创新的实施意见》（吉发〔2012〕24号）精神，进一步推动我省科研基础设施和大型科研仪器（以下简称科研设施与仪器）向社会开放，实现资源共享和优化配置，提高科技资源使用效率，充分发挥科研设施与仪器对科技创新的服务与支撑作用，现提出以下意见：

一、总体要求

（一）指导思想

以邓小平理论、“三个代表”重要思想、科学发展观为指导，深入贯彻落实党的十八大和十八届二中、三中、四中全会精神以及党中央、国务院决策部署，按照“整合、共享、服务、创新”的基本要求，通过深化改革和制度创新，逐步建立和完善有利于我省科研设施与仪器资源开放共享的管理制度、激励机制、评价机制和管理平台，进一步推进科研设施与仪器向社会各类研发机构开放，实现资源共享，充分释放服务潜能，推动以科技创新为核心的全面创新，为适应和引领我省经济发展新常态提供有力支撑。

（二）发展目标

利用三年左右时间，基本建成涵盖全省各行业领域的网络化管理服务平台，建立科研设施与仪器共享使用联合评议机制，建立健全科研设施与仪器开放共享相关管理制度，实现我省科研设施与仪器资源的开放共享，基本解决分散、重复、封闭、低效的问题，完成与国家网络管理平台的有效衔接。

（三）基本原则

1. 制度推动，分类管理。制定促进科研设施与仪器开放共享的管理制度、激励政策与评价体系，建立联合评议机制，明确管理部门和相关单位责任，并逐步纳入法制化轨道，推动非涉密和无特殊规定限制的科研设施与仪器一律向社会开放。对于不同类型的科研设施与仪器，采取不同的开放方式，制定相应的管理制度、支撑措施及评价办法。

2. 整合资源，信息共享。搭建功能完善的网络管理平台，将符合条件的科研设施与仪器统一纳入平台管理，实现科研设施与仪器配置、管理、服务、监督、评价的全链条有机衔接。

3. 盘活存量，调控增量。充分利用我省现有科研设施与仪器资源，挖掘潜力，促进利用效率最大化。同时，合理布局新增科研设施与仪器，以全面实施开放共享推动解决重复购置和闲置浪费问题。

4. 奖惩结合，促进开放。建立以用为主、用户参与的评价机制，研究制定相应的奖惩措施，以资金补偿、项目支持、仪器设备购置等手段激励和约束管理单位推进科研设施与仪器向社会开放。

（四）适用范围

由政府财政资金投资（含补助）建立或购买的科研设施与仪器，包括大型科学装置、科学仪器中心、科学仪器服务单元和单台套价值在 50 万元及以上的科学仪器设备等，主要分布在高校、科研院所和部分企业的各类重点实验室、工程（技术）研究中心、分析测试中心、野外科学观测研究站等研究实验基地以及为实现科技成果进行工程化研究开发而组建的中试中心。其中，科学仪器设备可以分为分析仪器、物理性能测试仪器、计量仪器、电子测量仪器、海洋仪器、地球探测仪器、大气探测仪器、特种检测仪器、激光器、工艺试验仪器、计算机及其配套设备、天文仪器、医学科研仪器、核仪器、其他仪器等 15 类。

二、重点措施

（一）强化组织领导，建立联合评议机制

建立以省科技厅为牵头部门，省财政厅、省教育厅、省发展改革委、省工业信息化厅、中科院长春分院等相关部门和单位为主要成员单位的联合评议会议（以下简称联合评议会议），逐步完善协调机制，建立健全相关规章制度、规范标准，形成统筹规划、协同配合、科学管理的良好环境。

（二）符合条件的科研设施与仪器统一纳入网络平台管理

进一步完善我省网络管理平台，将省内符合条件的科研设施和仪器全部纳入平台管理。科研与仪器管理单位（以下简称管理单位）按照统一的标准和规范，建立在线服务平台，公开科研设施与仪器使用办法和使用情况，实时提供在线服务。逐步将符合条件的管理单位服务平台纳入国家网络管理平台，形成一个跨部门、跨领域、全方位、多层次的网络服务平台体系。

（三）按照科研设施与仪器功能实行分类开放共享

对于单台套价值在 50 万元以上的大型科学仪器设备，联合评议会议要加强统筹协调，按不同专业领域或仪器功能，打破管理单位的界限，推动形成专业化、网络化的科学仪器服务机构群。对于单台套价值在 50 万元以下的科学仪器设备，可采取管理单位自愿申报、行政主管部门择优加入的方式，纳入我省网络管理平台管理。对于通用科学仪器设备，通过建设仪器中心、分析测试中心等方式，集中集约管理，促进其开放共享和高效利用。对于拟新建设施和新购置仪器，应强化查重评议工作，并将开放方案纳入建设或购置计划。管理单位应当自科研设施与仪器完成安装使用验收之日起 30 个工作日内，将科研设施与仪器名称、规格、功能等情况和开放制度提交我省网络管理平台。

鼓励国防科研单位在不涉密条件下探索开展科研设施与仪器向社会开放服务。对于利用科研设施与仪器形成的科学数据、科技文献（论文）、科技报告等科技资源，要根据各自特点采取相应的方式对外开放共享。开放共享情况要作为科技资源建设和科技计划项目管理考核的重要内容。

（四）建立促进开放的激励引导机制

探索建立用户引导机制，鼓励共享共用。研究在现有省级科技专项资金中设立科研设施与仪器开放共享服务补贴资金。对充分利用现有资源开展委托分析测试的用户予以一定额度的资金补贴，对积极承接社会委托任务的管理单位、机组和一线人员予以奖补。

管理单位对外提供开放共享服务，可以按照成本补偿和非营利性原则收取材料消耗费和水、电等运行费，还可以根据人力成本收取服务费，服务收入纳入单位预算，由单位统一管理。管理单位对各类科研设施与仪器向社会开放服务建立公开透明的成本核算和服务收费标准，行政主管部门要加强管理和监督。

统筹考虑和严格控制在新列科技研发与成果转化项目中购置科学仪器设备。将优先利用现有科研设施与仪器开展科研活动作为各科研单位获得省级科技计划（专项、基金等）项目支持的重要条件。在科技基础条件与平台建设项目中设立开放性课题，以激励开放效果显著、评价绩效突出的管理单位与机组。

鼓励企业和其他社会力量以多种方式参与共建科研基础设施，组建专业的科学仪器设备服务机构，促进科学仪器设备使用的社会化服务。

（五）建立科研设施与仪器开放评价体系和奖惩办法

联合评议会议要研究制定评价制度，制定评价标准和办法，引入第三方专业评估机制，定期对科研设施与仪器的运行情况、管理单位开放制度的合理性、开放程度、服务质量、服务收费和开放效果进行评价考核。评价考核结果向社会公布，并作为科研设施与仪器更新的重要依据。对于通用科研设施与仪器，重点评价用户使用率、用户反馈意见、有效服务机时、服务质量以及相关研究成果的产出、水平与贡献；对于专用科研设施与仪器，重点评价是否有效组织了高水平的设施应用专业团队以及相关研究成果的产出、水平与贡献。

管理单位应在满足单位科研教学需求的基础上，最大限度推进科研设施与仪器对外开放，不断提高资源利用率。对于科研设施与仪器开放效果好、用户评价高的管理单位，优先享受开放共享后补助。对于不按规定如实上报科研设施与仪器数据、不按规定公开开放与利用信息、开放效果不明显、使用效率低的管理单位，联合评议会议在网络管理平台上予以通报，限期整改，并采取停止管理单位新购仪器设备、在申报省级科技计划（专项、基金等）项目时不准购置仪器设备等方式予以约束。对于通用性强但开放共享差的科研设施和仪器，结合联合评议会议的评价考核结果，相关行政主管部门和财政部门可以按规定在部门内或跨部门无偿划拨，管理单位也可以在单位内部调配。联合评议会议和相关行政主管部门要建立投诉渠道，接受社会对科研设施与仪器调配的监督。

（六）强化管理单位的主体责任

管理单位是科研设施与仪器向社会开放的责任主体，要强化法人责任，切实履行开放职责，自觉接受相关部门的考核评估和社会监督。要根据科研设施与仪器的类型和用户需求，建立相应的开放、运行、维护、使用管理制度，保障科研设施与仪器的良好运行与开放共享。要落实实验技术人员岗位、培训、薪酬、评价等政策。科研仪器设备集中使用的单位，要建立专业化的技术服务团队，对在资源共享中表现优秀的技术与服务人员进行相应的奖励，不断提高实验技术水平和开放水平。

各行政主管部门要切实履行对管理单位开放情况的管理和监督职责，实施年度考核，把开放水平和成果作为年度考核的重要内容。

三、组织实施和进度安排

改革分阶段实施，在摸清我省现有科研设施与仪器设备底数基础上，将符合条件的科研设施与仪器纳入平台统一管理，逐步实现全省科研设施与仪器的开放共享。

2015 年，省科技厅要会同有关部门与单位正式启动全省科研设施与仪器的开放共享工作，在年底前建立科研设施与仪器开放共享网络管理平台。制定相关的管理制度，完善联合评议会议对新购科学仪器设备的查重和联合评议机制，并在网络管理平台上发布。

2016 年，将省内符合条件的科研设施与仪器数据信息纳入网站数据库，并且发布符合条件的科研设施与仪器开放清单和开放信息。

2017 年，由联合评议会议会同相关部门对管理单位的科研设施与仪器向社会开放情况进行评价考核，并向社会公布评价考核结果。

吉林省人民政府
2015 年 6 月 8 日

江苏省人民政府关于重大科研基础设施和大型科研仪器向社会开放的实施意见

苏政发〔2015〕106号

各市、县（市、区）人民政府，省各委办厅局，省各直属单位：

为深化科技体制改革，加快推进我省重大科研基础设施和大型科研仪器（以下简称科研设施与仪器）向社会开放，进一步提高科技资源使用效率，根据《国务院关于国家重大科研基础设施和大型科研仪器向社会开放的意见》（国发〔2014〕70号）要求，结合我省实际，提出如下实施意见。

一、总体要求

（一）基本思路。全面贯彻党的十八大、十八届三中四中全会精神，深入贯彻习近平总书记系列重要讲话和对江苏工作的明确要求，坚持市场化导向，围绕健全区域创新体系和提高全社会创新能力，通过深化改革和制度创新，加快推进科研设施与仪器向高校、科研院所、企业、社会研发组织等社会用户开放，实现资源共享，避免部门分割、单位独占，充分释放服务潜能，为深入实施创新驱动发展战略、加快建设创新型省份提供有效支撑。

（二）主要目标。力争用2~3年时间，基本建成覆盖各类科研设施与仪器、统一规范、功能完备的专业化、网络化管理服务体系，科研设施与仪器开放共享制度、标准和机制更加完善，建设布局更加合理，开放水平显著提升，分散、重复、封闭、低效的问题基本解决，资源利用率进一步提高。

（三）适用范围。科研设施与仪器包括大型科学装置、科学仪器服务单元和单台套价值在50万元及以上的科学仪器设备等，主要分布在高校、科研院所和部分企业的各类重点实验室、工程（技术）研究中心、分析测试中心及大型科学设施中心等研究实验基地。其中，科学仪器设备可以分为分析仪器、物理性能测试仪器、计量仪器、电子测量仪器、海洋仪器、地球探测仪器、大气探测仪器、特种检测仪器、激光器、工艺试验仪器、计算机及其配套设备、天文仪器、医学科研仪器、核仪器及其他仪器。

二、重点任务

（一）实行统一的网络平台管理

省科技厅会同省有关部门进一步加强江苏省大型科学仪器设备共享服务平台（以下简称省大仪平台）建设。国家科技基础条件资源调查的科学仪器设备在纳入国家网络管理平台的同时，纳入省大仪平台，统一对外开放。省大仪平台根据科学仪器服务领域，提供仪器设备、技术专家、运行维护、测试标准与方法等在线服务，并定期组织专家对专业服务人员开展分析测试技能培训和操作指导，提高专业服务水平。

将全省符合条件的科研设施与仪器纳入省大仪平台管理，各科研设施与仪器管理单位（以下简称管理单位）要按照统一标准和规范，公开科研设施与仪器的基本信息、使用办法和开放制度，构建全社会网络化共享服务平台，实时提供在线服务，并建立完善科研设施与仪器运行和开放服务记录，每年 4 月底前向社会公布上年度情况，接受社会监督。省大仪平台建立科研设施与仪器开放服务信息公示制度，对各管理单位公布的信息进行综合汇总、分类、排序，向全社会公开。

（二）推进科研设施与仪器开放利用改革创新

围绕中小企业创新等方面需求，整合管理单位资源，建立和完善“一站式”服务平台、新型服务模式，提供检验检测、咨询指导、人员培训、方法标准研究等服务；依托产业集聚度高、创新需求集中的高新园区、专业孵化器等创新创业载体，建设一批专业检测服务站，推动企业与测试服务机构直接有效对接。扩大对大型科研仪器用户的补贴范围和金额，重点加大对创新活动中使用检测资源的科技型中小企业的支持力度，以需求带动科研设施与仪器开展开放服务。

鼓励管理单位探索社会化托管方式，将科研设施与仪器委托给专业服务机构进行管理和对外开放。鼓励企业和社会力量以多种方式参与国家重大科研基础设施建设，组建专业的科研仪器设备服务机构，促进科学仪器设备使用服务的社会化。

（三）完善新购科学仪器设备查重和联合评议制度

省财政厅、科技厅、教育厅要完善新购科学仪器设备的查重和联合评议制度，修订《江苏省省级新购大型科学仪器设备联合评议工作管理办法》，定期发布省级大型科学仪器设备新购预警目录，对申请以财政性资金新购 100 万元及以上大型科研仪器的，委托专业评估机构查重，并组织有关专家就购置的必要性、合理性等进行联合评议；对申请以财政性资金新购 50 万元至 100 万元大型科学仪器的，由管理单位对照新购预警目录进行查重，自行组织评议或委托专业评估机构评议。各招投标机构或管理单位采购部门应将评议结果作为新购仪器设备招标的重要依据；未开展评议或评议未通过的，原则上不准新购仪器设备。

统筹考虑并严格控制在新上科研项目中新购科学仪器设备，鼓励支持租赁、共享专用仪器设备，以及对现有仪器设备进行改造升级。省科技计划（专项、基金等）优先支持利用现有科研设施与仪器开展科研活动。

（四）建立健全科研设施与仪器开放服务激励约束机制

管理单位对外提供开放共享服务，按照成本补偿和非营利原则收取材料消耗费、水电等运行费以及根据人力成本收取服务费，主要用于材料消耗补偿、相关专业服务人员的绩效奖励和设备维护。省科技厅要会同省财政厅、教育厅、质监局等建立健全科研设施与仪器开放服务激励机制，依据省大仪平台理事会对科研设施与仪器开放服务的评价结果，对服务效果好、用户评价高的管理单位给予表彰，在申报省级科技计划（专项、基金）项目时优先考虑；支持各管理单位对服务水平高、服务绩效好的专业服务人员给予奖励。

对不按规定如实公开科研设施与仪器基本信息、开放服务情况，使用效率低、开放效果差的管理单位，省科技厅、财政厅要会同有关部门予以公开通报，责令限期整改，并采取停止新购仪器设备、在申报科技计划（专项、基金等）项目时不准购置仪器设备等方式予以约束。对通用性强的科研设施与仪器，如连续2次考评认定为开放、利用率低的，省财政厅和相关行政主管部门可以按规定在部门内或跨部门无偿划拨，管理单位也可以在单位内部调配。

三、保障措施

（一）强化管理单位主体责任

管理单位是科研设施与仪器向社会开放的责任主体，要强化法人责任，切实履行开放职责，自觉接受相关部门的考核评估和社会监督；建立科研设施与仪器的开放、运行、维护、使用管理制度，保障科研设施与仪器的良好运行与开放共享。科研仪器设备集中使用的单位，要建立专业化的技术服务团队，落实好实验技术人员岗位、培训、薪酬、职称、评价等政策，不断提高实验技术水平和开放水平。

（二）完善评价和管理制度

省大仪平台理事会负责建立科研设施与仪器向社会开放的评价制度，研究制定评价标准和办法；引入第三方专业评估机制，定期对科研设施与仪器的运行情况以及对管理单位开放制度的合理性、开放程度、服务质量、服务收费、开放效果进行评价考核，评价考核结果对社会公布，并作为科研设施与仪器更新的重要依据。

各行政主管部门要切实履行对管理单位科研设施与仪器开放情况的管理和监督职责，实施年度考核，将开放水平和结果作为年度考核的重要内容。

省大仪平台要加强管理单位科研设施与仪器开放服务、评价考核结果、用户评价意见等信息的发布工作，并设立投诉电话，接受社会监督。

（三）加强对开放使用中形成知识产权的管理

用户独立开展科学实验形成的知识产权由用户自主拥有，所完成的著作、论文等发表时，应明确标注利用科研设施与仪器情况；用户与管理单位共同开展科学试验形成的知识产权由双方事先约定权利归属。加强网络防护和网络环境下数据安全管理，管理单位应当保护用户身份信息以及在使用过程中形成的知识产权、科学数据和技术秘密。

（四）营造良好氛围

强化宣传和舆论引导，大力宣传推动科研设施与仪器对社会开放的重要意义，加大对服务效果好、用户评价高的管理单位的表彰奖励力度。及时总结好的做法，提炼形成可复制的经验并逐步推广。注重典型引路，带动更多管理单位做好科研设施与仪器开放服务工作。

四、进度安排

2015 年，省科技厅会同省相关部门根据国家科技基础条件资源调查结果，完善省大仪平台，充实科研设施与仪器资源数据库、设备维保和技术服务专家库、分析测试技术标准与方法库；支持社会专业服务机构建设开放式、网络化的“一站式”服务平台，引入市场机制，开展用户补贴，以需求促进开放服务；制定并实施管理单位科研设施与仪器信息公示制度。省财政厅会同省有关部门完成《江苏省省级新购大型科学仪器设备联合评议工作管理办法》修订工作，发布省级大型科学仪器设备新购预警目录。所有管理单位制定完善的开放制度，并在省大仪平台上发布。

2016 年，所有符合条件的科研设施与仪器纳入省大仪平台管理。所有管理单位在省大仪平台上公布符合开放条件的科研设施与仪器开放清单和开放信息。所有管理单位按照统一的标准规范建成各自的服务平台，明确服务方式、内容、流程，纳入省大仪平台，形成跨部门、跨领域、多层次的网络服务体系。省科技厅会同省相关部门制定管理单位服务平台的标准规范，制定并发布统一的评价办法。省财政厅会同相关部门设立开放共享后补助资金，完善新购科学仪器设备的查重和联合评议制度。

2017 年，省科技行政管理部门对管理单位的科研设施与仪器向社会开放情况进行考核评价，并向社会发布考核评价结果。

江苏省人民政府

2015 年 9 月 8 日

浙江省人民政府办公厅关于进一步推进我省重大科研基础设施和大型科研仪器设备开放共享的实施意见

浙政办发〔2019〕35号

各市、县（市、区）人民政府，省政府直属各单位：

为贯彻落实《国务院关于国家重大科研基础设施和大型科研仪器向社会开放的意见》（国发〔2014〕70号）精神，优化资源配置，推动开放共享，提高我省重大科研基础设施和大型科研仪器设备（以下统称科研设施和仪器）利用效率，经省政府同意，提出如下实施意见。

一、总体要求

（一）指导思想。坚持以习近平新时代中国特色社会主义思想为指导，以“八八战略”为总纲，按照整合、共享、服务、创新的要求，坚持制度推动、信息共享、资源统筹、奖惩结合、分类管理的原则，构建指标体系、工作体系、政策体系、评价体系，加快推进科研设施和仪器资源开放共享，充分释放服务潜能，为深入实施创新驱动发展战略、加快建设创新强省提供有效支撑。

（二）主要目标。力争用3年时间，基本建成覆盖各类科研设施和仪器，统一规范、功能完备的专业化、网络化管理服务体系，建成大型科学装置2个以上，整合价值30万元及以上大型科研仪器设备超过10000台，科研设施和仪器开放共享制度、标准和机制更加完善，开放水平显著提升，资源利用率进一步提高。

（三）适用范围。本实施意见所指的科研设施和仪器，主要是指完全或主要利用财政资金或国有资本出资购置、建设的科研设施和仪器，包括大型科学装置、科学仪器中心、科学仪器服务单元和单台（套）价值在30万元及以上的科学仪器设备等，主要分布在高等学校、科研院所和部分企业的各类重点实验室、工程（技术）研究中心、分析测试中心、野外科学观测研究站和大型科学设施中心等研究实验基地。

二、构建开放共享指标体系

（一）建立指标体系。建立涵盖开放资源量、服务企业量、服务收入、合同额等指标的科研设施和仪器开放共享绩效指标体系。对通用科研设施和仪器，指标设置突出用户使用率、用户反馈意见、有效服务机时、服务质量，以及相关研究成果的产出、水平与贡献；对专用科研设施和仪器，指标设置突出有效组织高水平设施应用专业团队情况，以及相关研究成果的产出、水平与贡献等。

（二）建立报告制度。围绕科研设施和仪器开放共享指标体系，管理单位科学设定年度目标任务，定期向科技主管部门报送上一年度科研设施和仪器增减变化、开放制度、运行情况、年有效服务机时、设备服务收入、相关研究成果等情况。科技主管部门根据指标体系定期对高校、科研院所、有关企业等管理单位进行调查核实，加强数据分析和利用。

三、建立开放共享工作体系

（一）建立健全开放共享网络服务平台。依托省科技创新云服务平台、国有资产管理云服务平台，建立健全全省科研设施和仪器开放共享网络服务平台。主动对接国家平台，实现无缝衔接，形成跨部门、跨领域、多层次的网络服务体系。按不同专业领域或仪器功能，编制科研设施和仪器分布地图，提供仪器设备、技术专家、测试标准与方法等精准在线服务。

（二）实行科研设施和仪器入网制度。科研设施和仪器管理单位作为开放责任主体，要将符合条件的科研设施和仪器的基本信息、使用办法、运行状态和开放共享情况，在全省科研设施和仪器开放共享网络服务平台公开。其中：2019 年 6 月 30 日前已完成资产建档的科研设施和仪器，要求于 2019 年底前完成信息报送工作；新增的科研设施和仪器自完成安装验收之日起 30 个工作日内完成信息报送工作。

（三）逐步应用物联网技术辅助实施动态监管。推广应用物联网技术，加强对科研设施和仪器运行的状态监测、定位监测、智能标签和实时图像采集，逐步实现对共享情况的实时监管。

（四）实行科研设施和仪器分类开放共享。对通用仪器设备，可通过建设仪器中心、分析测试中心等方式，集中集约管理，促进开放共享和高效利用。对具有较强专业特点的专用仪器设备，要实行每台（套）设备专人管理。对利用科研设施与仪器形成的科学数据、科技文献（论文）、科技报告等科技资源成果，根据各自特点采取相应的方式对外开放共享。

（五）鼓励社会力量参与科研设施和仪器开放共享。鼓励企事业单位将非公共财政出资购置、新建的科研设施和仪器，加入全省科研设施和仪器开放共享网络服务平台，积极参与开放共享。探索采用第三方机构市场化运作模式，承担科研设施和仪器的日常管理维护工作，推进社会化服务。鼓励企业和社会力量以多种方式参与共建重大科研基础设施，组建专业化科研设施和仪器服务机构开展运营。

四、完善开放共享政策体系

（一）完善新购科研设施和仪器的查重和联合评议制度。定期发布大型科学仪器设备新购预警目录。对申请以财政性资金新购 100 万元以上大型科学仪器设备的，委托专业评估机构查重，并对其必要性、合理性等组织联合评议；对申请以财政性资金新购50万元至100万元之间的大型科学仪器设备的，由管理单位对照新购预警目录进行查重，自行组织或委托专业评估机构评议。各招标人或管理单位组织采购时应将评议结果作为招标新购仪器设备的重要依据；未开展评议或评议未通过的，原则上不准招标新购。严格控制新上科研项目新购科学仪器设备，鼓励支持租赁、共享专用仪器设备，以及对现有仪器设备进行改造升级。省科技计划（专项、基金等）优先支持利用现有科研设施和仪器开展科研活动。

（二）建立科研设施和仪器开放共享促进机制。管理单位要建立健全开放、运行、维护和使用的管理制度，落实好实验技术人员岗位、培训、薪酬、职称和评价等政策，合理配置专业化技术服务团队。管理单位对外提供开放共享服务，可按照成本补偿和非营利性原则收取材料消耗费和水、电等运行费，根据人力成本收取服务费。行政事业单位相关收入按国有资产有偿使用收入有关规定执行，符合条件的按横向科研经费进行管理。管理单位要建立公开透明的科研设施和仪器向社会开放服务的成本核算办法和服务收费标准，主管部门要加强管理和监督。对加入全省科研设施和仪器开放共享网络服务平台、享受科教用品和科技开发用品进口免税政策的科学仪器设备，在符合监管条件的前提下，准予用于其他单位的科技开发、科学研究和教学活动。

（三）发挥创新券在促进科研设施和仪器开放共享中的作用。引导企业利用创新券共享使用科研设施和仪器。推进创新券在省内和长三角地区通用通兑，支持中小微企业根据需求跨省域使用科研设施和仪器，降低科技创新成本。鼓励有条件的企业研发机构和其他创新载体为中小微企业和创业者提供使用创新券的共享科研设施和仪器服务。

五、健全开放共享评价体系

（一）建立专业评估机制。根据科研设施和仪器分类指标体系，建立符合科研规律、以质量效益为核心的分类评价体系，制定评价标准和办法。建立第三方专业评估机制，定期对科研设施和仪器的运行情况、管理单位开放制度的合理性、开放程度、服务质量、服务收费和开放效果进行评价。评价结果向社会公布，并作为科研设施和仪器更新的重要依据。

（二）建立激励约束机制。根据科研设施和仪器开放共享的评价结果，对开放共享程度高和对外服务质量好、用户评价高的单位给予奖补，支持各管理单位对服务水平高、服务绩效好的机组或专业服务人员以适当方式给予奖励。对共享服务质量好的单位，在新购科研设施和仪器、申请分析测试技术项目、建设专业分析测试中心、申报省级科技计划（专项、基金）项目等方面予以优先支持。对不按规定如实报送科研设施和仪器数据、公开开放与利用信息，以及开放效果差、使用效率低的管理单位，予以通报、限期整改，并采取停止管理单位新购仪器设备、在申报科技计划（专项、基金等）项目时不准购置仪器设备等方式予以约束。对于通用性强但开放共享差的科研设施和仪器，可按规定实行在部门内或跨部门无偿划拨，管理单位也可在单位内部调配。

（三）建立用户责权机制。用户独立开展科学实验形成的知识产权由用户自主拥有；用户与管理单位共同开展科学试验形成的知识产权由双方事先约定权利归属。管理单位应当加强网络防护和数据安全管理，保护用户身份信息及在使用过程中形成的知识产权、科学数据和技术秘密。

省科技厅要加强对科研设施和仪器开放共享工作的组织协调，省发展改革委、省经信厅、省教育厅、省财政厅、省生态环境厅、省农业农村厅、省卫生健康委、省市场监管局、杭州海关等有关单位要根据各自职责抓好工作落实，形成工作合力。

浙江省人民政府办公厅

2019 年 5 月 18 日

福建省人民政府关于推进重大科研基础设施和大型科研仪器向社会开放服务的实施意见

闽政〔2016〕4号

各设区市人民政府、平潭综合实验区管委会，省人民政府各部门、各直属机构，各大企业，各高等院校：

为贯彻落实《国务院关于国家重大科研基础设施和大型科研仪器向社会开放的意见》（国发〔2014〕70号）、科学技术部《落实〈关于国家重大科研基础设施和大型科研仪器向社会开放的意见〉实施推进方案》（国科基发〔2015〕199号）要求，全面推动我省重大科研基础设施和大型科研仪器（以下简称科研设施仪器）向社会开放，进一步提高科研设施和仪器配置使用的社会效率，提出以下实施意见。

一、明确工作目标

加快推进科研设施仪器向社会开放，是国家和我省深化科技体制机制改革、提高科技资源利用效率、服务大众创业万众创新的一项重要内容，要坚持制度推动、信息共享、资源统筹、奖惩结合、分类管理的原则，通过深化改革和制度创新，按照国家统一部署，力争用三年时间，基本建成覆盖各类科研设施仪器、统一规范、功能完善的专业化、网络化管理服务体系，科研设施仪器资源共享制度、标准和机制更加健全，科研设施仪器向社会开放水平显著提升，资源利用率进一步提高，充分释放科研设施仪器服务潜能，满足创业者和创新企业需求。

二、界定科研设施仪器开放范围

向社会开放的科研设施仪器包括大型科学装置、科学仪器中心、科学仪器服务单元和单台套价值在30万元及以上的科学仪器设备等，主要分布在高校、科研院所和部分企业的各类重点（工程）实验室、工程（技术）研究中心、分析测试中心等研究实验基地。其中，科学仪器设备可以分为分析仪器、物理性能测试仪器、计量仪器、电子测量仪器、海洋仪器、地球探测仪器、大气探测仪器、特种检测仪器、激光器、工艺试验仪器、计算机及其配套设备、天文仪器、医学科研仪器、核仪器、其他仪器等15类。

三、整合科研设施仪器资源

（一）所有符合开放条件的科研设施仪器（除涉密和国家有特殊要求限制外）统一纳入省大型科研仪器网络管理平台（以下简称省大仪网络管理平台）管理。

（二）以财政性资金新建设、新购置在适用范围内的科研基础设施和单台套价值在30万元及以上的科学仪器设备，应纳入省大仪网络管理平台，建立在线服务，优化各项流程、简化相关手续、完善网上服务功能。科研设施仪器管理单位（以下简称仪器管理单位）应当在完成安装、调试验收之日起30个工作日，将科研设施仪器名称、规格、功能等信息报送省大仪网络管理平台。

（三）鼓励非财政性资金建设、购置的科研设施仪器加入省大仪网络管理平台对社会开放服务，与财政性资金购置的科研设施仪器同等适用省科研设施仪器有关奖励政策。

（四）鼓励具备相应能力的仪器管理单位以及社会力量以多种方式组建各类科学仪器设备测试、维修、咨询、培训等服务机构（以下简称服务机构），在省大仪网络管理平台开展在线服务，为科研设施仪器提供网络化、专业化、市场化的技术服务。

（五）鼓励涉密单位在不影响保密条件下探索科研设施仪器加入省大仪网络管理平台对社会提供技术服务。

责任单位：省科技厅、经信委、发改委、教育厅。

四、规范大型科研仪器设备购置

凡是财政性资金全额或部分出资新购置单台价格50万元（含）或成套价格在100万元（含）以上的科研仪器设备，按照“谁审批、谁负责”的原则，由主管部门或主管部门委托的第三方中介机构进行查重和评议。评议结果作为新购置科研仪器设备审批及政府采购预算编制审核的依据。

主管部门要以盘活存量、调控增量、开放服务为原则，结合各类仪器设备特点和科研实际需求，合理确定查重范围和数量，并对申请新购置科研仪器设备的必要性、分布合理性和技术指标等进行评议，并将新购置科研仪器设备审批意见抄送省大仪网络管理平台，确保新购置仪器设备及时入网向社会开放。对开放服务效果差、使用效率低、重复购置情况较多的仪器管理单位应严格控制仪器设备增量，凡有下列情况的，原则不再批准新购置：

（一）申购单位新购置科研仪器设备难以对社会提供技术服务的，且省内开放仪器设施能够满足科研需求的；

（二）仪器管理单位不按规定要求报送科研设施仪器信息、不按规定对社会开放服务，且未按要求整改的。

责任单位：省科技厅、经信委、发改委、教育厅。

五、鼓励社会使用科研设施仪器

（一）统筹考虑和严格控制在新上科研项目中购置大型科研仪器设备。将优先利用省大仪网络管理平台或国家网络管理平台资源开展科研活动作为各申报单位获得各级政府科技计划（专项、基金等）支持的重要条件。

（二）凡省内（不含厦门）注册登记、具有独立法人资格的企业，在创业创新中（除科技计划项目外）利用省大仪网络管理平台或国家网络管理平台资源开展分析、测试、检验、试验产生的费用（不包括同一项目关联或合作单位间产生的费用），可按实际支出费用的 50% 标准申请创新券补助，优先支持科技型中小微型企业。

（三）入住省级科技企业孵化器、互联网孵化器、大学科技园、众创空间等机构，尚未注册企业的创客或创客团队，在创业创新或产品转化过程中利用省大仪网络管理平台或国家网络管理平台资源开展分析、测试、检验、试验产生的费用，可按实际支出费用的 50% 标准申请创新券补助。

（四）纳入省大仪网络管理平台的科研设施仪器接受服务机构提供的维修、测试技术咨询等服务，仪器管理单位可按实际支出的 50% 标准申请创新券补助。

责任单位：省科技厅、财政厅、经信委、发改委、教育厅。

六、建立评价体系和奖惩办法

（一）主管部门或主管部门委托第三方中介机构每年对仪器管理单位开放服务情况进行一次绩效评价，重点对设施仪器社会服务样品数、机时利用率、服务质量、开放制度建设、用户评价等指标进行评价。对于开放程度高、服务质量好、用户评价优的仪器管理单位及仪器设备管理人员给予奖励补助。对于非财政性资金建设、购置的设施仪器对社会开放服务的，在评价指标权重上予以倾斜。

（二）仪器管理单位对社会开放提供技术服务，可以按照成本补偿和非营利性原则收取材料消耗费和水、电等运行费，可以根据人力成本收取服务费，服务收入纳入单位预算，由单位统一管理。

（三）对于纳入省大仪网络管理平台管理的、已享受科教用品和科技开发用品进口免税政策的科研设施仪器，在符合监管条件的前提下，准予用于其他单位的科技开发、科学研究和教学活动。

（四）服务机构或仪器管理单位为纳入省大仪网络管理平台的科研仪器设施提供专业技术培训，可按实际支付费用的 100% 标准申请补助。服务机构或仪器管理单位提供维修、技术咨询、专业培训服务的，应向主管部门提出申请并签订服务合同。

（五）对于不按规定要求报送科研设施仪器信息、不按规定开放、开放服务差、使用效率低的仪器管理单位，将予以通报批评、限期整改，并限制新购置科研仪器设备等方式予以约束。在省大仪网络管理平台建立投诉渠道，接受社会及用户对设施仪器开放服务情况的监督。

（六）仪器管理单位应当建立设施仪器对社会开放和仪器实验人员的考核奖惩机制。绩效评价奖励补助经费主要用于设施仪器运行补助和相关人员奖励，其中奖励经费不纳入单位绩效工资总额。

责任单位：省科技厅、财政厅、经信委、发改委、教育厅。

七、加强知识产权管理

用户独立开展科学实验形成的知识产权由用户自主拥有，所完成的著作、论文发表时应明确标注利用对社会开放的科研设施仪器情况。管理单位及相关工作人员应满足用户保护其信息以及在使用过程中形成的知识产权、数据和技术秘密的要求。

责任单位：省知识产权局。

八、落实开放服务经费

福建省重大设施科研基础设施和大型科研仪器向社会开放服务活动经费由创新券专项资金及相关经费保障。

责任单位：省科技厅、财政厅。

福建省人民政府

2016 年 1 月 16 日

江西省人民政府关于推进重大科研基础设施和大型科研仪器向社会开放的实施意见

赣府发〔2015〕42 号

各市、县（区）政府，省政府各部门：

为进一步优化科研基础设施和科研仪器（以下简称科研设施与仪器）资源配置，加强科技基础条件平台建设，提高科技资源利用效率，更好发挥科研设施与仪器对创新创业的服务和支撑作用，根据《国务院关于国家重大科研基础设施和大型科研仪器向社会开放的意见》（国发〔2014〕70 号）精神，结合我省实际，现就科研设施与仪器向社会开放提出以下实施意见。

一、建立资源信息系统

明确科研设施与仪器向社会开放的适用范围。科研设施与仪器包括大型科学装置、科学仪器中心、科学仪器服务单元和单台套价值在 50 万元及以上的科学仪器设备等，主要分布在高校、科研院所和部分企业的各类重点实验室、工程（技术）研究中心、分析测试中心、野外科学观测研究站及大型科学设施中心等研究实验基地。其中，科学仪器设备可以分为分析仪器、物理性能测试仪器、计量仪器、电子测量仪器、海洋仪器、地球探测仪器、大气探测仪器、特种检测仪器、激光器、工艺试验仪器、计算机及其配套设备、天文仪器、医学科研仪器、核仪器、其他仪器等 15 类。

开展科研设施与仪器资源调查。从 2015 年起，每年组织开展全省科研设施与仪器的资源调查工作，按功能类型和专业领域分类统计科研设施与仪器资源，全面及时准确掌握科研设施与仪器建设、运行和开放共享情况，建立科研设施与仪器信息资源数据库，向社会发布科研设施与仪器调查数据。（省科技厅、省财政厅牵头，省教育厅、省工信委、省卫生计生委、省农业厅、省环保厅、省食品药品监管局、省质量技术监督局配合）

实行科研设施与仪器报告制度。科研设施与仪器管理单位（以下简称管理单位）要建立科研设施与仪器报告制度，在科研设施与仪器完成安装使用验收之日起 30 个工作日内，向全省网络管理平台提交科研设施与仪器的有关信息，按要求适时公布科研设施与仪器开放共享情况，实现科研设施与仪器开放信息的动态更新。（省科技厅牵头，省教育厅、省工信委、省卫生计生委、省农业厅、省环保厅、省食品药品监管局、省质量技术监督局配合）

二、健全开放共享网络平台

建立全省网络管理平台。2015 年，在现有全省大型科学仪器协作共用网的基础上，建立全省统一开放的科研设施与仪器网络管理平台，逐步将全省所有符合向社会开放条件的科研设施与仪器纳入网络平台管理，实现科研设施与仪器的申购、使用、服务和评价等方面的全过程管理。（省科技厅牵头，省教育厅、省工信委、省卫生计生委、省农业厅、省环保厅、省食品药品监管局、省质量技术监督局配合）

建立网络在线服务平台。2016 年，遴选 10 个开放共享较好、管理制度健全、开放绩效突出和具有代表性的管理单位，按照全省统一的标准和规范，开展管理单位网络在线服务平台示范点建设，公开科研设施与仪器开放共享制度和使用信息，实时提供在线服务。2017 年，在示范点建设的基础上，逐步扩大范围，实现全省科研设施与仪器向社会开放的全覆盖。管理单位在线服务平台、全省网络管理平台将统一纳入国家网络管理平台，形成跨地区、跨部门、跨领域、多层次的科研设施与仪器网络管理服务体系。（省科技厅牵头，省教育厅、省工信委、省卫生计生委、省农业厅、省环保厅、省食品药品监督管理局、省质量技术监督局配合）

按照科研设施与仪器功能实行分类开放共享。针对不同类型的科研设施与仪器和管理单位，采取不同的开放共享方式。对主要由财政性资金投资建设或购置、单台套价值在 50 万元及以上的科研设施与仪器（涉密及不宜公开的除外），要纳入全省网络平台管理。对单台套价值在 20 万～50 万元的科研设施与仪器，可采取管理单位自愿申报、主管部门择优加入的方式，纳入全省网络平台管理。对主要承担教学工作或法定检测工作的管理单位，在确保完成自身工作任务的前提下，积极开展对外服务，促进科研设施与仪器开放共享和高效利用。对于利用科研设施与仪器形成的科学数据、科技文献（论文）、科技报告等科技资源，要根据各自特点采取相应的方式对外开放共享。开放共享情况要作为科技资源建设和科技计划项目管理考核的重要内容。鼓励企业和社会力量以多种方式参与共建科研设施，组建专业服务机构，开展社会化服务。（省科技厅牵头，省教育厅、省工信委、省卫生计生委、省农业厅、省环保厅、省食品药品监管局、省质量技术监督局配合）

三、实施评价奖惩机制

开展开放共享绩效考评。2015 年，制定科研设施与仪器开放共享考核评价标准和办法，开展绩效考评试点工作。针对不同类型的科研设施与仪器和管理单位，实行分类考核评价标准。对于通用科研设施与仪器，重点评价用户数量、服务机时、服务质量和服务业绩。对于专用科研设施与仪器，重点评价专业团队的开发应用能力和相关研究成果的产出、水平与贡献。2016 年，扩大绩效考评试点范围。2017 年，总结完善科研设施与仪器开放共享“供、需”双方的对接方式、服务模式、服务内容和考核评价机制，并将考评结果向社会公布。（省科技厅牵头，省教育厅、省工信委、省卫生计生委、省

农业厅、省环保厅、省食品药品监管局、省质量技术监督局配合）

实行开放共享奖惩机制。2015 年，制定科研设施与仪器开放共享奖惩制度，开展试点工作。对科研设施与仪器开放效果好、用户评价高的管理单位，同级财政部门会同有关部门根据评价考核结果和财政预算管理的要求，建立开放共享后补助机制，并在新购科研设施与仪器时，给予优先支持，调动管理单位开放共享积极性。对不按规定如实上报科研设施与仪器信息、开放效果差、用户投诉高的管理单位，予以通报批评，限期整改，并采取停止管理单位新购仪器设备、在申报科技计划（专项、基金等）项目时不准购置仪器设备等方式予以约束。对于通用性强但开放共享差的科研设施与仪器，结合科技行政主管部门的评价考核结果，相关行政主管部门和财政部门可以按规定在部门内或跨部门无偿划拨，管理单位也可以在单位内部调配。2016 年，进一步扩大试点范围。2017 年，改进完善开放共享奖惩制度。科技行政主管部门、相关行政主管部门要建立投诉渠道，接受社会对科研设施与仪器调配的监督。（省科技厅牵头，省财政厅、省教育厅、省工信委、省卫生计生委、省农业厅、省环保厅、省食品药品监管局、省质量技术监督局等有关部门配合）

四、落实管理单位主体责任

切实履行开放职责。管理单位是科研设施与仪器向社会开放的责任主体，要根据科研设施与仪器的类型和用户需求，建立相应的开放、运行、维护、使用管理制度，保障科研设施与仪器的良好运行与开放共享。管理单位开展开放服务，应建立公开透明的成本核算和服务收费标准，可以按照成本补偿和非营利性原则收取材料消耗费和水电等运行费，也可根据人力成本收取服务费，服务收入纳入单位预算，由单位统一管理。鼓励省级科技创新平台向高新技术企业、科技型中小微企业和创业者等各类创新创业主体，开放共享科研设施与仪器，使用费可减半收取。主管部门要加强对管理单位科研设施与仪器向社会开放的管理和监督。（省科技厅牵头，省教育厅、省工信委、省卫生计生委、省农业厅、省环保厅、省食品药品监管局、省质量技术监督局配合）

加强人才队伍培养。管理单位要落实科研设施与仪器实验技术人员岗位、职称、培训、薪酬和考评等政策。对科学仪器设备集中使用的单位，要建立专业化的技术保障服务团队，不断提高实验技术水平、仪器设备维修水平和开放共享服务水平。（省科技厅、省人社厅牵头，省财政厅、省教育厅、省工信委、省卫生计生委、省农业厅、省环保厅、省食品药品监管局、省质量技术监督局配合）

加强知识产权管理。研究完善科研设施与仪器开放共享有关的知识产权创造、保护、运用政策。在开放服务中，用户独立开展科学实验形成的知识产权由用户自主拥有。用户在发表著作和论文等科技成果时，应标注利用科研设施与仪器情况。管理单位应加强网络防护和网络环境下数据安全管理，保护用户知识产权、科学数据、技术秘密和商业秘密。（省科技厅牵头，省知识产权工作部门联席会议成员单位配合）

五、建立申购联合评议机制

2016年，按仪器类别和专业领域建立查重评议专家队伍，开展大型科研仪器设备采购查重和联合评议试点工作，对大型科学仪器申购进行科学评估论证。统筹考虑和严格控制在新上科研项目中购置科学仪器设备，鼓励项目申请单位与管理单位合作，把优先利用现有科研设施与仪器开展科研活动，作为申请单位获得国家及省级科技计划（专项、基金等）支持的重要条件。对已有同类大型科研仪器设备，并能满足申请单位开展相关科学研究和技术开发活动需求，原则上不予批准购置。对拟新建设施和新购置仪器，应强化查重评议工作，并将开放方案纳入建设或购置计划，从源头上减少重复投资、重复建设，提高财政科技资金的使用效益。（省科技厅、省财政厅牵头，省教育厅、省工信委、省卫生计生委、省农业厅、省环保厅、省食品药品监管局、省质量技术监督局配合）

六、加强工作沟通协调

省科技厅要牵头建立科研设施与仪器开放共享工作会商协调机制，加强对全省科研设施与仪器开放共享工作的统筹规划、政策制定和推进协调。要明确任务分工、落实工作责任、强化督促检查，按时间节点完成目标任务，到2017年，基本建成全省统一规范、功能完善、布局合理、开放共享的专业化和网络化的科研设施与仪器管理服务体系，对管理单位的科研设施与仪器向社会开放情况进行评价考核，并向社会公布评价考核结果，不断提高科研设施与仪器的使用效率和开放共享水平。（省科技厅牵头，省财政厅、省人社厅、省教育厅、省工信委、省卫生计生委、省农业厅、省环保厅、省食品药品监管局、省质量技术监督局配合）

江西省人民政府

2015年8月24日

河南省人民政府关于促进重大科研基础设施和大型科研仪器向社会开放的实施意见

豫政〔2016〕56号

各省辖市、省直管县（市）人民政府，省人民政府各部门：

为全面实施创新驱动发展战略，坚持“创新、协调、绿色、开放、共享”发展理念，加快推进重大科研基础设施和大型科研仪器（以下简称科研设施和仪器）向社会开放，推动资源共享，进一步提高科技资源利用效率，促进大众创业、万众创新，根据《国务院关于国家重大科研基础设施和大型科研仪器向社会开放的意见》（国发〔2014〕70号）和《中共河南省委河南省人民政府关于深化科技体制改革推进创新驱动发展的若干实施意见》（豫发〔2015〕13号）精神，现提出以下实施意见。

一、总体要求

（一）主要目标。通过深化改革和制度创新，力争用2年时间，基本建成覆盖各类科研设施和仪器，统一规范、功能强大的专业化、网络化管理服务体系和开放共享制度，建设布局更加合理，开放水平显著提升，基本解决科研设施和仪器分散、重复、封闭、低效的问题，促进资源共享，进一步提高资源利用率，充分释放服务潜能，为实施创新驱动发展战略提供有效支撑。

（二）适用范围。我省行政区域内纳入国有资产管理的科研设施和仪器，包括大型科学装置、科学仪器服务单元和单台套价值在50万元及以上的科学仪器设备等，主要分布在高校、科研院所和部分企业的各类重点实验室、工程（技术）研究中心、分析测试中心及大型科学设施中心等研究实验基地。

二、主要任务

（一）实行统一的网络平台管理。按照国家网络管理平台的要求，省科技厅会同有关部门和地方依托河南省科学仪器协作共用网建立统一开放的全省网络管理平台，将我省符合条件的科研设施和仪器纳入到平台管理，逐步实现国家网和省网、市网“三网”无缝对接。通过网络管理平台实现信息检索与发布、使用预约、共享评价等开放共享全流程服务。科研设施和仪器管理单位（以下简称管理单位）的服务平台统一纳入全省网络管理平台，逐步形成跨部门、跨领域、多层次的网络服务体系。（由省科技厅、财政厅、发展改革委、教育厅、工业和信息化委、环保厅、农业厅、卫生计生委、质监局等负责落实）

（二）实行分类开放共享。对大型科学装置、科学仪器中心，有关部门和管理单位要把向社会开放纳入日常运行管理工作范围；对科学仪器服务单元和单台套价值在50万元及以上的科学仪器设备，必须纳入省网络管理平台管理；对单台套价值在50万元以下的科学仪器设备，可采取管理单位自愿申报、行政主管部门择优加入的方式，纳入省网络管理平台管理；对通用科研仪器设备，通过建立仪器中心、分析测试中心等方式，集中集约管理，促进开放共享和高效利用。对纳入网络管理平台统一管理的进口减免税设备，在符合监管条件的前提下，经海关核准后，准予用于其他单位的科技开发、科学研究和教学活动，但不得移出本单位；鼓励引导没有纳入国有资产管理的科研设施和仪器加入省网络管理平台，向社会开放共享。涉及国家秘密或国家有特殊要求的，不纳入开放共享范围。（由省科技厅、财政厅、发展改革委、教育厅、工业和信息化委、环保厅、农业厅、卫生计生委、质监局、郑州海关等负责落实）

（三）健全新购科研仪器设备查重和联合评议机制。省财政厅、科技厅、教育厅等有关部门要建立完善新购科研仪器设备查重和联合评议机制，依托省级网络管理平台定期发布省级科研设施和仪器新购预警目录。使用省级财政资金建设或购置科研设施和仪器，由管理单位对照新购预警目录进行查重，自行组织或委托专业评估机构进行论证；存量科研设施和仪器能够提供共享服务满足新增需求的，原则上财政资金不再支持；确有新增必要的，单台套价值200万元及以上大型科学仪器设备，由省财政厅、科技厅、教育厅等有关部门委托专业机构进行联合评议。统筹考虑并严格控制在新上科研项目中新购科学仪器设备。将优先利用现有科研设施和仪器开展科研活动作为各科研单位获得科技计划（专项、基金等）支持的重要条件。（由省财政厅、科技厅、教育厅、卫生计生委等负责落实）

（四）规范开放共享服务价格。管理单位要科学合理地制定相应服务价格。使用财政性资金建设或购置的科研设施和仪器，要按照成本补偿和非盈利性原则制定服务价格，开放共享服务费用纳入单位预算，由单位统一管理；服务价格要包含必要的材料消耗费、水电等运行费以及人力成本费。使用其他资金来源建设或购置的科研设施和仪器，可以结合市场行情，合理制定服务价格。管理单位制定开放共享服务价格目录，并通过网络管理平台对外发布。管理单位收取的开放共享服务费用，可对实验技术人员进行绩效奖励。（由省发展改革委、财政厅、教育厅、科技厅等负责落实）

三、保障措施

（一）建立部门联席会议制度。省科技厅与省财政厅、发展改革委、教育厅等相关部门建立联席会议制度，定期召开会议，协调解决相关问题，发布开放共享信息，解释相关政策规定，制定奖惩政策，推动科研设施和仪器向社会开放工作有序开展。（由省科技厅、财政厅、发展改革委、教育厅、工业和信息化委、环保厅、农业厅、卫生计生委、质监局等负责落实）

（二）强化管理单位主体责任。管理单位是科研设施和仪器向社会开放的责任主体，要强化法人责任，切实履行开放职责。管理单位要在科研设施和仪器投入使用起 1 个月内申请纳入网络管理平台；要制定开放共享制度，明确共享的对象、方式、程序、价格等；要落实实验技术人员岗位、培训、薪酬、评价等政策，对服务水平高、服务绩效好的专业服务人员给予奖励。保障科研设施和仪器良好运行和开放共享；管理单位要保护用户身份信息以及在使用过程中形成的知识产权、科学数据和技术秘密。

各行政主管部门要切实履行对管理单位开放情况的管理和监督职责，实施年度考核，把开放水平和结果作为年度考核的重要内容。（由省科技厅、财政厅、教育厅、人力资源社会保障厅、知识产权局负责落实）

（三）规范用户权责。用户通过网络管理平台向管理单位提出科研设施和仪器共享使用申请，获得开放共享服务。用户要按照管理单位制定的相关规定，合理、合规、妥善使用科研设施和仪器，并按照协议规定支付费用。用户独立开展科学实验形成的知识产权由用户自主拥有，所完成的著作、论文等发表时，要明确标注利用科研设施和仪器情况；用户与管理单位共同开展科学试验形成的知识产权由双方事先约定权利归属。（由省知识产权局、科技厅、财政厅负责落实）

（四）实施科研设施和仪器开放共享奖惩政策。省科技厅要会同省财政厅建立评价制度，制定评价标准和办法，引入第三方专业评估机制，定期对科研设施和仪器的运行情况，管理单位开放制度的合理性、开放程度、服务质量、服务收费和开放效果进行评估，并在省级网络管理平台公布评估结果，作为科研设施和仪器更新的重要依据。省科技厅要会同省财政厅根据评估结果和财政预算管理要求，建立开放共享后补助机制，对服务效果好、用户评价高的管理单位给予表彰和后补助；对科技型中小微企业、大学生创业人员使用开放共享科研设施和仪器的，财政可给予适当补贴。鼓励企业和社会力量以多种方式参与科研设施建设，组建专业的科研设施和仪器服务机构，促进科研设施和仪器使用的社会化服务。

对不按规定如实上报科研设施和仪器数据、不按规定公开开放与利用信息、开放效果差、使用效率低的管理单位，省科技厅、财政厅要会同有关部门予以公开通报，责令限期整改，并采取停止新购仪器设备、在申报科技计划（专项、基金等）项目时不准购置仪器设备等方式予以约束。对财政资金购买通用性强的科研设施和仪器，若无特殊原因，连续 2 次考评结果差的，省财政厅和相关行政主管部门可以按规定在部门内或跨部门无偿划拨，管理单位也可以在单位内部调配。相关行政主管部门要建立投诉渠道，主动接受社会监督。（由省科技厅、财政厅、教育厅、工业和信息化委负责落实）

四、进度安排

2016 年省科技厅要会同有关部门启动全省网络管理平台建设，年底前基本建成覆盖各类科研设施和仪器，统一规范、功能强大的专业化、网络化全省网络管理平台，将符合条件的科研设施和仪器纳入平台管理，初步形成跨部门、跨领域、多层次的网络服务体系，实现与国家网无缝对接。2017 年省科技厅会同有关部门和地方实现“三网”互联互通、资源开放共享，同时对管理单位的科研设施和仪器向社会开放情况进行考核评价，并向社会发布考核评价结果。

河南省人民政府
2016 年 8 月 26 日

湖北省人民政府关于促进科研基础设施和科研仪器向社会开放的实施意见

鄂政发〔2015〕63 号

各市、州、县人民政府，省政府各部门：

根据《国务院关于国家重大科研基础设施和大型科研仪器向社会开放的意见》（国发〔2014〕70 号）要求，为深化我省科技体制改革，加快实施创新驱动发展战略，充分发挥科研基础设施和科研仪器（以下简称科研设施设备）对科技创新的服务和支撑作用，提高我省科研设施设备的开放共享水平，促进大众创业、万众创新，特制定本实施意见。

一、坚持开放共享的刚性原则。我省行政区域内高校、科研院所、企业的价值在 10 万元以上的国有科研设施设备，必须面向高校、科研院所、企业、社会研发组织等社会用户开放共享；使用财政性资金差额建设或购置的科研设施设备，应根据使用情况，承担一定的开放共享任务。鼓励非财政性资金建设的科研设施设备向社会开放共享。涉及国家秘密或国家有特殊要求的，不纳入开放共享范围。

二、构建网络平台实施开放共享。按照国家统一的标准和规范，确保我省符合条件的科研设施设备纳入国家网络管理平台（以下简称网络管理平台）。进一步调整完善湖北省科学仪器协作共用网，确保国家网和省网“两网”无缝对接。全省科研设施设备通过“两网”实现信息检索与发布、使用预约、共享评价、绩效奖励与补贴等开放共享全流程服务。

三、定期开展科研设施设备资源调查工作。省科技行政部门会同相关部门，每年组织开展一次资源普查工作，收集、整理、更新科研设施设备相关信息，编制《湖北省科研设施设备开放共享目录》（以下简称目录）。目录包括科研设施设备的名称、指标参数、管理单位、公益属性、服务对象、服务时间、共享方式、服务价格等内容。目录在网络管理平台上面向社会公开发布。资源普查工作应加强对非国有单位科研设施设备的调查。

四、强化科研设施设备管理单位开放共享主体责任。进口的减免税设备在移作他用之前，进口单位应当办理相关海关手续。管理单位应在科研设施设备投入使用起 1 个月内申请纳入网络管理平台；应当提供保管、维护科研设施设备的技术水平、专业人员等保障条件，确保高质、稳定、持续的开放共享；应制定开放共享规章制度，明确共享的对象、方式、程序、价格等，便于科研设施设备使用者共享使用；科研设施设备管理单位在提供开放共享服务时，必要情况下，可与使用者签订协议，约定服务内容、费用和知识产权归属等问题。

五、规范科研设施设备使用者权责。使用者依据科研设施设备开放共享目录，通过网络管理平台，向管理单位提出科研设施设备共享使用申请，获得开放共享服务。使用者应当按照管理单位制定的相关规定，合理、妥善使用科研设施设备，使用期间应采取有效保护和管理措施，防止损毁或者丢失。使用者应严格履行与管理单位签订的协议，并按照协议规定支付费用。使用者对利用科研设施设备形成的新成果具有所有权，与管理单位另有约定的除外。

六、规范科研设施设备开放共享服务价格。科研设施设备管理单位应根据科研设施设备建设或购置资金来源性质，制定相应的服务价格。使用具有国有资产属性的科研设施设备或者超过半额财政性资金建设或购置的科研设施设备，应按照成本补偿和非营利性原则，制定服务价格。服务价格应包含必要的材料消耗费、水电等运行费以及人力成本费。使用其他资金来源建设或购置的科研设施设备，可以结合市场行情，本着“委托、自愿”原则，合理制定服务价格。网络管理平台应会同科研设施设备管理单位制定开放共享价格目录，并对外发布。科研设施设备管理单位收取的开放共享服务费用纳入单位预算，由单位统一管理。

七、建立科研设施设备开放共享评价指标体系。省科技行政部门对纳入开放共享目录的科研设施设备，根据科研设施设备的种类、数量、行业规模等因素，研究制定客观准确反映科研设施设备开放共享程度的指标体系。根据每年运行情况，评价并发布每台套科研设施设备的共享使用指数。

八、改革科研设施设备新建和运行管理模式。使用省级或省级以下财政性资金建设或购置科研设施设备，省科技行政部门会同财政部门，应当组织专家进行评议，考察新建科研设施设备的必要性。存量科研设施设备能够提供共享服务满足新增需求的，原则上不再新增。将优先利用现有科研设施设备开展科研活动作为各科研单位获得科技计划（专项、基金等）支持的重要条件。在高校、科研院所中，开展科研设施设备集中集约化管理试点工作。科研设施设备管理单位应成立仪器中心、分析测试中心等相对独立、实体化运作的专业服务机构或部门，通过专业化队伍经营、经济目标管理等方式，推动科研设施设备对外开放服务，提高使用效率。鼓励采用现代物联网技术，积极推进科研设施设备开放共享物联网构建，实现开放共享服务“一卡通”。

九、实施科研设施设备开放共享奖惩政策。省科技行政部门建立评价指标体系，定期对科研设施设备共享服务时间、服务质量、人才培养等方面进行评估，并在网络管理平台公布评估结果，并作为科研设施设备更新的重要依据。科研设施设备使用者利用开放共享科研设施设备形成的科学数据、科技文献（论文）、科技报告等科技条件资源，应以适当方式对外开放共享，开放共享情况作为给予使用者财政补贴的重要依据。省科技行政部门会同财政部门根据评估结果和财政预算管理的要求，建立开放共享后补助机制，对科研设施设备开放效果好、用户评价高的管理单位，在现有科技专项中给予后补助。后补助经费纳入单位预算，由单位统一管理。对中小企业，大学生创业人员使用开放共享科研设施设备的，从现有的科技专项中给予适当补贴。科研设施设备管理单位应制定政策鼓励运行维护操作人员为使用单位提供方便和条件。

对不按规定如实上报科研设施与仪器数据、不按规定公开开放与利用信息、开放效果差、使用效率低的管理单位，在网络管理平台上予以通报，限期整改，并采取停止管理单位新购仪器设备、在申报科技计划（专项、基金等）项目时不准购置仪器设备等方式予以约束。

十、建立部门联席会议制度。省科技行政部门与发改、财政、教育、物价、海关、国防科工办、中科院武汉分院等相关部门建立联席会议制度，每年定期召开会议，研究部署当年工作目标和工作任务，及时协调解决开放共享的相关问题，发布开放共享指数，解释相关政策规定，制定奖惩政策，推进科研基础设施和科研仪器向社会开放工作有序开展。

湖北省人民政府

2015 年 9 月 29 日

湖南省人民政府办公厅关于印发《湖南省促进重大科研基础设施和大型科研仪器向社会开放实施方案》的通知

湘政办发〔2015〕68号

各市州、县市区人民政府，省政府各厅委、各直属机构：

《湖南省促进重大科研基础设施和大型科研仪器向社会开放实施方案》已经省人民政府同意，现印发给你们，请认真组织实施。

湖南省人民政府办公厅

2015年8月26日

湖南省促进重大科研基础设施和大型科研仪器向社会开放实施方案

根据《国务院关于国家重大科研基础设施和大型科研仪器向社会开放的意见》（国发〔2014〕70号）精神，为促进我省重大科研基础设施和大型科研仪器（以下简称科研设施和仪器）向社会开放，提高科技资源利用效率，制定以下方案。

一、总体要求

按照党中央和国务院的决策部署，围绕推进长株潭国家自主创新示范区建设和创新型湖南建设，坚持“制度推动、信息共享、资源统筹、奖惩结合、分类管理”的原则，加快推进科研设施和仪器向高校、科研院所、企业、社会研发组织等社会用户开放，实现资源共享，避免部门分割、单位独占，充分释放服务潜能，为科技创新和社会需求服务，为实施创新驱动发展战略提供有力支撑。到2017年，基本建成覆盖各类科研设施和仪器、统一规范、功能强大的专业化、网络化管理服务体系，科研设施和仪器开放共享制度、标准和机制更加健全，建设布局更加合理，开放水平显著提升，分散、重复、封闭、低效的问题基本解决，资源利用率进一步提高。

二、适用范围

我省向社会开放的科研设施和仪器包括大型科学装置、科学仪器中心、科学仪器服务单元和单台套价值在50万元及以上的科学仪器设备等，涉及分析仪器、物理性能测试仪器、计量仪器、电子测量仪器、海洋仪器、地球探测仪器、大气探测仪器、特种检测仪器、激光器、工艺试验仪器、计算机及其配套设备、天文仪器、医学科研仪器、核仪器、其他仪器等15类，主要分布在高校、科研院所和部分企业的各类重点（工程）实验室、工程（技术）研究中心、分析测试中心、质检中心、野外科学观测研究站及大型科学设施中心等研究实验基地。

三、重点措施

（一）建立向社会开放的科研设施和仪器网络管理平台。在湖南省大型科学仪器协作网基础上逐步建成统一开放的全省网络管理平台，将所有符合条件的科研设施和仪器纳入平台管理，逐步形成跨部门、跨领域、多层次的网络服务体系。管理单位按照统一的标准和规范，建立科研设施和仪器在线服务平台，公开科研设施和仪器使用办法和使用情况，实时提供在线服务。管理单位的服务平台统一纳入全省网络管理平台，并通过全省网络管理平台建立完善科研设施和仪器运行和开放情况的记录，向社会发布科研设施和仪器开放制度及实施情况，公布科研设施和仪器分布、利用和开放共享情况等信息。（责任单位：省科技厅、省财政厅、省发改委、省教育厅、省经信委、省环保厅、

省农委、省质监局等，排在第一位的单位为牵头单位，下同）

（二）按照科研设施和仪器功能实行分类开放共享。对于大型科学装置，有关部门和管理单位将向社会开放纳入日常运行管理工作。对于单台套价值在50万元及以上的科学仪器设备，要加强统筹协调，按不同专业领域或仪器功能，打破管理单位的界限，推动形成专业化、网络化的科学仪器服务机构群。对于单台套价值在50万元以下的科学仪器设备，可采取管理单位自愿申报、行政主管部门择优加入的方式，纳入全省网络管理平台管理。对于通用科学仪器设备，通过建设仪器中心、分析测试中心等方式，集中集约管理，促进开放共享和高效利用。对于拟新建设施和新购置仪器，应强化查重评议工作，并将开放方案纳入建设或购置计划。管理单位应当自科研设施和仪器完成安装使用验收之日起30个工作日内，将科研设施和仪器名称、规格、功能等情况和开放制度提交全省网络管理平台。鼓励国防科研生产单位在符合有关保密规定的前提下，探索开展科研设施和仪器向社会开放服务。对于利用科研设施和仪器形成的科学数据、科技文献（论文）、科技报告等科技资源，要根据各自特点采取相应的方式对外开放共享。开放共享情况将作为科技资源建设和科技计划项目管理考核的重要内容。（责任单位：省科技厅、省财政厅、省发改委、省教育厅、省经信委、省环保厅、省农委、省质监局等）

（三）建立促进科研设施和仪器开放共享的激励引导机制。明确科研设施和仪器开放服务奖励标准和配套支持政策，并配套出台全省统一的开放共享服务收费标准及收费管理办法。规范开放共享服务收费机制，管理单位对外提供开放共享服务，可以收取服务费。服务费标准按照材料消耗费、水电费、人力成本、维护费等费用，根据成本补偿和非营利性原则确定。管理单位应建立公开透明的成本核算和服务收费标准，服务收入纳入单位预算，由单位统一管理，行政主管部门加强管理和监督。对于纳入全省网络管理平台统一管理、享受科教用品和科技开发用品进口免税政策的科学仪器设备，在符合监管条件的前提下，准予用于其他单位的科技开发、科学研究和教学活动。建立财政资金新建科研设施和新购仪器联合评议机制，统筹考虑和严格控制在新上项目中购置科学仪器设备。将优先利用现有科研设施和仪器开展科研活动作为各科研单位获得省级科技计划（专项、基金等）支持的重要条件。大力发展科研设施和仪器中介服务业，便于供需对接。支持企业和社会力量以多种方式参与共建全省重大科研基础设施，组建专业科学仪器设备服务机构，促进科学仪器设备使用的社会化服务。建立科研设施和仪器的调查报告制度，制定报告流程和办法，由管理单位定期向平台报告设施、仪器的分布和共享情况，实现平台的动态更新。（责任单位：省科技厅、省财政厅、省发改委、省质监局等）

（四）建立科研设施和仪器开放评价考核制度和奖惩办法。建立科研设施和仪器开放共享评价考核制度，制定科研设施和仪器开放共享评价标准和办法，引入第三方专业评估机制，定期对科研设施和仪器的运行情况、计量检定/校准或量值溯源的有效性、管理单位开放共享制度的合理性、开放共享程度、服务质量、服务收费和开放共享效果进行评价考核。评价考核结果向社会公布，并作为科研设施和仪器更新的重要依据。制定分类评估指标体系，对于通用科研设施和仪器，重点评价用户使用率、用户的反馈意见、有效服务机时、服务质量，以及相关研究成果的产出、水平与贡献；对于专用科研设施和仪器，重点评价是否有效组织了高水平的设施应用专业团队，以及相关研究成果的产出、水平与贡献。建立科研设施和仪器开放共享激励制度，调动管理单位开放共享积极性和用户使用积极性，最大限度推进科研设施和仪器对外开放，不断提高资源利用率。对于科研设施和仪器开放效果好、用户评价高的管理单位，同级财政部门会同有关部门根据评价考核结果和财政预算管理的要求给予开放共享后的补助。对于不按规定如实上报科研设施和仪器数据、不按规定公开开放与利用信息、开放共享效果差、使用效率低的管理单位，省科技厅会同有关部门予以通报，限期整改，并采用停止管理单位新购仪器设备、在申报科技计划（专项、基金等）项目时不准购置仪器设备等方式予以约束。对于通用性强但开放共享差的科研设施和仪器，其建设和购置资金由财政承担的，相关行政主管部门和财政部门可以根据需要按规定在部门内或跨部门无偿划拨，管理单位也可以在单位内部调配。积极探索管理单位以自筹资金建设、购置的科研设施和仪器参与调配的利益补偿机制。省科技厅、相关行政主管部门要建立投诉渠道，接受社会对科研设施和仪器调配的监督。（责任单位：省科技厅、省财政厅、省发改委、省质监局等）

（五）加强开放使用中形成的知识产权管理。用户使用开放的科研设施和仪器独立开展科学实验形成的知识产权由用户自主拥有，所完成的著作、论文等发表时，应明确标注利用科研设施和仪器情况。加强网络防护和网络环境下数据安全管理，管理单位应当保护用户身份信息以及在使用过程中形成的知识产权、科学数据和技术秘密。（责任单位：省知识产权局等）

（六）强化管理单位的主体责任。管理单位是科研设施和仪器向社会开放的责任主体，要强化法人责任，切实履行开放职责，自觉接受相关部门的考核评价和社会监督。要根据科研设施和仪器的类型和用户需求，建立相应的开放、运行、维护、周期检定、使用管理制度，保障科研设施和仪器的良好运行和开放共享。要落实实验技术人员岗位、培训、薪酬、评价等政策。科学仪器设备集中使用的单位，要建立专业化的技术服务团队，不断提高实验技术水平和开放水平。（责任单位：省科技厅、省教育厅、省人力资源社会保障厅等）

四、组织实施

（一）组织管理。省科技厅会同省财政厅等相关部门制定促进科研设施和仪器开放管理办法、新建科研设施和新购仪器联合评议办法、科研设施和仪器开放共享绩效评估和后补助办法。管理单位制定本单位的开放管理制度，并在全省网络管理平台上发布。

（二）进度安排。2015 年，省科技厅会同省财政厅等相关部门联合启动现有大型科研设施和仪器资源调查，摸清家底，建立科研设施和仪器资源数据库，制定向社会开放的科研设施和仪器目录，目录定期更新，逐步实现科研设施和仪器向社会开放的全覆盖。同时启动全省科研设施和仪器网络管理平台建设。2016 年，基本建成覆盖各类科研设施和仪器、统一规范、网络化的全省网络管理平台，将所有符合条件的科研设施和仪器纳入平台管理。2017 年，省科技厅会同有关部门对管理单位的科研设施和仪器向社会开放情况进行评价考核，并向社会公布评价考核结果。考核结果将作为财政资金支持的重要依据。

广东省人民政府促进大型科学仪器设施开放共享的实施意见

粤府函〔2015〕347号

各地级以上市人民政府，各县（市、区）人民政府，省政府各部门、各直属机构：

为深入贯彻落实《国务院关于国家重大科研基础设施和大型科研仪器向社会开放的意见》（国发〔2014〕70号）精神，全面推动科技部《落实〈关于国家重大科研基础设施和大型科研仪器向社会开放的意见〉实施推进方案》（国科发基〔2015〕199号）各项部署，加快推进重大科研基础设施和大型科研仪器（以下简称科研设施与仪器）向社会开放共享，进一步提高科技资源利用效率和共享水平，充分发挥科研设施与仪器对我省科技创新的服务支撑作用，提出以下实施意见。

一、总体要求

（一）指导思想

坚持“创新机制、盘活存量、整合完善、开放服务”的原则，面向科技创新、产业发展、社会民生等需求，加强统筹协调，以制度创新为动力，以多元化投入和强化人才队伍建设为保障，增强科研设施与仪器资源整合及开发能力，提高资源共享与利用水平，完善政策法规制度体系，逐步形成资源配置优化、运行管理规范、共享服务高效的科研设施与仪器开放共享体系。

（二）主要目标

力争用3年时间，通过推动高等学校、科研院所和部分企业的各类重点实验室、工程（技术）研究中心、分析测试中心、野外科学观测研究站及大型科学设施中心等研究实验基地最大限度对外开放共享其科研设施与仪器，基本建成覆盖全省各类科研设施与仪器、统一标准规范、功能强大的专业化、网络化管理服务体系，并与国家网络管理平台实时对接，实现实时在线服务。科研设施与仪器开放共享后补助机制和市场化运营与利益分配机制更加健全，分散、封闭、低效、重复的问题基本解决，科技资源的利用效率和开放共享水平进一步提高。

（三）适用范围

科研设施与仪器开放共享是指对完全或主要利用财政资金或国有资本出资购置、建设（以下简称财政购置）的科研设施与仪器进行信息公开、对外开放、资源共享和协作共用，包括大型科学装置、科学仪器中心、科学仪器服务单元和单台套价值在30万元及以上的科学仪器设备等，主要分布在本省行政区域内的高等学校、科研院所和部分企业等企事业单位。对于完全或主要由社会资金购置、建设（以下简称社会购置）的科研设施与仪器，以及价值在30万元以下财政购置的科研设施与仪器，采取科研设施与仪器管理单位（以下简称管理单位）自愿申报、依程序评估择优加入的方式，纳入广东省科研设施与仪器开放共享服务平台（以下简称服务平台）。

二、重点措施

（一）建设统一网络平台和数据库

1. 加强顶层设计。省科技厅会同有关部门加强统筹协调，做好顶层设计和总体规划，建立和完善有利于研发和创新、符合市场规律发展的制度体系，制定全省科研设施与仪器开放共享操作细则，明确管理部门和单位的责任，理顺开放运行的管理机制，逐步纳入法制化轨道，推动非涉密和无特殊规定限制的科研设施与仪器向社会开放。积极参与国家网络管理平台建设并做好对接，推动国家各项政策措施在本省内有效实施。

2. 建立省级平台。按照科技部制定的《管理单位在线服务平台建设标准规范》和《纳入国家网络管理平台科研设施与仪器数据标准规范》，建立我省科研设施与仪器数据库和统一开放的服务平台，加快向社会提供科研设施与仪器的信息查询、服务推介、技术培训等服务。推动科研设施与仪器、实验室科技数据等各类科技资源参与开放共享，提高资源利用率和共享率。

3. 统一规划管理。管理单位要将财政购置的科研设施与仪器的基本信息、运行状态和开放共享情况等及时上报服务平台，公开科研设施与仪器使用办法和使用情况，实时提供在线服务。统筹考虑和严格控制在新上科研项目中购置科研设施与仪器。对新购、新建的科研设施与仪器，应当在完成安装、调试验收之日起30个工作日内，将名称、型号规格、主要功能、应用范围、服务内容等情况以及开放制度提交服务平台。鼓励社会购置的科研设施与仪器相关信息上报服务平台，实现科研设施与仪器的统一规划管理。

（二）加强分类管理，建立报告制度

4. 实行分类管理。对于大型科学装置、科学仪器中心，有关部门和管理单位要将向社会开放纳入日常管理工作。对于科学仪器服务单元和单台套价值在30万元及以上的科学仪器设备，科技行政主管部门要加强统筹协调，打破管理单位的界限，按不同专业领域或功能类型，推动形成专业化、网络化的科学仪器服务机构群。对于通用科学仪器设备、科学仪器服务单元等，可通过建设仪器中心、分析测试中心等方式，集中集约管理，促进开放共享和高效利用。

5. 建立报告制度。科技行政主管部门应定期组织对高等学校、科研院所、有关企业等管理单位科研设施与仪器的相关信息进行调查核对，加强对数据的分析和利用。管理单位应周密计划，落实责任，在规定的时间内上报上一年度科研设施与仪器增减变化、开放制度、运行情况、年有效工作机时、对外共享机时、设备服务收入、科技活动经费支出、相关研究成果和服务团队等情况。

（三）强化管理水平和人才队伍建设

6. 强化服务平台管理。服务平台要及时发布所有符合条件的科研设施与仪器的设备信息、服务方式、服务价格、预约时间、联系方式等信息，积极推动科研设施与仪器开放共享供需双方对接；按照科研设施与仪器功能实行分类开放共享，做好运行和服务情况记录，对服务完成情况和服务质量进行监督与统计分析。切实加强开放使用中形成的知识产权管理，保护用户身份信息，以及在使用过程中形成的知识产权、科学数据和技术秘密等。

7. 强化管理单位主体责任。管理单位是科研设施与仪器向社会开放的责任主体，要强化法人责任，切实履行开放职责，在满足本单位使用需求的基础上，最大限度提供科研设施与仪器的开放共享；对各类科研设施与仪器向社会开放服务建立公开透明的成本核算和服务收费标准；建立开放共享动态调整机制，适时发布科研设施与仪器工作状况及调整变化情况，自觉接受相关部门的考核评估和社会监督。

8. 加快建设人才队伍。鼓励科研设施与仪器管理人员和实验技术人员积极参与共享服务工作，探索设立实验室专业技术岗位以及在高等学校设立相关专业等，促进培养高水平分析测试专业技术人才和专业技术服务团队，全方位建设我省科研设施与仪器开放共享人才队伍。

（四）建立促进开放共享的激励机制

9. 大力促进开放共享。财政购置的科研设施与仪器管理单位对外提供开放共享服务，可按照成本补偿和非营利性原则收取材料消耗费、科研设施与仪器维护维修、水、电等运行费，并可根据人力成本收取服务费。服务收入纳入单位预算，由单位统一管理，服务收入可用于奖励从事科研设施与仪器操作人员。对开放共享过程中急需进口的科研设施与仪器，在通关程序上开设绿色通道。对纳入服务平台统一管理、享受科教用品和科技开发用品进口免税政策的科研设施与仪器，在符合监管条件和开放共享的前提下，准予用于其他单位的科技开发、科学研究和教学活动。

10. 多方推动开放共享。建立科研设施与仪器开放使用的研发经费投入后补助和科技创新券补助机制，支持管理单位开放共享。鼓励省内中小微企业等单位使用服务平台上的科研设施与仪器开展创新和研发活动。鼓励企业和社会力量以多种方式参与共建重大科研基础设施，组建专业的科研设施与仪器服务机构，促进科研设施与仪器共享服务社会化。

（五）建立开放共享的评价体系和奖惩办法

11. 建立评价制度。省科技厅会同有关部门建立评价制度，制定评价标准和办法，引入第三方专业评估机制，定期对纳入服务平台的科研设施与仪器运行情况、管理单位开放制度、开放程度、服务质量、服务收费和开放效果进行评价考核。对于通用科研设施与仪器，重点评价用户使用率、用户的反馈意见、有效服务机时、服务质量以及相关研究成果的产出、水平与贡献；对于专用科研设施与仪器，重点评价是否有效组织了高水平的设施应用专业团队以及相关研究成果的产出、水平与贡献。对科研设施与仪器开放共享的考核评价结果作为科技项目立项支持的重要参考条件之一。

12. 实施奖惩办法。管理单位应按规定如实上报科研设施与仪器数据和公开开放与使用信息。对不按规定如实上报科研设施与仪器数据、不公开开放与使用信息、开放效果差、使用效率低的管理单位，科技行政主管部门会同有关部门要予以通报，限期整改，并采取将其退出服务平台或停止其新购科研设施与仪器、在申报科技计划（专项、基金等）项目时不准购置科研设施与仪器等方式予以约束。对于财政购置的科研设施与仪器，通用性强但开放共享差的，相关行政主管部门和财政部门可以按规定在部门内或跨部门无偿划拨，管理单位也可以在单位内部调配。科技行政主管部门会同有关部门向社会公开评价结果，并建立投诉渠道，接受社会对科研设施与仪器调配的监督。

（六）加强政府引导，强化市场主导

13. 建立省市联动的共享服务机制。设立服务平台地市工作站及专业测试服务中心，形成上下一体、线上线下的服务网络，支撑企业创新和产业升级。

14. 加强在地方的宣传推广。充分发挥服务平台集聚高性能仪器和高水平专业技术人才优势，促进产学研用结合，推动地方创新发展。

15. 发挥市场主导作用。以需求为牵引，市场为导向，充分发挥市场对科研设施与仪器优化配置的主导作用。积极引入第三方运营团队，探索市场化运营模式和利益分配机制，推动公益和商业服务平衡发展。

三、保障措施

（一）加强组织领导

省科技厅牵头与省发展改革委、经济和信息化委、教育厅、财政厅、质监局等部门共同推进我省科研设施与仪器开放共享工作，加强统筹协调和指导监督，加快推进科研设施与仪器向社会全面开放，进一步提高科技资源利用效率，积极建立和推进资源共享的有效机制，确保我省开放共享工作的顺利推进。

（二）明确责任分工

省科技厅委托有条件的第三方专业机构负责服务平台的日常管理、科研设施与仪器调查、运行维护以及科研设施与仪器信息数据库建设等工作；支持第三方专业机构承担共享服务评价、协调管理单位向社会提供开放服务，以及负责与国家网络管理平台衔接等工作。各有关部门要高度重视、各司其职、密切配合，将加快推进科研设施与仪器开放工作纳入本单位议事日程，切实履行对管理单位开放情况的管理和监督职责。各管理单位要精心组织、统筹安排，建立相应的管理制度，责任到人，保障科研设施与仪器的良好运行与开放共享。

（三）加大支持力度

根据财政预算管理要求，在省财政科技专项中安排一定资金用于支持科研设施与仪器共享服务补贴，对加入服务平台的科研设施与仪器为社会提供服务和升级改造等活动给予后补助支持，促进科技资源共享与优化配置。

四、进度安排

2015 年，按照国家科研设施与仪器向社会开放试点省的要求，结合我省实际，选择一批服务于国家重大需求和广东经济社会发展，开放共享工作状态良好、管理制度健全、实践经验丰富且绩效良好的管理单位，以及若干自主创新示范区、高新园区和农业园区、专业镇等，以服务平台为纽带，组织科研设施与仪器开放共享服务供需双方有效对接，为全面推进广东及全国科研设施与仪器开放共享积累经验。委托第三方专业机构建立完善我省科研设施与仪器数据库和服务平台，初步建立我省绩效评价机制，逐步推进科技创新券的使用，建立开放共享后补助机制。

2016 年，力争上半年完成我省科研设施与仪器的全面调查，基本摸清情况。省科技厅会同有关部门制订出台开放共享补助实施细则，进一步完善科研设施与仪器开放共享服务体系，提供便利的在线服务功能，全面推进开放共享服务。

2017 年，形成统一规范、网络服务与线下服务有机结合的科研设施与仪器开放共享服务体系，全面实施新建新购、开放共享、绩效评价、奖励后补助等各项政策措施，规范开展科研设施与仪器开放共享服务工作。进一步充实完善管理服务体系，推进各项工作常态化。

广东省人民政府

2015 年 12 月 18 日

广西壮族自治区人民政府办公厅关于印发《广西重大科研基础设施和大型科研仪器向社会开放实施方案》的通知

桂政办发〔2016〕16号

各市、县人民政府，自治区人民政府各组成部门、各直属机构：

《广西重大科研基础设施和大型科研仪器向社会开放实施方案》已经自治区人民政府同意，现印发给你们，请认真贯彻实施。

广西壮族自治区人民政府

2016年1月28日

广西重大科研基础设施和大型科研仪器向社会开放实施方案

近年来，全区各级各相关部门不断加大科技投入，科研设施与仪器规模持续增长，技术水平明显提升，综合效益不断提高。但也出现了部分科研设施与仪器重复建设、单位独占、闲置浪费等问题，没有充分发挥服务支撑科技创新活动的应有作用。为进一步提高全区科技资源利用效率和共享水平，根据《国务院关于国家重大科研基础设施和大型科研仪器向社会开放的意见》（国发〔2014〕70号）精神，现就加快我区重大科研基础设施和大型科研仪器（以下简称科研设施和仪器）向社会开放，制定本方案。

一、总体要求

深入贯彻党的十八大和十八届三中、四中、五中全会精神，围绕健全国家创新体系和提高全社会创新能力，按照“制度推动、信息共享、资源统筹、奖惩结合、分类管理”原则，以促进大众创业、万众创新为目标，以深化改革和制度创新为抓手，以建立开放共享激励引导机制和评价体系为核心，整合全区科研设施和仪器资源，加快向高等院校、科研院所、企业、社会研发组织等社会用户开放。到2017年，力争基本建成覆盖我区各类科研设施和仪器的自治区科研设施与大型仪器网络管理平台（以下简称自治区网络管理平台），并与国家网络管理平台联网运行；建立健全科研设施与仪器开放共享的制度、标准和机制，资源利用率和开放服务水平显著提高，基本解决科研设施和仪器分散、重复、封闭、低效等突出问题。

二、主要任务

（一）建设统一开放的网络管理平台

建立自治区网络管理平台。按照国家网络管理平台要求，依托广西大型仪器协作共用平台，2016年建成统一开放的自治区网络管理平台，将所有符合条件的各类科研设施和仪器纳入平台管理，并接入国家网络管理平台，形成跨部门、跨领域、全覆盖的网络服务体系，统一标准和管理规范，实现规范化、专业化、网络化管理。（责任单位：自治区科技厅、发展改革委、教育厅、财政厅等，排在第一位的单位为牵头单位，下同）

建立开放共享在线服务平台。科研设施和仪器管理单位（以下简称管理单位）要建立在线服务平台，统一纳入自治区网络管理平台；公开科研设施和仪器开放制度、使用办法及使用情况，实时提供在线服务。2016年，遴选部分区直科研院所和高等院校开展在线服务平台建设试点。2017年，所有管理单位完成在线服务平台建设，所有符合条件的科研设施和仪器都纳入自治区网络管理平台管理，向社会开放服务。（责任单位：自治区科技厅、发展改革委、工业和信息化委、教育厅、环境保护厅、农业厅、卫

生计生委、国资委、质监局等）

（二）开展科研设施和仪器资源调查

实施资源调查。结合自治区网络管理平台建设，开展广西科技基础条件资源调查工作，2016 年年底前完成并发布报告。组织管理单位通过网上填报的方式，按功能类型和专业领域分类梳理科研设施和仪器资源，建立科研设施和仪器数据库，全面掌握科研设施和仪器的建设、运行和开放共享情况，将调查结果向全社会公布。（责任单位：自治区科技厅等）

明确调查范围。分布在高等院校、科研院所和部分企业的各类重点实验室、工程（技术）研究中心、分析测试中心、野外科学观测研究站及大型科学设施中心等研究实验基地，以及大型科学装置、科学仪器中心、科学仪器服务单元和单台套价值在 50 万元及以上的科学仪器设备，都要纳入科研设施和仪器资源调查范围。对于单台套价值在 50 万元以下的科学仪器设备，采取管理单位自愿申报、行政主管部门择优的形式开展调查。（责任单位：自治区科技厅等）

纳入平台管理。对通过广西科技基础条件资源调查筛选、符合条件的科研设施和仪器，以及 2016 年以后新增的服务单元和单台套价值在 50 万元及以上的科研设施和仪器，各部门指导所属管理单位将科研设施与仪器的名称、规格、功能等情况，以及管理职责和工作流程等开放共享制度提交自治区网络管理平台，实行统一发布、开放管理和共享使用。（责任单位：自治区科技厅、发展改革委、工业和信息化委、教育厅、环境保护厅、农业厅、卫生计生委、国资委、质监局等）

（三）建立促进开放共享激励引导机制

建立开放共享工作管理机制。2016 年，制定发布统一的管理单位开放共享服务标准规范和评价办法，并开展考核试点工作，委托第三方评估机构对纳入自治区网络平台管理的科研设施和仪器运行情况，以及管理单位的开放程度、服务质量、科技产出效果等进行定期评价考核。2017 年，对管理单位的评价考核结果向社会公布，并作为更新科研设施和仪器设备的重要依据。对通用科研设施和仪器，重点评价用户使用率、用户的反馈意见、有效服务时间、服务质量，以及相关研究成果的产出、水平与贡献情况；对专用科研设施和仪器，重点评价引入高水平应用研究团队及其相关研究成果的产出、水平与贡献情况。（责任单位：自治区科技厅、发展改革委、工业和信息化委、教育厅、财政厅、环境保护厅、农业厅、卫生计生委、国资委、质监局等）

建立开放共享工作激励机制。建立开放共享成本补偿机制，管理单位对外提供开放共享服务，可以按照公开透明的成本核算、服务收费标准和非营利性原则，收取材料消耗费和水、电等运行费，以及根据人力成本收取服务费，成本补偿收入纳入单位预算统一管理。管理单位的行政主管部门予以管理和监督。放宽开放共享管制，对于纳入自治区网络管理平台、享受科教用品和科技开发用品进口免税政策的科学仪器设备，在符合监管条件的前提下，准予供给其他单位用于科技开发、科学研究和教学活动。建立开放共享补助机制，对于开放效果好、用户评价高的管理单位，财政部门会同有关部门根据评价考核结果和财政预算管理的要求给予开放共享后补助。2016 年，研究开展开放共享后补助机制试点工作。2017 年，结合科研设施和仪器开放评价考核结果，逐步完善开放共享后补助机制。（责任单位：自治区科技厅、发展改革委、工业和信息化委、教育厅、财政厅、人力资源社会保障厅、环境保护厅、农业厅、卫生计生委、国资委、质监局等）

建立开放共享工作倒逼机制。各部门督促指导所属管理单位建立投诉渠道和意见反馈机制，接受社会监督。对不按规定如实上报科研设施和仪器数据，不按规定公开开放与利用信息，开放效果差、使用率低的管理单位，予以通报批评，限期整改，并采取限制新购仪器设备、在申报财政科技计划（专项、基金等）项目时不准购置仪器设备等方式约束。对通用性强但开放共享差的科研设施和仪器，结合评价考核结果，可按规定在部门内调剂或跨部门无偿划拨仪器设备，也可以通过建设仪器中心、分析测试中心等方式，集中集约管理，促进开放共享和高效利用。（责任单位：科技厅、财政厅等）

（四）完善新购大型科学仪器设备联合评议机制

自治区各类财政科技计划（专项、基金等）要严格控制新上科研项目购置科研设施和仪器设备，强化查重评议工作，将开放方案纳入建设或购置计划，优先支持利用现有科研设施和仪器开展科研活动。2016 年，研究制定联合评议工作规范，按仪器类别分领域建立联合评议专家库，选取符合条件的管理单位先行联合评议试点工作。2017 年，完善财政资金购置大型科学仪器设备参与联合评议的各类机制。（责任单位：自治区科技厅、发展改革委、工业和信息化委、教育厅、财政厅、环境保护厅、农业厅、卫生计生委、国资委、质监局、广西科学院、广西农科院等）

（五）加强开放使用中形成的知识产权管理

2016 年，要研究完善相关机制和制约措施，引导用户在发表著作、论文等科技成果时，标注利用科研设施和仪器情况；督导管理单位保护用户在实验过程中形成的知识产权、科学数据和技术秘密。（责任单位：自治区知识产权局、新闻出版广电局等）

三、保障措施

（一）加强组织领导。建立由科技厅牵头，自治区发展改革委、工业和信息化委、财政厅、教育厅等部门参与的科研设施和仪器向社会开放工作协调机制，负责统筹协调和整体推进科研设施和仪器开放共享工作，督促落实本方案各项工作任务。重大事项及时向自治区人民政府报告。

（二）明确工作职责。建立政策措施和目标任务落实情况的督查通报机制。科技厅负责对管理单位的科研设施和仪器向社会开放情况进行评价考核。各行政主管部门负责对所属管理单位的开放共享情况实行有效管理和监督检查。管理单位是科研设施和仪器向社会开放的责任主体，要强化法人责任，切实履行开放职责，自觉接受科技部门的评价考核、行政主管部门的业务管理和社会监督。

（三）强化经费保障。科技厅等部门要按照部门预算管理要求，编报科研设施和仪器向社会开放所需经费，使网络管理平台建设、评价考核、新购仪器联合评议、科技资源调查等各项工作获得稳定的经费保障。

（四）加强队伍建设。建立稳定的科研设施和仪器管理专家队伍，分领域建立专家库；加强实验技术人才队伍建设，落实好实验技术人员岗位、培训、薪酬、评价、职称评定等政策，培养专业实验技术人才，提高实验技术水平和服务水平。

海南省科学技术厅印发《关于进一步推动促进重大科研基础设施和大型科研仪器向社会开放的实施方案》的通知

琼科〔2018〕266号

各有关单位：

为进一步推动海南省重大科研基础设施和大型科研仪器向社会开放服务，提高我省科研设施与仪器配置使用效率，根据《国务院关于国家重大科研基础和大型科研仪器向社会开放的意见》（国发〔2014〕70号）精神和《科技部关于进一步深化落实〈国家重大科研基础设施和大型科研仪器向社会开放的意见〉的通知》（国科发基〔2018〕30号）要求，结合我省实际，我厅制定了《海南省科学技术厅关于进一步推动促进重大科研基础设施和大型科研仪器向社会开放的实施方案》。现印发给你们，请认真贯彻执行。

海南省科学技术厅

2018年7月6日

海南省科学技术厅关于进一步推动促进重大科研基础设施和大型科研仪器向社会开放的实施方案

为进一步推动海南省重大科研基础设施和大型科研仪器（以下简称科研设施与仪器）向社会开放服务，提高我省科研设施与仪器配置使用效率，根据《国务院关于国家重大科研基础和大型科研仪器向社会开放的意见》（国发〔2014〕70 号）精神和《科技部关于进一步深化落实〈国家重大科研基础设施和大型科研仪器向社会开放的意见〉的通知》（国科发基〔2018〕30 号）要求，结合我省实际，制定本方案。

一、总体要求

（一）主要目标

全面贯彻落实习近平新时代中国特色社会主义思想，深刻学习领会习近平总书记《在庆祝海南建省办经济特区 30 周年大会上的讲话》和《中共中央国务院关于支持海南全面深化改革开放的指导意见》（中发〔2018〕12 号）精神，进一步统一思想认识，充分调动各科研设施与仪器管理单位向社会开放共享的积极性，健全科研设施与仪器开放共享的管理制度、标准规范的工作机制，切实提高科技资源配置和使用效率，充分释放服务潜能，为实施创新驱动发展战略提供有效支撑。

（二）基本原则

1. 制度推动，明确责任。进一步健全促进科研设施与仪器开放的制度，明确管理部门和单位的责任，理顺开放运行的管理机制，实现科研设施与仪器配置、管理、服务、监督、评价的全链条有机衔接。

2. 突出主线，分步实施。围绕优化科研设施与仪器统一开放网络管理平台的主线，完善我省大型科学仪器协作共用平台，按照科研设施与仪器功能实行分级管理、分类共享，做到科研设施与仪器信息公开、开放服务、考核奖罚的全链管理体系。

（三）适用范围

明确科研设施与仪器向社会开放的适用范围。科研设施与仪器包括大型科学装置、科学仪器中心、科学仪器服务单元和单台套价值在 50 万元及以上的科学仪器设备等，主要分布在高校、科研院所和部分企业的各类重点实验室、工程（技术）研究中心、分析测试中心、野外科学观测研究站及大型科学设施中心等研究实验基地。其中，科学仪器设备可以分为分析仪器、物理性能测试仪器、计量仪器、电子测量仪器、海洋仪器、地球探测仪器、大气探测仪器、特种检测仪器、激光器、工艺试验仪器、计算机及其配套设备、天文仪器、医学科研仪器、核仪器、其他仪器等 15 类。

二、主要任务

（一）实行统一的网络平台管理

按照国家网络管理平台的要求，海南省科技厅会同有关部门完善统一开放的省网络管理平台，将全省符合条件的科研设施与仪器纳入平台管理，通过网络管理平台实现信息检索与发布、使用预约、共享评价等开放共享全流程服务。

各科研设施与仪器管理单位（以下简称管理单位）要按照统一的标准规范建立在线服务平台，把科研设施与仪器纳入国家网络管理平台统一管理，公布科研设施与仪器目录、开放共享管理制度、服务方式等信息，实时提供在线服务。

科研设施与仪器不纳入省级以上网络管理平台应有正当理由，由管理单位提出申请，经主管部门审核同意后，报科技部门备案。

（二）实行分类开放共享

对于财政资金购置的科学仪器服务单元和单台套价值在50万元及以上的科学仪器设备，必须纳入省网络管理平台管理。对于单台套价值在50万元以下的科学仪器设备，由管理单位自愿申报，行政主管部门择优纳入省网络管理平台。免税进口仪器设备纳入网络管理平台对外开放，应符合国家的有关规定；对于纳入网络管理平台统一管理、符合支持科技创新进口税收政策规定的免税进口的科学仪器设备设备，在符合监管的条件下准予用于其他单位的科学研究、科技开发和教学活动，未经海关审核同意不得擅自转让、移作他用或者进行其他处置。对于利用科研设施与仪器设备形成的科学数据、科技文献（论文）、科技报告等科技资源，要根据各自特点采取相应的方式对外开放共享。鼓励国防军工科研单位在不涉密条件下开展科研设施与仪器设备向社会开放服务。

（三）规范开放共享服务价格

引导管理单位建立公开透明的成本核算和服务收费标准，行政主管部门加强管理和监督。使用财政性资金建设或购置的科研设施与仪器，可按照成本补偿和非盈利性原则制定服务价格，服务价格可包含必要的材料消耗费、水电等运行费以及人力成本费，开放服务收费标准应采取适当方式向社会公布；行政事业单位相关收入按国有资产有偿使用收入有关规定执行。使用其他资金来源建设或购置的科研设施与仪器，可以结合市场行情，合理制定服务价格。

（四）加强对开放使用中形成知识产权的管理

引导管理单位建立知识产权管理工作机制，保护科研设施与仪器用户身份信息及在使用过程中形成的知识产权和科学数据。用户独立开展科学实验形成的知识产权由用户自主拥有；用户与管理单位联合开展科学实验形成的知识产权，双方应事先约定知识产权归属或比例。用户使用研设施与仪器形成的著作、论文等发表时，应明确标注利用科研设施与仪器情况。

三、保障措施

（一）强化管理单位主体责任

科研设施与仪器管理单位是科研设施与仪器向社会开放的责任主体，要强化法人责任，切实履行开放职责，自觉接受相关部门的考核评估和社会监督。要制定开放共享制度，明确共享的对象、方式、程序、价格等；要落实实验技术人员岗位、培训、薪酬、职称、评价等政策；要保障科研设施与仪器良好运行和开放共享。管理单位应建立新购科研仪器查重评议机制，使用财政经费购置科研设施与仪器时，应首先对同类可开放共享的科研设施与仪器信息进行查询，优先使用已经开放共享的科研设施与仪器，科学评估购置的必要性，避免科研设施与仪器闲置浪费。

各行政主管部门要切实履行对管理单位开放情况的管理和监督职责，实施年度考核，把开放水平和结果作为年度考核的重要内容。

（二）建立评价考核体系，完善奖惩机制

建立评价制度，制定评价标准和办法，引入第三方专业评估机制，定期对科研设施与仪器的运行情况，管理单位开放制度的合理性、开放程度、服务质量、服务收费和开放效果进行评估，并在省级网络管理平台公布评估结果，作为科研设施与仪器更新的重要依据。进一步完善开放共享后补助和奖励机制，统筹财政科技专项资金。根据考核评价结果，对服务效果好、用户评价高的管理单位给予后补助和奖励；对财政资金购买通用性强开放共享好的科研设施与仪器给予一定奖励。鼓励企业和社会力量以多种方式参与科研设施与仪器建设，组建专业的科研设施与仪器服务机构，促进科研设施与仪器使用的社会化服务。

对不按规定如实上报科研设施与仪器数据、不按规定公开开放与利用信息、开放效果差、使用效率低的管理单位，省科技厅会同省财政厅等有关部门予以公开通报，责令限期整改，并采取停止新购仪器设备、在申报科技计划（专项、基金等）项目时不准购置仪器设备等方式予以约束。对开放共享差的科研设施与仪器进行相应惩罚或在部门内无偿划拨，管理单位也可以在单位内部调配。

（三）加强督查落实

各有关部门高度重视《国务院关于国家重大科研基础和大型科研仪器向社会开放意见》（国发〔2014〕70 号）落实工作，切实履行责任，加强组织领导和督促检查，精心组织、周密安排，深入扎实做好各项重点工作，确保按时完成各项任务。

四、进度安排

2018 年，海南省科技厅将会同有关部门升级和优化统一开放的科研设施与仪器网络管理平台，完成与国家网络管理平台对接；组织各管理单位完成所属科研设施与仪器信息的补充完善和报送工作，将所有符合条件的科研设施与仪器纳入网络管理平台进行统一管理；组织各管理单位制定及完善科研设施与仪器开放共享管理制度，并通过国家网络管理平台向国家报送。

完善管理制度。修订《海南大型科学仪器协作共用平台管理办法》《海南大型科学仪器协作共用平台专项资金管理暂行办法》，并制订出台相应专项资金补助实施细则，为科研设施与仪器开放共享服务提供制度保障。探索建立科研设施与仪器开放共享服务评价机制，海南省科技厅会同有关部门对管理单位的科研设施与仪器向社会开放情况进行考核评价，并向社会发布考核评价结果。

2019 年，推动省网络管理平台、管理单位在线服务平台与国家网络管理平台的深度融合。持续推动网络管理平台的优化提升，为评价考核、后补助机制、新购置科研仪器查重评议等工作提供技术和数据支持。加强平台宣传，把科研设施与仪器向社会开放共享工作真正落到实处，为我省经济发展提供支撑力量。

四川省人民政府关于重大科研基础设施和大型科研仪器向社会开放的实施意见

川府发〔2017〕2号

各市（州）、县（市、区）人民政府，省政府各部门、各直属机构，有关单位：

为加快推进我省重大科研基础设施和大型科研仪器（以下简称“科研设施与仪器”）向社会开放，充分释放科技创新资源潜能，提高科研设施与仪器利用效率，实现资源共享，根据《国务院关于印发国家重大科研基础设施和大型科研仪器向社会开放的意见》（国发〔2014〕70号）精神，结合我省实际，提出以下实施意见。

一、总体要求

（一）主要目标

到2018年，基本建成省、市（州）、县（市、区）联动、布局合理、功能完善的科研设施与仪器开放共享服务体系，科研设施与仪器开放的共享标准和机制更加健全，开放水平显著提升，资源利用率进一步提高。

（二）基本原则

1. 强化制度推动。制定促进科研设施与仪器开放的制度和办法，明确管理部门和单位的责任，理顺开放运行的管理机制，实现科研设施与仪器配置、管理、服务、监督、评价的全链条有机衔接。

2. 统筹资源管理。充分整合已有资源，盘活存量，以提升区域创新能力为核心，以整合、开放、服务为抓手，采取查重查用等方式，合理调控增量，优化科研设施与仪器建设布局，避免重复建设和购置以及管理与使用中存在部门化、单位化、个人化倾向等问题。

3. 创新服务模式。搭建四川省科研设施与仪器开放服务网络管理平台，将符合条件的科研设施与仪器、科技人才、管理单位等信息纳入平台统一管理并向社会公开。建立面向需求、专管共享、有偿开放、预约使用的开放共享服务模式，培育具有影响力的科技服务品牌。

4. 建立奖惩机制。通过政府购买服务、建立财政资金后补助机制等多种方式，引导激励社会力量参与共享合作。建立科学有效的开放服务评价体系，实施公众用户参与的绩效评价机制，评价结果向社会公开，接受社会监督。

（三）适用范围

本实施意见所指的科研设施与仪器包括财政资金形成的大型科学装置、科学仪器中心、科学仪器服务单元和单台套价值在50万元及以上的科学仪器设备等，主要分布在省属高校、科研院所和部分企业的各类重点实验室、工程（技术）研究中心、分析测试中心、野外科学观测研究站及大型科学设施中心等研究实验基地。

二、主要任务

（一）加强顶层设计，构建服务体系

1. 构建四川省科研设施与仪器开放服务网络管理平台。以四川省大型科学仪器共享平台为基础，按照国家网络管理平台统一的标准和规范，建立四川省科研设施与仪器开放服务网络管理平台。运用“互联网+”模式，促进社会用户与管理单位、从事科研设施与仪器开放服务技术人员的互动合作。构建省、市（州）、县（市、区）联动的开放共享服务体系。

2. 建立科研设施与仪器信息报告制度。积极开展科研设施与仪器的资源调查，在不涉密条件下，全部纳入网络管理平台。对2016年以后（含2016年）购买的科研设施与仪器，管理单位应当自科研设施与仪器完成安装使用验收之日起30个工作日内，将相关信息录入网络管理平台，逐步实现科研设施与仪器信息的全覆盖，全面掌握科研基础设施与仪器的建设、运行和开放共享情况。

3. 鼓励中央在川科研单位、高校和国防科研单位向社会开放服务。支持中央在川科研单位、高校加入四川省科研设施与仪器开放服务网络管理平台，支持在川国防科研单位在不涉密条件下开展科研设施与仪器向社会开放服务，充分释放人才、技术以及设备优势，促进军民融合发展，为全省经济建设、科技发展和产业化服务。

（二）完善平台功能，提升服务水平

4. 营造以市场为导向的运营环境。发挥财政资金的引导、调控作用，鼓励社会团体、企事业单位和民间资本以多种形式参与科研设施与仪器向社会开放，逐步形成政府搭台、市场化运作、专业化服务的运营环境。

5. 支持围绕科研设施与仪器开放共享所需的保障服务工作。鼓励企事业单位为科研设施与仪器提供检测标定、维修维护、试剂耗材配送、技术培训等专业化服务。

6. 加大专业人才培养力度。大力开展检验检测、仪器维修维护等科研设施与仪器全产业链专业培训，创新人才培养模式，建立学校教育与社会实践锻炼相结合、国内培养与国际交流合作相结合的开放式人才培养体系。

（三）建立激励机制，促进开放共享

7. 建立开放的激励引导机制。允许管理单位对外提供开放共享服务时，按照成本补偿和非盈利性原则，收取设备折旧、运行维护、材料消耗费用和水、电、物业安全等运行费。可以根据人力成本适当收取服务费，收取的服务费应用于机组团队劳动报酬，由主管部门专项据实核增计入当年单位绩效工资总额，不作为绩效工资总额基数。

8. 强化技术人员实践能力评价。鼓励管理单位对从事科研设施与仪器开放服务的技术人员强化实践能力评价，对开放共享业绩突出、成效显著的实验室技术人员，在职称评定、岗位聘用过程中给予一定评审权重。

9. 推行有效的补助措施。对于科研设施与仪器向社会开放共享好、服务效率高的管理单位，根据专业评价考核结果和预算管理的有关规定建立财政资金后补助机制。省级科技计划（专项、基金等）项目应优先利用现有科研设施与仪器开展科研活动。

10. 建立开放服务评价制度。制定完善科研设施与仪器评价标准与办法，建立健全开放评价制度，引入第三方专业评估机制，定期对科研设施与仪器的运行情况、管理单位开放制度的合理性、开放程度、服务质量、服务收费和开放效果进行评价考核。评价考核结果作为科研设施与仪器更新的重要依据向社会公布。对于不按规定如实上报科研设施与仪器数据、利用信息和开放效果差、使用效率低的管理单位，科技行政主管部门会同有关部门予以通报，限期整改，并采取停止管理单位新购仪器设备、在申报科技计划（专项、基金等）项目时不准购置仪器设备等方式加强管理。

11. 加强知识产权管理。用户独立开展科学实验形成的知识产权由用户自主拥有，所完成的著作、论文等发表时，应明确标注利用科研设施与仪器情况；特殊情况下，科研设施与仪器管理单位可与用户就发明创造的知识产权权属依法做出特别约定。对于利用科研设施与仪器形成的科技资源，应根据各自特点采取不同的开放共享机制，开放共享情况作为科技资源配置建议和科技计划（专项、基金等）项目管理的重要内容。管理单位应做好数据保存及保密工作，便于回溯，保障用户知识产权。

三、组织实施

四川省科技体制改革和创新体系建设领导小组负责全省科研设施与仪器向社会开放的组织领导工作。领导小组办公室（科技厅）负责组织开展政策研究，制定相关政策和工作计划，统筹协调和监督检查相关工作。

四、进度安排

（一）2016 年完成基础建设工作，逐步完善平台服务功能。调查摸清现有科研设施与仪器资源，开展涉密性梳理，整理可开放的科研设施与仪器。建立科研设施与仪器资源数据库和信息报告制度，构建四川省科研设施与仪器开放服务网络管理平台，补充完善科研设施与仪器信息，与国家网络管理平台对接，报送有效科研设施与仪器信息。探索建立科研设施与仪器开放服务激励引导机制和评价制度、奖惩机制，试行有效的双向补助措施。

（二）2017 年进一步完善平台功能，积极开展服务。营造以市场为导向的运营环境，探索各类支持政策。创新分散仪器资质认定模式，驱动开放服务。支持围绕科研设施与仪器开放共享所需的保障服务工作，为科研设施与仪器提供检测标定、维修维护、试剂耗材配送、技术培训等专业化服务。加大专业人才培养力度，完善人才管理评价体系。完善激励引导机制和奖励机制，建立开放服务评价制度，强化技术人员实践能力评价。

（三）2018年建成功能完善、布局合理的开放共享服务体系。加强平台宣传，鼓励中央在川科研单位、高校和国防科研单位参与面向我省产业发展和技术创新的开放共享服务。构建省、市（州）、县（市、区）联动的开放共享服务体系，强化对市（州）、县（市、区）开放共享服务工作的指导与考核，把重大科研基础设施和大型科研仪器向社会开放共享工作真正落到实处，为创新型省份建设提供支撑。

四川省人民政府

2017年1月11日

贵州省人民政府办公厅关于转发省科技厅《重大科研基础设施和大型科研仪器向社会开放实施方案》的通知

黔府办函〔2015〕197号

各市、自治州人民政府，贵安新区管委会，各县（市、区、特区）人民政府，省政府各部门、各直属机构：

省科技厅《重大科研基础设施和大型科研仪器向社会开放实施方案》已经省人民政府同意，现转发给你们，请结合实际，认真贯彻执行。

贵州省人民政府办公厅

2015年12月7日

重大科研基础设施和大型科研仪器向社会开放实施方案

为贯彻落实《国务院关于国家重大科研基础设施和大型科研仪器向社会开放的意见》（国发〔2014〕70号），加快我省科研基础设施和大型科研仪器向社会开放，制定本实施方案。

一、适用范围

科研基础设施是指通过较大规模投入和工程建设，建成后用于实现重大科学技术目标的科学装置。大型科研仪器是指单台套价值在20万元及以上（50万元以上纳入全国统一管理平台）的科学仪器设备，主要分布在高校、中央驻黔单位、省属企（事）业单位、省属科研院所的重点实验室、工程实验室、工程技术研究中心、工程研究中心、企业技术中心、分析测试中心、野外科学观测台站等单位。

二、工作目标

到2017年，建立重大科研基础设施和大型科研仪器省级共享信息服务平台，建成覆盖各类科研设施与仪器、统一规范、功能完善的专业化、网络化管理服务体系。重大科研设施和大型科研仪器开放共享制度、标准、机制更加健全，利用财政资金建设或购置的重大科研基础设施和大型科研仪器入网率、利用率、共享率分别达到95%、80%、40%以上，基本解决重大科研基础设施和大型科研仪器部门分割、单位独占、重复建设、闲置浪费等突出问题。形成一批重点开放基地和专业服务品牌。

三、重点措施

（一）建立重大科研基础设施和大型科研仪器省级共享信息服务平台。依托现有大型科学仪器协作共用网，建立统一开放的省级共享信息服务平台，通过科技政务云服务平台向全社会发布。各行业主管部门组织本系统内重大科研基础设施和大型科研仪器管理单位（以下简称管理单位），按照统一的标准和规范建立本单位在线服务平台，纳入省级共享信息服务平台进行统一管理，实时提供在线服务。鼓励国防科研单位在不涉密的前提下，向社会开放科研设施与仪器。（牵头单位：省科技厅，责任单位：省发展改革委、省教育厅、省经济和信息化委、省质监局、贵州科学院、省农科院、有关高校、各科研单位）

（二）推动管理单位实施规范化管理。管理单位要切实履行开放主体责任，根据科研设施与仪器的类型和用户需求，建立相应的开放、运行、维护、使用制度，并通过省级共享信息服务平台向社会发布。要根据本单位科研设施与仪器对外开放情况，设置一定数量的专兼职管理人员、实验技术人员和仪器设备维护人员岗位，并落实实验技术人员、仪器设备维护人员的培训、薪酬、职称等政策，不断提高开放服务能力。管理单位对外提供开放共享服务，可按照成本补偿和非营利性原则收取材料消耗、水电和人力成本等费用，服务收入纳入单位预算，由单位统一管理。[牵头（责任）单位：各管理单位]

（三）开展开放共享情况第三方评估。制定《贵州省重大科研基础设施和大型科研仪器共享服务评估办法》，引入第三方专业评估机构或专家组织，定期对科研设施与仪器的运行情况，管理单位开放制度的合理性、开放程度、服务质量、服务收费和开放效果进行考核评价。评估结果通过省级共享信息服务平台向社会发布。（牵头单位：省科技厅，责任单位：省教育厅、省质监局、贵州科学院、省农科院、有关高校、各科研单位）

（四）建立促进开放共享的激励约束机制。完善重大科研基础设施和大型科研仪器共享服务资助办法，对开放共享效果好、使用效率高、社会服务贡献大的科研单位，给予后补助。对不按规定如实上报科研设施与仪器数据、不按规定公开开放与利用信息、开放效果差、使用效率低的管理单位，科技行政部门会同行业主管部门通过停止管理单位新购仪器设备，暂停科技计划（专项、基金等）项目的申报申请等方式予以约束。（牵头单位：省科技厅，责任单位：省财政厅、省教育厅、省质监局、贵州科学院、省农科院、有关高校、各科研单位）

（五）严格控制财政资金重复购置科学仪器设备。制定《贵州省新购大型科研仪器联合评议实施办法》，按仪器类别和专业领域建立联合评议专家队伍，按照“短缺、急需、先进、适用和节约”的原则，对新上科研项目科研仪器设备购置需求进行查重、评议，未通过联合评议不得购置。对于通用性强但开放共享差的科研仪器，结合科技行政主管部门的评价考核结果，相关行政主管部门和财政部门可以按规定在部门内或跨部门无偿划拨，管理单位也可以在单位内部调配。（牵头单位：省科技厅、省财政厅，责任单位：省教育厅、省质监局、贵州科学院、省农科院、有关高校、各科研单位）

（六）争取省外重大科研基础设施和大型科研仪器开放共享支持。深入实施贵州省和中国科学院科研设施与仪器领域创新合作，充分发挥首都科技条件平台贵阳合作站作用，提升我省资源层次和开放服务水平。充分对接国家重大科研基础设施和大型科研仪器网络管理平台，增加我省高端仪器设备共享服务资源供给。积极参与西南地区大型科学仪器共享网络建设，利用西南地区仪器设备，联合开展科技研发活动。（牵头单位：省科技厅，责任单位：贵州科学院、省农科院、有关高校、各科研单位）

（七）加强开放使用中形成的知识产权管理。用户独立开展科学实验形成的知识产权由用户自主拥有，所完成的著作、论文等发表时，应明确标注利用科研设施与仪器情况。加强网络防护和网络环境下数据安全管理，管理单位应当保护用户身份信息，以及在使用过程中形成的知识产权、科学数据和技术秘密。（牵头单位：省科技厅，责任单位：贵州科学院、省农科院、有关高校、各科研单位）

四、组织实施和进度安排

省科技创新领导小组负责全省重大科研基础设施和大型科学仪器开放共享工作统筹协调，省科技厅负责省级共享信息服务平台的日常管理、资源调查、运行维护以及与国家网络管理平台的衔接等工作。

2015 年，完成科研设施与仪器的资源调查，建立全省重大科研基础设施和大型科研仪器资源数据库，修正和完善现有大型科学仪器协作共用网各项功能。在科技部指导下，制定管理单位在线服务平台标准规范。各行业主管部门组织本系统管理单位启动在线服务平台建设工作。

2016 年，省科技厅牵头制定《贵州省重大科研基础设施和大型科研仪器共享服务评估办法》，省科技厅、省财政厅牵头制定《贵州省新购大型科研仪器联合评议实施办法》。

2017 年，全面实施绩效评价、新建新购评议、后补助等各项政策措施，接受社会各界的评议和监督。

云南省人民政府关于加强重大科研基础设施和大型科研仪器向社会开放的实施意见

云政发〔2015〕48号

各州、市人民政府，滇中产业新区管委会，省直各委、办、厅、局：

近年来，我省重大科研基础设施和大型科研仪器（以下简称科研设施与仪器）规模持续增长，覆盖领域不断拓展，技术水平明显提升，综合效益日益显现。同时，科研设施与仪器利用率和共享水平不高的问题也逐渐凸显，部分科研设施与仪器重复建设和购置，存在部门化、单位化、个人化的倾向，闲置浪费现象比较严重，专业化服务能力有待提高，科研设施与仪器对全省科技创新的服务和支撑作用没有得到充分发挥。为认真贯彻《国务院关于国家重大科研基础设施和大型科研仪器向社会开放的意见》（国发〔2014〕70号）精神，加快推进我省科研设施与仪器向社会开放，进一步提高科技资源利用效率，现提出以下意见：

一、总体要求

（一）指导思想

以邓小平理论、“三个代表”重要思想、科学发展观为指导，全面贯彻落实党的十八大和十八届三中、四中全会精神及省委九届八次、九次、十次全会精神，认真落实省委、省政府的决策部署，围绕建设创新型云南，提高全省自主创新能力，通过深化改革和制度创新，加快推进科研设施与仪器向高校、科研院所、科技型中小企业、社会研发组织等社会用户开放，实现资源共享，避免部门分割、单位独占，充分释放服务潜能，为全省经济社会发展提供有力科技支撑。

（二）主要目标

到2018年，基本建成覆盖全省各类科研设施与仪器、统一规范、网络化的管理服务体系和共享制度；建设布局更加合理，开放水平显著提升，资源利用率进一步提高的全省统一网络管理平台；基本解决大型科研仪器分散、重复、封闭、低效的问题。

（三）基本原则

制度推动。制定促进全省科研设施与仪器开放的管理制度和办法，明确管理部门和单位的责任，理顺开放运行的管理机制，逐步纳入法制化轨道，推动非涉密和无特殊规定限制的科研设施与仪器一律向社会开放。

信息共享。搭建统一的网络管理平台，实现科研设施与仪器配置、管理、服务、监督、评价的全链条有机衔接。

资源统筹。既要盘活存量，统筹管理，挖掘现有科研设施与仪器潜力，促进利用效率最大化；又要调控增量，合理布局新增科研设施与仪器，通过开放共享推动解决全省重复购置和闲置浪费问题。

奖惩结合。建立以用为主、用户参与的评估监督体系，形成科研设施与仪器向社会服务的数量、质量与利益补偿、后续支持紧密挂钩的奖惩机制。

分类管理。对于不同类型的科研设施与仪器，采取不同的开放方式，制定相应的管理制度、支撑措施及评价办法。

（四）适用范围

科研设施与仪器包括大型科学装置和单台套价值在20万元（50万元以上纳入全国统一管理平台）及以上的科学仪器设备等，主要分布在高校、中央驻滇单位、省属企（事）业单位、省属科研院所的各类重点实验室、工程（技术）研究中心、分析测试中心、质检中心、野外科学观测研究站等单位。

二、重点措施

（一）所有符合条件的科研设施与仪器都纳入全省统一网络平台管理

按照国家网络管理平台要求，省科技厅会同有关部门在省大型科学仪器协作共用网的基础上逐步建成统一开放的全省网络管理平台，并将所有符合条件的科研设施与仪器纳入平台管理。科研设施与仪器管理单位（以下简称管理单位）按照统一的标准和规范，建立在线服务平台，公开科研设施与仪器使用办法和使用情况，实时提供在线服务。管理单位的服务平台统一纳入全省网络管理平台，逐步形成跨部门、跨领域、多层次的网络服务体系。管理单位要建立完善科研设施与仪器运行和开放情况的记录，并通过全省网络管理平台，向社会发布科研设施与仪器开放制度及实施情况，公布科研设施与仪器分布、利用和开放共享情况等信息。

（二）按照科研设施与仪器功能实行分类开放共享

对于大型科学装置，有关部门和管理单位要将向社会开放纳入日常运行管理工作。对于单台套价值在20万元（50万元以上纳入全国统一管理平台）及以上的科学仪器设备，省科技厅要加强统筹协调，按照不同专业领域或仪器功能，打破管理单位的界限，推动形成专业化、网络化的科学仪器服务机构群。对于单台套价值在20万元以下的科学仪器设备，可采取管理单位自愿申报、行政主管部门择优加入的方式，纳入全省网络管理平台管理。对于通用科学仪器设备，通过建设仪器中心、分析测试中心等方式，集中集约管理，促进开放共享和高效利用。拟新建设施和新购置仪器要坚持“短缺、急需、先进、适用和节约”的原则来办理，由财政、科技、教育行政部门共同组织专家评议，未通过联合评议的不得购置，杜绝浪费、避免重复购置。应强化查重评议工作，并将开放方案纳入建设或购置计划。管理单位应当自科研设施与仪器完成安装使用验收之日起30个工作日内，将科研设施与仪器名称、规格、功能等情况和开放制度提交全省网络管理平台。

（三）建立促进开放的激励引导机制

管理单位对外提供开放共享服务，可以收取服务费。服务费标准应按照材料消耗费、水电费和人力成本等费用，根据成本补偿和非营利性原则确定。要对各类科研设施与仪器向社会开放服务建立公开透明的成本核算和服务收费标准，服务收入纳入单位预算，由单位统一管理，行政主管部门要加强管理和监督。对于纳入全省网络管理平台统一管理、享受科教用品和科技开发用品进口免税政策的科学仪器设备，在符合监管条件的前提下，准予用于其他单位的科技开发、科学研究和教学活动。省级科技计划统筹考虑和严格控制在新上科研项目中购置科学仪器设备。将优先利用现有科研设施与仪器开展科研活动作为各科研单位获得省级科技计划（专项、基金等）支持的重要条件。支持企业和社会力量以多种方式参与共建全省重大科研基础设施，组建专业的科学仪器设备服务机构，促进科学仪器设备使用的社会化服务。

（四）建立科研设施与仪器开放评价体系和奖惩办法

省科技厅会同省财政厅建立评价制度，制定评价标准和办法，引入第三方专业评估机制，定期对科研设施与仪器的运行情况和管理单位开放制度的合理性、开放程度、服务质量、服务收费、开放效果进行评价考核。评价考核结果向社会公布，并作为科研设施与仪器更新的重要依据。对于通用科研设施与仪器，重点评价用户使用率、用户的反馈意见、有效服务机时、服务质量以及相关研究成果的产出、水平与贡献；对于专用科研设施与仪器，重点评价是否有效组织了高水平的设施应用专业团队以及有关研究成果的产出、水平与贡献。

管理单位应在满足本单位科研、教学、检测等需求的基础上，最大限度推进科研设施与仪器对外开放，不断提高资源利用率。对于科研设施与仪器开放效果好、用户评价高的管理单位，省财政厅会同省科技厅根据评价考核结果开展开放共享后补助，调动管理单位开放共享积极性。对于不按照规定如实上报科研设施与仪器数据、不按照规定公开开放与利用信息、开放效果差、使用效率低的管理单位，省科技厅会同省财政厅等有关部门在网上予以通报，限期整改，并采取停止管理单位新购仪器设备、在申报科技计划（专项、基金等）项目时不准购置仪器设备等方式予以约束。对于通用性强但开放共享差的科研设施与仪器，结合科技行政主管部门的评价考核结果，有关行政主管部门和财政部门可以按照规定在部门内或跨部门无偿划拨，管理单位也可以在单位内部调配。科技行政主管部门、有关行政主管部门要建立投诉渠道，接受社会对科研设施与仪器调配的监督。

（五）加强开放使用中形成的知识产权管理

用户独立开展科研实验形成的知识产权由用户自主拥有，所完成的著作、论文等发表时，应明确标注利用科研设施与仪器情况。加强网络防护和网络环境下数据安全管理，管理单位应当保护用户身份信息以及在使用过程中形成的知识产权、科学数据和技术秘密。

（六）强化管理单位的主体责任

管理单位是科研设施与仪器向社会开放的责任主体，要强化法人责任，切实履行开放职责，自觉接受有关部门的考核评估和社会监督。要根据科研设施与仪器的类型和用户需求，建立相应的开放、运行、维护、使用管理制度，保障科研设施与仪器的良好运行与开放共享。要落实实验技术人员岗位、培训、薪酬、评价等政策。科学仪器设备集中使用的单位，要建立专业化的技术服务团队，不断提高实验技术水平和开放水平。

三、组织实施和进度安排

（一）组织实施

改革分阶段实施，遴选状态良好、管理制度健全、开放绩效突出并具有代表性的科研设施与仪器，先行开展向社会开放试点。省科技厅会同省财政厅负责制定促进全省科研设施与仪器开放的管理办法、全省科研设施与仪器开放评价和奖惩办法，建立开放共享后补助机制；省科技厅会同省财政厅、教育厅和中科院昆明分院等部门制定新购科学仪器设备的查重和联合评议办法；管理单位制定本单位的开放管理制度，并在全省网络管理平台发布。

（二）进度安排

2015 年，摸底阶段，在建立科研设施与仪器资源数据库的基础上，逐步实现科研设施与仪器向社会开放的全覆盖。省科技厅会同有关部门充分利用现有全省大型科学仪器设备协作共用平台，启动统一开放的科研设施与仪器全省网络管理平台建设，年底前基本建立。

2016 年，省科技厅会同有关部门建成覆盖各类科研设施与仪器、统一规范、网络化的全省网络管理平台，将所有符合条件的科研设施与仪器纳入平台管理。

2017 年，科技行政主管部门对管理单位的科研设施与仪器向社会开放情况进行评价考核，并向社会公布评价考核结果。

云南省人民政府

2015 年 7 月 4 日

陕西省人民政府关于促进科技资源开放共享的指导意见

陕政发〔2015〕53号

各设区市人民政府，省人民政府各工作部门、各直属机构：

为贯彻落实《国务院关于国家重大科研基础设施和大型科研仪器向社会开放的意见》（国发〔2014〕70号），进一步优化我省科技资源配置，提高科技资源利用率，激发科技创新活力，现就促进我省科技资源开放共享提出如下指导意见。

一、总体要求

（一）指导思想

围绕完善区域创新体系、提升科技创新能力，创新管理体制和运行机制，优化服务模式，促进各类科技资源向社会开放，为实施创新驱动发展战略，建设创新型省份提供有力支撑。

（二）主要目标

力争用三年左右的时间，基本建成覆盖各类科技资源的统一规范、功能强大的专业化、网络化管理服务体系；各类科技资源开放共享的制度、标准和机制更加健全；科技资源的布局更加合理，开放水平大幅提升，对科技创新的支撑服务能力显著增强。

（三）基本原则

制度推动。加强政府引导，建立健全科技资源开放共享制度体系，理顺开放运行的管理机制，并逐步纳入法制化轨道，推动非涉密和无特殊规定限制的科技资源一律向社会开放，形成科技资源共建共享的良好格局。

突出共享。打破区域、行业和部门界限，盘活存量，调控增量，以开放共享推动解决重复购置和闲置浪费的问题。搭建覆盖全省的科技资源开放共享网络管理平台，实现各类科技资源配置、管理、服务、监督、评价的有机衔接。

分步实施。加强科技资源开放共享的统一规划和顶层设计，按照不同类型科技资源的特点，结合我省实际，突出重点，试点先行，分阶段、积极稳妥地推进科技资源开放共享。

（四）适用范围

本意见所称科技资源，主要包括我省非涉密的各类研究实验基地、大型科学仪器设备（单台/套原值在20万元以上）、科技文献、科学数据、自然科技资源等。

二、重点任务

（一）完善科技资源开放共享管理体系

建立由省科技行政管理部门牵头，省政府各有关部门共同参与的沟通协调机制，统筹做好全省科技资源开放共享工作。省科技行政管理部门牵头负责本意见的组织实施，研究制定科技资源开放共享标准，并将科技资源开放共享情况作为省级科技计划项目立项、考核的依据。其他各有关部门按照各自职责，做好科技资源开放共享的相关工作。充分发挥省科技资源统筹中心等各类服务机构作用，组织协调科技资源拥有者面向社会提供服务。各市、县、区政府要结合本地实际，建立健全科技资源开放共享服务体系，将科技资源开放共享工作纳入科技发展规划和计划。

（二）搭建科技资源开放共享网络管理平台

在整合全省现有各类科技资源开放共享服务平台的基础上，按照国家统一标准和规范，明确服务方式、内容和流程，搭建对接全国、覆盖全省、多级联动的科技资源开放共享服务网络管理平台，并逐步建立各类专业协作网络体系，将所有符合条件的科技资源纳入平台管理。在信息安全的前提下，科技资源开放共享网络管理平台收集整理科技资源信息并向社会发布，同时提供网络在线查询、检索、服务推介、技术培训等各类服务。省科技行政管理部门按年度组织编制科技资源开放共享目录，向全社会公开发布。

（三）建立促进科技资源开放共享的激励引导机制

由财政资金投资形成，且非涉密或国家无特殊规定的科技资源，必须进入共享目录，向社会提供开放共享服务，并定期公开完整的服务记录，省级财政对拥有者和使用者给予“双向”补助。对于拟用省财政资金购买的科技资源，实行购置前审查、评估，减少重复购置。鼓励利用自有资金形成的科技资源，向社会开放使用。鼓励采取所有权与经营权相分离的方式，由资源拥有者委托具有独立法人资格和市场运营能力的专业服务机构，开展科技资源的市场化运营。向中小微科技企业等科技资源使用者发放科技创新券，主要用于向高等院校、科研院所、服务机构或其他企业购买科技创新服务或科技资源使用权。

（四）加强相关知识产权保护

科技资源使用者独立开展科学实验形成的知识产权由其自主拥有，所完成的著作、论文等发表时，应明确标注利用科技资源情况。科技资源拥有者应当加强网络防护和网络环境下数据安全管理，保护科技资源使用者身份信息以及在使用过程中形成的知识产权、科学数据和技术秘密不被非法使用。

（五）提高中央在陕科技资源开放共享水平

与国家相关部委、央属企业建立科技资源开放共享协调工作机制，推动中央在陕科技资源向地方开放共享。充分利用现代信息技术手段，建立中央在陕科技资源信息专网，构建面向地方的科技资源共用数据库，推动共享进程。加大中央与地方、军工与民用科技资源共建共享试点工作力度，促进科技资源建设与科技项目的有机衔接，推进央地、军民科技资源共建共享。

（六）完善科技资源开放共享政策支持体系

省财政安排专项资金，用于全省科技资源开放共享服务奖励补助。支持高校、科研院所及企业研发具有自主知识产权的重大科学仪器设备等科技资源，提高我省科学仪器设备的自主创新能力和自我装备水平。省科技行政管理部门会同有关部门建立科技资源开放共享绩效评价制度，制定评价标准和办法，引入第三方专业评估机构，定期对科技资源开放共享程度、服务质量、服务收费和开放共享效果等进行评价考核，并将结果向社会公布，作为补贴奖励的重要依据。科技资源拥有者所获得的财政奖补资金，可用于科技资源开放共享工作人员的绩效支出。

（七）加大科技资源开放共享工作宣传推广力度

通过多种渠道和方式，大力宣传科技资源开放共享的社会价值和必要性，培育科技资源共享的良好社会环境，倡导开放共享精神。鼓励科技资源拥有者积极探索多种途径的科技资源开放共享活动，推广开放共享的成功经验。广泛动员社会各方面力量，宣传科技资源开放共享共用理念，推动全社会共同参与科技资源开放共享工作。

三、实施进度安排

2015 年，由省科技行政管理部门会同有关部门和地方开展科技资源调查，摸清家底。

2016 年，省科技行政管理部门会同有关部门启动科技资源开放共享网络管理平台建设。遴选状态良好、开放绩效突出并具有代表性的科技资源，先行向社会开放试点。

2017 年，省科技行政管理部门会同有关部门和地方建成科技资源开放共享网络管理平台，形成跨部门、跨领域、多层次的开放共享服务体系，并对科技资源向社会开放情况进行评价考核，并向社会公布评价考核结果。

陕西省人民政府

2015 年 12 月 12 日

关于印发《陕西省重大科研基础设施和仪器设备开放共享实施方案》的通知

陕科办发〔2018〕196号

各设区市、杨凌示范区、韩城市科技局、财政局、教育局，各有关单位：

为进一步优化我省科技资源配置，提高科技资源利用效率，推动我省重大科研基础设施和大型科研仪器设备开放共享，根据《科技部关于进一步深化落实〈国家重大科研基础设施和大型科研仪器向社会开放的意见〉的通知》（国科发基〔2018〕30号）要求，我们制定了《陕西省重大科研基础设施和仪器设备开放共享实施方案》，现印发给你们，请认真贯彻执行。

陕西省科学技术厅　陕西省财政厅
陕西省教育厅　陕西省国防科技工业办公室
陕西省科学院
2018年9月14日

陕西省重大科研基础设施和仪器设备开放共享实施方案

为进一步优化我省科技资源配置，提高科技资源利用效率，推动我省重大科研基础设施和大型科研仪器设备开放共享，按照《科技部关于进一步落实〈国家重大科研基础设施和大型科研仪器向社会开放的意见〉的通知》（国科发基〔2018〕30号）、科技部等五部委关于印发《促进国家重点实验室与国防科技重点实验室、军工和军队重大试验设施与国家重大科技基础设施的资源共享管理办法》的通知（国科发基〔2018〕63号）要求，依据《国务院关于国家重大科研基础设施和大型科研仪器向社会开放的意见》（国发〔2014〕70号）和《陕西省人民政府关于促进科技资源开放共享的指导意见》（陕政发〔2015〕53号），制定本实施方案。

一、指导思想

以习近平新时代中国特色社会主义思想为指引，深入贯彻落实习近平总书记关于国家重大科研基础设施和大型科研仪器开放共享的重要指示精神。围绕健全国家创新体系和提高全社会创新能力，通过深化改革和制度创新，为科技创新和社会需求服务，充分释放服务潜能，为实施创新驱动发展战略提供有效支撑。

二、基本原则

（一）制度推动。加强政府引导，完善促进科研设施与仪器设备开放的管理制度和办法，进一步明晰管理部门和各有关单位的职责，不断建立健全科技资源开放共享制度体系，优化开放运行管理机制，逐步纳入法制化轨道，形成资源共享共建的良好格局。

（二）信息共享。推动省级网络管理平台建设，协调各有关单位建设信息网络管理平台并对接至省级网络管理平台。面向社会公开科技资源信息，逐步实现科研设施与仪器设备配置、展示、管理、服务、监督、评价的全链条有机衔接。

（三）统筹资源。按照“盘活存量、调控增量”的原则，协调各有关单位通过机制体制创新，实现对现有科研设施与仪器设备进行统筹管理，提升资源利用效率；加强统筹论证工作，合理布局新增科研设施与仪器设备，逐步解决重复购置和闲置浪费的问题。

（四）奖惩结合。建立以用为主、用户参与的评估监督体系，加强考核，督促落实。形成科研设施与仪器设备向社会服务的数量质量与利益补偿、后续支持紧密挂钩的奖惩机制。

三、总体目标

（一）基本建成覆盖全省各类科研设施与仪器设备、统一规范的专业化、网络化管理服务平台，实现科技资源信息面向社会开放。探索建立全省新购仪器设备的购置论证评议机制，避免新增资源的低水平重复建设。在现有科技资源分布基础上，布局全省区域及行业检测中心，实现单位间资源投入的交叉互补。

（二）推动高等院校、科研院所等企事业单位创新体制机制，打破供方设备开放共享机制体制障碍，探索科研设施与仪器设备面向社会开放共享的市场化运行机制，加快推进科研设施与仪器设备向高校、科研院所、企业、社会研发组织等社会用户开放。通过建立全省科研设施和仪器评价考核及惩戒机制、后补助奖励机制等，进一步促进资源开放共享。

四、实施内容

（一）完善工作协调机制

推动我省重大科研基础设施和大型科研仪器设备统筹管理，协调相关主管部门成立陕西省重大科研设施和仪器设备开放共享专项工作协调小组，探索建立部门联动机制，鼓励制度创新。

（二）明确省级相关部门和管理单位职责

省科技厅牵头负责科研设施与仪器设备开放共享的宏观管理和综合协调。主要职责包含：（1）按照上级部委要求，协调、推动和监督科研设施与仪器设备开放共享工作；（2）研究制定科研设施与仪器设备开放共享的具体政策措施和标准规范；（3）会同省级有关部门建立和管理科研设施与仪器设备省级网络管理平台，指导管理单位建立在线服务平台；（4）会同省级有关部门建立考核评价制度，组织开展评价考核工作；（5）依据考核结果对于开放效果好，用户评价高的管理单位予以支持。

省财政厅协同推进科研设施与仪器的开放共享工作。主要职责包含：（1）会同有关部门根据评价考核结果和财政预算管理的要求，建立开放共享后补助机制，调动管理单位开放共享积极性；（2）会同有关部门结合科技行政主管部门的评价考核结果按规定在部门内或跨部门无偿划拨科研设施与仪器。

省国防科工办为陕西军工科研设施和仪器设备开放共享的管理部门。主要职责包含：（1）负责制定军工科研设施和仪器设备开放共享的政策制度；（2）建立和管理陕西军工科研设施和仪器设备开放共享信息平台，审核军工开放共享信息；（3）对军工开放共享工作进行监督和考核，并依据考核结果执行有关奖励及惩戒措施。

省级有关部门是推动管理单位科研设施与仪器设备开放共享的牵头部门，主要职责是：（1）建立健全本部门科研设施与仪器设备开放共享的政策和规章制度，指导和督促本部门所管理单位推动开放共享工作；（2）组织及审核本部门管理单位定期报送全省网络管理平台相关科研设施与仪器设备相关信息；（3）组织开展本部门所属管理单位开展开放共享评价考核工作，依据考核结果，执行有关奖励及惩戒措施。

管理单位包括高等院校、科研院所，是科研设施与仪器设备开放共享的责任主体。主要职责是：（1）落实国家及我省相关政策及要求，制定本单位科研设施与仪器设备开放共享的规章制度、细则及工作流程；（2）建立健全科研设施与仪器设备开放共享的激励和约束机制，通过机制体制改革，调动开放共享积极性；（3）建立本单位科研设施与仪器设备开放共享在线服务平台，向全省网络管理平台报送数据；（4）建立本单位实验技术人才队伍分级分类定编定岗、考核晋升办法，加强实验技术人才队伍的培养和考核工作；（5）配合有关部门做好开放共享评价考核工作，并接受社会监督。

（三）建设陕西省科研设施和仪器设备网络管理平台（以下简称全省网络平台）

按照国家相关标准，制定陕西省科研设施与仪器设备数据上报及对接接口标准。指导各管理单位按照同一标准规范建立在线服务平台，将我省科研设施与仪器设备纳入全省网络平台统一管理。公布科研设施与仪器设备目录、开放共享制度、服务方式、服务内容、服务流程、收费标准等信息，实施提供在线服务。

组织全省各科研设施与仪器设备管理单位采取网络上传方式开展数据联网报送工作。管理单位在科研设施与仪器设备完成安装使用验收之日起20个工作日内，将符合开放条件的科研设施与仪器设备的有关信息按照统一标准及要求报送至全省网络管理平台。

（四）建立全省科研基础设施与仪器联合查重评议体系

指导各管理单位开展使用财政资金购置的单台套50万元以下科研基础设施与仪器设备联合查重评议机制，降低各管理单位科研设施与仪器设备重复建设。对于单台套50万元以上的重大科研基础设施与仪器，开展省级评议。

在全省范围内，依托各管理单位，根据现有科技资源布局，规划整合，构建区域资源中心，形成行业内、区域内管理单位之间的科研设施与仪器设备互补。

（五）积极探索仪器设备开放共享创新机制体制研究

推动管理单位创新体制机制，落实绩效激励政策，调动设备供方开放共享积极性。面向中小微企业加强针对性服务设计，探索多种模式的开放共享市场化运作机制，进一步优化我省“创新券”使用流程，放大政府资助效果。通过政府引导，专业化团队运作，形成可持续、可复制的开放共享模式。

（六）建立健全科研设施与仪器设备开放共享考核标准和办法

会同相关部门制定考核奖励办法，开展我省科研设施与仪器设备开放共享考核工作。针对高等学校、科研院所、企业分别制定相应分类分级考核办法。

建立仪器设备共享与省级科技计划项目验收挂钩的机制，凡由项目经费购置的单台套20万元以上的仪器设备必须纳入平台进行共享，没有纳入的不予验收。

定期分类组织开展考核工作，考核结果面向社会公布，推动后配置奖励及惩戒机制落实。

（七）探索建立陕西省相关行业分析测试联盟

探索建立装备制造、电子信息、新材料等行业分析测试联盟，组织联盟成员单位开设各类科研设施与仪器设备培训课程，提升实验技术人员操作科研设施与仪器设备水平；遴选资助优秀大学生及教师开展设备自主上机操作培训。

（八）鼓励先行先试，加强总结宣传

通过多种渠道和方式，大力宣传科研设施与仪器设备开放共享的社会价值和必要性，培育科技资源开放共享的社会环境，倡导开展共享精神。鼓励各管理单位探索多种途径的科研设施与仪器设备开放共享活动，收集、总结、推广开放共享成功经验。

甘肃省人民政府关于重大科研基础设施和大型科研仪器向社会开放共享的实施意见

甘政发〔2015〕51号

各市、自治州人民政府，省政府各部门，中央在甘有关单位，有关科研院所、企业：

为全面贯彻落实国务院《关于国家重大科研基础设施和大型科研仪器向社会开放的意见》（国发〔2014〕70号）精神，加快重大科研基础设施和大型科研仪器（以下简称科研设施与仪器）向社会开放共享的进程，进一步提高科技资源利用效率和共享水平，结合我省实际，现提出如下实施意见。

一、总体思路

（一）指导思想

深入贯彻党的十八大和十八届三中、四中全会精神，认真落实中共中央、国务院《关于深化体制机制改革加快实施创新驱动发展战略的若干意见》（中发〔2015〕8号），全面实施省委、省政府《关于深化科技体制改革加快区域创新体系建设的意见》（甘发〔2012〕16号），充分发挥市场在资源配置中的决定性作用，加快推进科研设施与仪器向高校、科研院所、企业、社会研发及各类科技合作组织等社会用户的开放，实现资源共享，进一步释放服务潜能，为实施创新驱动发展战略提供有效支撑。

（二）发展目标

到2020年，基本建成覆盖各类科研设施与仪器、统一规范、功能完善的专业化、网络化管理服务体系，建立更加健全的科研设施与仪器开放共享制度、标准和机制，基本解决分散、重复、封闭、低效的问题，进一步提高科技资源的利用效率和共享水平。利用财政资金建设或购置的科研设施与仪器入网率、利用率、共享率分别达到90%、85%、45%以上。

（三）基本原则

制度推动。制定促进科研设施与仪器开放的管理制度和办法，理顺开放运行的管理机制，逐步纳入法制化轨道，推动非涉密和无特殊规定限制的科研设施与仪器一律向社会开放。

信息共享。搭建统一的网络管理平台和在线服务平台，实现科研设施与仪器配置、管理、服务、监督、评价的全过程有机衔接，提高科研设施与仪器共享利用的公开度和透明度。

资源统筹。盘活存量，统筹管理，挖掘现有科研设施与仪器的潜力，促进利用效率最大化。调控增量，合理布局，以开放共享解决重复购置和闲置浪费问题。

市场配置。推进市场化、商业化调控能力，强化专业化、社会化、多元化服务水平，推动企业成为科研设施与仪器共享利用的主体。科研设施与仪器服务逐步实行企业化运行，有效减少政府财政投入。

分类管理。对于不同类型的科研设施与仪器，采取不同的开放方式，制定相应的管理制度、支撑措施及评价办法。建立向社会服务的利益补偿与奖惩机制。

（四）适用范围

科研设施与仪器包括大型科学装置、科学仪器中心、科学仪器服务单元和单台套原值在30万元及以上的科学仪器设备，主要分布在高校、科研院所和企业的各类重点（工程）实验室、工程（技术）研究中心（院）、技术中心、分析测试中心、野外科学观测台（站）、大型科学设施中心等研究实验基地。

科学仪器设备主要划分为分析仪器、物理性能测试仪器、计量仪器、电子测量仪器、海洋仪器、地球探测仪器、大气探测仪器、特种检测仪器、激光器、工艺试验仪器、计算机及其配套设备、天文仪器、医学科研仪器、核仪器、其他仪器等15类。

二、重点措施

通过体制机制创新，逐步解决部门分割、单位独占、重复建设、闲置浪费等现象，提高专业化和社会化服务能力，充分发挥科研设施与仪器对科技创新的支撑能力。

（一）建立科研设施与仪器的统一管理平台

依托现有科研公共服务机构，分步实施省、市州、县市区科研设施与仪器的开放共享工作。建立统一开放的网络管理平台，将所有符合条件的科研设施与仪器纳入全省科研公共服务网络进行管理。科研设施与仪器管理单位（以下简称管理单位）按照统一的标准和规范，公开科研设施与仪器的开放制度、分布信息和使用情况，通过网络管理平台，向社会适时提供在线服务。（牵头部门：省科技厅；配合部门：省发展改革委、省教育厅、省工信委、省农牧厅、省卫生计生委、省质监局，各市州政府）

（二）建立科研设施与仪器的分类开放机制

打破管理单位界限，对符合规定的科研设施与仪器，根据不同专业领域或仪器功能，组建专业化、网络化的科研设施与仪器创新服务集群。

对通用科学仪器设备，通过建设区域仪器中心、分析测试中心等方式，集中集约管理，促进开放共享和高效利用。对拟新建设施和新购置仪器，通过网络管理平台，强化事前查重评价工作，并将新建设施和新购置仪器纳入网络管理平台统一管理。对单台套原值在30万元以下的科研仪器，鼓励管理单位积极申报、择优加入网络管理平台向社会开放共享。

利用科研设施与仪器形成的非涉密科学数据、科技文献、科技报告等科技资源，采取后补助或政府购买方式对外开放共享。（牵头部门：省科技厅；配合部门：省发展改

革委、省教育厅、省工信委、省财政厅、省农牧厅、省卫生计生委、省质监局）

（三）建立促进开放共享的激励引导机制

管理单位向社会提供开放共享服务，应建立公开透明的成本核算和服务收费标准，按照成本补偿和非营利性原则收取材料消耗费和水电等运行费，根据人力成本收取服务费，服务收入纳入单位预算，由单位统一管理。对纳入网络管理平台统一管理、符合国家税收政策规定的科学仪器设备，采取加速折旧办法。对享受科教用品和科技开发用品进口免税政策的科学仪器设备，在符合开放共享条件的前提下，准予用于其他单位的科技开发、科学研究和教学活动。充分利用“科技创新券”等措施，调动管理单位面向社会开放科研设施与仪器的积极性。

统筹考虑和严格控制新上科研项目利用财政资金购置科学仪器设备，企业研发机构原则上不加限制。利用现有科研公共服务网络开展科研设施与仪器开放共享的考核评价，考核评价结果作为科研教学单位获得省级科技计划（专项、基金）支持的重要参考条件。

鼓励企业和社会力量以多种方式参与共建重大科研基础设施，组建专业的科学仪器设备服务机构，促进科学仪器设备使用的社会化服务。（牵头部门：省科技厅；配合部门：省发展改革委、省教育厅、省工信委、省财政厅）

（四）建立科研设施与仪器的调查报告制度

建立科研设施与仪器调查制度，制定调查流程与办法，开展科研设施与仪器的资源调查，建立科研设施与仪器资源数据库，逐步实现科研设施与仪器调查的全覆盖。

建立科研设施与仪器报告制度，制定报告流程与办法，由管理单位定期向网络管理平台报告科研设施与仪器的分布、利用和开放共享情况，实现科研设施与仪器开放信息的动态更新。（牵头部门：省科技厅；配合部门：省教育厅、省工信委、省农牧厅、省卫生计生委、省质监局）

（五）建立开放共享的评价体系和奖惩办法

建立评价制度，制定评价标准和办法，委托第三方专业评价机构，定期对科研设施与仪器的运行情况、开放程度、服务质量、服务收费和开放效果进行联合考核评价。考核评价结果向社会公布，作为科研设施与仪器更新的重要依据。对于通用科研设施与仪器，重点评价用户使用率、用户反馈意见、有效服务机时、服务质量以及相关研究成果的产出与贡献；对于专用科研设施与仪器，重点评价设施应用、团队培养及相关研究成果的产出与贡献。

建立开放共享后补助和奖励机制，统筹财政科技专项资金，根据考核评价结果，给予优秀使用单位后补助和奖励（按照法律法规或者强制性标准要求必须开展的强制检测和法定检测等商业活动，不属于后补助范围）。对科研设施与仪器开放效果好、用户评价高的管理单位和网络管理平台的运营单位，按照考核评价结果，以后补助形式进行奖励。对不按规定如实上报科研设施与仪器数据、不公开开放与利用信息、开放效果差、使用效率低的管理单位，予以通报，限期整改，并在新购仪器设备、申报科技计划

（专项、基金）时予以约束。对通用性强但开放共享差的科研设施与仪器，结合科技行政主管部门的评价考核结果，相关行政主管部门和财政部门可以按规定在部门内或跨部门无偿划拨，管理单位也可以在单位内部调配。建立投诉渠道，接受社会对科研设施与仪器使用情况的监督。（牵头部门：省科技厅；配合部门：省教育厅、省工信委、省财政厅）

（六）加强开发使用中形成的知识产权管理

用户独立开展科学实验形成的知识产权由用户自主拥有，完成的著作和论文，应明确标注利用科研设施与仪器情况。加强网络防护和网络环境下数据安全管理，管理单位应当保护用户身份信息以及在使用过程中形成的知识产权、科学数据和技术秘密。（牵头部门：省知识产权局；配合部门：省教育厅、省科技厅、省工信委）

（七）强化管理单位开放共享的主体责任

管理单位是科研设施与仪器向社会开放的服务主体，要强化法人责任，切实履行开放职责。根据科研设施与仪器的类型和用户需求，建立相应的开放、运行、维护、使用管理制度，保障科研设施与仪器的良好运行与开放共享。落实实验技术人员、仪器设备维护人员的岗位、培训、薪酬、职称等政策。科学仪器设备集中使用的单位建立专业化的技术服务团队，不断提高技术水平和服务能力。（牵头部门：省科技厅；配合部门：省教育厅、省工信委、省财政厅、省人社厅）

三、强化管理

科研设施与仪器向社会开放共享，重在强化管理，监督服务。在具体的开放共享过程中，管理与服务单位要各司其职，充分发挥科研设施与仪器向社会开放对科技创新的有力支撑作用。

省科技行政主管部门统筹负责全省科研设施与仪器开放共享的管理工作，制定全省科研设施与仪器开放共享的实施细则。委托第三方专业评价机构，负责科研设施与仪器的资源协调、购置查重、平台开发、集成服务与考核评价。充分发挥现有科技咨询机构的服务职能，配合省科技厅及公益性科技服务机构制定标准规范、服务制度，开展咨询服务和考核评价。

四、进度安排

（一）2015—2016 年。启动建设统一开放的科研设施与仪器网络管理平台，开展全面调查工作，建立报告制度，制定实施细则，发布标准规范、管理制度和评价办法，完善查重标准，建立开放共享后补助和奖励制度，开展开放共享试点。能够开放的科研单位和科研仪器应尽早开放，可享受科技创新券的补助。

（二）2017—2018 年。所有符合条件的科研设施与仪器纳入网络管理平台进行统一管理，管理单位按照统一的标准规范建成各自的服务体系，明确服务方式、服务内容、服务流程，发布开放清单和开放信息。

（三）2019—2020 年。基本建成覆盖各类科研设施与仪器、统一规范、功能完善的专业化、网络化管理服务体系，利用效率和共享水平达到目标要求。

甘肃省人民政府
2015 年 5 月 30 日

青海省人民政府关于国家重大科研基础设施和大型科研仪器向社会开放的实施意见

青政发〔2015〕45号

各市、自治州人民政府，省政府各委、办、厅、局：

为深入贯彻落实国务院《关于国家重大科研基础设施和大型科研仪器向社会开放的意见》（国发〔2014〕70号）精神，加快推进全省科研设施与仪器向社会开放，进一步提高科技资源利用效率，现结合我省实际，提出如下实施意见。

一、总体要求

（一）指导思想。深入贯彻党中央和国务院的一系列相关决策部署，围绕提高全社会科技创新能力，以统筹共享为基础，以健全创新体系为核心，通过管理和运行机制的改革创新，加快推进科研基础设施与仪器向全社会开放，实现资源共享，充分释放服务潜能，为实施创新驱动发展战略提供有效支撑。

（二）主要目标。力争用三年时间，基本解决科研基础设施与仪器分散、重复、封闭、低效的问题。使科研设施与仪器开放共享制度、标准和机制更加健全，所有财政投入并符合条件的科研基础设施与仪器全部入网实现开放共享，全省科研基础设施与仪器等科研资源利用率和开放水平进一步提高，为中小企业全社会科技创新服务的能力显著提升，基本建成定位准确、布局合理、规范统一、功能齐全、开放高效、队伍稳定、分层管理、保障到位、覆盖全面的网络化管理服务体系。

（三）适用范围。科研设施与仪器包括大型科学装置、科学仪器中心、科学仪器服务单元和单台（套）价值在10万元及以上的科学仪器设备等，主要分布在高校、科研院所（含中央驻青科研单位）和部分企业的各类重点实验室、工程（技术）研究中心、分析测试中心、野外科学观测研究站及大型科学设施中心等研究实验基地。其中，科学仪器设备分为分析仪器、物理性能测试仪器、计量仪器、电子测量仪器、地球探测仪器、大气探测仪器、特种检测仪器、激光器、工艺试验仪器、计算机及其配套设备、天文仪器、医学科研仪器、核仪器、其他仪器等14类。

二、重点任务

（一）科研设施与仪器纳入网络管理平台进行统一管理。

省科技行政主管部门会同有关部门在进一步完善已有的大型科学仪器共享服务平台的基础上，建成省级大型科学仪器共享服务网络管理平台，并将所有符合条件的科研设施与仪器纳入平台统一管理。科研设施与仪器管理单位（以下简称管理单位）按照国家统一的标准和规范，建立在线服务平台，公开科研设施与仪器使用办法和使用情况，实时提供在线服务。管理单位的服务平台统一纳入省级大型科学仪器共享服务网络管理平台，形成跨部门、跨领域的网络服务体系。

管理单位建立科研设施与仪器运行和开放情况的记录，并通过省级大型科学仪器共享服务网络管理平台和国家网络管理平台，定期向社会发布科研设施与仪器开放制度及实施情况，公布科研设施与仪器分布、利用和开放共享情况等信息。

（二）科研设施与仪器实行分类开放共享。

对于大型科学装置、科学仪器中心，有关部门和管理单位要将向社会开放纳入日常运行管理工作。对于单台套价值在 10 万元及以上的科学仪器设备，省科技行政主管部门要加强统筹协调，按不同专业领域或仪器功能，打破管理单位的界限，推动形成专业化、网络化的科学仪器服务机构群。对于通用科学仪器设备，通过建设仪器中心、分析测试中心等方式，集中集约管理，促进开放共享和高效利用。建立科研设施与仪器查重评议制度，制定大型科研设施和仪器联合评议办法，对于利用财政资金拟新建设施和新购置仪器，应强化查重评议工作，并将开放方案纳入建设或购置计划。管理单位应当自科研设施与仪器完成安装使用验收之日起 30 个工作日内，将科研设施与仪器名称、规格、功能等情况和开放制度提交省级网络管理平台。

对于利用科研设施与仪器形成的科学数据、科技文献（论文）、科技报告等科技资源，要根据各自特点采取相应的方式对外开放共享。开放共享情况要作为科技资源建设和科技计划项目管理考核的重要内容。

（三）建立激励引导机制。

管理单位对外提供开放共享服务，可以按照成本补偿和非营利性原则收取材料消耗费和水、电等运行费，还可以根据人力成本收取服务费，服务收入纳入单位预算，由单位统一管理。管理单位对各类科研设施与仪器向社会开放服务建立公开透明的成本核算和服务收费标准，行政主管部门要加强管理和监督。对于纳入省级和国家级网络管理平台统一管理、享受科教用品和科技开发用品进口免税政策的科学仪器设备，在符合监管条件的前提下，准予用于其他单位的科技开发、科学研究和教学活动。

统筹考虑和严格控制在新上科研项目中购置科学仪器设备。将优先利用现有科研设施与仪器开展科研活动作为各科研单位获得省科技计划支持和申报国家科技计划的重要条件。

鼓励企业和社会力量以多种方式参与共建省级和国家重大科研基础设施，组建专业的科学仪器设备服务机构，促进科学仪器设备使用的社会化服务。

（四）建立开放评价体系和奖惩办法。

省科技行政主管部门会同有关部门建立评价制度，制定评价标准和办法，引入第三方专业评估机制，定期对科研设施与仪器的运行情况、管理单位开放制度的合理性、开放程度、服务质量、服务收费和开放效果进行评价考核。评价考核结果向社会公布，并作为科研设施与仪器更新的重要依据。对于通用科研设施与仪器，重点评价用户使用率、用户的反馈意见、有效服务机时、服务质量，以及相关研究成果的产出、水平与贡献；对于专用科研设施与仪器，重点评价是否有效组织了高水平的设施应用专业团队，以及相关研究成果的产出、水平与贡献。

管理单位应在满足单位科研教学需求的基础上，最大限度推进科研设施与仪器对外开放，不断提高资源利用率。对于加入共享网络平台的科研设施与仪器开放效果好、用户评价高、能够及时进行升级改造、取得新的行业认证资质的管理单位，经评价考核后给予开放共享后补助支持，调动管理单位开放共享积极性。对于不按规定如实上报科研设施与仪器数据、不按规定公开开放与利用信息、开放效果差、使用效率低的管理单位，科技行政主管部门会同有关部门在网上予以通报，限期整改，并采取停止管理单位新购仪器设备、在申报科技计划项目时不准购置仪器设备等方式予以约束。对于通用性强但开放共享差的科研设施与仪器，结合科技行政主管部门的评价考核结果，相关行政主管部门和财政部门可以按规定在部门内或跨部门无偿划拨，管理单位也可以在单位内部调配。科技行政主管部门、相关行政主管部门要建立投诉渠道，接受社会对科研设施与仪器调配的监督。

（五）明确管理单位的主体责任。

管理单位是科研设施与仪器向社会开放的责任主体，要强化法人责任，切实履行开放职责，自觉接受相关部门的考核评估和社会监督。要根据科研设施与仪器的类型和用户需求，建立相应的开放、运行、维护、使用管理制度，保障科研设施与仪器的良好运行与开放共享。要落实实验技术人员岗位、培训、薪酬、评价等政策。科学仪器设备集中使用的单位，要建立专业化的技术服务团队，不断提高实验技术水平和开放水平。

用户独立开展科学实验形成的知识产权由用户自主拥有，所完成的著作、论文等发表时，应明确标注利用科研设施与仪器情况。加强网络防护和网络环境下数据安全管理，管理单位应当保护用户身份信息以及在使用过程中形成的知识产权、科学数据和技术秘密。

三、保障措施

（一）加强组织领导。加快推进科研设施与仪器向社会全面开放，进一步提高科技资源利用效率，是深化科技体制改革和制度创新的重要举措，为积极建立和推进资源共享的有效机制，统筹协调、督促落实和确保我省此项工作有序推进，建立省科技厅牵头，省财政厅、省发展改革委、省经济和信息化委、省教育厅等部门参加的省科研设施和大型科研仪器开放共享工作联席会议制度，加强对开放共享工作的监督管理和指导支持。

（二）明确责任分工。联席会议各成员单位要各司其职，密切配合，形成合力。各有关部门要高度重视，将加快推进科研设施与仪器开放工作纳入重要的议事日程，切实履行对管理单位开放情况的管理和监督职责，实施年度考核，把开放水平和结果作为年度考核的重要内容。各管理单位要精心组织，统筹安排，责任到人，进一步完善工作机制，建立相应的管理制度，保障科研设施与仪器的良好运行与开放共享。

（三）建立开放共享后补助和运行管理机制。根据财政预算管理的要求，在省级科技发展专项资金中设立大型科研设施和仪器共享服务补贴专项资金（以下简称专项资金），对加入共享网络的大型科学仪器为社会提供分析测试服务和升级改造，管理单位取得行业认证资质，学科带头人共享使用等活动给予后补助支持，促进科技资源共享与优化配置。省科技厅设立青海省大型仪器平台管理中心，负责省级大型科学仪器共享服务网络管理平台的日常管理、资源调查、运行维护以及和国家级网络管理平台的衔接工作，专项资金给予必要的工作经费支持。

四、实施进度安排

2015 年，省科技厅会同相关部门启动现有科研设施与仪器的资源调查，摸清家底，修正和完善现有大仪共享服务平台各项功能，建立科研设施与仪器资源数据库，逐步实现科研设施与仪器向社会开放的全覆盖。贯彻落实国家科研设备和仪器管理单位服务平台的标准规范和开放制度。按照国家统一的评价办法，结合我省实际，开展评价考核。全面开展大型科学仪器的共享服务后补助工作。

2016 年，建立省科技厅、省财政厅、省教育厅等相关部门对新购大型科学仪器设备的查重和联合评议机制。在科技部的统一领导下，积极协助建设全国统一的国家网络管理平台，并将我省符合条件的科研设施和仪器纳入国家网络管理平台。

遴选科研设施和仪器资源比较集中、能体现青海特色行业测试服务的有代表性仪器管理单位作为共享服务示范基地，建立科技资源和企业需求对接的桥梁，搭建科技资源共享共用的实时服务平台，通过制度、政策、奖惩、宣传等手段和措施，促进科研设施和仪器示范基地的开放共享，并以示范基地取得的良好经济效益和社会效益推动全省科研设施和仪器的共享工作，促进区域自主创新。

2017 年，省科技部门对管理单位的科研设施与仪器向社会开放情况进行评价考核，并向社会公布评价考核结果。

本实施意见自 2015 年 6 月 21 日起实施，有效期至 2020 年 6 月 20 日。

青海省人民政府

2015 年 5 月 22 日

宁夏回族自治区人民政府办公厅关于印发《自治区重大科研基础设施和大型科研仪器向社会开放的实施方案》的通知

宁政办发〔2015〕95号

各市、县（区）人民政府，自治区政府各部门、直属机构：

《自治区重大科研基础设施和大型科研仪器向社会开放的实施方案》已经自治区人民政府同意，现印发给你们，请认真贯彻执行。

宁夏回族自治区人民政府办公厅

2015年7月29日

自治区重大科研基础设施和大型科研仪器向社会开放的实施方案

为贯彻落实《国务院关于国家重大科研基础设施和大型科研仪器向社会开放的意见》（国发〔2014〕70号），加快推进我区重大科研基础设施和大型科研仪器（以下简称科研设施与仪器）向社会开放，进一步提高科技资源利用效率，现结合我区实际，制定本实施方案。

一、总体要求

认真落实党中央和国务院的决策部署，围绕健全创新体系和提高全社会创新能力，通过深化改革和制度创新，加快推进科研设施与仪器向高校、科研院所、企业、社会研发组织等社会用户开放，实现资源共享，避免部门分割、单位独占，充分释放服务潜能，为科技创新和社会需求服务，为实施创新驱动发展战略提供有效支撑。

二、主要目标

用2年时间，在我区建立起更加完善的大型科研仪器共享管理服务平台，所有符合条件的科研设施与仪器纳入平台开放共享，并接入国家网络管理平台；科研设施与仪器开放共享制度、标准和机制更加健全，建设布局更加合理，分散、重复、封闭、低效的问题基本解决，开放共享和利用水平进一步提高。

三、主要措施

（一）完善大型科研仪器共享管理服务平台。开展科研设施与仪器资源调查，将所有符合条件的科研设施与仪器统一纳入我区大型科研仪器共享管理服务平台进行管理。进一步完善共享管理服务平台功能，建立标准统一的网上对接共享服务通道，实现仪器运行开放数据的实时上传，公开共享仪器分布和使用情况，并接入国家网络管理平台实现互联互通。

（二）按照科研设施与仪器功能实行分类开放共享。各科研设施与仪器管理单位、共享分中心要将向社会开放纳入日常运行管理工作。对于单台（套）价值在20万元及以上的科学仪器设备，属财政资金购置的，一律纳入我区大型科研仪器共享管理服务平台；自购科研仪器采取管理单位自愿申报、科技部门择优加入的方式，纳入我区大型科研仪器管理服务平台，并按照国家要求推荐符合条件的大型科研设施和仪器纳入国家网络管理平台。有条件的单位，要通过建立仪器中心、分析测试中心等方式集中管理，促进开放共享和高效利用。

（三）建立促进开放共享的激励引导机制。自治区财政设立大型科学仪器共享补贴专项，对符合条件的仪器管理单位给予一定补助，进一步调动管理单位开放共享的积极性。管理单位在对外提供开放共享服务时，可以按照成本补偿和非营利性原则收取材料消耗费、水电等运行费和人力成本服务费，服务收费标准和成本核算要公开透明，服务收入纳入单位预算，由单位统一管理。统筹考虑和严格控制在新上科研项目中购置科研仪器设备，将优先利用现有仪器设备开展科研活动作为各科研单位获得科技计划（专项、基金等）支持的重要条件。鼓励企业和社会力量以多种方式参与共建重大科研基础设施，组建专业的科学仪器设备服务机构，促进科学仪器设备使用的社会化服务。

（四）建立新购科研仪器评议和评价惩戒制度。科技部门要会同财政等部门建立财政资金新建科研基础设施和新购大型科研仪器评议制度，避免重复建设和购置。科技部门作为科研设施与仪器开放共享考评的责任单位，每年要对科研设施与仪器的运行情况、管理单位开放制度的合理性、开放程度、服务质量、服务收费和开放效果进行评价考核，评价考核结果向社会公布，并作为科研设施与仪器更新的重要依据。对不按规定公开开放与利用信息、开放效果差、使用效率低的管理单位，科技部门要会同有关部门在网上予以通报，限期整改，并采取停止管理单位新购仪器设备、在申报科技计划（专项、基金等）项目时不准购置仪器设备等方式予以约束。对通用性强但开放共享差的科研设施与仪器，相关行政主管部门和财政部门可以按规定在部门内或跨部门无偿划拨，管理单位也可以在单位内部调配。科技部门和相关行政主管部门要建立投诉渠道，接受社会对科研设施与仪器调配的监督。

（五）强化管理单位的主体责任。管理单位是科研设施与仪器向社会开放的责任主体，要强化法人责任，切实履行开放职责，自觉接受相关部门的考核评估和社会监督。要根据科研设施与仪器的类型及用户需求，建立相应的开放、运行、维护、使用管理制度，保障科研设施与仪器的良好运行与开放共享。要落实实验技术人员岗位、培训、薪酬、评价、奖励等政策，提高实验技术人员的积极性。科学仪器设备集中使用的单位，要建立专业化的技术服务团队，不断提高实验技术水平和开放水平。

（六）加强开放共享中的保密和知识产权管理。科研设施与仪器管理单位要加强网络防护和网络环境下数据安全管理，保护用户身份信息以及在使用过程中形成的知识产权、科学数据和技术秘密。用户与管理单位共同形成的知识产权，归双方共同所有；用户独立开展科学实验形成的知识产权由用户自主拥有，所完成的著作、论文等发表时或知识产权申请时，应明确标注利用科研设施与仪器情况。

（七）加大仪器巡检维修和使用培训力度。充分发挥已有大型科学仪器维修中心和其他服务机构的作用，强化仪器设备的巡检维修，保障仪器设备的正常运行。科技部门要加强仪器设备使用的培训、指导和对接，加大科研设施与仪器开放共享的宣传力度，提高社会认知度。

（八）加强与其他省（市、区）大型科研仪器共用平台的共享协作。进一步密切与北京、天津、陕西等省（市、区）大型科研仪器管理平台的协作共用关系，在我区科学仪器设备不能满足科研需求的情况下，鼓励和支持我区科研院所、高校和企业加强对外协作，充分利用国家网络管理平台和全国大型科学仪器设备协作共用平台，使用科研设施与仪器，并从大型科学仪器共享补贴专项中给予一定费用补助。

四、组织实施和进度安排

2015 年，自治区科技厅会同有关部门开展完成科研设施与仪器普查工作，摸清我区科研设施与仪器资源情况，将符合条件的科学仪器设备纳入共享管理服务平台，建立共享目录并向社会公布。启动大型科学仪器共享补贴机制，出台《宁夏大型科学仪器共享补贴专项资金管理暂行办法》和《宁夏大型科学仪器共享补贴实施细则》。对科研设施与仪器向社会开放情况进行评价考核，并向社会公布评价考核结果。完成大型科研仪器共享管理信息系统的上线运行和试考评，强化对分中心及用户的使用培训，实现数据的实时更新。推动管理单位制定完善开放共享制度，并在共享管理服务平台上发布。

2016 年，进一步丰富我区大型科研仪器共享管理服务平台功能，实现与国家网络管理平台互联互通。

【管理办法与细则·综合管理】

关于印发《北京市关于解决重大科研基础设施和大型科研仪器向社会开放若干关键问题的实施细则（试行）》的通知

京科发〔2018〕189号

各有关单位：

为落实《关于加强首都科技条件平台建设　进一步促进重大科研基础设施和大型科研仪器向社会开放的实施意见》（京政办发〔2016〕34号），全面推动本市重大科研基础设施和大型科研仪器向社会开放服务，解决公益类事业单位实施中开放共享服务收入、收费合规性认定、发票管理等影响改革落地“最后一公里”的关键问题，我们研究制定了《北京市关于解决重大科研基础设施和大型科研仪器向社会开放若干关键问题的实施细则（试行）》，现印发给你们，请结合工作贯彻落实。

特此通知。

北京市科学技术委员会　北京市发展和改革委员会
北京市财政局　北京市人力资源和社会保障局
国家税务总局北京市税务局
2018年12月17日

北京市关于解决重大科研基础设施和大型科研仪器向社会开放若干关键问题的实施细则（试行）

第一条　为深入落实《关于加强首都科技条件平台建设　进一步促进重大科研基础设施和大型科研仪器向社会开放的实施意见》（京政办发〔2016〕34 号，以下简称 34 号文），聚焦并解决公益类事业单位实施开放共享的服务收入、收费合规性认定、发票管理等影响改革落地“最后一公里”的关键问题，强化责任落实，释放改革政策红利，推进改革任务落地生根，制定本实施细则。

第二条　本实施细则规定了市属事业单位（含公益一类单位、公益二类、生产经营类事业单位，以下简称管理单位）利用其所管理的科研设施与仪器，在满足本单位使用的同时，向本单位以外的机构、企业或个人提供科研支持或创新服务取得的服务收入的有关事项。

第三条　实行名单式管理。本市对实施此细则的管理单位实施名单式管理。管理单位需在首都科技条件平台信息系统上传单位信息、可开放共用的科研设施与仪器信息、开放管理制度，作为列入实施名单的基本要求。市科委根据管理单位申请，汇总形成实施本细则的管理单位名单。

第四条　实施流程及职责。管理单位制定本单位的绩效激励办法，在主管部门备案，开展对外服务，上报实施情况。

管理单位根据本单位开放管理制度，制定实施开放共享服务绩效激励办法，经公示后报上级行政管理部门（以下简称主管部门）备案，对外服务需签订技术服务合同、科研合同等协议，依据服务收入及成本核算、报备的绩效激励办法形成分配方案，在本单位公示后进行分配，绩效激励支出可以在预算年度内分次发放或一次性发放。管理单位对发放的绩效奖励数额应在首都科技条件平台信息系统上填报。

主管部门根据“放管服”要求，督促并组织本系统管理单位开放共享，对管理单位制定的绩效激励办法进行备案，按事业单位工资管理要求汇总所属管理单位的绩效奖励数额。

第五条　预决算管理。管理单位应合理估算当年对外开放服务收入，并作为单位事业收入，统一纳入当年部门预算及决算管理。

第六条　成本核算与服务定价。管理单位对外开放服务收入，可按照成本补偿和非盈利原则，收取材料消耗费和水、电等运行费，并对测试检测、合作研发、成果转化等涉及的人力资源与知识产权，参照市场标准收取相应的服务费。

管理单位可按上述规定自行确定成本核算办法，服务收入视为技术服务收入或科研合同收入，其额度可通过签署技术服务合同、科研合同等协议形式进行约定。常规测试检测服务应明示价格。

第七条　税务发票管理。管理单位需向科研、生产、经营所在地税务机关办理税务登记，申领发票，并按规定为服务购买方开具增值税发票，并申报缴纳税款。

第八条 服务收入用途。服务收入可用于参与开放的实验人员及辅助管理人员的绩效奖励、人员培训、实验室建设和运行、仪器及测试方法研发等方面的费用支出。

第九条 绩效奖励分配与工资总额管理。管理单位可在服务收入扣除相关成本费用后的结余部分，以不低于 70% 的比例用于对科研人员提供开放共享服务的绩效奖励。绩效奖励应在主管部门的监督指导下，经管理单位公示后实施。

绩效奖励纳入工资总额的统计范围，不受本单位绩效工资总额限制，不纳入计算及计提住房公积金、职工教育经费、工会经费等的工资总额基数。

第十条 接受检查应提供的材料。管理单位接受检查时，提供 34 号文、本实施细则作为执行的政策依据，提供本单位开放管理制度、预算批复、向主管部门报备的绩效激励办法、签署的技术服务合同、科研合同等协议、核算清单作为受检材料。

第十一条 本实施细则自发布之日 30 日后实施。自 34 号文发布至本实施细则发布期间实施的绩效激励，可参照本细则实施。细则涉及内容依委办局职责进行解释。

天津市科技局关于印发《天津市大型科研仪器设施开放共享管理办法》的通知

津法规〔2021〕2号

各有关单位：

为贯彻落实《国务院关于国家重大科研基础设施和大型科研仪器向社会开放的意见》（国发〔2014〕70号），根据《国家重大科研基础设施和大型科研仪器开放共享管理办法》（国科发基〔2017〕289号），围绕优化资源配置，进一步提高科技资源使用效率，推动大型科研仪器设施开放共享，提高我市重大科研基础设施和大型科研仪器设备利用效率，特制定《天津市大型科研仪器设施开放共享管理办法》，现印发给你们，请遵照执行。

天津市科学技术局

2021年4月9日

天津市大型科研仪器设施开放共享管理办法

第一章 总 则

第一条 为贯彻落实《国务院关于国家重大科研基础设施和大型科研仪器向社会开放的意见》(国发〔2014〕70号),根据《国家重大科研基础设施和大型科研仪器开放共享管理办法》(国科发基〔2017〕289号),围绕优化资源配置,进一步提高科技资源使用效率,推动大型科研仪器设施开放共享,提高我市重大科研基础设施和大型科研仪器设备利用效率,制定本办法。

第二条 本办法所称的大型科研仪器设施是指列入本市行政区域内可用于开展科学研究和技术开发等科技创新活动的、单台(套)原值在50万元以上的科学仪器和实验设施。对于单台套价值在50万元以下的科学仪器设备和实验设施,由管理单位自愿申报,择优纳入开放共享平台管理。

第三条 本办法所称的管理单位是指科研设施与仪器所依托管理的法人单位。

本办法适用于坐落在我市的各级研究开发机构、高等院校以及其他机构。

第四条 本办法所称的开放共享是指大型科研仪器管理单位将大型科研仪器设施向社会开放共享,由其他法人、非法人组织和自然人等用于科学研究和技术开发的行为。

第二章 组织方式

第五条 市科技局负责大型科研仪器设施开放共享的政策制定和管理服务,研究确定实施过程中有关重大事项。

第六条 市科技局委托专业服务机构开展管理单位和仪器信息审核、评价考核管理、平台运行维护、市场化运作和宣传推广等具体工作。管理单位审核,仪器信息审核,仪器共享服务申请、反馈,以及相关信息报送、信息查询、信息发布等均依托大型科研仪器开放共享平台(以下简称共享平台)在线进行。

第七条 管理单位是大型科研仪器设施开放共享的责任主体,主要职责是:

(一)落实国家有关政策要求,制定本单位大型科研仪器设施开放共享管理制度;

(二)建立健全大型科研仪器设施开放共享的激励和约束机制;

(三)做好大型科研仪器设施开放共享运行服务和服务成效的记录、统计和整理,定期在共享平台报送与更新信息;

(四)加强实验技术人才队伍建设;

(五)配合有关部门做好开放共享评价考核工作,并接受社会监督。

第三章 开放共享

第八条 管理单位应主动纳入共享平台，并接受共享平台的管理。程序为：

（一）申报 管理单位在开放共享平台进行注册，向专业机构提交相关资质材料，完成大型科研仪器基础信息和共享服务信息的报送工作；

（二）审核 专业机构组织专家对申报材料进行审核，核实材料完整性和真实性。

第九条 以财政资金全额或者部分出资新购、新建的大型科研仪器设施，其管理单位应当在完成安装、调试验收之日起30个工作日内，依托共享平台在线报送其名称、类别、型号、应用范围等基本信息，经专业机构审核、汇总、分类后，通过共享平台向社会公布。

第十条 大型科研仪器的信息发生变化的，管理单位应在发生变化后及时在共享平台上更新，确保信息的及时有效、准确完备。

第十一条 在不改变大型科研仪器所有权的前提下，管理单位可委托专业服务机构进行大型科研仪器的信息报送、服务运行等工作。

第十二条 鼓励管理单位将自建的科研仪器信息系统与共享平台进行对接；鼓励管理单位将以非财政资金购置、建设的大型科研仪器信息予以报送，平台依程序进行评估，择优纳入大型仪器开放共享平台。

第十三条 管理单位提供共享服务，应当与用户订立合同，约定服务内容和收费标准、知识产权归属、保密要求、损害赔偿、违约责任、争议处理等事项。

第四章 评价考核

第十四条 市科技局会同相关部门建立大型科研仪器设施开放共享评价考核管理机制，对共享平台上的管理单位进行考核监督管理。

第十五条 大型科研仪器设施开放共享评价考核主要内容包括管理单位的开放共享情况、共享服务成效、共享服务管理水平和京津冀协同创新情况等。

第十六条 按照考核标准对仪器管理单位的各项工作定期进行量化考核，考核结果分为优秀、良好、合格、较差四个档次。具体考核方法，市科技局另行制定。

第十七条 对考核结果为优秀的管理单位，在共享平台中对其授予“优秀共享单位”，市科技局择优予以支持；对于优秀案例做法，利用多种途径予以宣传。

第十八条 对于连续两次评价考核结果为“较差”的管理单位，市科技局视情形按照相关规定予以处理。

第十九条 管理单位未按照本办法第九条规定报送大型科研仪器设施相关信息且无正当理由的，市科技局不再支持其下一年度开展开放共享服务。

第五章　附　则

第二十条　为支持天津国家自主创新示范区、中国（天津）自由贸易试验区发展，在双区内注册并拥有 50 万元以上大型科研仪器的企业或机构，可以申请加入共享平台，接受平台的管理。

第二十一条　本办法由市科技局负责解释。

第二十二条　本办法自发布之日起执行，有效期五年。

山西省科学技术厅　山西省财政厅关于印发《山西省大型科研设施与仪器等科技资源开放共享管理办法（试行）》的通知

晋科发〔2016〕21号

各市科技局、财政局，省直有关部门，各有关单位：

《山西省大型科研设施与仪器等科技资源开放共享管理办法（试行）》已经省政府（2015）第107次常务会议审议通过，现予印发，请认真贯彻执行。

山西省科学技术厅　山西省财政厅

2016年2月4日

山西省大型科研设施与仪器等科技资源开放共享管理办法（试行）

第一章　总　则

第一条　为贯彻《国务院关于国家重大科研基础设施和大型科研仪器向社会开放的意见》（国发〔2014〕70 号）及省委省政府的决策部署，根据《山西省人民政府关于大型科研设施与仪器等科技资源向社会开放共享的实施意见》（晋政发〔2016〕4 号），制定本办法。

第二条　本办法所称大型科研设施与仪器等科技资源（以下简称科技资源）包括主要分布在高等院校、科研院所和企业的各类重点实验室、工程实验室、工程（技术）研究中心、分析测试中心、中心实验室、野外科学观测研究站及大型科学设施中心等研究实验基地的大型科学装置、科学仪器中心、科学仪器服务单元和单台套价值在 20 万元及以上的科学仪器设备；财政资金资助建设或形成的科学数据、科技文献、自然科技资源、科技报告等科技基础条件平台与科技公共资源；财政资金和国有企业投资的各类平台及 20 万元以上的仪器设备资源。

第三条　鼓励单台套价值在 20 万元以下的科学仪器设备向社会开放服务；鼓励民营企业和社会资本购置的科研设施与仪器向社会开放服务；鼓励国防科研单位在不涉密条件下探索开展科研设施与仪器向社会开放服务。

第四条　本办法所称开放共享，是指山西区域内的高等院校、科研院所、企业将所拥有的科技资源面向社会开放共享，由其他单位和个人（统称用户）用于科学研究和技术开发等科技创新创业活动的行为。

第五条　科技资源开放共享的目标是按照“统筹资源、制度推动、分类管理、奖惩结合”的原则，建立健全科技资源开放共享制度，建成全省统一开放的科技资源网络管理服务平台，形成覆盖全省的科技资源服务体系，实现科技资源配置、管理、服务、监督、评价全链条有机衔接，资源利用率和开放共享水平进一步提高，专业化服务能力明显增强，对科技创新的服务和支撑作用大幅提升。

第二章　组织机构与职责

第六条　省科技厅会同有关部门设立省科技资源开放共享管理委员会（以下简称管委会）。管委会由省科技厅厅长任主任，主要职责是：

（一）统筹协调和指导全省科技资源开放共享工作；

（二）研究制定发展规划和政策措施；

（三）审定科技资源开放共享规章制度、规范标准、实施方案及年度计划；

（四）指导全省大型科研设施与仪器设备查重评议等工作。

第七条　管委会下设办公室。办公室设在省科技厅，主要职责是：

（一）负责组织起草山西省科技资源开放共享实施方案、共享制度及政策措施，制定统一的标准规范和评价办法；

（二）负责山西省科技资源开放共享网络平台的建设、运行、维护工作；

（三）负责组织山西省大型科研设施与仪器购置查重评议工作；

（四）负责山西省科技资源开放共享专项资金的管理工作；

（五）负责组织全省科技资源开放共享的考核评价工作；

（六）组织开展大型科研设施与仪器开放共享、功能开发、测试方法及标准等的研究、咨询、培训、交流活动等；

（七）完成管委员会交办的其他事项。

第八条　组建山西省科技资源开放共享管理服务中心（以下简称管理服务中心）。管理服务中心挂靠山西省分析科学研究院，受办公室委托协助开展相关日常运行管理工作。

第九条　省直有关部门和各市科技行政管理部门是本部门或本区域科技资源开放共享的主管部门（以下简称行政主管部门）。主要职责是：

（一）贯彻落实科技资源开放共享的方针、政策、规划和方案；

（二）协调解决科技资源开放共享中存在的重大问题；

（三）协助开展科技资源开放共享管理、考核以及绩效评价工作。

第十条　科技资源管理单位是科技资源开放共享的主体责任单位（以下简称管理单位）。主要职责是：

（一）贯彻落实科技资源开放共享的方针、政策，组织制定本单位科技资源开放共享的相关制度和办法；

（二）负责本单位科技资源在线服务平台建设，以及科技资源统计分析，各类数据记载，开放共享情况总结等；

（三）负责本单位大型科研设施与仪器的管理和维护，以及专业技术人员的培养引进，保障仪器设备的正常运行，按照有关检定规程或校准规范定期对仪器设备进行检定或校准。

第三章　网络管理服务平台建设

第十一条　省科技厅会同有关部门按照国家和省有关要求，制定统一标准规范，建立山西省科技资源开放共享网络管理服务平台（以下简称省级网络管理服务平台），实现信息集成、信息展示、在线服务、管理评价、评估考核等功能。

第十二条　管理单位应按照在线服务平台信息系统建设规范和科研设施与仪器等科

技资源数据规范等要求，建立在线服务平台，将所有符合条件的科技资源以网络报送方式，纳入省级网络管理服务平台统一管理，公开科技资源开放目录、使用办法和使用情况，向社会实时提供在线服务。

第十三条 管理单位科技资源数据上报采取网络报送方式，通过省级网络管理服务平台填报，经管理单位、行政主管部门审核后，提交管理服务中心。

无法进行网络填报的，要以光盘形式提交至管理服务中心备份。

第十四条 管理服务中心对提交的科技资源数据进行审查确认后，在省科技管理平台向社会公示，公示期为7天，公示无异议，将数据导入省级网络管理服务平台。

第十五条 加强我省网络管理服务平台与国家网络管理平台的对接，充分利用国家平台资源服务全省创新创业活动的开展。

第四章 开放共享与对外服务

第十六条 对于不同的科研设施与仪器和不同类型的科技资源，根据各自特点实施分类开放共享。

（一）对于大型科学装置和科学仪器中心，有关部门和管理单位要将向社会开放纳入日常运行管理工作；

（二）对于科学仪器服务单元和单台套价值在20万元及以上的科学仪器设备，科技行政主管部门要加强统筹协调，按不同专业领域或仪器功能，打破管理单位的界限，推动形成专业化、网络化的科学仪器服务机构群；

（三）对于通用大型科学仪器设备，通过建设仪器中心、分析测试中心等方式，集中集约管理，促进开放共享和高效利用；

（四）对于具有较强专业使用特点的专门仪器设备，仪器管理单位要实施专人专管，提升专业化的分析实验、工程化试验服务能力，积极对外开放；

（五）对于科学数据、科技文献、自然科技资源、科技报告等科技基础条件平台资源，要根据各自特点采取相应的方式面向社会开放服务，开放共享情况要作为科技基础条件平台建设和科技计划项目管理考核的重要内容。

第十七条 管理单位对外提供科技资源开放共享服务可按照成本补偿和非盈利原则收取材料消耗费和水、电等运行费，还可根据人力成本收取服务费，服务收入纳入单位预算，由单位统一管理，用于科研设施与仪器等科技资源的更新维护、运行补助及人员绩效支出。

第十八条 管理单位对外提供科技资源开放共享服务，要建立公开透明的成本核算和服务收费标准，行政主管部门要加强管理和监督。

第十九条 用户独立开展科学实验形成的知识产权由用户自主拥有，所完成的著作、论文发表时，应明确标注利用科研设施与仪器情况。管理单位应当保护用户身份信息及在使用过程中形成的知识产权、科学数据和技术秘密，加强网络防护和网络环境下的数据安全运行管理。

第五章　运行管理与绩效考核

第二十条　管理单位要根据科技资源的类型和用户需求，建立相应的开放、运行、维护、使用管理制度，落实实验技术人员岗位、培训、薪酬、评价等政策，加强专业化技术团队建设，保障科技资源的良好运行与开放共享。

第二十一条　省科技厅会同有关部门建立评价制度，制定评价标准和办法，引入第三方专业评估机制，采取年度考核与定期绩效评估的方式，对管理单位科技资源开放共享运行情况、开放共享制度的合理性、开放程度、服务质量、服务收费和开放效果等进行评价，结果向社会公布，并作为科研设施与仪器更新和奖补的重要依据。

第二十二条　年度考核与定期绩效评估根据科技资源类型和资源开放的特点，分类制定评价体系和标准，评价结果分为优、良、较差三个等级。

（一）对通用科研设施与仪器，重点评价用户使用率、用户的反馈意见、有效服务机时、服务质量及相关研究成果的产出、水平与贡献；

（二）对专用科研设施与仪器，重点评价是否有效组织了高水平的设施应用专业团队以及相关研究成果的产出、水平与贡献；

（三）对科学数据、科技文献、自然科技资源、科技报告等科技基础条件平台，重点评价服务数量、服务成效、运行管理及资源整合等情况。

第二十三条　各管理单位应于每年 1 月 31 日前，将上年度科技资源开放共享情况、绩效情况及相关证明材料等，经行政主管部门审核后，通过省级网络管理服务平台上报。

第二十四条　绩效评估采取分类分批的方式，每三年一次，管理单位根据下达的绩效考评通知和有关要求进行数据填报。

第二十五条　行政主管部门要切实履行对管理单位开放情况的管理和监督职责，协助做好年度考核和绩效评估工作。管理单位要强化法人责任，切实履行开放职责，自觉接受相关部门的考核评估和社会监督。

第六章　经费支持与奖惩机制

第二十六条　整合现有相关科技专项资金设立科技资源开放共享专项经费，根据年度考核和绩效评估情况，对管理单位开放共享情况实施后补助和奖励机制，补助经费用于科研设施条件建设、仪器设备更新、日常运行维护及人员培训、绩效等方面。

第二十七条　对评估结果为优、良类开放效果好、用户评价高的管理单位，给予后补助专项资金支持；对评估结果为较差，或不按规定如实上报数据、不按规定公开开放与利用信息、开放效果差、使用效率低的管理单位，省科技厅会同有关部门在网上予以通报，限期进行整改，并采取停止管理单位新购仪器设备、在申报科技计划（专项、基金）项目时不准购置仪器设备等方式予以约束；对通用性较强但开放共享差的科研设施与仪器，结合考核与评估结果，会同有关行政主管部门和财政部门按规定在部门内或跨部门无偿划拨，也可在管理单位内部进行调配。

第二十八条 省科技厅及相关行政主管部门应建立投诉渠道，接受社会对科技资源开放共享绩效评价及科研设施与仪器调配的监督。

第二十九条 统筹考虑和严格控制在新上科研项目中购置大型科学仪器设备。将优先利用现有科研设施与仪器开展科研活动作为各科研单位获得省级科技计划（专项、基金等）项目支持的重要条件。

第七章　新购科研设施与仪器查重评议

第三十条 为避免和减少科研设施与仪器的重复建设和购置，提高科研设施与仪器的利用率，对以财政性资金为主、采购价格 20 万元以上的科研设施与仪器实行查重评议制度，包括科研计划项目涉及的仪器设备购置及平台基地建设涉及的仪器设备购置。

第三十一条 新建科研设施和新购仪器设备的单位，应填写《省级财政资金新购科研设施与仪器查重评议申报书》，经行政主管部门审核通过后，报送至管理服务中心。

第三十二条 管理服务中心根据上报的材料，通过省级网络管理服务平台进行查重，出具查重情况报告，报送管委会办公室。

第三十三条 管委会办公室根据申报和查重情况，委托管理服务中心或第三方机构，组织相关领域专家进行综合评议，形成评议结果，上报管委会进行审定。

第三十四条 管委会审定后在省科技管理平台进行公示，公示期为 7 天，公示无异议，下达立项计划和购置计划，并列入政府采购。

第三十五条 各单位应严格执行已审批的科研设施与仪器购置计划和预算。如确需调整变更的，应按程序报经原审批部门审核同意，经批准后，按调整变更的预算执行。

第三十六条 新建科研设施与新购仪器设备的单位应当按照规定程序、条件进行安装、调试和验收，建立技术档案，自完成安装使用验收之日起 30 个工作日内，将科研设施与仪器名称、规格、功能等情况和开放制度等提交管理服务中心纳入省级网络管理服务平台。

第八章　附　则

第三十七条 各主管部门、管理单位参照本办法制定本单位的管理办法或实施细则。

第三十八条 本办法自公布之日起施行。

关于印发《吉林省科研基础设施和大型科研仪器开放共享管理办法》的通知

吉科发资〔2020〕285号

省内有关高校、科研院所：

按照2020年省政府重点工作任务关于大型仪器设备方面的要求，经过省内调研，借鉴外省经验，征求相关部门意见，现将省科技厅、省教育厅、省财政厅联合制定的《吉林省科研基础设施和大型科研仪器开放共享管理办法》印发给你们，请根据各自实际遵照执行。

吉林省科学技术厅　吉林省教育厅

吉林省财政厅

2020年12月30日

吉林省科研基础设施和大型科研仪器开放共享管理办法

第一章　总　则

第一条　为推动科研基础设施和大型科研仪器开放共享，充分释放潜能，提高使用效率，根据《国家重大科研基础设施和大型科研仪器开放共享管理办法》（国科发基〔2017〕289号）、《吉林省人民政府关于进一步推进科研基础设施和大型科研仪器向社会开放的若干意见》（吉政发〔2015〕25号），制定本办法。

第二条　本办法所指的科研基础设施和大型科研仪器（以下简称科研设施与仪器）包括政府预算资金投入建设和购置的用于科学研究和技术开发活动的各类科研基础设施和单台套价值在50万元及以上的科学仪器设备。

对于单台套价值在50万元以下的科学仪器设备，由管理单位自愿申报，省科技厅会同省教育厅等主管部门择优纳入吉林省科研基础设施和大型科研仪器共享服务平台（以下简称共享服务平台）。

第三条　本办法所称的管理单位是指科研设施与仪器所依托管理的法人单位。

本办法适用于省级研究开发机构、高等院校以及其他机构。

第四条　本办法所称的开放共享是指各管理单位在基于科研设施与仪器充分使用的前提下，将符合条件的科研设施和仪器通过共享服务平台向社会开放，供其他单位、个人用于科学研究和技术开发的行为。不包括国家或地方强制性检测、计量、检定、认证等。

第五条　科研设施与仪器原则上都应当对社会开放共享，为其他高校、科研院所、企业、社会研发组织以及个人等社会用户提供服务，尤其要为创新创业、中小微企业、民营企业发展提供支撑保障。法律法规另有特殊规定的除外。

第六条　免税进口仪器设备纳入共享服务平台对外开放，应符合国家的有关规定。对于纳入共享服务平台统一管理、符合支持科技创新进口税收政策规定的免税进口的科学仪器设备，在符合监管的条件下准予用于其他单位的科学研究、科技开发和教学活动，未经海关审核同意不得擅自转让、移作他用或者进行其他处置。

第二章　管理职责

第七条　省科技厅牵头负责全省科研设施与仪器开放共享的宏观管理与综合协调，主要职责是：

（1）协调、推动和监督全省科研设施与仪器开放共享工作；

（2）研究制定科研设施与仪器开放共享的政策措施和标准规范；

（3）会同省教育厅等有关部门管理共享服务平台，指导管理单位建立在线服务平台；

（4）会同省教育厅、省财政厅等有关部门建立评价考核制度，组织开展科研设施与仪器开放共享评价考核工作。

第八条 省财政厅协同推动全省科研设施与仪器的开放共享工作，主要职责是：

（1）会同省科技厅、省教育厅等有关部门开展科研设施与仪器开放共享的评价考核工作；

（2）依据评价考核结果对相关管理单位通过后补助予以支持；

（3）会同省科技厅、省教育厅等有关部门，根据评价考核结果，推动科研设施与仪器优化配置。

第九条 省科技厅、省教育厅等有关部门（以下简称主管部门）在推动科研设施与仪器开放共享的主要职责是：

（1）建立健全本部门科研设施与仪器开放共享的政策和规章制度，鼓励直属研究机构、高等院校及其他单位分享仪器设备、试验平台等创新资源；

（2）审核所属管理单位报送至共享服务平台的科研设施与仪器相关信息，监督指导本部门所属管理单位的开放共享工作；

（3）组织做好本部门所属管理单位开放共享的评价考核相关工作。

第十条 吉林省科技创新平台管理中心受省科技厅委托，协助做好科研设施与仪器开放共享管理相关工作。

第十一条 管理单位是科研设施与仪器开放共享的责任主体，主要职责是：

（1）落实国家、吉林省有关政策要求，制定本单位科研设施与仪器开放共享规章制度；

（2）建立健全本单位科研设施与仪器开放共享的激励和约束机制；

（3）加强实验技术人才队伍建设；

（4）积极配合开放共享评价考核工作，并接受社会监督；

（5）管理单位应设有信息联络员，能够对本单位的仪器设备更新维护、共享使用等情况进行实时更新，并确保信息的完整性、真实性和时效性，不得漏报、虚报。

（6）有条件的管理单位，可结合本单位实际，建设科研设施与仪器开放共享在线服务平台。

第三章 开放共享

第十二条 管理单位应当自科研设施与仪器完成安装使用验收之日起 30 个工作日内，将符合开放条件的科研设施与仪器的有关信息按照统一标准及要求报送至共享服务平台。报送采取网络上传方式，需经主管部门审核。

第十三条 管理单位应按照统一的标准规范建立在线服务平台，把科研设施与仪器纳入共享服务平台统一管理，公布研设施与仪器目录、开放共享管理制度、服务方式、服务内容、服务流程、收费标准等信息，实时提供在线服务。

科研设施与仪器不纳入共享服务平台应有正当理由，由管理单位提出申请，经主管部门审核同意后，报省科技厅备案。

根据科技部发布的“不适用于开放共享的大型科学仪器设备类别”内容，管理单位不需要将该类别内大型科学仪器填报至共享服务平台。

第十四条 管理单位提供开放共享服务，应当与用户订立合同，约定服务内容、知识产权归属、保密要求、损害赔偿、违约责任、争议处理等事项。

第十五条 管理单位提供开放共享服务可按照成本补偿和非盈利原则收取费用，开放服务收费标准应采取适当方式向社会公布。行政事业单位相关收入按国有资产有偿使用收入有关规定执行。

第十六条 管理单位要建立完善的科研设施与仪器运行和开放情况记录，及时补充完善开放共享数据，确保数据完整、准确、真实。

第十七条 管理单位应建立和稳定高水平专业化的实验技术队伍，在岗位设置、业务培训、薪酬待遇、职称晋升和评价考核等方面实行富有激励性的政策措施。

第十八条 管理单位应当建立知识产权管理工作机制，保护科研设施与仪器用户身份信息及在使用过程中形成的知识产权和科学数据。

用户独立开展科学实验形成的知识产权由用户自主拥有；用户与管理单位联合开展科学实验形成的知识产权，双方应事先约定知识产权归属或比例。

用户使用科研设施与仪器形成的著作、论文等发表时，应明确标注利用科研设施与仪器情况。

第四章　考核和奖惩

第十九条 省科技厅会同省教育厅、省财政厅等相关部门按照分类、分级的原则，制定考核标准和办法，组织实施科研设施与仪器开放共享评价考核工作，在共享服务平台上公布考核结果。

第二十条 参加评价考核的管理单位应为共享服务平台入网用户，通过共享服务平台开展共享服务、在线预约等工作，并在共享服务完成后 90 个工作日内进行网络登记。

第二十一条 评价考核每年一次，主要考核上一个会计年度对外共享服务工作，评价考核时间为每年度 4—5 月份。

第二十二条 评价考核内容包括运行使用情况、共享服务成效和组织管理情况，由管理单位提供自评报告。

（1）运行使用情况。大型科研仪器基本信息，包括仪器名称、原值和经费来源等；年度有效运行使用情况，支撑科技创新主要成效等。科研基础设施信息，技术支撑团队建设情况，运行效率等。

（2）共享服务成效。大型科研仪器对管理单位以外的单位提供共享服务的机时和收入情况（需提供服务收入记录及相关佐证材料），服务支撑外单位科技创新及产生的重要成果等。科研基础设施对法人单位以外的单位提供共享服务和收入情况，支撑科研创新和重大工程项目重要成果等。

（3）组织管理情况。开放共享管理制度建设情况，科研设施与仪器新建和新购统筹管理情况，应开放仪器数量（提供大型科研仪器资产清单），纳入共享服务平台开放仪器数量，在线服务平台与共享服务平台对接情况，实验队伍建设情况等。

第二十三条　省财政厅会同省科技厅建立开放共享后补助机制，根据评价考核结果和财政预算管理的要求，对开放服务效果好、用户评价高的管理单位，通过省科技创新专项资金予以后补助支持，调动管理单位开放共享积极性。

具体按管理单位实际对外服务成交金额的 20% 进行补助，单台套补助不超过 5 万元，每个管理单位每年度补助总额最高不超过 50 万元。

鼓励管理单位将后补助资金优先用于科研设施与仪器开放共享，以及开展科研仪器的应用技术、升级改造、检测方法等功能开发研究与应用创新研究等。

第二十四条　评价考核结果应作为科研设施与仪器建设和配置的依据。有关部门将结合评价考核结果和仪器设备资产存量情况，对拟新建设施和新购置仪器开展查重评议工作，避免资源重复建设。

第二十五条　评价考核结果将作为省级重点实验室、创新中心和国际科技合作重点实验室（基地）等创新平台申报与考核的重要指标，引导管理单位推进科研设施与仪器的开放共享。

第二十六条　利用政府预算资金购置大型科学仪器、设备后，不履行大型科学仪器、设备等科学技术资源共享使用义务的，由有关主管部门责令改正，对直接负责的主要人员和其他直接责任人员依规给予处理。

第二十七条　对于使用效率低、开放效果差、考核结果较差的管理单位，省科技厅会同省教育厅、省财政厅等有关部门将给予警示、公开通报并责令其限期整改；并视情节采取核减管理单位修缮购置资金、在申报科技计划（专项、基金）项目时限制购置仪器设备等措施予以约束。

第二十八条　对于通用性强但使用率比较低、开放共享差的科研设施与仪器，可以按规定在部门内或跨部门无偿划拨，管理单位也可以在单位内部调配。

第二十九条　管理单位提供开放共享服务应基于诚信的要求，对虚报数据、材料获得后补助、奖励的管理单位，将失信行为列入诚信记录系统，视情节采取停拨或追回，3～5 年内不再安排科技领域相关财政扶持资金；已拨付的后补助资金由省财政追回。

第三十条　省教育厅等有关部门按照本办法结合实际制定或修订相关管理规定和实施细则。市县可参照本办法执行。

第五章　附　则

第三十一条　本办法由省科技厅负责解释。

第三十二条　本办法自公布之日起施行。2015 年 12 月 30 日发布的《吉林省科研基础设施和大型科研仪器开放共享管理暂行办法》（吉科发财〔2015〕203 号）同时作废。

关于印发《黑龙江省大型科研仪器和科研基础设施共享实施细则》的通知

黑科联发〔2015〕43 号

各有关单位：

为进一步促进我省大型科研仪器和科研基础设施共享，盘活科技存量资源，提高科技资源使用效率，增强科技创新能力，根据《国务院关于国家重大科研基础设施和大型科研仪器向社会开放的意见》（国发〔2014〕70 号）和《黑龙江省科技进步条例》有关规定，省科技厅、省财政厅、省教育厅、省发改委、省工信委、省质监局、省知识产权局、省物价局等八个部门联合制定了《黑龙江省大型科研仪器和科研基础设施共享实施细则》，现印发给你们，请遵照执行。

黑龙江省科学技术厅　黑龙江省财政厅
黑龙江省教育厅　黑龙江省发展和改革委员
黑龙江省工业和信息化委员会　黑龙江省质量技术监督局
黑龙江省知识产权局　黑龙江省物价监督管理局
2015 年 12 月 21 日

黑龙江省大型科研仪器和科研基础设施共享实施细则

第一章　总　则

第一条　为进一步促进我省大型科研仪器和科研基础设施共享（以下简称科研仪器与设施），盘活科技存量资源，提高科技资源使用效率，增强科技创新能力，根据《国务院关于国家重大科研基础设施和大型科研仪器向社会开放的意见》（国发〔2014〕70号）和《黑龙江省科技进步条例》的有关规定，制定本实施细则。

第二条　本省行政区域内的科研仪器与设施共享，适用本实施细则。

本实施细则所称的科研仪器与设施，是指大型科学装置、科学仪器中心、科学仪器服务单元和单台套价值在20万元及以上的科学仪器设备等，主要分布在高校、科研院所和企事业等单位的各类重点（工程）实验室、工程（技术）研究中心、企业技术中心、分析测试中心、野外科学观测研究站及大型科学设施中心等研究实验基地。

本实施细则所称的共享，是指本省行政区域内的高等学校、科研院所、企事业等科研仪器与设施产权所有单位将科研仪器与设施向社会开放，由其他单位、个人（以下统称用户）用于科学研究和技术开发的行为。

第二章　组织管理

第三条　由省科技厅、省财政厅、省教育厅、省发改委、省工信委、省质监局、省知识产权局、省物价局等单位联合成立科研仪器与设施共享工作领导小组（以下简称共享工作领导小组），负责对科研仪器与设施共享工作进行统筹协调，并依托专门的服务机构负责黑龙江省科技创新创业共享服务平台（以下简称省共享平台）的建设、运行、管理评估及相关的共享服务工作。

本省其他有关行政管理部门按照各自职责，依据本实施细则开展科研仪器与设施共享的相关工作。

第三章　共享管理

第四条　本省行政区域内各类由公共财政资金全额或部分出资新购、新建的科研仪器与设施，其产权所有单位应当在完成安装、调试验收之日起30日内，向省科技行政管理部门报送其名称、类别、型号、应用范围等基本信息。省科技行政管理部门汇总整理后，每年统一报送省共享工作领导小组成员单位。

本省行政区域内已由公共财政资金全额或者部分出资购置、建设的科研仪器与设施，其产权所有单位应当在本办法施行之日起3个月内，向省科技行政管理部门报送上述基本信息。省科技行政管理部门汇总整理后，每年统一报送省共享工作领导小组成员单位。

上述两类科研仪器与设施纳入共享平台统一管理，并签订共享合作协议，履行相关义务。

鼓励有关单位将非公共财政出资购置、新建的以及20万元以下的科研仪器与设施的基本信息，报送省科技行政管理部门，积极参与开放共享。

鼓励中直单位及国防科研单位在不涉密条件下开展科研仪器与设施向社会开放服务。

对于纳入省共享平台统一管理、享受科教用品和科技开发用品进口免税政策的科学仪器设备，在符合监管条件的前提下，准予用于其他单位的科技开发、科学研究和教学活动。

第五条　对新购、新建的科研仪器与设施，相关行政管理部门应当在项目合同或者项目批准文件中，明确该科研仪器与设施在满足本单位科学研究和技术开发活动需要的同时，向社会提供共享服务的相关义务。

申请以公共财政资金全额或者部分出资新购、新建科研仪器与设施的，申请报告或者项目可行性研究报告中应当包括提供共享服务的承诺。共享服务承诺应当包括共享服务可行性论证以及共享时间、范围、方式等内容。

第四章　考核评估

第六条　建立科研仪器与设施共享的考核评估制度。省科技行政管理部门组织有关专家，并引入第三方专业评估机构，在共享服务时间、开放程度、服务质量、收费情况、开放效果等方面对加入省共享平台的科研仪器与设施共享单位进行评估，形成共享评估报告，并将评估结果向社会公布。评估结果作为共享服务资金补贴和科研仪器与设施更新的主要依据。考核评估工作每年进行一次。

第五章　共享补贴

第七条　省科技行政管理部门根据专家共享服务考核评估结果对省共享平台加盟单位给予共享补贴。补贴资金在省科技专项资金中解决，纳入省级财政国库集中支付范围，通过国库支付系统拨付。

第八条　凡已签订大型仪器设备共享合作协议并在考核评估中取得优异成绩的共享加盟单位，可给予一次性资金补贴。

第九条　省科技行政管理部门每年根据科研仪器及设施共享情况，制定共享补贴具体方案，明确共享补贴的依据、范围、数量、标准、额度等内容，经省财政厅审核后执行。

第六章　激励引导

第十条　科研仪器与设施共享单位对外提供开放共享服务，可以按照成本补偿和非营利性原则收取材料消耗费和水、电等运行费，还可以根据人力成本收取服务费，服务收入纳入单位预算，由单位统一管理。共享单位对各类科研设施与仪器向社会开放服务建立公开透明的成本核算和服务收费标准，行政主管部门要加强管理和监督。

共享单位提供共享服务获得的收入及获得的补贴，应该用于共享的科研仪器与设施的运行维护、管理和操作人员劳务费等相关费用支出。

第十一条　仪器设施共享服务效果突出单位申请财政资金新购、新建科研仪器与设施的，有关行政管理部门应当在同等条件下优先批准其申请。

第十二条　省科技、教育、人事等行政管理部门应当有计划地组织科研仪器与设施的管理和操作相关人员开展业务培训，不断提高其服务能力。

第七章　运行管理

第十三条　在省共享平台建设与运行方面，应以政府公益服务为基础，探索市场化运营服务模式，尝试引入社会资本参与科技资源共享服务。

根据国家平台总体布局的需要，省共享平台应当适时纳入国家平台服务体系。

第十四条　各科研仪器与设施产权所有单位应当积极促进科研仪器与设施开放共享。对于通用科研仪器与设施，鼓励通过建设仪器中心、分析测试中心等方式，集中集约管理运营。鼓励实行资产所有权与经营权相分离，由产权单位委托专业服务机构开展市场化运营服务。

省科技行政管理部门对仪器中心、分析测试中心等专业共享服务机构进行定期绩效考核，作为支持发展的重要依据。

第十五条　对于通用性强但开放共享差或闲置的科研仪器与设施，结合共享结果，单位主管部门和财政部门可以按资产管理规定在部门内或跨部门有偿或无偿划拨。

第八章　知识产权管理

第十六条　科研仪器与设施用户独立开展科学实验形成的知识产权由用户自主拥有，所完成的著作、论文等发表时，应明确标注利用科研仪器与设施情况。科研仪器与设施管理单位应加强网络防护和网络环境下数据安全管理，保护用户身份信息以及在使用过程中形成的知识产权、科学数据和技术秘密。

科研仪器与设施共享单位应与用户订立合同，约定服务内容和收费标准、知识产权归属、保密要求、损害赔偿、违约责任、争议处理等事项。

第九章　附　则

第十七条　对有弄虚作假、骗取补贴的单位，将依法追回运行补贴经费，并视情节轻重，追究其法律责任。

第十八条　本省行政区域内接受联合国、国际组织或者外国政府无偿援助购置、建设的科研仪器与设施的共享，可参照本实施细则执行。

第十九条　各相关单位应当依据本实施细则，结合本单位实际，制定科研仪器与设施共享具体管理方案。

第二十条　本实施细则自公布之日起施行。

关于印发《安徽省大型科学仪器设备协作共用实施管理办法》的通知

皖科条〔2005〕23号

各有关单位：

为进一步发挥我省大型科学仪器设备资源优势，实现大型科学仪器设备的共享共用，提高其利用率，共建科技基础条件平台，省科技厅会同省教育厅、财政厅共同制定了《安徽省大型科学仪器设备协作共用实施管理办法》，现印发给你们，请认真贯彻执行。

安徽省科技厅　安徽省教育厅　安徽省财政厅

2005年6月6日

安徽省大型科学仪器设备协作共用实施管理办法

为充分发挥我省科学仪器设备资源优势，盘活科学仪器设备存量，提高科学仪器设备的利用率，推进科学仪器设备的相互协作，共建共用，实现区域资源共享和优化配置，改变目前科学仪器设备资源分散、封闭和垄断状况，省科技厅、教育厅、财政厅决定整合省属科研院所大型精密仪器协作网和省高等学校大型精密仪器协作网，并联合中央驻皖高等学校、科研机构，开展大型仪器设备协作共用，切实为全省的科学研究、科技开发和成果转化及产业化提供高效、优质、低成本的公共测试平台，特制定本办法。

一、建设和完善大型科学仪器协作共用平台

1. 发挥在皖高校、科研院所和大型企业科学仪器设备资源优势，以“共建共用共享”为目标，以完善共享机制为重点，建立面向科研和人才培养的大型科学仪器协作共用平台。整合省属科研院所和高校大型仪器协作网，从在皖的高等学校和科研院所等现有教学科研设备中筛选一部分高、精、尖大型科学仪器设备，建立一个跨系统、跨部门、资源共享的安徽省大型科学仪器协作共用服务网络。

2. 成立由省科技厅、教育厅、财政厅等相关部门（单位）组成的安徽省大型科学仪器设备协作共用管理领导小组（以下简称领导小组），其主要职责是指导和协调资金筹措及管理中重大事宜。领导小组下设管理办公室和专家咨询委员会。管理办公室的主要职责是：考核仪器设备运行效益，管理专项资金，审定和拨付运行补贴费。专家咨询委员会的主要职责是：选择和审定协作网成员单位和入网仪器设备名单，审核入网仪器设备的使用机时、技术水平及服务质量。管理办公室设在省科技厅条件财务处。

3. 建立安徽省大型科学仪器设备协作共用专项资金（以下简称专项资金）。专项资金主要来源为省财政专项拨款和企业组织捐赠。专项资金重点支持基础和应用基础研究、高新技术研究、科技攻关、科技成果转化及新产品开发等项目的测试补贴；支持科技型企业科研创新和高新技术成果转化的测试补贴；奖励协作共用工作优秀单位和个人。视资金状况并经领导小组同意，可设立“科学仪器升级改造和维修”专项和“分析测试方法研究”专项以及支持其他协作共用工作。专项资金实行专户储存、专项管理；资金专户设在管理办公室，接受相关部门的监督与审计。

4. 鼓励企业和社会组织捐赠，并享受测试优先优惠等政策措施。同时，资金出资部门管理范围的仪器设备，在同等条件下享有优先入网权。

5. 研究制定促进大型科学仪器协作共用相关管理制度，整合存量资源，控制增量，优化大型科学仪器布局。完善大型科学仪器协作共用平台建设，推进科学仪器的共享共用。

6. 科学仪器设备拥有单位要打破部门所有和条块分割状况，树立“共用共享共受益”意识，提高服务质量和服务水平。

7. 加强大型科学仪器设备协作共用的宣传，要充分利用现代信息网络技术和媒体等多种方式提供协作共用信息，以信息化推动科学仪器的协作共用。

8. 共享国家大型科学仪器协作共用平台，利用国家大型科学仪器协作共用网开展网上测试和委托测试，实现远程应用。开展区域合作，特别是加强与周边上海、江苏等省市的合作，实现大型科学仪器的区域协作共用。

二、加强大型科学仪器协作网的运行管理

9. 规范入网标准和条件，对符合下列标准和条件的仪器设备，填写《安徽省大型精密仪器设备协作网入网申请表》，向管理办公室申请入网：

（1）价值30万元以上，且通过计量认证的；

（2）性能指标达到省内现有设备先进水平，或具有特殊功能且应用领域较广的；

（3）运行正常，故障率不高于5%的；

（4）能提供足够的对外服务机时的；

（5）完善的规章制度和有固定操作人员，固定人员中至少有一名具有三年以上实践经验的中级及以上技术职称的分析检测专业人员的。

10. 管理办公室在专家咨询委员会审定的基础上，依据仪器设备性能、资金强度及建网规划，进行运行费的测算，提出协作共用仪器设备清单，经领导小组审批后，发出协作共用仪器设备入网通知单。协作网成员单位须与检测用户签订《委托检测协议合同》，送管理办公室备案。

11. 对协作共用仪器实行动态管理。管理办公室将根据对入网仪器设备考核结果和检测市场需要作必要的调整，以满足科研和产品检测等方面的实际需求。

三、运用市场机制和政府扶持政策，推进大型科学仪器协作共用事业发展

12. 遵循市场经济规律，实行有偿优惠优质服务。按照国家物价局、财政部价费字〔1993〕134号文精神，根据协作共用仪器设备的运行成本制定收费标准，并报经相关部门批准后，对外公布执行。按照财政部、国家税务总局财税字〔1997〕117号文件规定，大型科学仪器协作共用收费收入免征营业税。

13. 入网仪器设备拥有单位对外开展下列计划项目的测试服务，并按收费标准优惠收费后，享受专项资金补贴。非出资部门承担的国家和省级科技攻关和科技开发计划项目的检测费用，酌情予以补贴。

（1）“973”和“863”计划项目的测试；

（2）国家和省级自然科学基金、科技攻关、火炬、星火、科技成果重点推广、科技成果产业化、科技扶贫、军转民计划等项目测试；

（3）高等院校由研究生、博士生独立承担的科研课题及校属科技型中小企业承担新产品开发项目的测试。

14. 运行补贴的申请与审批：

（1）每年的元月底前，入网的仪器设备拥有单位需将上年的《大型科学仪器协作共用补贴申请表》、《委托检测协议合同》、委托测试单位的《项目计划任务书（或合同书）》复印件和收费发票存根联复印件报送管理办公室。逾期不报者，视同放弃补贴申请。

（2）管理办公室受理申请后，对申请单位所报材料的真实性、完整性进行审核，并由专家咨询委员会对协作共用仪器设备的功能和检测项目内容一致性、真实性、使用机时等进行审查。

（3）管理办公室根据专家咨询委员会的审查意见提出补贴额度建议，报领导小组审定后，将结果书面通知申报单位，并拨付补贴经费。

四、实行服务承诺制，开展优质服务，奖优罚劣

15. 入网仪器设备成员单位须严格履行下列承诺：

（1）为用户保守技术秘密；

（2）为用户提供及时的技术保障和准确可靠的分析测试结果；

（3）保持仪器设备完好正常，能随时为用户提供服务；

（4）接受用户的检测任务时，应做到热情、及时、高效、准确，在确实无法检测时，应积极协作用户联系网内的服务单位，有条件的应允许用户上机进行研究；

（5）测试收费标准经对外公布后，未经许可，不得随意提高收费标准；

（6）认真做好检测项目的记录，建立健全检测资料档案管理制度，保证技术资料档案的完整性、准确性和连续性。

16. 凡遵守承诺，能提供优质服务，且对外检测机时量大、及时、准确的协作网成员单位，由专家咨询委员会提出评审意见，每年评选若干先进机组和先进个人，经领导小组批准后，给予表彰奖励。

17. 在开展大型科学仪器设备协作共用中，如有下列现象，分别给予相应处罚：

（1）违反承诺，但未给用户造成影响和损失的，予以警告；

（2）违反承诺，给用户造成影响和损失的，停发运行补贴费，情节严重的取消网员资格；

（3）设备操作人失职，造成测试数据严重差错的，取消该仪器设备的运行补贴资格；

（4）弄虚作假行为，一经查实，取消网员资格。

关于印发《江西省重大科研基础设施和大型科研仪器开放共享管理办法》的通知

赣科发财字〔2016〕187号

各设区市科技局、省直有关部门，各有关单位：

为贯彻落实《国务院关于国家重大科研基础设施和大型科研仪器向社会开放的意见》（国发〔2014〕70号）和《江西省人民政府关于推进重大科研基础设施和大型科研仪器向社会开放的实施意见》（赣府发〔2015〕42号）的精神和要求，推动江西省重大科研基础设施和大型科研仪器服务平台开放共享，我厅制定了《江西省重大科研基础设施和大型科研仪器开放共享管理办法》，现予印发，请遵照执行。

江西省科技厅

2016年12月15日

江西省重大科研基础设施和大型科研仪器开放共享管理办法

第一章　总　则

第一条　为贯彻落实《国务院关于国家重大科研基础设施和大型科研仪器向社会开放的意见》（国发〔2014〕70号）和《江西省人民政府关于推进重大科研基础设施和大型科研仪器向社会开放的实施意见》（赣府发〔2015〕42号）的精神和要求，推动江西省重大科研基础设施和大型科研仪器（以下简称科研设施与仪器）的开放共享，提高使用效率，更好地发挥科研仪器对创新创业的服务和支撑作用，制定本办法。

第二条　本办法中所称科研设施与仪器包括大型科学装置、科学仪器中心、科学仪器服务单元、单台（套）原值在50万元及以上的科学仪器设备，以及自愿加入江西省大型科研设施与仪器开放共享网络管理平台，单台（套）原值在20万～50万元的科学仪器设备。其中，科学仪器设备分为分析仪器、物理性能测试仪器、计量仪器、电子测量仪器、海洋仪器、地球探测仪器、大气探测仪器、天文仪器、医学诊断仪器、核仪器、特种检测仪器、工艺试验设备、其他仪器等15类。

第三条　本办法所称管理单位是指科研设施与仪器所属法人单位，主要包括江西省行政区域内的高等学校、科研院所和企事业单位等。

第二章　管理职责

第四条　建立全省科研设施与仪器开放共享协调推动机制。成立由省科技厅牵头，联合省财政厅、省教育厅、省工信委、省卫生计生委、省农业厅、省环保厅、省食品药品监管局、省质量技术监督局和省国资委等部门组成江西省大型科研仪器开放共享管理委员会（以下简称管委会），其主要职责为：

（一）统筹协调科研设施与仪器开放共享工作，规范我省科研设施与仪器开放共享机制；

（二）审定科研设施与仪器开放共享发展规划和实施方案；

（三）对新建或新购置科研设施与仪器开展必要性评议，避免科研设施与仪器重复购置。

第五条　省科技厅是我省科研设施与仪器开放共享的牵头管理部门，其主要职责为：

（一）贯彻执行国务院和省政府制定的科研设施与仪器开放共享政策；

（二）研究制定科研设施与仪器开放共享政策措施；

（三）制定绩效评价实施方案和评价指标体系，建立考核评价制度；

（四）设立科研设施与仪器开放共享专项资金，建设江西省大型科研设施与仪器开放共享网络管理平台，实施后补助管理机制；

（五）制定年度工作计划，组织实施科研设施与仪器开放共享工作；

（六）审定科研设施与仪器开放共享后补助实施方案；

（七）审定科研设施与仪器开放共享后补助资金使用事项。

上述具体工作由省大型科研仪器开放共享管理委员会办公室（以下简称省大仪办）承担。

第六条　省大仪办作为管委会日常办事机构，其主要职责是：

（一）负责建设、管理和运行江西省大型科研设施与仪器开放共享网络管理平台；

（二）指导管理单位建设在线服务平台；

（三）监督科研设施与仪器开放共享服务情况；

（四）开展科研设施与仪器开放共享绩效考评工作，提出后补助实施方案；

（五）监督科研设施与仪器开放共享后补助经费使用情况；

（六）负责省级网络管理平台的宣传和推广；

第七条　设立由管委会各成员单位推荐产生的专家委员会，其主要职责是：

（一）对科研设施与仪器开放共享工作的政策措施、建设规划开展评估论证工作；

（二）开展科研设施与仪器开放共享绩效评估；

（三）开展新购科研设施与仪器审查评议工作。

第八条　各主管部门要加强对所属管理单位科研设施与仪器开放共享工作的管理和监督。其主要职责是：

（一）贯彻并研究制定本部门科研设施与仪器开放共享的政策措施和规章制度；

（二）开展本部门管理单位科研设施与仪器开放共享绩效考核评价工作；

（三）监督本部门所属管理单位建设在线服务平台；

（四）推动本部门科研设施与仪器开放共享工作。

第九条　管理单位是科研设施与仪器开放共享的主体责任单位，主要职责是：

（一）贯彻落实开放共享的政策，组织制定实施本单位相关制度和办法；

（二）负责本单位科研设施与仪器的管理、维护和开放共享；

（三）负责本单位在线服务平台建设；

（四）负责本单位实验技术人才队伍建设；

（五）与用户签订开放共享服务协议，根据具体服务内容明确收费标准、知识产权归属、保密要求、损害赔偿、违约责任、争议处理等事项。

第三章　网络服务平台建设

第十条　按照国家制定的统一标准规范，建立省级科研设施与仪器开放共享网络管理平台，并与国家网络管理平台对接，实现科研设施与仪器申购、使用、服务和评价等方面的全过程管理。

第十一条　对主要由财政性资金投资建设和购置，单台套价值在50万元及以上的科研设施与仪器（涉密及不宜公开的除外），必须制定开放共享管理办法，纳入全省大仪网络平台管理，并向全社会开放，提供共享服务。对单台套价值在20万~50万元的科研设施与仪器，可采取自愿、择优的方式，纳入全省大仪网络平台管理。鼓励非财政性资金建设、购置的科研设施仪器加入省大仪网络管理平台对社会开放服务，与财政性资金购置的科研设施仪器同等适用省科研设施仪器有关奖励政策。

第十二条　管理单位要按照国家制定的统一标准规范建立在线服务平台，并与省级网络管理平台对接。管理单位通过在线服务平台，发布符合开放条件的科研设施与仪器信息，公布服务方式、服务内容和服务流程，建立开放和服务情况记录，向社会提供开放共享服务。

第十三条　管理单位要按照规范要求，定期向国家或省级网络管理平台报送科研仪器开放信息。

第十四条　管理单位新建设或购置的科研设施与仪器，应在完成安装使用验收之日起30个工作日内，向全省网络管理平台提交科研设施与仪器的有关信息，按要求适时公布科研设施与仪器开放共享情况，实现科研设施与仪器开放信息的动态更新。

第四章　运行管理与开放共享

第十五条　管理单位要建立相应的开放、运行、维护、使用管理制度，保障科研仪器的良好运行与开放共享，促进高效利用。

第十六条　管理单位要落实科研仪器实验技术人员岗位、职称、培训、薪酬和考评等政策。对科研仪器设备集中使用的单位，要建立专业化的技术保障服务团队，不断提高实验技术水平、仪器设备维修水平和开放共享服务水平。

第十七条　管理单位对外提供开放共享服务可按照成本补偿和非盈利原则收取材料消耗费和水、电等运行费，还可根据人力成本收取服务费，服务收入纳入单位预算，由单位统一管理，用于科研设施与仪器等科技资源的更新维护、运行补助及人员绩效支出。

第十八条　管理单位对外提供开放共享服务，要建立公开透明的成本核算和服务收费标准，行政主管部门要加强管理和监督。

第十九条　管理单位应当保护科研仪器用户身份信息及在使用过程中形成的知识产权、科学数据和技术秘密。用户使用科研仪器形成的著作、论文等发表时，应明确标注利用科研仪器情况。

第五章　评价考核与奖惩

第二十条　省科技厅定期向社会公开发布科研设施与仪器开放共享服务绩效考核通知，明确考核的对象、范围、内容和方式，申请单位根据通知要求提交绩效考核申请材料。

第二十一条　省科技厅制定管理单位科研设施与仪器开放共享绩效考核评估实施方案，专家咨询委员会对管理单位科研设施与仪器开放共享服务情况进行考核评估。服务情况包括仪器设备使用情况、开放共享服务情况和开放共享设施建设情况等3个方面。

第二十二条　省科技厅根据考核评价结果，按照分类分档定额补助原则，综合考虑科技基础条件平台类型、服务种类、资源共享成效、运行成本、服务收入等因素，确定共享服务后补助方案。

第二十三条　共享服务后补助经费由单位统筹使用，可用于科研设施与仪器的运行维护、功能开发、升级改造、服务推广、信息管理与维护、操作（管理）人员的能力培训以及绩效奖励等。

第二十四条　对于不按规定如实上报科研设施与仪器数据、不按规定公开开放与利用信息、开放效果差、使用效率低的管理单位，省科技厅会同相关行政主管部门对管理单位予以通报批评，责令限期整改，并采取停止管理单位新购仪器设备、在申报科技计划（专项、基金）项目时不准购置仪器设备等方式予以约束。

第二十五条　对于通用性强但开放共享差的科研设施与仪器，结合评价考核结果，省科技厅会同省财政厅和相关行政主管部门可按规定在部门内或跨部门无偿调拨。

第二十六条　管理单位要强化法人责任，切实履行大型科研仪器开放共享职责，自觉接受考核评估和社会监督。

第二十七条　省科技厅定期向社会公开考核评价结果，并会同有关部门建立投诉渠道，接受社会对科研仪器开放共享情况的意见和监督。

第六章　附　则

第二十八条　本办法由江西省科技厅负责解释和修订。

第二十九条　本办法自公布之日起执行。

关于印发《江西省大型科研仪器向社会开放共享双向支持试行办法》的通知

赣科发财字〔2020〕147号

各有关单位：

为加快推进全省大型科研仪器向社会开放，进一步提高科研仪器使用效率，根据国家及省有关文件精神，特制定《江西省大型科研仪器向社会开放共享双向支持试行办法》，现印发给你们，请遵照执行。

江西省科学技术厅

2020年11月11日

江西省大型科研仪器向社会开放共享双向支持试行办法

第一章 总 则

第一条 为贯彻落实《国务院关于国家重大科研基础设施和大型科研仪器向社会开放的意见》（国发〔2014〕70号）和《江西省人民政府关于推进重大科研基础设施和大型科研仪器向社会开放的实施意见》（赣府发〔2015〕42号）等文件精神，加快创新型省份建设，推进我省大型科研仪器向社会开放共享，特制定本办法。

第二条 省科技厅、省财政厅通过江西省大型科研仪器开放共享服务平台（以下简称省大仪服务平台）推进全省大型科研仪器向社会开放共享工作，对全省加入省大仪服务平台的大型科研仪器向社会开放共享实行双向支持，双向支持工作的申请、受理等均依托省大仪服务平台进行。

第三条 本办法所指的双向支持是指大型科研仪器管理单位开放共享服务后补助、大型科研仪器用户使用补贴。双向支持经费由省级财政科技专项资金统筹安排。

第四条 本办法所指的大型科研仪器是指本省行政区域内单台（套）原值在20万元（含）以上、加入省大仪服务平台的可用于开展科学研究和技术开发等科技创新活动的各类大型科研仪器。

第五条 本办法所称的大型科研仪器管理单位是指大型科研仪器所依托管理的法人单位，包括高等学校、科研院所以及其他机构。

第六条 本办法所称的用户是指利用省大仪服务平台上的大型科研仪器进行科学研究和技术开发等科技创新活动的中小企业、创新创业团队以及高校、科研院所等。

第七条 本办法所称的开放共享是指大型科研仪器管理单位将加入省大仪服务平台的大型科研仪器向社会开放共享，由省内非关联法人单位、创新创业团队等用于科学研究和技术开发等科技创新活动的行为。按照法律法规或者强制性标准要求必须开展的强制检测和法定检测等非科技创新活动，不在支持范围。

第二章 职 责

第八条 省科技厅负责组织推进全省大型科研仪器向社会开放共享双向支持工作。会同省财政厅研究制定本省大型科研仪器双向支持的政策措施；组织实施本省大型科研仪器双向支持工作；按照相关规定委托第三方专业机构承担大型科研仪器开放共享双向支持具体业务工作，对第三方专业机构提出的申报材料等进行严格审核，按规定对第三方机构进行管理；对加入省大仪服务平台的大型科研仪器管理单位和用户进行资格审查；按程序对外公示大型科研仪器向社会开放共享双向支持计划。

第九条　省科技厅审核本省大型科研仪器双向支持计划，组织对大型科研仪器管理单位、大型科研仪器用户、第三方专业机构开展绩效评估，对评估结果进行通报，作为次年开展双向支持的重要参考依据。省财政厅在省级科技专项资金中下达资金。

第十条　各设区市科技局、赣江新区创新发展局负责推进本区域内大型科研仪器开放共享双向支持工作，加大支持力度，落实开放共享激励政策。

第十一条　第三方专业机构负责承担大型科研仪器开放共享双向支持的具体业务工作，包括受理申报材料、组织申报材料核查、协助提出支持计划建议等，每半年集中报省科技厅审核。第三方专业机构应认真履行职责，如出现违反本办法行为，以及其他玩忽职守、徇私舞弊等违法违纪行为的，取消其承担双向支持业务工作资格，涉嫌犯罪的，依法移送司法机关处理。

第十二条　大型科研仪器管理单位作为开放共享责任主体，负责制定本单位的开放共享管理办法，制定开放共享服务价格目录并在省大仪服务平台公开发布，组织实施本单位科研设施和仪器向社会开放共享工作。配合开展绩效评估工作，于每年 3 月底前对上一年度开放共享工作开展全面自查，并提交自查报告。

第十三条　申请单位（个人）应保证申报材料及凭证的真实性、有效性、合法性，如弄虚作假，一经发现将取消贴补资格，计入科技诚信不良记录，并在 3 年内不得在省大仪服务平台上申请补助。

第三章　大型科研仪器管理单位开放共享服务后补助

第十四条　大型科研仪器管理单位开放共享服务后补助对象为加入省大仪服务平台并对外提供开放共享服务的大型科研仪器管理单位。

第十五条　大型科研仪器管理单位开放共享服务后补助流程：

（一）大型科研仪器管理单位在线申请加入省大仪服务平台，审核通过后将本单位符合条件的大型科研仪器加入省大仪服务平台，对外提供开放共享服务并留存在线服务记录。

（二）大型科研仪器管理单位通过省大仪服务平台在线提交《江西省大型科研仪器管理单位开放共享服务后补助申请书》，共享服务记录以省大仪服务平台留存的记录为准。后补助申请全年受理，最少每半年集中审核一次。

（三）省科技厅对第三方专业机构审核提出的后补助计划建议进行严格审核后报省财政厅，在省科技厅网站对审定的后补助计划按程序公示七天，公示无异议后，由省财政厅下达后补助资金。

第十六条　大型科研仪器管理单位开放共享服务后补助金额，按照提供开放共享服务金额不超过 15% 的比例进行支持。

第十七条　大型科研仪器管理单位获得的开放共享服务后补助资金，可用于开放共享的科研设施和仪器的运行维护、升级改造、日常管理等相关费用支出。

第十八条 鼓励各主管部门、设区市科技局等根据实际情况对大型科研仪器管理单位开放共享服务在政策、资金等方面给予支持。

第四章 大型科研仪器用户使用补贴

第十九条 大型科研仪器用户使用补贴对象为：

（一）中小微企业：指在我省登记注册并在我省纳税的具有独立法人资格的中小微企业，与开展合作的单位无任何隶属、共建、产权纽带等关联关系。

（二）创新创业团队（个人）：指尚未注册企业，不具备独立法人资格，入驻省内科技企业孵化器、大学科技园、众创空间等创业平台，企业项目具有产品研发及转化所需的测试研发工作。创新创业团队（个人）申请补贴由所入驻的科技企业孵化器等创业平台统一组织。

（三）高校、科研院所：指本单位暂无此类大型科研仪器，须购买使用省内其他单位在省大仪服务平台的大型科研仪器等提供的检验检测服务。使用本单位的大型科研仪器不列入补贴范围。

第二十条 大型科研仪器用户使用补贴流程：

（一）用户登入省大仪服务平台注册账户，在线提交服务需求，与大型科研仪器管理单位达成服务意向后线下开展合作并签订技术合同。

（二）用户在线填写并提交《江西省大型科研仪器用户使用补贴兑现申请表》、其他证明材料，经各设区市、赣江新区科技行政主管部门审核后提交至省科技厅。其中用户申请补贴的实际金额以省大仪服务平台留存的记录为准。

（三）省科技厅对第三方专业机构审核提出的支持计划建议进行严格审核后报省财政厅，在省科技厅网站对审定的后补助计划按程序公示七天，公示无异议后，由省财政厅下达后补助资金。

（四）用户补贴可全年随时申请，每半年集中审核。

第二十一条 中小企业、高校科研院所等用户购买服务金额在 5 万元以下的按不超过 30% 的比例进行支持，超过 5 万元的部分按不超过 20% 的比例进行支持，创新创业团队支持比例不超过购买服务金额的 30% 进行支持。

第二十二条 大型科研仪器用户支持金额可用于各社会用户使用省大仪服务平台的大型科研仪器提供的检验检测服务等产生的费用（不包含法定认证、执法检查、强制检测、商业验货、大批量验货、医疗服务等非科技创新活动）及其他科技创新活动。

第二十三条 鼓励各市、县（区）根据实际情况对中小企业、高校科研院所、创新创业团队使用大型科研仪器方面在政策、资金等方面给予支持。

第五章　附　则

第二十四条　省科技厅建立投诉渠道，接受社会对大型科研仪器共享双向支持工作的意见和监督，并对本办法负责解释。

此办法于 2021 年 1 月 1 日起试行，有效期两年。

省科技厅　省发展改革委　省财政厅关于印发《山东省科研基础设施和科研仪器开放共享管理办法》的通知

鲁科字〔2018〕97 号

各市科技局、发展改革委、财政局，省直有关部门，有关单位：

为贯彻落实《国务院关于国家重大科研基础设施和大型科研仪器向社会开放的意见》（国发〔2014〕70 号）和《科技部　发展改革委　财政部关于印发〈国家重大科研基础设施和大型科研仪器开放共享管理办法〉的通知》（国科发基〔2017〕289 号）等文件精神，推动全省科研基础设施和科研仪器开放共享，省科技厅、省发展改革委、省财政厅三部门共同研究制定了《山东省科研基础设施和科研仪器开放共享管理办法》。现印发给你们，请遵照执行。

省科技厅　省发展改革委　省财政厅

2018 年 8 月 22 日

山东省科研基础设施和科研仪器开放共享管理办法

第一章　总　则

第一条　为认真贯彻《国务院关于国家重大科研基础设施和大型科研仪器向社会开放的意见》（国发〔2014〕70号）和《科技部　发展改革委　财政部关于印发〈国家重大科研基础设施和大型科研仪器开放共享管理办法〉的通知》（国科发基〔2017〕289号）精神，推动全省科研基础设施和科研仪器（以下简称科研设施与仪器）开放共享，释放服务潜能，发挥服务效用，制定如下管理办法。

第二条　科研设施与仪器开放共享，以山东省大型科学仪器设备协作共用网（www. sdkxyq. com，以下简称省仪器设备网）为载体，征集隶属不同主体、符合条件的科研设施与仪器入网，面向全社会开放，实现科研资源共享共用。

第三条　凡政府财政资金建设和购置的科研设施与仪器，除法律法规另有规定，均应对社会开放。鼓励非财政资金建设或购置的科研设施与仪器加入，实现开放共享。

第四条　入网的科研设施包括公共试验平台、专用研究装置、公益基础设施等，大型科研仪器设备单台套价值一般在10万元（含）以上。

第五条　本办法适用于我省各级研究开发机构、高等院校、企业及新型研发组织，鼓励中央驻鲁研究开发机构、高等院校、企业参与。

第六条　准予免税进口仪器设备纳入省仪器设备网为科学研究、技术升级和教学活动提供服务，实现共用共享。

第二章　管理职责

第七条　省科技厅按照国家及省相关文件规定，统筹科研设施与仪器开放共享。牵头组建和管理省仪器设备网，征集入网科研设施与仪器，通过网络面向社会提供入网科研设施与仪器信息查询、预约使用、数据共享服务等，打造跨部门、跨领域、多层次的网络服务平台。研究制定科研设施与仪器开放共享的政策措施和管理制度。委托第三方实施绩效评价工作，兑现奖惩措施。

第八条　省财政厅协同推动科研设施与仪器的开放共享工作。会同有关部门开展科研设施与仪器开放共享的评价工作，依据评价结果对科研设施与仪器开放共享效果好、用户评价高、综合效益突出的单位给予资金补助。

第九条　设区市科技管理部门和省直有关部门作为主管部门，负责指导本区域、本部门所属单位科研设施与仪器的开放共享工作。支持新建设施和新购置仪器时，督促所属单位将符合条件的科研设施与仪器面向社会开放共享。鼓励本区域、本部门的研究机构、高等院校及其他单位共享仪器设备、实验平台等创新资源；督促所属单位科研设施与仪器入网工作，审核相关信息，指导本区域、本部门所属单位的开放共享工作。

第十条 负责科研设施与仪器管理的法人机构作为管理单位，须主动推动加入省仪器设备网，实现共用共享。建立科研设施与仪器共用共享服务机制，创新服务方式、丰富服务内容、简化服务流程，商物价部门合理确定科研设施与仪器使用收费标准，依规合法收费。制定科研设施与仪器内部开放共享评估办法，不断提高服务能力。

第十一条 科研设施与仪器相对集中的高校、科研院所等管理单位，可通过建设科研仪器中心、分析测试中心等方式，集中集约管理，促进科研设施与仪器开放共享和高效利用。

第十二条 鼓励高校、科研院所等管理单位委托专业化的第三方服务机构，参与开放共享服务，提高全社会科研设施与仪器使用的社会化服务程度，享受相应政策支持。

第三章　入网程序

第十三条 凡符合条件的科研设施与仪器，由管理单位通过网上渠道推送科研设施与仪器信息至省仪器设备网，申请开放共享。

第十四条 使用财政资金新建或新购置科研设施与仪器，管理单位应自科研设施与仪器完成安装使用、通过验收之日起30个工作日内，申请纳入省仪器设备网开放共享。

第十五条 各设区市科技局对本区域申请开放共享的科研设施与仪器相关信息进行审核，对符合条件的，纳入省仪器设备网进行管理。

第十六条 使用财政资金建设和购置的科研设施与仪器不纳入省仪器设备网管理，由管理单位提出申请，经主管部门审核同意后，报省科技厅备案。

第四章　开放共享机制

第十七条 管理单位根据科研设施与仪器使用方（以下简称用户）需求提供开放共享服务，须先订立合同，明晰服务内容、知识产权归属、保密要求、损害赔偿、违约责任、争议处理等事项。管理单位应及时对入网科研设施与仪器信息及开放共享数据进行补充完善，确保数据完整和准确。

第十八条 管理单位提供开放共享服务可按照成本补偿和非盈利原则收取相应费用，除收取材料消耗费和水、电等运行成本费外，可适当收取人力资源成本费。行政事业单位相关收入按国有资产有偿使用收入有关规定执行。

第十九条 管理单位建立完备的科研设施与仪器运行和开放情况记录制度，及时在省仪器设备网填写服务记录、服务成效等开放共享相关信息。

第二十条 管理单位培育高水平、专业化的科研设施与仪器操作技术队伍，全面落实《关于加快实行以增加知识价值为导向分配政策的实施意见》（鲁厅字〔2018〕12

号），在岗位设置、业务培训、薪酬待遇、职称晋升和评价考核等方面实行激励性的政策措施。

第二十一条　管理单位深化知识产权管理体制改革，保护科研设施与仪器用户在使用过程中形成的知识产权和科学数据。用户独立或与管理单位联合开展科学实验形成的知识产权，双方应事先约定知识产权归属或比例。用户使用科研设施与仪器形成的著作、论文等发表时，应明确标注利用科研设施与仪器情况。

第五章　开放共享绩效评价

第二十二条　省科技厅会同财政厅及相关部门牵头组织开展科研设施与仪器开放共享评价工作，并向社会公布评价结果。

第二十三条　评价内容包括管理单位制定并落实支持科研设施与仪器开放共享具体措施及成效；入网科研设施与仪器质量和利用情况、服务水平、用户满意度和效果等。具体包括管理单位制定开放共享制度、报送科研设施与仪器信息、人才队伍建设与激励措施、服务科技型中小企业数量等方面情况。

第二十四条　按公开公平公正原则，委托第三方专业机构开展绩效评价，对管理单位年度开放共享工作实绩进行评估核实，确定服务效果好、用户评价高、综合效益突出的管理单位。

第六章　评价结果运用

第二十五条　省科技厅、省财政厅及省直有关部门，根据科研设施与仪器评价结果，按照财政预算管理要求，对科研设施与仪器开放共享效果好、用户评价高、综合效益突出的管理单位给予资金补助，每个管理单位每年最高补助200万元。

补助资金用于开放共享科研设施与仪器的运行维修维护、升级改造、分析测试技术及方法研究、临时聘用人员补助及实验技术人员的学习培训等。鼓励各市设立相应的补助资金。

第二十六条　科研设施与仪器开放共享评价结果作为新建科研设施和新购置仪器设备的参考依据，避免科研设施重复建设和仪器设备重复购置。

第二十七条　将科研设施与仪器开放共享评价结果纳入省级创新基地及平台申报、绩效评估指标体系之中，引导管理单位推进科研设施与仪器的开放共享。

第七章　监督管理

第二十八条　省科技厅会同省财政厅及有关部门委托第三方专业机构建立常态化督察机制，督促科研设施与仪器开放共享相关扶持政策落实落地。建立投诉渠道，接受社会对科研设施与仪器使用情况的监督。

第二十九条 财政资金建设科研设施、购置科研仪器设备未经批准，不履行开放共享义务的，由省科技厅对管理单位进行通报批评。

第三十条 对于使用效率低、开放效果差、评价结果较差的管理单位，省科技厅将会同有关部门责令限期整改，并视情节采取限制购置仪器设备等措施予以约束。

第八章 其他

第三十一条 本办法由省科技厅负责解释。

第三十二条 本办法自 2018 年 8 月 22 日起施行，有效期至 2023 年 8 月 21 日。

河南省科学技术厅　河南省财政厅关于印发《河南省科研设施和仪器向社会开放共享管理办法》的通知

豫科〔2018〕136 号

各省辖市、省直管县（市）科技局、财政局，省直有关部门，各有关单位：

为进一步提高科学仪器设施使用效益，规范和加快全省科研设施和仪器面向社会开放共享，根据《国家重大科研基础设施和大型科研仪器开放共享管理办法》（国科发基〔2017〕289 号）、《河南省人民政府关于促进重大科研基础设施和大型科研仪器向社会开放的意见》（豫政〔2016〕56 号）等有关制度规定，我们制定了《河南省科研设施和仪器向社会开放共享管理办法》，现印发给你们，请认真贯彻执行。

河南省科学技术厅　河南省财政厅

2018 年 9 月 18 日

河南省科研设施和仪器向社会开放共享管理办法

第一章　总　则

第一条　为加快促进科研设施和仪器资源的开放共享，优化资源配置，发挥科学仪器设施效益，提高我省企业科技创新能力，根据《国务院关于国家重大科研基础设施和大型科研仪器向社会开放的意见》（国发〔2014〕70号）、《科技部　发展改革委　财政部关于印发〈国家重大科研基础设施和大型科研仪器开放共享管理办法〉的通知》（国科发基〔2017〕289号）、《河南省人民政府关于促进重大科研基础设施和大型科研仪器向社会开放的意见》（豫政〔2016〕56号）等文件精神，制定本办法。

第二条　本办法所称的科研设施和仪器主要是指用于科学研究和技术开发等科技创新活动的各类科研基础设施和科学仪器设备。

第三条　本办法所称的管理单位是指河南省区域内科研设施和仪器所依托管理的法人单位，包括高等学校、科研院所、新型研发机构、企事业单位等。

第四条　本办法所称的开放共享是指管理单位将科研设施和仪器向社会开放共享，为非关联单位、创新创业团队等提供科学研究和技术开发等科技创新活动的行为。

第五条　全部或部分利用财政资金购置的单台套原值在50万元及以上的科研设施和仪器（涉密及法律法规另有特殊规定的除外），均应纳入河南省科研设施与仪器开放共享服务平台（以下简称省共享服务平台）对外开放共享；对单台套原值在50万元以下的和非财政资金购置的科研设施和仪器，鼓励纳入省共享服务平台向社会开放共享。

第六条　对于享受科教用品和科技开发用品进口免税政策的科学仪器设备，在符合监管条件的前提下，纳入省共享服务平台统一管理并对外开放共享。

第二章　管理职责

第七条　省科技厅、财政厅负责组织推动全省科研设施和仪器向社会开放共享工作，主要职责为：

（一）研究制定本省科研设施和仪器向社会开放共享的政策措施；建立本省考核评价制度和激励约束制度，制定相关标准和指标体系。

（二）组织建设全省统一的省科研设施和仪器共享服务平台。

（三）监督评估本省科研设施和仪器向社会开放共享情况。

第八条　省共享服务平台负责协助推进本省科研设施和仪器向社会开放共享政策的落实；组织实施信息采集、开放共享服务、绩效评价等有关工作；指导部门、地区科研设施和仪器共享服务子平台的建设，实现互联互通。

第九条 各省直部门、省辖市、省直管县（市）科技、财政行政主管部门负责协调推进本部门、本地区科研设施和仪器的开放共享工作，落实本部门、本地区的开放共享激励政策。鼓励各地市设立省共享服务平台子平台。

第十条 管理单位是科研设施和仪器向社会开放共享工作的责任主体，其主要职责是：

（一）落实国家及省有关政策要求，制定本单位科研设施和仪器开放共享管理制度，推动本单位科研设施和仪器向社会开放共享。

（二）已建立网络服务平台的，应按统一规范与省共享服务平台对接，纳入省共享服务平台，并报送服务记录；尚未建立网络服务平台的，应使用省共享服务平台提供服务。

（三）所有符合条件的科研设施和仪器自完成安装使用验收之日起 30 个工作日内，纳入省共享服务平台统一管理。

（四）制定落实本单位的实验技术人员和管理人员的岗位、培训、薪酬、职称、评价等制度，合理配置实验技术人员岗位，建立专业化的开放共享服务团队。

（五）配合有关部门做好开放共享及相关评价考核工作，接受社会监督。

第十一条 管理单位提供开放共享服务可按照成本补偿和非盈利性原则收取费用，收费标准应向社会公布，收取的服务费用，可用于科研设施和仪器的运行维护、耗材成本、人员绩效、服务平台建设等与开放共享工作相关费用支出。

第十二条 鼓励仪器设备所有权和经营权分离机制，对于财政资金购置的仪器设备，探索引入专业服务机构进行社会化服务。

第三章 查重和联合评议

第十三条 建立完善新购科研设施和仪器查重和联合评议机制，依托省共享服务平台定期发布省级科研设施和仪器新购预警目录。

第十四条 使用省级财政资金建设或购置科研设施和仪器，原值在 50 万元及以上的，由管理单位对照新购预警目录进行查重，自行组织或委托专业机构进行评议。其中，原值在 200 万元及以上且在新购预警目录内的，由省财政厅、科技厅等有关部门委托专业机构进行查重及联合评议。对申请省级财政资金用于配套国家科技项目的，如该项目已通过国务院有关部门组织的评议，本省不再评议。

第十五条 根据省科技厅、财政厅查重评议意见，对本省已有同类科研仪器能提供开放共享服务且能满足本单位相关科技创新活动需要的，单位不得列支此类科研仪器购置经费。

第四章 绩效评价

第十六条 省科技厅、财政厅委托省共享服务平台对全省科研设施和仪器开放共享情况进行绩效评价，内容包含制度建设、开放情况、组织管理、服务成效等。绩效评价结果作为实施开放共享双向奖补、科研设施建设和仪器购置、科技计划项目立项等的重要依据。

第十七条 绩效评价的程序：

（一）管理单位通过省共享服务平台对外提供开放共享服务并留存完整服务记录。

（二）管理单位通过省共享服务平台在线提交绩效评价申请，连同其他证明材料一起提交至主管部门，主管部门审核后提交至省科技厅、财政厅。

（三）省科技厅、财政厅委托省共享服务平台对管理单位年度开放共享情况进行绩效评价，评价结果分为优秀、合格、不合格三类，结果向社会公示。

第五章 保障措施

第十八条 对绩效评价结果为优秀的管理单位在科研设施建设和仪器购置、科技计划立项等方面给予优先支持。对评价结果为不合格的管理单位，省科技厅会同相关部门予以通报，限期整改，在申报省级科技计划（专项、基金等）项目时不准购置科研仪器，并将评价结果纳入省属本科高校生均拨款专项业务经费分配因素考核。

第十九条 省科技厅、财政厅会同相关主管部门建立投诉渠道，接受社会对科研设施和仪器开放共享工作的意见和监督。

第六章 附 则

第二十条 本办法由省科技厅、财政厅负责解释。

第二十一条 本办法自印发之日起执行。

关于印发《河南省科研设施和仪器开放共享管理部门联席会议有关制度》的通知

豫科〔2020〕50号

省直有关部门、有关单位：

为全面实施创新驱动发展战略，加快推进重大科研基础设施和大型科研仪器（以下简称科研设施和仪器）向社会开放，提高资源配置和利用效率，释放服务潜能和提升服务水平，促进大众创业、万众创新，经省政府同意，省科学技术厅、省委编办、省委军民融合办、省发展和改革委员会、省教育厅、省工业和信息化厅、省财政厅、省生态环境厅、省农业农村厅、省卫生健康委员会、省市场监督管理局、郑州海关等12个部门建立河南省科研设施和仪器开放共享管理部门联席会议制度，现将联席会议制度、成员单位具体分工、联席会议及办公室成员名单给予印发。

附件：1. 河南省科研设施和仪器开放共享管理部门联席会议制度

2. 河南省科研设施和仪器开放共享管理部门联席会议成员单位具体分工（略）

3. 河南省科研设施和仪器开放共享管理部门联席会议及办公室成员名单（略）

河南省科学技术厅　中共河南省委机构编制委员会办公室
中共河南省委军民融合发展委员会办公室　河南省发展和改革委员会
河南省教育厅　河南省工业和信息化厅　河南省财政厅
河南省生态环境厅　河南省农业农村厅　河南省市场监督管理局
中华人民共和国郑州海关
2020年4月16日

附件 1：

河南省科研设施和仪器开放共享管理部门联席会议制度

为加快推进我省重大科研基础设施和大型科研仪器向社会开放，推动资源共享，提高科技资源利用效率，有效支撑我省创新驱动发展战略，根据《河南省人民政府关于促进重大科研基础设施和大型科研仪器向社会开放的实施意见》（豫政〔2016〕56 号）精神，建立河南省科研设施和仪器开放共享管理部门联席会议（以下简称联席会议）制度。

一、联席会议成员单位

联席会议由省科学技术厅、省委编办、省委军民融合办、省发展和改革委员会、省教育厅、省工业和信息化厅、省财政厅、省生态环境厅、省农业农村厅、省卫生健康委员会、省市场监督管理局、郑州海关等单位组成。联席会议可根据工作的需要，通知其他相关部门参加。省科学技术厅主要负责人为联席会议召集人，各成员单位有关负责人为联席会议成员。

联席会议办公室设在省科学技术厅，承担日常工作，负责落实联席会议的有关决定。联席会议办公室主任由省科学技术厅分管厅领导兼任。各成员单位指定一名相关职能处室负责人作为联席会议办公室联络员。

二、联席会议主要职责

（一）贯彻落实党中央、国务院和省委、省政府关于科研设施和仪器开放共享工作的方针、政策和法规。

（二）研究科研设施和仪器开放共享工作重大事项，通报重要情况。

（三）交流、总结重点工作。

（四）及时研究、协调解决共享工作存在的问题，提出对策和建议。

（五）协调督办各部门工作内容落实，共同推进科研设施和仪器对全社会开放共享工作。

三、联席会议办公室主要职责

承担联席会议日常工作，负责组织召开联络员会议，协调推动我省共享工作的政策具体落实。

主要职责如下：

（一）牵头组织起草工作计划、工作规程、工作制度和其他有关文件。

（二）加强信息沟通，对我省科研设施和仪器开放共享情况进行汇总分析；根据需要，定期或不定期向成员单位通报我省共享情况及全国其他省市出台相关政策、成功经验。

（三）负责督促、协调联席会议各成员单位开展开放共享的具体工作。

（四）应成员单位要求，提请联席会议召开临时会议。

（五）办理联席会议交办的其他事项。

四、联席会议工作规则

（一）会议召集

联席会议每年应召开一次全体会议，必要时可根据工作实际需要，临时召开全体会议（或部分成员单位会议、专题会议），也可安排联席会议成员单位以外的部门和单位同志列席会议。全体会议、专题会议由联席会议召集人或委托联席会议办公室主任召集。

（二）议题内容

需经联席会议协调解决的有关议题，由联席会议办公室向联席会议提出。

（三）文件印发

联席会议形成的决议，按成员单位职责分工负责落实；联席会议议定的事项，以省联席“会议纪要”（或工作简报）形式印发有关单位，并上报省人民政府；对议定的重大事项，按程序报批。

五、工作要求

各成员单位要按照分工，各司其职，切实履行好本单位职责；加强信息沟通，互相配合，齐抓共管，形成合力，实现信息共享；积极参加联席会议，认真落实联席会议议定事项。

各成员单位提出的议题，要提前报联席会议办公室，并根据需要做好保密工作。

关于印发《湖南省科研基础设施和科研仪器向社会开放管理办法（试行）》的通知

湘科〔2016〕120 号

各市州、省直管试点县科技局，国家级、省级高新区管委会，各有关单位：

现将《湖南省科研基础设施和科研仪器向社会开放管理办法（试行）》印发给你们，请组织实施，本办法实施过程中出现的新情况、新问题请及时反馈。

湖南省科学技术厅

2016 年 12 月 27 日

湖南省科研基础设施和科研仪器向社会开放管理办法（试行）

第一章　总　则

第一条　为深入贯彻全国科技创新大会和湖南省科技创新大会精神，促进湖南省重大科研基础设施和大型科研仪器向社会开放共享，进一步提升科技资源使用效率，根据《国务院关于国家重大科研基础设施和大型科研仪器向社会开放的意见》（国发〔2014〕70号）、《关于贯彻落实创新驱动发展战略建设科技强省的实施意见》（湘发〔2016〕25号）、《湖南省促进重大科研基础设施和大型科研仪器向社会开放实施方案》（湘政办发〔2015〕68号）等文件精神，制定本管理办法。

第二条　全部或部分利用财政资金建设的科研基础设施和购置的科研仪器，除涉密外，均应对外开放共享；由社会资金建设的科研基础设施和购置的科研仪器鼓励向社会开放共享。

第二章　管理职责

第三条　省科技厅负责组织推动全省科研基础设施和科研仪器向社会开放共享工作，主要职责为：

（一）研究制定本省科研基础设施和科研仪器向社会开放共享的政策措施；建立本省考核评价制度和激励约束制度，制定相关标准和指标体系。

（二）组织建设全省统一的科研设施和科研仪器开放共享服务平台（以下简称共享平台），通过共享平台向社会定期发布全省科研基础设施和科研仪器开放共享目录，公布科研基础设施和科研仪器开放共享制度及实施情况。

（三）监督评估本省科研基础设施和科研仪器向社会开放共享情况。

第四条　各市州科技局、国家级及省级高新技术产业开发区管委会、各类科技园区管委会负责协调推进本行政区域内科研基础设施和科研仪器的开放共享工作，落实本行政区域内的开放共享激励政策。

第五条　管理单位是指对科研基础设施和科研仪器拥有所有权的法人单位，是科研基础设施和科研仪器向社会开放共享工作的责任主体，其主要职责为：

（一）制定本单位的开放共享管理办法，推动本单位的科研基础设施和科研仪器向社会开放共享。

（二）建立本单位的在线服务平台，并纳入共享平台向用户提供在线服务，按照规范向共享平台报送科研基础设施和科研仪器开放共享信息。

（三）落实本单位的实验技术人员和管理人员的岗位、培训、薪酬、评价等政策，合理配置实验技术人员岗位，建立专业化的开放共享服务团队。

（四）管理单位对外提供开放共享服务可按照成本补偿和非盈利性原则收取材料消耗费、水费、电费和维护费等运行费，还可根据人力成本收取服务费，服务收入纳入单位预算，由单位统一管理开支。管理单位对各类科研基础设施和科研仪器对社会开放共享服务应制定公开透明的的成本核算和服务收费标准，并通过共享平台向全社会公开，行政主管部门要加强管理和监督。

第六条 省科技厅将全省科研基础设施和科研仪器开放共享中的查重评议、绩效考核、评估补助等工作按照相关规定委托第三方机构承担。

第三章 查重评议

第七条 省科技厅、省财政厅对年度新立项科技计划项目拟以财政资金全额或部分出资新购单台套价值在50万元及以上的科研仪器开展查重评议。查重评议在省级科技计划项目批准立项之后、编制经费预算之前进行。对申请省级财政资金用于配套国家科技项目的，如该项目已通过国务院有关部门组织的评议，本省不再评议。

第八条 新购50万元及以上科研仪器评议申请书的内容主要包括：

（一）科学研究和技术开发等科技创新活动需要新购科研仪器的必要性；

（二）新购科研仪器功能指标的先进性、适用性，业务指标的合理性；

（三）新购科研仪器的安装条件、技术队伍等配套支撑保障能力；

（四）新购科研仪器的供货来源、采购方式、运行经费、预期效益等实施计划安排；

（五）新购科研仪器的开放共享方案。

第九条 查重评议委托第三方机构进行，评估结果同时通知项目申报单位和推荐单位，如对评议结果有异议，可在收到通知后一周内书面向省科技厅申诉，省科技厅将按相关程序处理。

第十条 省科技厅根据查重评议意见，对本省已有同类科研仪器能提供开放共享服务且能满足申请单位相关科技创新活动需要的，在项目经费预算中不予安排该项新购仪器经费。

第四章 绩效评价

第十一条 省科技厅、省财政厅委托第三方机构对全省科研基础设施和科研仪器开放共享情况进行绩效评价。绩效评价结果通过共享平台向社会公示和公告，作为实施开放共享后补助、科研基础设施和科研仪器更新、科技计划项目立项等的重要依据。

第十二条 绩效评价的主要内容：

（一）开放共享服务业绩；
（二）开放共享服务管理；
（三）开放共享服务队伍和服务能力；
（四）开放共享信息报送和信息公开等情况。

第十三条　绩效评价的程序：
（一）被评价单位通过共享平台填报绩效评价材料；
（二）第三方机构组织绩效评价；
（三）评价结果分为优秀、合格和不合格。

第五章　保障措施

第十四条　建立科研基础设施和科研仪器开放共享服务双向激励制度：

中小微企业、创新创业团队（个人）等社会用户使用加盟共享平台的科研基础设施和科研仪器、重点（工程）实验室、工程（技术）研究中心、科技基础条件平台和企业技术中心等提供的检测和研发服务（不包括法律法规或者强制性标准要求必须开展的强制检测和法定检测）产生的费用可向省科技厅申请补贴。

绩效评价结果为合格及以上的管理单位可申请开放共享服务后补助，后补助金额根据绩效评价结果和管理单位通过共享平台提供的服务质量和用户反馈等综合确定。

第十五条　对绩效评价结果为优秀的管理单位申请以财政资金全额或部分出资新建科研基础设施和新购科研仪器的，在同等条件下优先批准。

第十六条　对不按规定如实上报科研基础设施和科研仪器数据、不按规定公开开放与利用信息、开放共享效果差、使用效率低、评价结果为不合格的管理单位，省科技厅会同相关部门予以通报，限期整改，并采取暂停管理单位使用省级财政资金新建科研基础设施和新购科研仪器、在申报省级科技计划（专项、基金等）项目时不准购置科研仪器等方式予以约束。

第六章　附　则

第十七条　省科技厅会同相关主管部门建立投诉渠道，接受社会对科研基础设施和科研仪器开放共享情况的意见和监督。

海南省科学技术厅关于贯彻落实《国务院关于国家重大科研基础设施和大型科研仪器向社会开放的意见相关工作安排》的通知

琼科〔2016〕132号

各主管部门、有关单位：

为贯彻落实《科技部办公厅关于2016年全面落实〈国务院关于国家重大科研基础设施和大型科研仪器向社会开放的意见〉相关工作安排的通知》（国科办函基〔2016〕333号）（附件1）精神，切实做好我省科研基础设施和大型科研仪器向社会开放工作，现就相关工作安排通知如下：

一、具体工作安排

（一）补充完善和报送科研设施与仪器信息

请各科研设施与仪器管理单位（以下简称管理单位）按照《科研设施与仪器国家网络管理平台管理单位数据报送规范（试行）》（附件2，以下简称《数据报送规范》）的要求，于2016年6月22日前完成本单位所属科研设施与仪器信息的补充完善和报送工作，具体要求如下：

1. 请各主管部门、有关单位组织所属管理单位直接登录国家网络管理平台（https：//nrii. org. cn/），在线报送符合开放条件的原值在50万元及以上科研设施与仪器信息。

2. 科技基础条件资源调查数据已预先导入国家网络管理平台数据库，已纳入国家网络管理平台数据库的原值50万元及以上的科研设施与仪器，请相关管理单位登陆国家网络管理平台，下载并核对已具备开放服务条件的价值在50万元及以上的科研设施和仪器数据信息，补充完善后予以报送。

3. 具备开放条件的原值在50万元以下的科研设施与仪器，管理单位可采取自愿申报、择优加入的方式，登陆国家网络管理平台报送相关信息。已加入海南大型科学仪器协作共用网的原值50万元以下的科研设施与仪器，本次应同时完成信息的补充完善和报送，以便下一步统一导入“海南大型科研仪器在线服务平台”。

（二）建设科研设施与仪器管理单位在线服务平台

1. 请各主管部门、有关单位按照《科研设施与仪器管理单位在线服务平台建设运行管理规范（试行）》（附件3），组织管理单位应于6月底前按照统一的标准规范自行建设在线服务平台，或直接利用国家网络管理平台提供的系统模版建设在线服务平台，并于7月底前实现与省级网络管理服务平台及国家网络管理平台的对接。

2. 管理单位要建立完善科研设施与仪器运行和开放情况的记录，并通过国家网络管理平台向社会发布科研设施与仪器开放制度及实施情况，公布科研设施与仪器分布、利用和开放共享情况等信息。

（三）填报相关材料

请各主管部门、有关单位于2016年8月22日前，将制定政策措施、补充完善和报送科研设施与仪器信息、建设管理单位在线服务平台、与国家网络管理平台对接等任务落实情况形成书面报告报送省科技厅，并同时填写“管理单位科研设施与仪器开放共享有关任务落实情况统计表”（附件4）。

二、有关工作要求

（一）各主管部门、有关单位要认真贯彻落实《意见》，切实履行职责，加强领导，精心组织、周密安排，抓好督促检查。省科技厅将成立督察组，赴有关部门和管理单位开展专项督察和抽查，确保按时完成各项任务。

（二）对不按规定如实上报科研设施与仪器数据、不按规定公开开放与利用信息、开放效果差、使用效率低的管理单位，省科技厅将会同有关部门在网上予以通报，限期整改，并采取停止管理单位新购仪器设备、在申报科技计划（专项、基金等）项目时不准购置仪器设备等方式予以约束。

三、具体事项说明

（一）省属管理单位登陆国家网络管理平台的用户名和密码通过邮件单独发送，请各管理单位将“海南省科研设施与仪器开放共享管理单位联系人信息表”（附件5）于6月15日前发送电子版至邮箱 hnsiss@ 163. com。

（二）《数据报送规范》、《平台建设规范》、国家网络管理平台接口说明文档、数据报送说明文档等可登陆国家网络管理平台（https：//nrii. org. cn/）进行下载。

四、联系人及联系方式

（一）联系单位：海南省科学技术厅

联系人：王飞、东方

联系电话：0898－65343316，65329449

（二）海南省科学技术信息研究所

联系人：符学礼

联系电话：0898－65347994

（三）海南大型科学仪器协作共用管理办公室

联系人：黄七梅、晏东燕、于文辉

联系电话：0898－66168173

特此通知。

附件：1. 科技部办公厅关于2016年全面落实《国务院关于国家重大科研基础设施和大型科研仪器向社会开放的意见》相关工作安排的通知（国科办函基〔2016〕333号）（略）

2. 科研设施与仪器国家网络管理平台管理单位数据报送规范（试行，略）

3. 科研设施与仪器管理单位在线服务平台建设运行管理规范（试行，略）

4. 管理单位科研设施与仪器开放共享有关任务落实情况统计表（略）

5. 海南省科研设施与仪器开放共享管理单位联系人信息表（略）

海南省科学技术厅

2016年6月14日

重庆市科学技术委员会　重庆市财政局 重庆市教育委员会　重庆市人力资源和 社会保障局　重庆市物价局关于印发 《重庆市科技资源开放共享管理办法》的通知

渝科委发〔2016〕127号

各有关单位：

为进一步加快推进科技资源开放共享，提高科技资源利用效率，促进大众创业、万众创新，现将《重庆市科技资源开放共享管理办法》印发给你们，请遵照执行。

重庆市科学技术委员会　重庆市财政局

重庆市教育委员会　重庆市人力资源和社会保障局

重庆市物价局

2016年9月29日

重庆市科技资源开放共享管理办法

第一章　总　则

第一条　为贯彻落实《国务院关于国家重大科研基础设施和大型科研仪器向社会开放的意见》（国发〔2014〕70 号）和《中共重庆市委　重庆市人民政府关于深化改革扩大开放加快实施创新驱动发展战略的意见》（渝委发〔2016〕29 号），加快推进科技资源开放共享，进一步提高科技资源利用效率，促进大众创业、万众创新，特制定本办法。

第二条　本办法适用于本市科技资源开放共享的具体管理活动。

第三条　本办法所称科技资源是指高校、科研院所、企业等（以下简称资源单位）拥有的科技人力资源、财力资源、物力资源。主要包括：科研设施设备（价值在 20 万元及以上的）、科学数据、科技成果（含文献、标准、知识产权等）、实验材料、自然科技资源，以及科技人才、科技金融等资源。

第四条　本办法所称开放共享是指资源单位将科技资源纳入重庆科技资源共享平台（以下简称共享平台）统一管理，面向其他单位和个人（以下统称用户）开放，用于科学研究、技术研发、产品开发等创新创业活动。

第五条　各级财政资金资助建设或者形成的科技资源，除涉密和特殊规定限制外，必须纳入共享平台开放共享。鼓励非财政资金建设形成的科技资源面向社会开放共享。

第二章　机构与职责

第六条　设立由市级科技、财政、教育、人力社保、物价等管理部门负责人组成的重庆市科技资源开放共享管理委员会（以下简称管委会）。主要职责：统筹协调并指导科技资源开放共享工作；制定相关扶持政策和激励措施；审定相关规章制度、规范标准以及绩效考评结果等。

第七条　管委会下设办公室，设在市科学技术主管部门。主要职责：研究提出科技资源开发共享政策措施；牵头制订相关制度、标准、方案等；组织实施评价考核与奖惩激励、服务体系建设、联合评议等相关工作。

第八条　设立重庆市科技资源开放共享管理服务中心（以下简称管理服务中心）。主要职责：负责共享平台的建设、运维和宣传推广；组建线下服务载体，协调推进资源单位面向社会提供服务；具体承担绩效考评、联合评议，以及科技基础条件资源调查、开放共享情况统计分析与汇总；组织开展学术交流、技术培训；完成管委会办公室委托的其他工作。

第九条　组建科技资源开放共享专家委员会，为制订相关政策措施以及绩效考评、联合评议等提供决策咨询。

第三章　服务体系建设

第十条　建设集聚全市科技资源、统一开放的共享平台，构建线下服务载体，形成线上线下互动、覆盖全域的科技资源开放共享服务体系，推动形成专业化、网络化的开放共享服务机构群。

第十一条　线下服务载体包括服务基地、集成中心、用户工作站。服务基地主要布局建立在科技资源丰富、开放共享服务能力强的高校和科研院所，发挥其规模效应和示范作用。集成中心主要布局建立在各行业科技资源集中、组织活动能力强的专业机构，为行业用户提供全程专业化、精准化配套服务和定制服务。用户工作站主要布局建立在高新技术产业开发区、农业科技园区、特色产业科技园区，为所在区、县（自治县）用户提供个性化便捷服务，推动和促进科技资源与地方产业发展需求的高效对接。

第十二条　资源单位应当强化法人责任，切实履行开放共享职责，利用共享平台提供的功能模块建立在线服务平台，或者升级改造现有服务平台与共享平台无缝对接，及时把符合条件的科技资源纳入共享平台。凡是新增科技资源，原则上应当在30日内完成资源信息报送和开放共享。

资源单位应当制定配套管理制度，落实相关激励政策措施，充分调动共享服务人员积极性，为用户提供科技资源开放共享优质服务。

第四章　开放共享服务

第十三条　共享平台应当对接重大科研基础设施和大型科研仪器国家网络管理平台，加强区域协作和国内外合作，逐步形成跨部门、跨领域、多层次服务体系，实现科技资源信息共享、实时服务、资源与需求的精准匹配。

第十四条　根据科研设施设备、科学数据、科技成果等不同资源特点，实行分类开放共享。资源单位应当建立开放共享记录，并且通过共享平台，向社会发布各类资源的开放制度及实施情况，公布资源的分布、利用和开放共享情况等信息。

第十五条　探索设立引导资金或者建立成本补偿机制，培育法人化的专业服务机构，开展科技资源的市场化运营，弥补高校、科研院所等资源单位在市场化配置方面的不足，切实提高资源利用效率。

鼓励资源单位探索建立管理权与经营权相分离的“代理制”模式，授权、委托专业服务机构实行市场化运作。鼓励有条件的企业、行业协会、孵化器、众创空间、新型研发机构等探索建立“融资租赁”模式，自筹或融资聚集科技资源，通过共享平台面向用户提供有偿增值服务。

第十六条 资源单位或者服务机构（线下服务载体和专业服务机构等）提供科技资源共享服务时，应当建立公开、透明的成本核算和服务收费标准，按照成本补偿和非盈利原则收取材料消耗费和水、电等运行费，还可以根据人力成本收取服务费，服务收入纳入单位预算，由单位统一管理。

第十七条 用户独立开展科学实验形成的知识产权由用户自主拥有，所完成的著作、论文发表时，应当明确标注利用共享平台的科技资源情况。资源单位应当保护用户身份信息以及在使用过程中形成的知识产权、科学数据和技术、商业秘密，加强网络防护和网络环境下数据安全管理。

第十八条 对于享受科教用品和科技开发用品进口免税政策的科学仪器设备，在符合监管条件的前提下，纳入共享平台统一管理并对外开放共享。

第五章　激励与约束

第十九条 市科学技术主管部门按照科技创新券的相关管理规定，向符合条件的用户发放科技创新券，用户可以通过共享平台使用科技创新券抵扣资源单位或服务机构收取的服务费用。资源单位或者服务机构原则上不得拒绝接收科技创新券。

第二十条 市科学技术主管部门会同相关部门建立用户为主、用户参与的评价制度，引入第三方评估机制，主要根据科技资源开放情况、共享服务收入及科技创新券兑现情况、用户满意度等对资源单位或者服务机构实施评价考核，择优给予奖励性后补助。

第二十一条 资源单位或者服务机构依托共享平台开展科技服务所得收入，按国家有关规定管理，重点用于共享服务人员（包括辅助管理人员）的激励支出。

第二十二条 鼓励优先使用已开放共享的科研设施设备，提高利用效率。对使用财政资金新购置单台价格50万元（含）或成套价格在100万元（含）以上的科研设施与仪器，实施查重和联合评议制度。市科学技术主管部门及相关部门将联合评议结论作为安排新购科研设施与仪器预算的重要依据，未经联合评议的原则上不得购置。

第二十三条 对于应纳入而未纳入开放共享的资源单位，不按规定如实上报数据、开放效果与服务质量差、使用效率与用户满意度低的资源单位或者服务机构，予以网上通报、限期整改或取消相应资格，并且纳入科技计划信用管理。

各行政主管部门要切实履行对资源单位的管理和监督职责，把开放共享情况纳入年度考核。

第二十四条 市科学技术主管部门对有弄虚作假行为的资源单位、服务机构和用户，追缴补助经费，并予以通报。涉嫌违纪违法，由有关机关依法追究相应纪律和法律责任。

第六章　附　则

第二十五条 本办法自发布之日起30日后施行。

四川省科学技术厅等四部门关于印发《四川省重大科研基础设施和大型科研仪器开放共享管理暂行办法》的通知

川科财〔2018〕9号

各市（州）、县（市、区），省级有关部门，有关单位：

为落实《四川省人民政府关于重大科研基础设施和大型科研仪器向社会开放的实施意见》（川府发〔2017〕2号），推动我省重大科研基础设施和大型科研仪器的开放共享，省科技厅、省发展改革委、省财政厅、省教育厅四部门共同研究制定了《四川省重大科研基础设施和大型科研仪器开放共享管理暂行办法》。现印发给你们，请遵照执行。

四川省科学技术厅　四川省发展和改革委员会
四川省财政厅　四川省教育厅
2018年5月20日

四川省重大科研基础设施和大型科研仪器开放共享管理暂行办法

第一章　总　则

第一条　为推动四川省重大科研基础设施和大型科研仪器开放共享，充分释放服务潜能，提高使用效率。根据《科技部发展改革委财政部关于印发〈国家重大科研基础设施和大型科研仪器开放共享管理办法〉的通知》（国科发基〔2017〕289 号）和《四川省人民政府关于重大科研基础设施和大型科研仪器向社会开放的实施意见》（川府发〔2017〕2 号），制定本办法。

第二条　本办法所指的重大科研基础设施和大型科研仪器（以下简称科研设施与仪器）包括财政资金投入形成的用于科学研究和技术开发活动的大型科学装置、科学仪器中心、科学仪器服务单元和单台套价值在 50 万元及以上的科学仪器设备等，主要分布在高校、科研院所和部分企业的各类重点实验室、工程（技术）研究中心、工程实验室、分析测试中心、野外科学观测研究站及大型科学设施中心等研究实验基地。

对于单台套价值在 50 万元以下的科学仪器设备，鼓励管理单位主动申报，纳入四川省科研设施与仪器开放服务网络管理平台（以下简称四川省网络管理平台）。

第三条　本办法所称管理单位是指四川省行政区域内科研设施与仪器依托管理的法人单位。

第四条　本办法所称的开放共享是指管理单位将所拥有的科研设施与仪器向社会开放，为其他单位和个人（以下统称“用户”）的科学研究和技术开发活动服务的行为。

第五条　本办法所指四川省网络管理平台是指通过集中整合全省科研设施与仪器资源，凝聚高水平服务团队，为用户开展科学研究和技术开发提供资源共享和技术服务，并实现与科研设施与仪器国家网络管理平台对接的系统。

第六条　科研设施与仪器原则上都应当对社会开放共享，法律法规另有特殊规定的除外。免税进口仪器设备纳入四川省网络管理平台对外开放，应符合国家的有关规定。

第二章　机构与职责

第七条　科技厅牵头负责全省科研设施与仪器开放共享的宏观管理和综合协调，其主要职责是：

（一）统筹协调和指导全省科研设施与仪器开放共享工作；

（二）研究制定全省科研设施与仪器开放共享发展规划、政策措施、标准规范和评价办法；

（三）会同有关部门组织开展全省科研设施与仪器开放共享的评价考核工作，并根据科技计划项目管理流程，提出对科研设施与仪器管理单位后补助奖励方案。

第八条　省发展改革委负责协调推进重大科技基础设施和应用技术创新平台项目建设，主要职责是：

（一）监督指导全省重大科技基础设施和应用技术创新平台向社会开放工作；

（二）统筹协调并加大重大科技基础设施和应用技术创新平台建设力度。

第九条　财政厅协同推动全省科研设施与仪器开放共享工作，主要职责是：

（一）协同科技厅等相关部门开展全省科研设施与仪器开放共享的评价考核工作；

（二）依据评价考核结果，对全省科研设施与仪器开放效果好、用户评价高的管理单位统筹省级科技计划项目资金给予后补助奖励。

第十条　教育厅负责推动高等院校科研设施与仪器向社会开放，主要职责是：

（一）监督指导高等院校科研设施与仪器、实验平台等创新资源向社会开放工作；

（二）依据评价考核结果，推动高等院校大型科学仪器优化配置。

第十一条　四川省科学仪器协作共用服务中心受科技厅委托，负责全省科研设施与仪器开放共享工作具体实施，主要职责是：

（一）负责四川省网络管理平台的建设、维护工作，促进社会用户与管理单位、从事科研设施与仪器开放共享技术人员的互动合作；

（二）负责四川省网络管理平台与国家网络管理平台的对接，促进我省科研设施与仪器面向全国开放共享，充分利用国家平台资源服务全省创新创业活动；

（三）组织企事业单位为科研设施与仪器提供检测标定、维修维护、试剂耗材配送、技术培训等专业化服务。

第十二条　省直有关部门和各市（州）科技行政管理部门是本部门或本区域科研设施与仪器开放共享工作的主管部门（以下简称行政主管部门）。主要职责是：

（一）贯彻落实四川省科技资源开放共享的方针、政策、规划和方案；

（二）协调解决工作中存在的重大问题；

（三）组织开展开放共享管理、考核及绩效评价工作。

第十三条　管理单位是科研设施与仪器开放共享的责任主体。主要职责是：

（一）贯彻落实四川省科研设施与仪器开放共享的方针、政策，组织制定本单位科研设施与仪器开放共享相关制度；

（二）负责本单位在线服务平台建设、资源统计分析、各类数据记载、开放共享情况总结等；

（三）建立健全本单位科研设施与仪器开放共享的激励和约束机制；

（四）负责本单位科研设施与仪器的管理和维护；

（五）负责专业技术人员的培养；

（六）配合科技厅等相关部门做好开放共享评价考核工作，并接受社会监督。

第三章　开放共享与对外服务

第十四条　管理单位应按照统一的标准规范建立在线服务平台，把科研设施与仪器纳入四川省网络管理平台统一管理，公布科研设施与仪器目录、开放共享管理制度、服务方式、服务内容、服务流程、收费标准等信息，实时提供在线服务。

第十五条　相关部门和管理单位要将科研设施与仪器向社会开放纳入日常管理工作，建立相应的开放、运行、维护、使用管理制度，加强专业化技术团队建设，保障开放共享取得实效。

第十六条　新购大型科研设施与仪器应在完成安装、调试验收之日起 30 个工作日内，管理单位需将设施与仪器名称、规格、功能等信息按照统一标准及要求录入四川省网络管理平台。对于不纳入四川省网络管理平台的科研设施与仪器应有正当理由，并由管理单位提出申请，经主管部门审核同意后，报科技厅备案。

第十七条　管理单位提供开放共享服务，应当与用户签订合同，约定服务内容、知识产权归属、保密要求、损害赔偿、违约责任、争议处理等事项。

第十八条　管理单位提供开放共享服务可按照成本补偿和非盈利原则收取费用，开放服务收费标准应采取适当方式向社会公布。行政事业单位相关收入按国有资产有偿使用收入有关规定执行。

第十九条　管理单位对外提供开放共享服务收取的服务费应用于机组团队劳动报酬，由主管部门专项据实核增量计入当年单位绩效工资总额，不作为绩效工资总额基数。行政主管部门要加强管理和监督。

第二十条　管理单位要建立完善的科研设施与仪器运行和开放情况记录，每半年向四川省网络管理平台报送一次。

第二十一条　管理单位应建立和稳定高水平专业化的实验技术队伍，对从事科研设施与仪器开放共享的技术人员强化实践能力评价，在职称晋升、岗位聘用、薪酬待遇、业务培训等方面实行富有激励性的政策措施。

第二十二条　管理单位应当建立知识产权管理工作机制，保护科研设施与仪器用户身份信息及在使用过程中形成的知识产权和科学数据。

用户独立开展科学实验形成的知识产权由用户自主拥有；用户与管理单位联合开展科学实验形成的知识产权，双方应事先约定知识产权归属或比例。

用户使用科研设施与仪器形成的著作、论文等发表时，应明确标注利用科研设施与仪器情况。

第四章　绩效考核与奖惩机制

第二十三条　科技厅会同相关部门建立绩效考核制度，按照科研设施与仪器不同类型特点制定相应的考核指标和评价标准，实施分类考核。国家重大科技基础设施的考核要符合《国家重大科技基础设施管理办法》的有关规定。引入第三方评价机制，采取年度绩效考核的方式，对管理单位制度建设、开放程度、服务质量、开放效果等情况进行评价，结果向社会公布，并作为科研设施与仪器更新和奖补的重要依据。

第二十四条　行政主管部门要切实履行对管理单位开放情况的管理和监督职责，协助做好年度绩效考核工作。管理单位要强化法人责任，切实履行开放职责，自觉接受相关部门的考核评价和社会监督。

第二十五条　利用财政资金购置科研设施与仪器后，不履行科研设施与仪器资源共享义务的，由行政主管部门责令改正，对直接负责的主管人员和其他直接责任人员依法给予处分。

第二十六条　对绩效考核结果较差，或不按规定如实上报数据、不按规定公开开放与利用信息、开放效果差、使用效率低的管理单位，科技厅会同有关部门予以通报，并视情节采取核减管理单位修缮购置资金、在申报科技计划（专项、基金）项目时不准购置仪器设备等方式予以约束。

对于通用性强但使用率比较低、开放共享差的科研设施与仪器，可以按规定在部门内或跨部门无偿划拨，管理单位也可以在单位内部调配。

第二十七条　严格控制在新上科研项目中购置大型科学仪器设备。将优先利用现有科研设施与仪器开展科研活动作为各科研单位获得省级科技计划（专项、基金等）项目支持的重要条件。

第五章　附　则

第二十八条　本办法由科技厅负责解释。

第二十九条　本办法自公布之日起 30 日后施行，有效期 2 年。

云南省大型科研仪器开放共享管理暂行办法

云府登 1446 号

《云南省大型科研仪器开放共享管理暂行办法》已经2017年4月5日云南省科技厅厅务会、2017年9月29日云南省财政厅、2017年8月17日云南省教育厅签署通过，并经省法制办登记备案（登记号：1446号），现予以公布，自2017年11月9日起施行。

云南省科学技术厅
云南省财政厅
云南省教育厅
2017年10月9日

云南省大型科研仪器开放共享管理暂行办法

第一章　总　则

第一条　为促进云南省大型科研仪器开放共享，提高科技资源使用效率，增强科技创新能力，充分发挥大型科研仪器资源对大众创业、万众创新的服务和支撑作用。根据《国务院关于国家重大科研基础设施和大型科研仪器向社会开放的意见》（国发〔2014〕70号）和《云南省人民政府关于加强重大科研基础设施和大型科研仪器向社会开放的实施意见》（云政发〔2015〕48号），制定本办法。

第二条　云南省行政区域内的大型科研仪器开放共享适用本办法。法律、法规另有规定的，从其规定。

本办法所称的大型科研仪器，主要是指单台套价值在20万元以上，在科学研究、技术开发及其他科技活动中发挥重要作用的仪器设备。

本办法所称的开放共享，主要是指云南省行政区域内的高等学校、科研院所、企事业单位等大型科研仪器管理单位（以下简称管理单位）将大型科研仪器向社会开放共享，由其他单位、个人（以下统称用户）用于科学研究或技术开发的行为。

第三条　大型科研仪器开放共享的原则：

（一）实现大型科研仪器资源共享，提高利用率；

（二）合理配置科技资源，杜绝浪费，避免重复购置和盲目购买；

（三）探索和建立多元化的大型科研仪器开放共享的运行模式，鼓励大型科研仪器向社会用户开放，充分释放服务潜能，为全省经济社会发展提供有力科技支撑。

第二章　组织机构与职责

第四条　设立云南省大型科研仪器开放共享工作领导小组（以下简称领导小组）。组长由省科技厅主要领导担任，副组长由省财政厅、教育厅等相关部门负责人组成，成员由相关部门处室负责人组成。领导小组主要职责包括：

（一）审定云南省大型科研仪器开放共享服务管理平台（以下简称省共享平台）的发展方向、目标和任务。

（二）统筹全省大型科研仪器开放共享工作，协调解决工作中的重大问题。

（三）制定完善相关管理制度。

（四）完成其他需要开展的管理工作。

第五条　在省科技厅设立大型科研仪器开放共享工作领导小组办公室（以下简称大仪办），作为领导小组的日常工作机构。大仪办主要职责包括：

（一）制定大型科研仪器开放共享年度工作计划。

（二）组织开展开放共享服务绩效评价工作。

（三）探索创新券与大型科研仪器开放共享结合政策，进一步推进科技资源的开放共享工作。

（四）组织开展省级新购大型科研仪器联合评议工作。

（五）在领导小组的领导下，完成其他管理协调工作。

第六条 大仪办委托第三方中介机构协助开展以下工作：

（一）组织协调管理单位向社会提供服务。

（二）审核管理单位加入省共享平台的申请。

（三）指导管理单位建立完善开放共享工作制度。

（四）负责省共享平台的建设与维护工作，并对省共享平台进行宣传和推广。

（五）在大仪办的指导下，组织开展大型科研仪器开放共享信息查询、服务推介、技术培训、学术交流等活动。

（六）协助大仪办完成开放共享服务绩效评价、联合评议等相关工作。

第三章 仪器共享与协作共用

第七条 管理单位应建立和完善大型科研仪器开放共享工作制度。管理单位使用全额或部分财政性资金购置的大型科研仪器，应当在仪器正常使用后30个工作日内，在省共享平台发布仪器基本信息，面向社会开放共享，并及时在省共享平台上更新大型科研仪器信息。

第八条 鼓励管理单位将以非财政资金购置的大型科研仪器通过共享平台公布，并面向社会开放共享。

第九条 管理单位要做好开放共享仪器的保养维护工作，保障仪器设备具有良好的运行状态和足够的对外服务时间。

第十条 管理单位提供开放共享服务，可按照成本补偿和非盈利原则收取费用，开放服务收费标准由双方协商议定或者由仪器提供方将收费标准在仪器共享平台和收费地点向社会公示。行政事业单位相关收入按国有资产有偿使用收入有关规定执行。

管理单位的共享服务收入，根据单位提供的发票、服务协议等材料进行统计。发票内容主要包括检测费、测试费、技术服务费等三类。

第四章 仪器共享服务绩效评价与补助

第十一条 大仪办按照“公开、公平、公正”的原则，每年度在全省范围组织一次大型科研仪器开放共享服务绩效评价（以下简称绩效评价），评价结果向社会公示。

第十二条 凡使用全额或部分省级财政资金购置的大型科研仪器的管理单位，原则上都应参加绩效评价。对绩效评价成绩为合格及以上的管理单位给予补助。鼓励以非财政资金购置的大型科研仪器管理单位参加绩效评价。

第十三条 绩效评价主要内容：

（一）从功能利用率、仪器使用率、对外开放共享程度、仪器完好程度以及仪器产生的经济效益等方面评价大型科研仪器开放共享情况。

（二）从服务水平、人才培养、科研成果、管理水平以及条件保障等方面评价管理单位服务情况。

第十四条 大型科研仪器开放共享服务绩效评价时间范围为上年 4 月 1 日到当年 3 月 31 日。

（一）管理单位按照大仪办要求填报评价材料。

（二）大仪办委托服务中心开展绩效评价工作。评价结果分为优秀、合格和不合格。优秀名额不超过参加评价的管理单位数量的 15%。

（三）大仪办选择 10% 的参评单位，组织专家进行现场抽查和用户满意度调查。现场抽查包括开放共享服务相关原始记录和大型科研仪器运行管理情况的核实等。

（四）绩效评价结果经领导小组审核通过后向社会公示。

第十五条 评价结果为优秀的管理单位，按该单位在绩效评价时间范围内的共享服务收入的 15% 给予补助，每家单位补助最高不超过 25 万元，评价结果为合格的管理单位，按该单位共享服务年度收入的 10% 给予补助，每家单位补助最高不超过 15 万元。大型科研仪器开放共享服务补助预算列入省科技厅部门预算。

评价结果为优秀的管理单位申请购置大型科研仪器设施的，有关行政管理部门应当在同等条件下优先批准其申请。

第十六条 管理单位获得的补助资金，主要用于运行维护、用户补贴及相关技术人员绩效奖励等。

第十七条 管理单位对补助资金的开支行使管理和监督权，应做到手续完备、账目明晰、内容真实、核算准确，确保补助资金的合理使用。管理单位有弄虚作假、截留、挪用、挤占补助资金等违规违法行为的，由省财政厅、省科技厅依法追回补助资金，并采取相应处理措施。

第十八条 未按照本办法规定参加大型科研仪器绩效评价，或评价结果为不合格的管理单位，当年不得申请用财政资金新购大型科研仪器，并由省财政厅、省科技厅责令限期整改。

第五章 省级新购大型科研仪器联合评议

第十九条 管理单位拟使用省级财政资金，新购单台套价值在 200 万元以上的大型科研仪器，需向大仪办报送《云南省省级新购大型科研仪器联合评议申请报告》（以下简称申请报告）。申请报告包括购买的必要性、绩效目标（新购仪器的利用率、预计用户数量、对外开放时间等)、科研工作需求程度、开放共享工作措施及有关管理情况等内容。

第二十条 省级新购大型科研仪器主要评议内容:

(一)相关科学发展和科研需要购置仪器的必要性;

(二)拟购仪器功能、指标的先进性、适用性;

(三)省内现有同类仪器的资源状况(如分布、使用情况);

(四)管理单位现有大型科研仪器的使用情况;

(五)新购仪器的技术队伍、场地等配套保障条件;

(六)管理单位的开放共享方案;

(七)购置经费预算的合理性。

第二十一条 大仪办对管理单位报送的申请报告进行形式审查,审查通过后委托中介机构组织相关专家对申请报告进行联合评议,并按照《省级新购大型科研仪器联合评议评分表》打分。

第二十二条 联合评议得分在70分(含70分)以上的,评价结果为“同意购置”;得分在70分以下的,评价结果为“暂缓购置”,评议结果向社会公示。评议结果是有关部门对相关预算或科研项目申请进行审批的重要参考。

评议结果为暂缓购置的,如科研确有需要,经费(项目)审批部门可视具体情况在预算中安排专项经费,用于项目实施过程中申请单位使用其他单位大型科研仪器的费用支出。

第二十三条 管理单位未按要求参加联合评议的,经费(项目)审批部门一律不得同意相关预算或项目申请。

第六章 附 则

第二十四条 本办法由省科技厅会同省财政厅、省教育厅等相关部门负责解释。

第二十五条 本办法自2017年11月9日起施行,有效期至2020年11月9日。

附件:1. 管理单位开放共享服务绩效评价指标表(略)

2. 省级新购大型科研仪器联合评议评分表(略)

云南省科学技术厅

云南省财政厅

云南省教育厅

2017年10月9日

甘肃省重大科研基础设施和大型科研仪器开放共享管理办法

甘科计规〔2019〕1号

各市（州）科技局、发展改革委、财政局，兰州新区科技发展局、经济发展局、财政局，省直有关部门，中央在甘有关单位，高等院校、科研院所，有关单位：

为推动甘肃省重大科研基础设施和大型科研仪器开放共享工作，依据《国家重大科研基础设施和大型科研仪器开放共享管理办法》（国科发基〔2017〕289号），省科技厅、省发展改革委、省财政厅三部门共同制定了《甘肃省重大科研基础设施和大型科研仪器开放共享管理办法》，现予印发，请遵照执行。

甘肃省科技厅　甘肃省发展改革委　甘肃省财政厅

2019年1月28日

甘肃省重大科研基础设施和大型科研仪器开放共享管理办法

第一章　总　则

第一条　为推动全省重大科研基础设施和大型科研仪器的开放共享，提高使用效率，根据《国家重大科研基础设施和大型科研仪器开放共享管理办法》（国科发基〔2017〕289号）和《甘肃省人民政府关于重大科研基础设施和大型科研仪器向社会开放共享的实施意见》（甘政发〔2015〕51号）制定本办法。

第二条　本办法所指的重大科研基础设施和大型科研仪器（以下简称科研设施与仪器）主要包括政府财政资金投入建设和购置的用于科学研究和技术开发活动的各类科研基础设施和单台套价值在30万元及以上的科学仪器设备。

对于单台套价值在30万元以下的科学仪器设备，由管理单位自愿申报，主管部门择优纳入共享范围。

第三条　本办法所称管理单位是指甘肃省行政区域内科研设施与仪器所依托管理的法人单位。

第四条　本办法所称甘肃省重大科研基础设施和大型科研仪器开放共享服务平台（以下简称省大仪共享平台）是指通过集中整合全省科研设施与仪器资源，充分利用现代信息技术，通过优化配置和合理布局，推动我省科研设施与仪器拥有单位向社会开放服务，并实现与国家科研设施与仪器网络管理平台对接的系统。

第五条　本办法所称的开放共享，是指管理单位将科研设施与仪器向社会开放，为其他单位、个人的科学研究和技术开发提供服务的行为。

第六条　科研设施与仪器原则上都应当对社会开放共享，为其他高校、科研院所、企业、社会研发组织以及个人等社会用户提供服务，尤其要为创新创业、中小微企业发展提供支撑保障。法律法规另有特殊规定的除外。

第七条　免税进口仪器设备纳入省大仪共享平台对外开放，应符合国家的有关规定。对于纳入省大仪共享平台统一管理、符合支持科技创新进口税收政策规定的免税进口的科学仪器设备，在符合监管的条件下准予用于其他单位的科学研究、科技开发和教学活动，未经海关审核同意不得擅自转让、移作他用或者进行其他处置。

第二章　管理职责

第八条　甘肃省科学技术厅（以下简称省科技厅）牵头负责全省科研设施与仪器开放共享的宏观管理和综合协调，其主要职责是：

1. 统筹协调和指导全省科研设施与仪器开放共享工作；

2. 组织制定全省科研设施与仪器开放共享发展规划、政策措施、标准规范和评价方法；

3. 指导有关部门组织开展全省科研设施与仪器开放共享的评价考核工作；

4. 依据评价考核结果，审定科研设施与仪器开放共享年度后补助方案，并落实后补助专项资金；

5. 负责建设和运行省大仪共享平台。

第九条　甘肃省财政厅（以下简称省财政厅）负责协同推动全省科研设施与仪器开放共享工作，主要职责是：

1. 协同省科技厅开展科研设施与仪器开放共享的评价考核工作；

2. 依据评价考核结果对科研设施与仪器开放效果好、用户评价高的管理单位通过省级科技计划资金给予后补助；

3. 会同行政主管部门，根据评价考核结果，推动科研设施与仪器优化配置。

第十条　甘肃省政府有关部门在推动全省科研设施与仪器开放共享的主要职责是：

1. 建立健全本部门科研设施与仪器开放共享的政策和规章制度，鼓励直属研究机构、高等院校及其他单位共享仪器设备、实验平台等创新资源；

2. 监督指导本部门所属管理单位的开放共享工作，审核所属管理单位大仪共享相关报送信息；

3. 组织开展本部门所属管理单位开放共享的评价考核。按照省开放共享评价考核工作的要求，组织做好相关工作。

第十一条　管理单位是科研设施与仪器开放共享的责任主体，其主要职责是：

1. 贯彻落实国家和省内有关政策要求，制定本单位科研设施与仪器开放共享规章制度。建立健全科研设施与仪器开放共享的激励和约束机制；

2. 履行科研设施与仪器的管理和维护职责，在优先满足本部门科学研究与技术开发任务需要的前提下向社会开放服务，无正当理由不得拒绝；

3. 负责专业技术人员的培养；

4. 履行服务承诺，保证服务质量，优惠服务价格，保守用户技术及商业秘密，遵守职业道德；

5. 配合省政府有关部门做好开放共享评价考核工作，并接受社会监督。

第十二条　建立健全科研设施与仪器开放共享服务会商机制。由省科技厅、省财政厅和省政府有关部门会商决定并统筹协调全省科研设施与仪器资源共享工作。省科技厅设立甘肃省大型科研仪器协作共用管理办公室（以下简称省大仪办），负责全省科研设施与仪器开放共享日常工作，其主要职责是：

1. 负责全省科研设施与仪器开放共享日常管理工作，组织协调科研设施与仪器管理单位、专业服务机构面向社会提供开放共享服务；

2. 编制科研设施与仪器共享发展计划和实施方案；

3. 贯彻落实全省科研设施与仪器开放共享政策，负责建立科研设施与仪器评价考核机制，组织开展使用财政资金新购科研设施与仪器的查重评议等工作；

4. 组织开展科研设施与仪器开放共享评价考核、制定后补助方案、报审及后补助专项资金兑付等工作；

5. 负责省大仪共享平台建设和日常运行，指导管理单位建立在线服务平台；

6. 负责做好大仪共享服务工作，组织开展科研设施与仪器开放共享的宣传推广、学术交流、培训等活动。

第十三条 甘肃省大型科研基础设施和大型科研仪器开放共享服务平台网、科聚网是省大仪共享平台的重要组成部分。科聚网负责与国家网络管理平台对接及运行，每季度向相关部门报送全省科研设施与仪器的有关信息。

第三章 开放共享

第十四条 管理单位应当将财政资金购置的科研设施与仪器纳入省大仪共享平台管理。省大仪办定期在省大仪共享平台网上发布新纳入科研设施与仪器的共享服务信息。

第十五条 管理单位使用财政资金新购的科研设施与仪器，应当自科研设施与仪器完成安装验收之日起 30 个工作日内，将符合条件的科研设施与仪器的有关信息按照统一标准及要求报送至省大仪办。对于不纳入省大仪共享平台的科研设施与仪器应有正当理由，并由管理单位提出申请，经上级部门审核同意后，报省科技厅备案。

第十六条 管理单位应建立和稳定高水平专业化的实验技术队伍，在岗位设置、业务培训、薪酬待遇、职称晋升和评价考核等方面实行富有激励性的政策措施。

第十七条 管理单位应当建立科研设施与仪器知识产权管理工作机制，保护科研设施与仪器用户身份信息及在使用过程中形成的知识产权和科学数据。

用户独立开展科学实验形成的知识产权由用户自主拥有；用户与管理单位联合开展科学实验形成的知识产权，双方应事先约定知识产权归属和比例。

用户使用科研设施与仪器形成的著作、论文等发表时，应明确标注利用科研设施与仪器情况。

第十八条 管理单位提供开放共享服务可按照成本补偿和非盈利原则收取费用，开放服务收费标准应采取适当方式向社会公布。行政事业单位相关收入按国有资产有偿使用收入有关规定执行。

第十九条 管理单位应当建立完善的科研设施与仪器档案管理、运行和开放情况记录，每半年向省大仪办报送一次。

第四章 考核与奖惩

第二十条 省科技厅会同相关部门开展科研设施与仪器开放共享评价考核工作。

第二十一条　省政府有关部门要切实履行对管理单位开放共享的管理和监督职责，协助做好年度评价考核工作。

第二十二条　省大仪办每年度组织专家采取单位申报、现场核查等方式对管理单位进行评价考核。

评价考核内容包括：

1. 科研设施与仪器开放率（纳入省大仪共享平台参与开放共享科研设施与仪器数量与管理单位科研设施与仪器总数量之比）；

2. 科研设施与仪器共享率（管理单位科研设施与仪器对外服务总机时数与开机总机时数之比）；

3. 管理单位对外服务用户单位数量；

4. 共享服务制度建设（管理制度、档案、内部激励措施等）；

5. 用户满意度；

6. 其他能证明对外服务的材料。

评价考核结果经省科技厅审核通过后向社会公布，并作为科研设施与仪器更新和后补助专项资金奖补的重要依据。

第二十三条　管理单位开放共享服务评价考核时间范围为上年度 1 月 1 日到 12 月 31 日。

第二十四条　根据评价考核结果和专项资金管理要求，对服务效果好、用户评价高的管理单位后补助专项资金奖补支持，以调动管理单位开放共享积极性。

第二十五条　为激励积极推进开放共享的单位和个人，根据当年管理运行情况和年度评价考核结果，对做得好的单位和个人给予奖励。

第二十六条　后补助专项资金主要用途：

1. 科研设施与仪器开放共享的材料费、水电费、劳务费等补助；

2. 科研设施与仪器使用及宣传推广费等补助；

3. 科研设施与仪器日常管理费、网络运行维护费、技术培训费等补助；

4. 其他与科研设施与仪器开放共享有关的支出补助。

第二十七条　对于使用效率低、开放效果差、考核结果较差的管理单位，省科技厅会同有关部门给予警告、公开通报并责令其限期整改；并视情节采取核减管理单位购置资金、在申报科技计划（专项、基金）项目时不准购置仪器设备等措施予以约束。

对于通用性强但使用率比较低、开放共享差的科研设施与仪器，可以按规定在部门内或跨部门无偿划拨，管理单位也可以在单位内部调配。国家强制性检验检测不纳入补助范围。

第二十八条　省大仪办应根据评价考核结果和省科研设施与仪器资产存量情况，对管理单位拟新建科研设施和新购置仪器开展查重评议工作，避免资源重复建设。

第二十九条　省科技厅、省财政厅和省有关部门将每年的评价考核结果、新购科研设施与仪器的查重评议结论作为相关单位申报新建科研设施和新购科研仪器项目资金审定的重要依据。对已有的科研设施与仪器闲置率高，开放共享不合格的管理单位，主管部门应当限制其科研设施与仪器采购或不予项目资金支持。

第五章　附　则

第三十条　本办法由省科技厅负责解释。

第三十一条　本办法自发布之日起实施，有效期至2024年1月30日止。《甘肃省大型科研基础设施和大型科研仪器开放共享服务平台管理办法》（甘科计〔2015〕16号）、《甘肃省大型科研基础设施和大型科研仪器开放共享及后补助管理办法（试行）》（甘科计〔2016〕1号）同时废止。

关于印发《青海省大型科学仪器设备共享服务管理办法》的通知

青科发政〔2016〕139号

各有关单位：

为促进青海省大型科研仪器设施开放共享，提高利用率和服务水平，根据国家有关规定，结合我省工作实际，制定了《青海省大型科学仪器设备开放共享服务管理办法》。现印发给你们，请遵照贯彻执行。

青海省科学技术厅
青海省财政厅
2016年11月15日

青海省大型科学仪器设备共享服务管理办法

第一章　总　则

第一条　为促进青海省大型科研仪器设施开放共享，提高利用率和服务水平，根据《青海省关于重大科研基础设施和大型科研仪器向社会开放的实施意见》（青政〔2015〕45 号）精神，结合青海实际，特制定本办法。

第二条　本办法所称的大型科研仪器设施是指单台（套）原值在 10 万元及以上，加入青海省大型科学仪器共享服务平台，面向社会开展共享服务的仪器设备。主要用于科学研究、技术开发及其他科技活动，包括新技术、新产品、新工艺和新材料的研制开发等科技创新活动，不包括法定认证、执法检查、商业验货、商业摄制、医疗服务、电信计费、大批量验货等常规商业服务。

财政资金全额或部分出资购置的大型科学仪器应当纳入共享范围。

第三条　设立大型科研仪器设施开放共享服务专项资金，列入省财政科技预算安排。坚持公开、公正、公平的原则，确保专项资金的规范、安全和高效使用。

第四条　青海省科技厅和青海省财政厅，组织协调科研设施与仪器拥有单位面向社会提供共享服务。

第二章　组织管理

第五条　青海省科技厅负责青海省大型科学仪器共享服务平台和专项资金的管理，委托第三方作为大型科学仪器共享服务平台的管理单位，负责日常管理工作，主要职责：

（一）负责建立和完善青海省大型科学仪器共享服务平台，并对平台做好日常维护工作。制订青海省大型科学仪器共享服务平台应用发展规划、工作计划等；

（二）组织开展业务培训，收集、整理和发布青海省大型科研设施与仪器共享服务相关信息，做好平台的宣传和推介；

（三）受理大型科研设施与仪器入网申请，并进行资格审查；

（四）受理科研设施与仪器共享分析测试补助、升级改造补助、资质认定补助、学科带头人补助费的申请，并进行初核；

（五）负责组织专家检查和考核入网仪器设备性能、指标、评议入网仪器机组服务质量和技术水平；

（六）组织开展入网单位、共享科研设施与仪器的运行评估工作。

第六条　成立青海省大型科学仪器共享服务平台专家委员会，成员人选根据平台需要确定。专家委员会主要职责：

（一）为入网科研设施与仪器考核评估指标提供决策参考，接受委托开展科研设施与仪器开放共享绩效评估。

（二）对大仪平台的用户提供技术咨询服务，协助开展分析测试人员的技术培训。

（三）其他专业技术服务。

第七条　加入青海省大型科学仪器共享服务平台成员单位职责：

（一）按照青海省大型仪器管理部门的要求，与大型科学仪器共享服务平台管理单位签订合作协议书，并将加入青海省大型科学仪器共享服务平台的科研设施与仪器，向社会提供开放共享服务；

（二）仪器拥有单位具有一定的检测资质，有稳定的专家和技术人员组成的仪器管理团队，能够为用户保守技术和商业秘密；

（三）保证仪器设备完好正常，能随时为用户提供服务，提供及时的技术保障和准确可靠的分析测试结果；

（四）在共享服务平台上及时发布仪器信息和服务动态，保持网上预约通畅；

（五）加入青海省大型科学仪器共享服务平台的科研设施与仪器，通过后补助方式享受一定专项财政补贴；

未按承诺实行开放共享或未按规定如实报送共享数据，开放效果差、科研设施与仪器使用效率低的大仪平台单位，青海省大型仪器管理部门将予以通报并限期整改。

第三章　信息报送与披露

第八条　建立大型科学仪器信息报送制度。凡以财政全额或部分出资购置的大型科学仪器，大仪平台用户应当在购置后 30 个工作日内向大仪共享服务平台报送其所购大型科学仪器的名称、类别、型号、应用范围等基本信息。未按照要求报送的，有关归口管理部门应当督促其报送。

第九条　以财政全额或部分出资购置的大型科学仪器，其管理单位应当确定责任部门及责任人负责本单位大型科学仪器信息的报送工作。确定的承办部门及人员基本信息发生变化的，应当及时报送相关变化信息。

第十条　建立大型科学仪器共享情况披露制度。省科技厅每年度应当将大型科学仪器加入共享服务平台及其共享情况进行披露。

第四章　新购大型科学仪器联合评议

第十一条　以财政全额出资新购，单台（套）价格在 50 万元及以上的大型科学仪器设施，应当按照规定对购买的必要性进行联合评议。

第十二条　申请购置大型科学仪器设施的单位，应当事先编制大型科学仪器设施购置申请报告，报告内容包括购置（建设）的必要性、科研项目的需求程度、共享方案、购置的预算方案和实施管理能力等。

第十三条 申购单位在报送申购申请前，应当向大型科学仪器管理单位提出联合评议申请。

大型科学仪器管理单位收到联合评议申请后，应当按照要求组织技术、经济、管理等领域专家，对申购的大型科学仪器设施及其预算进行联合评议。申购单位主管部门可根据实际情况列席评议会议。联合评议内容包括：

（一）科学发展和科研需要购置仪器设施的必要性；

（二）仪器设施功能、指标先进性、适用性、业务指标合理性；

（三）本省现有同类仪器设施的资源状况；

（四）申请单位现有大型科学仪器设施的使用情况；

（五）新购仪器设施的安装条件、技术队伍等配套支撑保障情况；

（六）新购仪器设施的共用共享方案；

（七）购置经费预算的合理性；

（八）实施计划安排（供货来源、采购方式、运行经费、预期效益等）。

大仪办应当在收到申请之日起 20 日内组织完成联合评议，并将联合评议结果反馈至申请单位。

第十四条 申购单位的申请报告应当附具联合评议结果。联合评议结果作为有关部门审批购置的决策参考。

因评议结果为暂缓购置而未获申购批准的，如科研确有需要，科研经费（项目）审批部门在批准项目时，可视具体情况安排一定额度的经费，用于项目实施过程中使用其他单位大型科学仪器设施的相关费用支出。

第十五条 管理单位如需调整仪器采购计划，应当按照有关程序重新申请联合评议。

第五章 补贴范围和标准

第十六条 补贴范围：

（一）加入共享的大型科学仪器设备对外分析测试补助费；

（二）加入共享的大型科学仪器设备对外开展服务的升级改造补助费；

（三）参与共享服务单位取得检验检测机构资质认定的补助费；

（四）学科带头人使用共享入网仪器的补助费。

第十七条 补贴标准：

（一）仪器拥有单位仪器共享服务费用在 5 万元以下（含 5 万元）的，给予 20% 的补贴；仪器共享服务费用在 5 万元以上的，采用累进递减计算方式，对超出 5 万元部分给予不高于 10% 的补贴；

（二）对外开展共享服务的单位新购置仪器、设备更新按购置金额的 10% 进行补贴；

（三）取得国家级检验检测机构资质认定的仪器拥有单位，当年按申请费用的 20% 予以补助；取得省级检验检测机构资质认定的仪器拥有单位，当年按申请费用的 15% 予以补助；

（四）青海省自然科学与工程技术学科带头人使用共享入网的大型科学仪器设备，享有 10% 的优惠补贴。

同一单位在同一年度获得补贴资金总额不超过 30 万元。

第六章　补贴审核审批

第十八条　大型科学仪器共享服务平台管理单位对仪器拥有单位报送的大仪对外开放共享补贴申请材料进行初审，省科技厅复审后提交专家委员会评审，公示后下达补贴通知。

第十九条　入网单位申请补贴，需提交以下材料：

（一）青海省大型科学仪器共享服务补贴申请表；

（二）检测服务协议书（合同）、检测报告（涉及保密的可提供部分报告）复印件；

（三）收费、购置凭证复印件（如发票、行政事业费收据、银行付款凭证等）；

（四）科技项目任务书或合同书复印件；

（五）学科带头人有关证明材料复印件；

（六）检测单位资质认证复印件、申请资质费用票据、银行付款凭证等。

第二十条　大型科学仪器设备共享服务补贴资金主要用于大型科学仪器设备日常运行费、仪器设备维护费及人员培训、人员绩效、人员加班费及资质评审等的开支，青海省自然科学与工程技术学科带头人使用共享入网的大型科学仪器设备获得的优惠补贴，纳入本人承担的科技项目统一管理。成员单位不得弄虚作假、截留、挪用、挤占大型科学仪器设备共享服务补贴费用，一经发现，将收回补助，取消协作共享资格。

第七章　评估评议

第二十一条　加入大仪平台的科研设施与仪器实行动态管理，由大型科学仪器共享服务平台管理单位组织专家进行评估，每两年进行一次。

第二十二条　实施评估时，将选择不低于 10% 的申报补贴单位进行现场抽查和用户满意度调查，现场抽查包括共享服务相关原始记录和大型科学仪器设备运行情况的核实等。

第二十三条　评估结果经省科技厅审核后，将通过青海省大型科学仪器设备共享服务平台和其他媒体向社会公布。

第八章　附　则

第二十四条　本办法由青海省科技厅、青海省财政厅负责解释。

第二十五条　本办法自2016年10月1日起施行，至2021年9月30日止。原《青海省大型科学仪器设备共享服务管理办法》（青科发财字〔2014〕82号）同时废止。

关于修订《宁夏大型科学仪器设备资源共享管理暂行办法》的通知

宁科财字〔2010〕65号

自治区有关部门、科研院所、高等院校、有关企事业单位：

为深入推进全区大型科学仪器设备资源的社会开放与共享，充分提高仪器设备的利用率和财政资金的使用效果，自治区科技厅、财政厅于2006年3月联合制订了《宁夏大型科学仪器设备资源共享管理暂行办法》（宁科财字〔2006〕25号）（以下简称办法）。该《办法》的施行，对全区大型科学仪器设备的协作共用起到了良好的推动作用，各有关单位仪器设备的利用率和社会效益显著提高。近年来，随着形势的发展，为进一步提高各单位价值较高、使用量较大的重点仪器设备的社会共享效益，突出大型科学仪器设备核心资源的共享作用，建立健全考核和激励机制，有必要对《办法》进行必要的修订、补充。经自治区大型科学仪器协作共用领导小组同意，现将修订后的《办法》印发给你们，请遵照执行。

宁夏回族自治区科学技术厅
宁夏回族自治区财政厅
2010年4月19日

宁夏大型科学仪器设备资源共享管理暂行办法

为加强我区全社会科技资源高效配置和综合集成，全面促进大型科学仪器设备（以下简称仪器设备）资源的社会共享，提高仪器设备的利用率和使用效果，逐步建立健全全区仪器设备资源共享机制和共享平台，优化科技创新环境，特制定本管理办法。

第一章　总　则

第一条　仪器设备资源共享是指全区大型科学仪器设备资源的信息共享和社会协作共用。信息共享是指仪器设备信息在互联网及其他媒介上发布。协作共用是指仪器设备的拥有单位面向社会提供服务，支持和鼓励相关单位和人员使用共享仪器设备。

第二条　本办法所称仪器设备，是指自治区境内由国家和地方财政资金购置，单台价值在30万元以上的，主要用于实验、分析、测试、计算等科学研究及开发活动的仪器设备。

第三条　仪器设备资源共享的目标是，通过社会共享，提高使用效率，合理配置资源，最大限度地避免重复购置和盲目引进，逐步建立多渠道、多元化的仪器设备资源共建共享管理和运行机制。

第四条　凡符合本办法第二条规定，并能满足协作共用基本要求的仪器设备，必须纳入共享体系，实施社会共享服务。同时，鼓励和支持由其他资金渠道购置的仪器设备实施社会共享服务。

第二章　组织机构与职责

第五条　由自治区科技厅、财政厅共同成立自治区大型科学仪器协作共用领导小组（以下简称领导小组）。领导小组的主要职责是：

（一）统筹协调全区仪器设备协作、共享工作；

（二）规划全区仪器设备资源共享的发展目标和任务；

（三）审定全区仪器设备资源共享制度和办法；

（四）筹措全区仪器设备资源共享的建设资金；

（五）表彰和奖励全区仪器设备资源共享先进集体和个人。

第六条　领导小组下设自治区大型科学仪器协作共用领导小组办公室（以下简称大仪办）。大仪办设在自治区科技厅，负责全区大型科学仪器设备协作共用体系的建设及日常管理工作。主要职责是：

（一）负责全区仪器设备资源协作共用的组织协调工作；

（二）制定全区仪器设备资源共享制度、办法；

（三）负责大型科学仪器协作共用网的管理工作；

（四）受理仪器设备拥有单位参与协作共用的申请；

（五）审定仪器设备的购置、升级改造计划及方案；

（六）考核和评议协作共用仪器机构的服务质量和效果；

（七）组织开展仪器设备技术交流、培训及宣传工作；

（八）负责仪器设备共享的表彰奖励工作。

第三章　新购大型科学仪器设备的联合评议与管理

第七条　为从源头上控制仪器设备的重复和盲目购置，提高财政资金的使用效益，凡利用国家和地方财政资金购置单台价值在 30 万元以上的仪器设备，自治区科技厅、财政厅从全区科学研究及应用实际出发，围绕新购仪器设备的必要性、合理性等方面开展联合评议工作。联合评议工作按以下要求和程序进行：

（一）联合评议的主要内容：1. 是否承担国家和自治区重大科技计划项目或任务；2. 通过协作共用途径能否满足需要；3. 是否有较大的使用工作量或社会需求；4. 是否具备安装大型科学仪器设备的条件及技术与操作人员保障。

（二）自治区科技厅、财政厅共同发布《自治区新购大型科学仪器设备联合评议目录》（简称《目录》），委托大仪办具体组织实施联合评议工作。

（三）各单位申请购置《目录》内的仪器设备时，应按照自治区财政厅预算编制和项目管理的要求，提前一个年度对下一年度购置仪器设备的可行性进行论证，并报送自治区财政厅。自治区财政厅委托大仪办对相关购置计划进行联合评议。

（四）大仪办组织专家进行评议，并依据评议结果，出具评议意见。对通过评议的购置计划，自治区财政厅结合财力情况，核定、批准各单位新购仪器设备的预算。未经评议程序的购置申请，原则上不予资金安排。

第八条　用财政资金购置的仪器设备归国家所有，由购置单位纳入固定资产台账进行日常管理，并及时向大仪办报送新购仪器设备共享信息，纳入自治区仪器设备资源库，实施社会共享。

第四章　协作共用的基本要求

第九条　参与协作共用大型科学仪器设备的基本要求是：

（一）仪器设备的性能指标符合共享要求或具有特殊功能；

（二）仪器设备单位具备完善的管理和运行制度；

（三）仪器设备运行正常，并能够保证一定的对外服务机时；

（四）仪器设备操作人员具有相关岗位技能证书，并具备相应的操作经验和能力。

第十条　入库协作共用仪器设备实行动态管理。大仪办不定期对参与协作共用仪器设备的种类和数量进行调整，以保证协作共用仪器设备能够正常对外服务。

第五章　权利和义务

第十一条　仪器设备的拥有单位参与协作共用和开放共享不需缴纳任何费用。

第十二条　仪器设备对外共享使用，拥有单位具有以下权利：

（一）可获得收取成本费用的权利；

（二）对全额拨款单位仪器设备的对外共享服务，给予运行经费的补贴。对定额拨款单位仪器设备的对外共享服务，根据服务效果给予一定补贴。对共享效果好的单位，还可获得相应的奖励支持；

（三）可获得参加大仪办组织的技术培训与技术交流的权利。

第十三条　仪器设备对外共享使用，拥有单位具有以下义务：

（一）符合共享要求的大型科学仪器设备必须参与共享服务，并与大仪办签订《自治区大型科学仪器设备对外共享服务承诺书》；

（二）不以营利为目的；

（三）保持仪器设备完好，并保证一定的对外服务机时；

（四）为用户提供必备的技术保障；

（五）保证分析测试等结果的准确可靠；

（六）为用户保守技术秘密；

（七）做好服务记录，建立健全服务资料档案的管理制度。

第六章　共享收费管理

第十四条　协作共用的仪器设备对外服务收费，可参照国家和自治区有关规定执行，原则上只收取使用成本费。收费标准应进行公示。

第十五条　在自治区科技基础条件建设专项中，安排一定的资金用于仪器设备共享工作经费、升级改造和补贴奖励经费。

第七章　考核与激励机制

第十六条　为强化全区大型科学仪器设备的社会共享效果，建立仪器设备共享工作考核与绩效评价机制，并逐步解决重要仪器设备向社会开放的费用开支。

第十七条　大仪办每年度对各单位仪器设备的运行和社会共享情况，进行工作考核和绩效评价。考评结果作为相关单位以后购置预算安排和获得运行补贴及奖励的重要依据。

第八章　附　则

第十八条　本办法由自治区科技厅、财政厅负责解释。

第十九条　本办法自修订之日起执行。

深圳市人民政府办公厅关于印发《深圳市促进重大科研基础设施和大型科学仪器共享管理暂行办法》的通知

深府办〔2016〕33 号

各区人民政府，市政府直属各单位：

《深圳市促进重大科研基础设施和大型科学仪器共享管理暂行办法》已经市政府同意，现印发给你们，请遵照执行。

深圳市人民政府

2016 年 10 月 25 日

深圳市促进重大科研基础设施和大型科学仪器共享管理暂行办法

第一条 为促进我市重大科研基础设施和大型科学仪器的共享，降低科技创新成本，提高科技资源使用效率，增强科技创新能力，根据《国务院关于国家重大科研基础设施和大型科研仪器向社会开放的意见》（国发〔2014〕70号）、《广东省人民政府促进大型科学仪器设施开放共享的实施意见》（粤府函〔2015〕347号）和市委市政府《关于促进科技创新的若干措施》（深发〔2016〕7号）等文件要求，制定本暂行办法。

第二条 本市行政区域内的重大科研基础设施和大型科学仪器共享，适用本暂行办法。法律、法规、规章、上级文件另有规定的，从其规定。

第三条 本暂行办法所称的重大科研基础设施和大型科学仪器，是指单台套原值在30万元以上用于科学研究和技术开发活动的科学仪器、专用软件和实验装置、设施（以下统称大型科学仪器设施）。其中科学仪器设备可以分为分析仪器、物理性能测试仪器、计量仪器、电子测量仪器、海洋仪器、地球探测仪器、大气探测仪器、特种检测仪器、激光器、工艺试验仪器、计算机及其配套设备、天文仪器、医学科研仪器、核仪器、其他仪器等15类。

本暂行办法所称的共享，是指本市行政区域内的高等学校、科研院所、企业等管理大型科学仪器设施的单位（以下简称管理单位）将完全或主要利用财政资金或国有资本出资购置、建设的大型科学仪器设施，在满足自身使用需求之外向社会开放，由其他单位、个人（以下统称用户）用于科学研究和技术开发的行为。

第四条 建立深圳市大型科学仪器设施共享联席会议制度，联席会议由市科技创新委、发展改革委、经贸信息委、财政委、市场和质量监管委、教育局、国资委等部门组成，市政府分管负责同志为联席会议总召集人。

联席会议办公室设在市科技创新委，负责对大型科学仪器设施共享活动的日常统筹协调和组织实施。

第五条 深圳市大型科学仪器设施资源共享管理中心（以下简称市共享管理中心），承担全市科研设施与仪器开放共享服务平台及其信息库的建设、管理和维护、共享服务评价以及协调管理单位向社会提供开放服务等工作。市共享管理中心应建立和完善市大型科学仪器设施共享服务平台（以下简称市共享服务平台）。

市共享服务平台应当向管理单位和用户提供大型科学仪器设施共享的信息查询、服务推介、技术培训等服务，对仪器设施实行分类管理。

市共享服务平台应当根据国务院有关部门和广东省的需要，参与全国及全省大型科学仪器设施协作共用网络建设。

第六条 在市财政科技研发资金中安排深圳市大型科学仪器设施共享资金（以下简称共享资金），用于全市科研设施与仪器开放共享服务平台及数据库的建设、管理和维护、共享服务评价和协调服务及新购、新建大型科学仪器设施评议等工作。

共享资金可按照我市科技创新券有关规定使用。

第七条 建立市级新购大型科学仪器设备联合评议制度。大型科学仪器设施管理单位向市政府采购中心提出新购、新建大型科学仪器设备设施需求，由市政府采购中心提交联席会议办公室，对新购、新建大型科学仪器设施的必要性组织开展联合评议。

第八条 凡本市行政区域内的高等学校、科研院所、企业等管理大型科学仪器设施的单位申请市、区财政资金全额或者部分出资新购、新建单台价格在50万元以上的大型科学仪器设施，用于科学研究、技术开发及其他科技活动的，除另有规定外，均应列入联合评议范围。本市已有同类大型科学仪器设施提供的共享服务，可以满足申请单位相关科学研究和技术开发活动需要的，不予批准其新购、新建的申请。

新购的大型科学仪器设备已通过国务院有关部门联合评议的，我市不再另行组织联合评议，申请单位应当将国务院有关部门评议结果及相关材料报我市联合评议办公室备案。

第九条 新上科研项目应统筹考虑和严格控制购置科学仪器设备。将优先利用现有科学仪器设施开展科研活动作为获得市、区各类科技计划支持的重要条件。

鼓励其他企业和社会机构参与共建重大科技基础设施，组建专业的科学仪器设备服务机构，促进科学仪器设备使用的社会化服务。

第十条 属于本暂行办法第三条规定的新购、新建大型科学仪器设施，其管理单位原则上应当在完成安装、调试验收之日起1个月内，向市共享管理中心报送其名称、类别、型号、应用范围、服务价格、存放地点等详细信息。已有的大型科学仪器设施，管理单位原则上应在本暂行办法实施之日起6个月内完成报送。

对于单台套价值在30万元以下的科学仪器设施，管理单位可自愿申报加入共享服务。鼓励其他企业和社会机构将利用自有资金购置、建设的大型科学仪器设施参与开放共享服务。

鼓励国防科研单位在不涉密条件下探索开展大型科学仪器设施向社会开放服务。

第十一条 经市共享管理中心审查核实，在共享平台门户网站公布的仪器设施即为共享平台入网仪器设施（简称入网仪器设施）。入网仪器设施面向社会服务，其管理单位享有相应的权利，履行应有义务。

对纳入国家网络管理平台统一管理、享受科教用品和科技开发用品进口免税政策的科学仪器设备，在符合监管条件的前提下，准予用于其他单位的科技开发、科学研究和教学活动。

第十二条 管理单位对外提供开放共享服务，按照有关规定，可以按照成本补偿和非盈利性原则收取综合服务费，用于材料消耗、水、电等运行费以及人力成本的支出，服务收入纳入单位预算，由单位统一管理。

管理单位应在满足单位科研教学需求的基础上，最大限度推进科研设施与仪器对外开放，提高资源利用率。

第十三条　管理单位提供共享服务，应当与用户签订合同，约定服务内容和收费标准、知识产权归属、保密要求、损害赔偿、违约责任、争议处理等事项。

第十四条　本市应建立健全大型科学仪器设施共享的评价考核制度，制定评价标准和办法，定期对科学仪器设施的运行情况、管理单位开放制度的合理性、开放程度、服务质量、服务收费和开放效果进行评价考核，评价考核结果应向社会公布，并作为管理单位科研仪器设施设备更新和承担科技计划项目的重要依据。

第十五条　对不按规定如实上报科研设施与仪器数据、不按规定公开开放与利用信息，开放效果差，使用效率低，评价考核结果落后的管理单位，市科技创新委会同有关部门予以通报，限期整改，并采取停止管理单位新购仪器设备、在申报科技计划（专项、基金等）项目时不准购置仪器设备等方式予以约束。对负有直接责任的主管人员和其他直接责任人员依法追究行政责任。

第十六条　市共享管理中心和管理单位应当加强管理和操作大型科学仪器设施人员业务培训。市人力资源部门及管理单位应当落实大型科学仪器设施管理人员和实验技术人员岗位、培训、薪酬、评价等政策。

第十七条　市科技创新委应当根据本暂行办法，制定实施细则。

第十八条　本暂行办法由市政府办公厅负责解释。

第十九条　本暂行办法自 2016 年 11 月 1 日起施行，有效期 3 年。

深圳市科技创新委员会关于印发《深圳市促进重大科研基础设施和大型科学仪器共享管理暂行办法实施细则》的通知

深科技创新〔2017〕117号

各有关单位：

为进一步推动大型科学仪器设施共享工作，根据《深圳市促进重大科研基础设施和大型科学仪器共享管理暂行办法》（深府办〔2016〕33号）的有关规定，结合我市实际，我委制定了《深圳市促进重大科研基础设施和大型科学仪器共享管理暂行办法实施细则》，现予印发，请遵照执行。

深圳市科技创新委员会

2017年5月3日

深圳市促进重大科研基础设施和大型科学仪器共享管理暂行办法实施细则

第一章　总　则

第一条　为促进我市重大科研基础设施和大型科学仪器的共享，根据《深圳市促进重大科研基础设施和大型科学仪器共享管理暂行办法》（以下简称《办法》）规定，制定本实施细则。

第二条　《办法》第三条第一款所称的“科学研究和技术开发活动”是指新技术、新产品等的研制开发及科技创新活动，不包括法定测试、检验、医疗服务、批量生产等非研究开发行为。

第三条　《办法》第三条第二款规定用于共享的“大型科学仪器设施”是指本市行政区域内的高等学校、科研院所、企业等单位利用超过30%（含30%）的财政资金或国有资本出资购置、建设且单台套原值超过30万元（含30万元）的大型科学仪器设施。

本市行政区域内涉密仪器不在《办法》规定共享范围之内。

第二章　信息报送

第四条　本市行政区域内负责管理大型科学仪器设施的高等学校、科研院所、企业等单位（以下统称管理单位）应当按照《办法》第十条要求向深圳市大型科学仪器设施资源共享管理中心（以下简称市共享管理中心）报送大型科学仪器设施的名称、类别、型号、应用范围、服务价格、存放地点等详细信息。

管理单位应制定本单位的大型科学仪器设施开放共享管理制度，指定责任部门和责任人负责本单位大型科学仪器设施的信息报送和开放共享工作，责任部门和责任人须在市共享管理中心备案。

第五条　管理单位应在市共享管理中心确定的深圳市大型科学仪器共享平台门户网站（以下简称共享平台），通过大型科学仪器设施信息报送系统填报相关信息。相关信息经市共享管理中心审查核实后在共享平台发布。

第六条　对于新购、新建的大型科学仪器设施，管理单位应当在安装调试验收完成之日起1个月内，在共享平台上报送相关信息。管理单位应保证信息的真实性和完整性。

第七条　已有的大型科学仪器设施，管理单位应在本实施细则发布之日起两个月内完成信息报送。因特殊情况在两个月内报送确有困难的，管理单位应在共享平台上向市共享管理中心提交延迟报送大型科学仪器设施信息申请书。市共享管理中心同意延期报送的，管理单位应当自市管理中心同意延期之日起三个月内完成信息报送。

第八条 大型科学仪器设施信息发生变化的，管理单位应在发生变化后一个月内在共享平台上更新信息，确保信息的及时有效、准确完备。

第九条 市共享管理中心应当对管理单位报送的本市大型科学仪器设施信息进行汇总、分类，并通过共享平台向社会发布。

第十条 市共享管理中心对管理单位报送信息的真实性、完整性进行年度抽查，并将抽查情况通过共享平台向社会公布。抽查结果作为年度大型科学仪器设施共享服务考核评估依据。

第十一条 鼓励管理单位将非财政资金或非国有资产购置、建设的大型科学仪器设施的信息或信息库向市共享管理中心报送，通过共享平台向社会发布。

第三章 共享与服务

第十二条 经市共享管理中心审查核实，在共享平台公布的仪器设施即为共享平台入网仪器设施（以下简称入网仪器设施），入网仪器设施面向社会其他单位、个人（以下统称用户）提供服务。

第十三条 用户通过共享平台预约使用入网仪器设施的，管理单位应当与用户签订合同，约定服务内容、收费标准、知识产权归属、保密要求、损害赔偿、违约责任、争议处理等事项。

第十四条 用户与管理单位签订合同后，各自履行相关义务，共同完成合同约定的各项服务内容。

第十五条 管理单位对外提供开放共享服务，按照有关规定，可以按照成本补偿和非盈利性原则收取综合服务费，用于材料消耗、水、电等运行费以及人力成本的支出，服务收入纳入单位预算，由单位统一管理。鼓励管理单位将该收入的相应部分作为人力成本支出，按照一定比例发放给大型科学仪器设施管理和操作人员。

第十六条 为鼓励大型科学仪器设施共享，降低共享服务成本，用户可依照市科技创新券规定使用创新券抵扣部分共享服务费。

第十七条 在完成共享服务后，管理单位应在共享平台填报共享服务过程的相关信息（如服务时间、数量、人员、费用等）并经用户确认，用户有义务对管理单位提供的服务进行评价，管理单位有义务对用户的履约情况进行评价，为市共享管理中心考核评估全市共享服务情况提供依据。

第十八条 市共享管理中心和管理单位应当加强定期组织各项业务技能培训，提高大型科学仪器设施管理和操作人员业务素质。

市共享管理中心应加强共享平台和相关政策的宣传推广力度，扩大共享范围，提高共享效率。

第四章　联合评议

第十九条　市大型科学仪器设施共享联席会议办公室（以下简称联席会议办公室）设在市科技创新委员会，在市大型科学仪器设施共享联席会议（以下简称联席会议）的指导下，负责制定大型科学仪器设施评议的标准、程序、方法，组织实施本市市级财政经费安排范围内的联合评议工作，遵循“统筹规划、合理布局、需求导向、开放共享”的原则，对新购、新建大型科学仪器设施的必要性进行评议。

第二十条　管理单位申请使用市财政资金全额或者部分出资新购、新建单台套价格在50万元（含50万元）以上的大型科学仪器设施的，需提交大型科学仪器设施购置联合评议申请，申请报告内容包括：购置建设目标的必要性，科研项目的需求程度、共享方案、购置的预算方案和实施管理能力等内容。

第二十一条　评议申请由市共享管理中心收集后，上报联席会议办公室，联席会议办公室按照“公开、公平、公正、规范”的原则，组织技术、经济、管理等相关领域的专家或委托中介机构，对申购的大型科学仪器设施进行评议。

联合评议内容包括：

（一）申请单位现有大型科学仪器设施共享服务及使用情况；

（二）本市现有同类仪器设施的资源状况（如分布、使用状况）；

（三）相关科学发展和科研需要购置仪器设施的合理性和必要性；

（四）新购仪器设施的共用共享方案。

第二十二条　市共享管理中心自联合评议之日起四十个工作日内向申请单位反馈评议结果。该评议结果是市政府采购中心对新购、新建大型科学仪器设施采购合规性审查的证明材料之一。评议结果为不予批准的，申请单位应自行按有关程序向原经费（项目）审批部门申请调整采购品目。

第二十三条　区财政资金出资的新购、新建的大型科学仪器设施可参照本实施细则进行评议。评议结束后，应将评议结果报联席会议办公室备案。

第五章　考核评估

第二十四条　市共享管理中心按照“公开、公平、公正”的原则，每年对全市大型科学仪器设施共享服务情况进行考核评估。

第二十五条　凡加入市共享服务平台的管理单位，都须接受共享服务情况的考核评估。

第二十六条　对管理单位大型科学仪器设施共享服务情况的考核评估内容包括：大型科学仪器设施共享服务业绩（包括共享服务机时数、年度共享服务仪器用户数、共享服务合同签约数、合同金额及到账金额等）、服务质量（包括内部的服务质量管理、用户满意度等）、功能开发、人才培养（包括管理和技术人员配备情况、技能培训情况）及信息公开（包括仪器信息填报完整性、信息及时更新等）等情况。

第二十七条 管理单位大型科学仪器设施共享服务情况考核评估期为上一年的 1 月 1 日到 12 月 31 日，考核评估流程如下：

（一）管理单位按照市共享管理中心每年发布的考核评估通知，在规定的时间内按照考核评估要求如实填报考核评估材料。

（二）市共享管理中心组织专家或委托中介机构进行考核评估。实施考核评估时，可采用现场抽查的办法，包括对共享服务相关原始记录和大型科学仪器设施运行管理情况的核实。

考核评估结果分为优秀、合格、不合格，市共享管理中心在一个月内将考核结果上报市科技创新委员会和联席会议其他成员单位，并通过各主管部门和共享平台向社会公布。

第六章　附　则

第二十八条 有下列情形之一的，由市共享管理中心责令限期整改。逾期不整改的，市共享管理中心将有关情形上报市科技创新委员会和联席会议其他成员单位，市科技创新委员会会同联席会议其他成员单位予以通报，并采取停止管理单位新购仪器设备、在申报科技计划（专项、基金等）项目时不准购置仪器设备等方式予以约束：

（一）管理单位错报、漏报、瞒报大型科学仪器设施相关信息的；

（二）管理单位未提供开放共享服务或开放共享时间较少、用户投诉次数多、用户评价较差的；

（三）管理单位经考核，评价结果为不合格的。

第二十九条 本实施细则由市科技创新委员会负责解释。

第三十条 本实施细则自发布之日起施行，有效期 3 年。

厦门市科学技术局　厦门市财政局　厦门市人力资源和社会保障局关于印发《厦门市科学仪器设备资源共享管理办法》的通知

厦科规〔2021〕1号

各有关单位：

《厦门市科学仪器设备资源共享管理办法》已完成修订，现印发给你们，请遵照执行。

厦门市科学技术局
厦门市财政局
厦门市人力资源和社会保障局
2021年3月29日

厦门市科学仪器设备资源共享管理办法

第一章　总　则

第一条　为贯彻落实《国务院关于国家重大科研基础设施和大型科研仪器向社会开放的意见》《福建省人民政府关于推进重大科研基础设施和大型科研仪器向社会开放服务的实施意见》《中共厦门市委　厦门市人民政府关于实施高技术高成长高附加值企业倍增计划的意见》等文件精神，提高我市科学仪器设备利用效率，推动其向社会开放共享，制定本办法。

第二条　本办法所称的开放共享，是指管理单位将科学仪器设备向社会开放，由其他单位、个人用于科学研究和技术开发活动。开放共享的科学仪器设备，包括但不限于政府预算资金投入并用于科研开发活动的大型科学装置、科学仪器中心、科学仪器服务单元等。

第三条　厦门市科学仪器设备资源共享秉承“创新、协调、绿色、开放、共享”的新发展理念，合理配置科技资源，共享社会资源，服务科技创新，为我市创新驱动发展战略提供支撑和保障；最大限度发挥现有各类设施、设备的作用，最大限度减少重复购置。

第四条　对于享受科教用品和科技开发用品进口免税政策的科学仪器设备，在纳入厦门市科学仪器设备资源共享平台（以下简称市共享平台）统一管理、符合监管条件的前提下，准予用于用户的科技开发、科学研究和教学活动。

第二章　组织机构与职责

第五条　厦门市科学技术局负责统筹推进我市科学仪器设备开放共享工作，主要包括：

（一）制订出台科学仪器设备共享管理办法。

（二）按照政策兑现扶持资金。

（三）遴选市共享平台运营单位。

（四）与国家重大科研基础设施和大型科研仪器国家网络管理平台进行对接等。

（五）协调解决与共享相关的其他事宜。

第六条　市共享平台运营单位，主要职责如下：

（一）接受市科技局委托、指导和监督，协助开展我市科学仪器设备开放共享工作。

（二）负责市共享平台的建设、运行维护、网站安全、制度建设等工作。

（三）引导有条件的科研单位自愿加入市共享平台，督促市共享平台成员单位向社会提供开放服务；指导市共享平台成员单位做好运行和服务情况记录，对服务完成情况和服务质量进行监督与统计分析。

（四）组织开展政策宣讲、技术培训、对接交流及其他与市共享平台有关的日常管理工作。

（五）协助制定市共享平台运营管理和绩效评估方案，协助组织开展绩效评估和管理工作。

（六）协助开展与国家重大科研基础设施和大型科研仪器国家网络管理平台技术衔接等。

第七条　加入市共享平台的单位，应具备以下条件：

（一）拥有符合共享条件的科学仪器设备，且同意提供对外开放服务，能够为用户保守技术和商业秘密。

（二）建立完善的科学仪器设备开放共享管理制度，安排专人（含技术人员）负责仪器设备开放共享管理。

（三）遵循市共享平台的管理要求，及时更新和公布科学仪器设备信息及收费标准，收费可以按照成本补偿和非盈利性原则收取材料消耗费和水、电等运行费，还可以根据人力成本收取服务费。

（四）落实实验技术人员岗位、培训、薪酬、评价、奖惩等政策。

第三章　共享条件与程序

第八条　市财政资金购置的在适用范围内的单台（套）价值在30万元及以上的科学仪器设备（涉及国家秘密或国家有特殊要求的除外），须纳入市共享平台管理，对社会开放。市科技局立项扶持的公共技术服务平台，购置的科学仪器设备应在平台建设期内加入厦门市科学仪器设备资源共享网，未按期加入的，平台验收后不予拨付其资助尾款。市财政资金资助建设的技术创新中心、实验室、重点实验室、新型研发机构、公共技术服务平台，在评估时未进行仪器设备开放共享的将视为评估不合格。鼓励非财政性资金建设、购置的科学仪器设备对外开放共享。

第九条　加入市共享平台的程序如下：

（一）在市共享平台网站进行注册登记；

（二）市共享平台运营单位审核信息；

（三）在市共享平台网站填录或导入仪器设备信息，按照平台使用规则完成服务记录；

（四）在市共享平台网站公布服务收费标准。

第四章 扶持政策

第十条 在市共享平台的单台（套）价值30万元及以上的科学仪器设备，对外提供共享服务并收费的，享受财政扶持政策。成员单位对外开展共享服务，收费标准应在市共享平台公布。成员单位对外开展共享服务，不包含为股东、母子公司、同一法人单位内不同部门等关联方提供的服务。

（一）服务奖励。成员单位应完整记录共享仪器设备使用单位名称、使用的仪器设备名称及型号、起止时间、双方经办人等信息资料，并在服务完成后3个月内，开具正式有效收费票据。每年以服务单位数和服务总金额为依据给予在厦成员单位服务奖励。

1. 服务对象为3～20家（含）或服务总金额少于200万元（含），按服务总金额10%予以奖励，最高10万元。

2. 服务对象超过20家或服务总金额超过200万元，按服务总金额15%予以奖励，最高40万元。

在厦成员单位的奖励金额，按服务企业数或服务总金额孰低原则兑现奖励资金。

为在厦“三高”企业提供服务的，奖励标准提高至服务金额的30%，每家在厦成员单位每年奖励上限提高到100万元。

（二）使用补助。在厦“三高”企业或新引进重点单位（签订协议后5年期内）使用共享科学仪器设备，按实际发生费用的30%给予补助，每家每年补助最高50万元。

第十一条 使用方已享受企业研发经费补助计划、成员单位已享受中小企业公共服务平台扶持政策的单位，按就高不重复原则予以补助。

第十二条 申请补助需提供的资料：

（一）在厦成员单位申请服务奖励，需提交以下材料：

1. 科学仪器设备资源共享服务奖励申请表及证明材料；

2. 有效票据及收款凭证复印件（票据应备注“共享科学仪器设备使用费”）。

（二）在厦“三高”企业及新引进重点单位，申请使用共享科学仪器设备补助，需提交以下材料：

1. 科学仪器设备资源共享优惠补贴申请表；

2. 新引进重点单位与市（区）政府或其相关部门签订的协议复印件；

3. 有效票据及付款凭证复印件；

4. 开展研发活动证明材料（项目任务书、合同书、立项文件等）。

第十三条 扶持资金申请审批程序：

（一）申报与审核。申请单位根据通知网上申报，市科技局或平台运营单位审核申报材料；

（二）集体研究。审核通过的，报局办公会研究决定；

（三）公示与行文。局办公会研究通过的名单在市科技局官网公示5个工作日，接受社会监督；公示无异议的单位，市科技局印发文件，予以资助。

第五章 评估与监督

第十四条 已建有内部仪器设备共享平台的在厦高校、科研院所（内部共享平台拥有至少30台/套或价值1亿元以上可共享的科学仪器设备），与市共享平台对接后，按照自愿的原则参加评估。评估每年开展一次，具体由共享平台运营单位负责实施，必要时邀请专家参与。

第十五条 评估内容包含组织管理情况、运行使用情况、共享服务成效等。评估实行百分制：85分以上（含）为优秀、75分以上（含）为良好、60分以上（含）为合格、60分以下为不合格。评估结果在市科技局网站公示5个工作日。

经评估合格及以上单位，提供开放共享获得的服务收入和服务奖励，可作为实施绩效工资的经费来源，且不纳入单位绩效工资总额。单位内部绩效工资分配时，共享服务收入和服务奖励资金，扣除仪器设备运行成本后，用于仪器设备管理和操作人员的分配标准为：评估优秀的按60%发放，评估良好的按50%发放，评估合格的按40%发放。

评估不合格的单位，在市科技局网站予以通报，限期整改。

第十六条 市共享平台运营单位每年制定年度目标和工作计划。市科技局以购买服务方式与其签订合同，明确要求，并给予一定的工作经费补助。

第十七条 仪器设备应纳未纳的单位一经发现，将不能再申请科技资金扶持，直至纳入为止。对管理过程中存在弄虚作假、徇私舞弊获得补助、奖励的单位，一经发现，市科技局追回已拨付资金，并依法依规将该单位列入失信惩戒名单，按规定公开。

第六章 附 则

第十八条 本办法由市科技局负责解释。

第十九条 本办法自颁布之日起施行，有效期五年。

【管理办法与细则·管理服务平台】

吉林省科学技术厅　吉林省财政厅关于印发《吉林省科技资源共享服务平台管理办法》的通知

吉科发财〔2018〕298号

各市（州）科技局、财政局，长白山管委会社会办、财政局，中省直高等院校、科研院所：

为深入实施创新驱动发展战略，规范管理科技资源共享服务平台，推进科技资源开放共享，依据《国家科技资源共享服务平台管理办法》（国科发基〔2018〕48号），吉林省科学技术厅、吉林省财政厅共同研究制定了《吉林省科技资源共享服务平台管理办法》，现印发给你们，请遵照执行。

吉林省科学技术厅　吉林省财政厅

2018年11月7日

吉林省科技资源共享服务平台管理办法

第一章　总　则

第一条　为深入实施创新驱动发展战略，落实《科技部　财政部关于印发〈国家科技资源共享服务平台管理办法〉的通知》（国科发基〔2018〕48 号）精神，规范管理吉林省科技资源共享平台（以下简称共享平台），推进科技资源开放共享，提高科技资源利用效率，促进创新创业，为加速吉林经济振兴提供科技支撑，特制定本办法。

第二条　共享平台属于基础支撑与条件保障类科技创新基地，面向全省科技创新、经济社会发展和创新社会治理等需求，加强优质科技资源有效集成，提升科技资源使用效率，为科学研究、技术进步和社会发展提供信息化、社会化的科技资源共享服务。

第三条　本办法所称的共享平台主要指围绕我省深入实施创新驱动发展战略，重点利用科研设备设施、科学数据、生物种质、实验材料等科技资源而设立的专业化、综合性公共服务平台。

科研设施和仪器等科技资源，按照《国务院关于国家重大科研基础设施和大型科研仪器向社会开放的意见》（国发〔2014〕70 号）、《国家重大科研基础设施和大型科研仪器开放共享管理办法》（国科发〔2017〕289 号）和《吉林省人民政府关于进一步推进科研基础设施和大型科研仪器向社会开放的若干意见》（吉政发〔2015〕25 号）进行管理。图书文献等科技资源，依据相关管理章程和管理办法进行管理。

第四条　共享平台管理遵循合理布局、整合共享、分级分类、动态调整的基本原则，加强能力建设，规范责任主体，促进开放共享。

第二章　管理职责

第五条　省科技厅、省财政厅为共享平台的管理部门，对共享平台的运行维护和共享服务给予必要的支持，主要职责是：

1. 制定共享平台发展规划、管理政策和标准规范；

2. 确定共享平台总体布局，协调组建共享平台，批准共享平台的建立、调整和撤销，推动共享平台建设，促进科技资源整合与共享服务；

3. 建设共享平台门户系统即“吉林省科技资源共享网”（以下简称共享网）；

4. 负责共享平台管理工作，支持和监督共享平台管理、运行与服务；

5. 组织开展共享平台运行服务评价考核工作，根据评价考核结果给予相关经费支持；

6. 指导有关部门、各市、州（县、市、区）政府科技管理部门开展共享平台工作。

第六条 吉林省科技创新平台管理中心（以下简称平台中心）、吉林省科学技术信息研究所、吉林省计算中心受省科技厅、省财政厅委托承担共享网的建设和运行，以及共享平台的考核、评价等管理工作。

第七条 共享平台的依托单位应选择有条件的高等院校、科研院所等，是共享平台建设和运行的责任主体，主要职责是：

1. 制定共享平台规章制度和相关标准规范，编制年度工作方案并组织实施；

2. 负责共享平台的科技资源整合、更新、整理和保存，确保资源质量；

3. 负责共享平台的在线服务系统建设和运行，开展科技资源共享服务，做好服务记录；

4. 负责共享平台的建设、运行与管理并提供支撑保障，根据需要配备软硬件条件和专职人员队伍；

5. 配合完成相关部门组织的评价考核，接受社会监督；

6. 按规定管理和使用共享平台的财政经费，保证经费的单独核算、专款专用。

第三章　组建条件

第八条 利用财政性资金形成的科技资源，除保密要求和特殊规定外，必须面向社会开放共享。鼓励重点实验室、创新基地（工程技术研究中心）、院士工作站以及社会资本投入形成的科技资源发挥自身优势，通过共享平台面向社会开放共享。

第九条 省科技厅、省财政厅共同建设共享网。共享网是共享平台的科技资源信息发布平台和网络管理平台，按照统一标准接受和公布科技资源目录及相关服务信息，具备承担平台组建、运行管理和评价考核等工作的在线管理功能。

第十条 共享平台应具备以下基本条件：

1. 依托单位具有保障运行服务的组织机构、管理制度和共享服务机制，无科研诚信不良记录，无行政处罚记录；

2. 拥有较大体量的科技资源或特色资源，建立了符合资源特点的标准规范、质量控制体系和资源整合模式，在本专业领域或区域范围内具有一定影响力，具备较强的科技资源整合能力；

3. 科技资源按照国家标准进行标识，资源信息合格，更新及时；共享服务的方向清晰、服务对象明确，建立符合资源特点的服务模式并能够开展服务活动，取得良好服务效果；

4. 拥有共享平台建设所需的资金筹措能力，能够成为共享平台运行与管理的投入主体，拥有自有资金投入能力；

5. 共享平台应拥有保障共享平台建设、运行与服务所需的科研基础设施和必要的科研仪器，具有稳定的管理与科技服务人才团队，专职人员数量应满足平台需要。

第四章　评估认定

第十一条　省科技厅会同省财政厅将共享平台纳入科技发展计划项目管理，在省级科技发展计划项目指南中发布年度共享平台组建的重点方向、内容等具体要求。依托单位在前期组建的基础上，按照共享平台组建要求填写相关申报材料，经本单位审核后报省科技厅、省财政厅。

第十二条　省科技厅、省财政厅组织专家对申报的共享平台进行答辩认证，并组织专家或委托专业机构对共享平台牵头单位及配合单位的共享平台前期组建情况进行可行性论证（评估）和实地考察。

第十三条　通过专家论证和实地考察评估后，经省科技厅、省财政厅审定通过的共享平台，在省科技厅门户网站公示一周无异议后，授予“吉林省×××科技资源共享平台”称号，并通过省科技发展计划项目予以支持。

第五章　实施运行

第十四条　共享平台的主要任务包括：

1. 结合国家战略和吉林省经济社会发展的需求，持续开展重要科技资源的收集、整理、保存工作；

2. 承接科技计划项目实施形成的科技资源汇交、整理和保存任务；

3. 开展科技资源的社会共享，面向各类科技创新活动提供公共服务，开展科学普及，根据创新需求整合资源开展定制服务；

4. 建设和维护在线服务系统，开展科技资源管理与共享服务技术研究和应用。

第十五条　利用财政性资金投入共享平台形成的固定资产、文献与数据资源、科技成果和知识产权等科技资源，授权建设单位享有，并依法依规纳入共享平台，对外开放共享。

第十六条　省科技厅牵头与依托单位签订共享平台组建任务书，依托单位与共建单位需明确责任和义务，认真履行预定完成组建任务，共享平台每年向省科技厅提交共享服务报告。

第十七条　依托单位要按照有关要求，建立应急管理和容灾备份机制，健全网络安全保障体系，为资源保存提供所需要的软硬件每件。

第十八条　共享平台涉及内部管理重大变化、主要人员变动等重大事项或重要内容，由本单位审核后确认，并报省科技厅备案。

第十九条　共享平台应建立符合国家知识产权保护和安全保密等有关规定的制度，保护科技资源提供者的知识产权和利益。

第二十条　建立共享平台科技资源的内部动态调整机制，及时整合相关科技资源纳入平台。经认定的共享平台资源必须通过共享网公布科技资源目录及相关服务信息。全社会的科技资源拥有者均可通过共享网公布科技资源信息。

第六章　考核评价

第二十一条　省科技厅、省财政厅组织对共享平台进行分类考核评价，重点考核科技资源整合能力、服务成效、组织运行管理及专项经费使用情况等内容。考核评价采取用户评价、门户系统在线测评、专家综合评价和实地考察等方式，每两年考核一次。

第二十二条　省科技厅、省财政厅委托平台中心、吉林省科学技术信息研究所、吉林省计算中心开展共享平台的考核评价。根据各共享平台报送的运行服务记录、服务成效等材料，组织专家进行评价考核，考核结果报省科技厅、省财政厅。

第二十三条　省科技厅、省财政厅确定考核评价结果，通过共享网予以公示和公布，并根据考评结果，择优给予共享平台后补助支持。

第二十四条　省科技厅、省财政厅根据考核评价结果对共享平台进行动态调整。对于考核评价结果较差的责成其限期整改，仍不合格的不再纳入共享平台序列。

第二十五条　依托单位应如实提供运行服务记录、服务成效及相关材料。凡弄虚作假、违反学术道德的，将取消申报和参加考核评价资格，并视具体情况予以严肃处理。

第七章　附　则

第二十六条　本办法由省科技厅和省财政厅负责解释。

第二十七条　本办法自发布之日起实施。

关于印发《上海市大型科学仪器设施信息报送办法》的通知

沪科规〔2019〕10 号

各有关单位：

为深入实施创新驱动发展战略，促进科技资源优化配置和高效利用，持续推动科技资源的开放共享，根据《上海市促进大型科学仪器设施共享规定》，市科委对 2014 年制定的《上海市大型科学仪器设施信息报送办法》进行了修订。

现将修订后的《上海市大型科学仪器设施信息报送办法》印发给你们，请认真贯彻执行。原《上海市大型科学仪器设施信息报送办法》（沪科〔2014〕第 407 号）同时废止。

特此通知。

上海市科学技术委员会
2019 年 9 月 5 日

上海市大型科学仪器设施信息报送办法

第一条 为促进本市大型科学仪器设施的信息公开和资源共享，根据《上海市促进大型科学仪器设施共享规定》（以下简称《共享规定》），制定本办法。

第二条 《共享规定》第二条所称的一定价值限额以上的大型科学仪器设施，是指列入本市行政区域内的高等学校、科研院所、企业等法人单位固定资产台账的重大科研基础设施、单台（套）原值在30万元以上的科学仪器设备。

第三条 高等学校、科研院所、企业等大型科学仪器设施管理单位（以下简称管理单位）负责信息报送。

在不改变大型科学仪器设施所有权的前提下，管理单位可授权专业服务机构进行大型科学仪器设施的信息报送工作。

第四条 管理单位的大型科学仪器设施属于下列范围的，应当报送信息：

（一）以本市或者区财政（包括基本建设经费、科研项目经费和部门预算经费）全额或者部分资金购置、建设的；

（二）接受联合国、国际组织或者外国政府无偿援助购置、建设的。

本条第一款第（一）项所述的由本市或者区财政部分资金购置、建设的大型科学仪器设施包括下列情况：

（三）国务院有关部门所属在沪单位与本市共建仪器中心或共同承担国家科技计划项目、建立科研基地，获得本市财政经费支持购置、建设的；

（四）国家重大重点科技计划资助的研究开发项目，获得本市地方匹配资金支持购置、建设的；

（五）其他获得本市财政专项资金资助购置、建设的。

第五条 管理单位应在市共享服务平台填报《上海市大型科学仪器设施信息表》（以下简称《信息表》）。

鼓励管理单位将自建的科学仪器设施信息系统与市共享服务平台进行对接。鼓励管理单位将以非本市财政资金购置、建设的大型科学仪器设施的信息予以报送。

第六条 管理单位报送的信息包括大型科学仪器设施基本信息及共享服务信息。

新购、新建的大型科学仪器设施，管理单位应当在完成安装、调试验收之日起30个工作日内，将大型科学仪器设施名称、型号、功能等情况报送至市共享服务平台。管理单位完成基本信息和共享服务信息报送的，可申请当年度的共享服务奖励。

第七条 大型科学仪器设施的信息发生变化的，管理单位应在发生变化后及时在市共享服务平台上更新，确保信息的及时有效、准确完备。

第八条 本市通过市共享服务平台，汇总、公开本市大型科学仪器设施信息。

市科委每年就本市大型科学仪器设施信息报送的基本情况向有关主管部门和各区进行反馈，并为本市大型科学仪器设施的新购、新建评议提供决策依据。

第九条　市科委对管理单位报送信息的真实性、完整性、准确性进行年度抽查，年度抽查比例不低于管理单位总数的 10%；抽查情况经汇总后通过上海市科委门户网站（stcsm. sh. gov. cn）向社会公布。抽查结果作为年度仪器共享服务奖励的考核依据。

第十条　管理单位未按照本办法第四条规定报送大型科学仪器设施相关信息的，由市科委责令限期改正；限期内仍不改正的，市科委、市财政局等相关主管部门可将其作为大型科学仪器设施新购、新建评议的否决依据之一，并不再受理其下一年度共享服务奖励申请。

第十一条　本办法自 2019 年 10 月 5 日起施行，有效期至 2024 年 10 月 4 日。原《上海市大型科学仪器设施信息报送办法》（沪科〔2014〕第 407 号）同时废止。

关于印发《江苏省大型科学仪器设备共享服务平台管理办法（试行）》的通知

苏科仪〔2005〕01号

省各有关部门，有关单位：

为加强我省大型科学仪器设备共享服务平台的建设和管理，提高大型科学仪器设备的使用效率，提升我省科技创新能力，经过充分调研，经专家委员会审议通过，理事会审议决定，特制定《江苏省大型科学仪器设备共享服务平台管理办法（试行）》，现印发给你们，请贯彻执行。

江苏省大型科学仪器设备共享服务平台理事会

2005年6月30日

江苏省大型科学仪器设备共享服务平台管理办法

第一章　总　则

第一条　江苏省大型科学仪器设备共享服务平台（以下简称仪器平台）主要以大型科学仪器设备、分析测试服务、测试方法与标准研究等为对象，充分利用现代信息技术，通过对相关资源进行整合集成、优化配置、合理布局、开放共享，致力于提高仪器设备的使用效率，避免重复购置和浪费，保持科学仪器设备的先进性，为科技创新提供支撑、为政府配置仪器设备资源提供决策依据，成为我省科技、经济发展服务的窗口。

第二条　为了加强仪器平台的实施管理，保证其各项工作的顺利开展，特制定本办法。

第三条　仪器平台分为主体层、信息层和保障层三个层面。主体层采用网络加节点的结构模式：网络是指大型科学仪器设备协作共用网（以下简称协作网），节点是指若干专业测试服务中心；信息层是以仪器设备、专业人才等信息资源库为基础，形成的共享信息服务网；保障层由仪器设备维修、改造、调剂及试剂标样耗材配送等运行保障服务体系组成。

第四条　协作网入网机组所在单位、专业测试服务中心、运行保障服务中心均为仪器平台成员单位。

第五条　专业测试服务中心分为专业性、区域性、虚拟性三种类型。

第六条　仪器平台的一切业务活动，必须遵守国家法律、法规，执行国家有关的方针、政策。

第二章　管理机构与职责

第七条　由江苏省大型科学仪器设备共享服务平台理事会（以下简称理事会）负责协调管理。根据相关厅局推荐意见，理事会由省科技厅、教育厅、财政厅、质监局、中科院南京分院等部门领导和处室负责人 9 ~ 11 人组成。原则上一年召开一次理事会，讨论仪器平台建设与运行的重大问题并做出决定。

第八条　理事会下设办公室，挂靠江苏省科技条件管理服务中心（省生产力促进中心科技条件服务部），负责仪器平台的建设和日常管理服务工作。

第九条　理事会的职责：

1. 负责制定仪器平台建设的总体规划。
2. 审定《江苏省大型科学仪器设备共享服务平台管理办法》。
3. 审定仪器平台工作计划与工作总结。

4. 审定仪器平台先进单位及协作共用先进机组表彰方案。

5. 负责筹集仪器平台建设经费，审定仪器平台经费管理、使用办法。

6. 协调相关政府部门共同推进大型科学仪器设备的开放共享。

7. 决定专家委员会组成人员。

8. 指导监督理事会办公室日常工作。

第十条 理事会办公室的职责：

1. 贯彻执行理事会决议。

2. 负责协作网入网机组、专业测试服务中心、运行保障服务中心等仪器平台成员单位的组建和调整。

3. 定期对仪器平台成员单位服务绩效、服务质量等情况进行统计、评价、结果发布，并提出奖惩方案。对入网机组重点评价有效机时、测试样品数、测试收入等。

4. 组织、引导仪器平台成员单位开展国内外的学术交流、培训、咨询、测试方法及标准的研究、仪器功能开发等活动。

5. 接受相关部门的委托，组织开展省级新购大型科学仪器设备联合评议工作。

6. 负责仪器平台信息层的建设、运行和维护。

7. 做好仪器平台的工作计划与工作总结，定期向理事会报告。

8. 研究起草并不断完善仪器平台的有关管理文件，征询专家委员会意见，报理事会审定后执行。

9. 受理用户的咨询和投诉。

10. 完成理事会交办的其他事项。

第十一条 组建仪器平台技术咨询机构——江苏省大型科学仪器设备共享服务平台专家委员会（以下简称专家委员会）。经理事会办公室推荐、理事会决定，由仪器设备管理、使用、维护、开发等方面的专家7～11人组成专家委员会，委托省科技厅聘任，任期三年。

第十二条 专家委员会的职责：

1. 审议仪器平台建设方案。

2. 审议仪器平台的管理办法、运行绩效评价办法等管理文件。

3. 审议通过仪器平台成员单位运行绩效评价结果。

4. 对专业测试服务中心的建设等重大技术问题提出咨询指导意见。

5. 参与省级新购大型科学仪器设备联合评议等工作。

第三章 协作网与专业测试服务中心

第十三条 协作网的组建：

省内公共财政投入的大型科学仪器设备，满足下列条件的原则上必须加入协作网：

1. 单台仪器设备原值在50万以上或成套仪器设备在100万元以上；

2. 50万元以下、10万元以上特殊用途的仪器设备；

3. 仪器设备须正常运行半年以上且运行故障率不高于10%（全年因故障停机时间不超过25天）；

4. 仪器设备有专门的使用人员（机组负责人）。

鼓励非公共财政投入的符合上述条件的仪器设备积极加入协作网。

第十四条　满足入网条件的仪器设备可随时申请加入协作网，理事会办公室每季度在网上发布新入网机组的共享服务信息，当年加入协作网的机组不纳入当年度评价范围。

第十五条　专业性、区域性、虚拟性的专业测试服务中心，分别由申请单位、当地主管部门、仪器平台理事会根据科技发展需求和资源分布，结合区域经济特色，依托有一定基础的单位，组织新建或推荐产生。

第十六条　申请专业测试服务中心的单位应具备的条件：

1. 具有明确专业服务特色，以开展分析测试服务为主导业务。

2. 具有固定的测试场所以及提供分析测试服务的硬件配套设施，所拥有的大型科学仪器设备原值总值500万元以上。

3. 拥有从事分析测试服务的精干高效、结构合理、团结协作的专业技术人才队伍，项目负责人具有较高的专业水平、组织管理与协调能力。

4. 具有较好的前期工作基础和业绩，提供的专业服务具有一定的市场需求，并在本专业服务领域具有领先水平，要求2/3入网机组的开机时和测试样品数不低于同类仪器设备的平均值。

5. 具有一定的对外咨询和培训能力。

6. 具备开展测试服务的质量管理体系，经相关部门认可取得对社会出具数据的资格，设备经检定合格，能保证测试服务的准确性、公正性，并能以优质的服务取得收益，实现自我良性运行。

7. 制定了有利于提高员工对外服务工作积极性的内部绩效考核制度。

8. 开放性实验室优先。

9. 设有独立账户，实行独立核算，具有独立法人资格者优先。

第十七条　凡具备一定维修、调剂、升级改造、试剂耗材配送服务能力的单位或个人可申请组建仪器平台运行保障服务中心。

第四章　权利和义务

第十八条　仪器平台成员单位应履行下列义务：

1. 认真学习专业知识，不断提高业务水平，增强社会服务意识。

2. 遵守仪器平台管理办法，维护协作网和专业测试服务中心信誉。

3. 优先满足国家科学研究与技术开发任务需要的前提下，必须向社会开放服务，无正当理由不得拒绝。

4. 履行服务承诺，保证服务质量，优惠服务价格，妥善保管测试服务获得的实验数据，遵守有关知识产权保护的规定，保守用户技术及商业秘密，遵守职业道德。

5. 履行保护和管理仪器的职责，完善运行条件，建立、健全仪器操作规程和运行管理制度。

6. 加强团结协作，积极支持和帮助仪器平台其他成员开展测试服务。

7. 接受社会评价，积极参加理事会组织的各项活动。

第十九条 仪器平台成员单位享有下列权利：

1. 纳入政府科技基础设施建设总体规划，参与运行绩效考核，优秀的给予运行绩效补贴支持。

2. 优先接受仪器平台组织的各项技术培训和指导。

3. 免费享受仪器平台的统一对外宣传。

4. 通过省大型科学仪器设备共享服务平台网站（http：//www. 21etcnet. com），向社会发布典型服务事例。

5. 优先获得分析测试方法与标准研究、仪器功能开发等项目的支持。

6. 对仪器平台的建设和管理提出批评和建议。

第五章 运行管理

第二十条 仪器平台统一印制对外宣传手册，建立专业网站，宣传推介各入网机组、专业测试服务中心及运行保障服务中心。

第二十一条 定期组织开展国内外的学术交流、培训、咨询等活动。

第二十二条 仪器平台成员单位每季度需上报服务信息，同时上报支持重大科技计划、经济建设和社会事业的典型服务事例。

第二十三条 理事会办公室平时对仪器平台成员单位的服务情况进行跟踪了解，采取定量计算、用户意见、专家评议相结合的方式，每年对大型仪器设备的运行、服务机时、服务水平、功能开发等情况进行综合评价，对外公布结果，并作为新购仪器联合评议的重要参考意见。

第二十四条 评价年度是指从上年度的10月初到本年度的9月底。

第二十五条 对于使用效率低、长期闲置的大型科学仪器设备，或者仪器拥有单位由于工作职能变化不能再从事测试任务的，理事会办公室可以根据国家有关规定，对公共财政资助的大型科学仪器设备向政府有关部门提出调配建议。

第二十六条 申请财政拨款购置大型科学仪器设备根据《中央级新购大型科学仪器设备联合评议工作管理办法》及《江苏省省级新购大型科学仪器设备联合评议工作管理办法》的有关规定实施。

第二十七条 新购大型科学仪器设备的单位应当按照规定程序、条件进行安装、调试和验收，建立技术档案，及时投入正常运行并及时加入协作网。

第六章　绩效评价与奖惩

第二十八条　以运行绩效为核心制定评价指标体系，对所有仪器平台成员单位进行年度综合评价；根据年度综合评价分值，结合用户意见进行分类排队，公布评价结果并受社会监督。

第二十九条　仪器平台成员单位的评价分值为其所有入网机组的评价分值的综合平均值。

第三十条　根据工作绩效，每年评选仪器平台先进单位及协作共用先进机组，并给予表彰。

第三十一条　仪器平台建设期内，根据评价结果对先进机组给予运行绩效补贴，并建议其所属单位配套运行绩效补贴额的50%～100%用于奖励先进机组主要负责人和工作人员，经济效益好的单位可根据实际情况在此基础上适当上浮；建设期后，仪器平台成员单位纳入科技基础设施范围内进行正常评估。

第三十二条　如有下列情况之一，予以通报批评：

1. 违反承诺，给委托方造成损失和影响且情节严重的；
2. 仪器操作或维修人员失职，造成严重差错的；
3. 无正当理由拒绝对外开放服务；
4. 有弄虚作假行为的。

第三十三条　根据绩效评价结果对专业测试中心实行动态管理，对整改不达标的，可予以摘牌。

第七章　附　则

第三十四条　仪器平台管理办法的修改，须经理事会审定。

关于建立江苏省重大科研基础设施和大型科研仪器开放服务信息公示制度的通知

苏科条发〔2016〕335号

各高等院校、科研院所，各有关单位：

为加快推进我省重大科研基础设施和大型科研仪器向社会开放，增强资源共享意识，加强社会监督，规范开放共享信息，根据《国务院关于开展国家重大科研基础设施和大型科研仪器向社会开放的意见》（国发〔2014〕70号）和《省政府关于重大科研基础设施和大型科研仪器向社会开放的实施意见》（苏政发〔2015〕106号）要求，经研究，决定建立江苏省重大科研基础设施和大型科研仪器开放服务信息公示制度。现将有关事项通知如下。

一、公示主体

本省行政区域内、拥有由财政资金购置的重大科研基础设施和大型科研仪器（包括大型科学装置、科学仪器服务单元和单台套价格在50万元及以上的科学仪器设备等）的高等院校、科研院所等科研设施与仪器管理单位（以下简称管理单位）。

二、公示内容

1. 重大科研基础设施和大型科研仪器开放服务信息公示表（见附件1表1），包括仪器设备名称、型号、原值、仪器设备类型、主要性能指标、应用技术领域、年有效工作机时、年检测样品数、年检测服务收入、责任部门、仪器设备管理人、联系人等基本信息；

2. 重大科研基础设施和大型科研仪器开放共享相关管理制度（见附件2），包括开放共享制度、收费标准、使用办法、责任人职责要求等。

三、公示要求

1. 请各管理单位认真填写《重大科研基础设施和大型科研仪器开放服务信息公示表》。自2017年起，各管理单位须于每年4月30日前通过本单位网站公示本单位上年度信息公示表，公示时间不少于7个工作日，并于5月10日前将公示确认后的信息公示表上报省科技厅；2016年信息公示请各管理单位结合国家科技资源调查工作于2016年12月30日前通过本单位网站公示，并将公示确认后的信息公示表及时上报省科技厅；

2. 各管理单位公示的重大科研基础设施和大型科研仪器开放服务信息应当真实、准确、完整、统一，不得涉及国家秘密、国家安全等信息。管理单位应对公示信息严格审核，加强履行法人主体责任。

四、保障措施

1. 请各管理单位高度重视重大科研基础设施和大型科研仪器开放服务信息公示工作，明确责任部门和人员，严格落实信息公示制度。

2. 公民、法人或其他组织如发现各管理单位公示信息虚假、公示信息不准确、对公示的开放共享信息有疑问的，可通过管理单位提供的电话或信箱进行举报。

3. 省科技厅委托江苏省大型科学仪器设备共享服务平台（以下简称省大仪平台）对各管理单位上报的信息公示表进行抽查，公示结果作为考核评价各管理单位科研设施与仪器开放服务情况的重要依据，作为各管理单位科研设施与仪器新购评议的重要参考。省大仪平台每年 6 月 30 日左右向社会公布各管理单位科研设施与仪器开放服务情况考核评价结果。

《重大科研基础设施和大型科研仪器开放服务信息公示表》报送方式：电子版发送至 jsyqpt@ 163. com，纸质版加盖单位公章，一式二份邮寄至江苏省生产力促进中心省大仪平台（地址：南京市龙蟠路 175 号，邮编：210042）。

联系人：尤琛辉　025 - 86637560

徐琴平　025 - 85485860

附件：1. 重大科研基础设施和大型科研仪器开放服务信息公示表（略）

2. 重大科研基础设施和大型科研仪器开放共享相关管理制度（略）

江苏省科学技术厅

江苏省教育厅

2016 年 11 月 21 日

福建省科学技术厅关于印发《福建省科技创新平台管理办法》的通知

闽科计〔2015〕42号

各设区市科技局、平潭综合实验区社会事业局、厅机关有关处室、各有关单位：

经研究，现将《福建省科技创新平台管理办法》印发给你们，请遵照执行。

福建省科学技术厅

2015年7月24日

福建省科技创新平台管理办法

第一章　总　则

第一条　为进一步深化科技体制改革，推进科技创新平台规范化管理，促进科技资源的合理配置与开放共享，支持和培育新型研发机构的建立，强化创新驱动的科技支撑，根据《福建省科技计划项目管理办法》等有关规定，制定本办法。

第二条　本办法适用于纳入省科技厅管理的各类省级科技创新平台（以下简称科技创新平台）。

第三条　科技创新平台建设应突出创新导向、统筹规划布局、鼓励协同创新、强化共享服务、实行绩效评估、择优重点扶持、实施优胜劣汰的管理方式。

第四条　科技创新平台的建设主要依托具有较强研发实力的科研机构、高等院校、科技型企业等独立机构，也可依托具有专业化人才队伍、能够提供综合性公共服务的技术推广与服务机构。

第二章　分　类

第五条　科技创新平台主要包括科技研发、科技服务和科技资源共享等三种类型。

第六条　科技研发类平台包括以提高重点领域应用基础、行业技术水平为目标的重点实验室和工程技术研究中心，以及提高产业技术自主创新能力、促进关键技术工程化开发为目标的各种产业技术创新平台，包括产业技术创新重大研发平台、引进重大研发平台等。

第七条　科技服务类平台包括面向社会开展技术成果转移转化、科技咨询评估、技术交易服务和提供产业技术创新公共服务、科技金融服务、检测分析服务的各类科技园区、产业技术创新公共服务平台、科技咨询评估机构、技术示范与推广基地、众创空间、科技企业孵化器、生产力促进中心、科技投融资服务机构等。

第八条　科技资源共享类平台包括大型科学仪器设备协作共用网、种质资源库、实验动物养殖基地，以及科学数据、科技报告、科技文献、科技成果与专利信息网站等。

第三章　建设与管理

第九条　科技创新平台采取两种建设方式：

（一）依托单位自行建设平台，达到省级相关科技创新平台条件后，可申请省科技厅组织评估，合格的纳入省级科技创新平台管理。

（二）省科技厅通过科技创新平台项目委托相关机构筹建科技创新平台，在项目结题验收时一并进行评估，合格的纳入省级科技创新平台管理。

第十条 科技创新平台建设与管理应遵循以下要求：

（一）制订科技创新平台的管理章程；

（二）建立管理运行机构，组建一支人才队伍；

（三）制订相应的规章制度和管理办法，包括财务管理、仪器设备管理、人员管理等，建立促进平台开放共享的激励机制；

（四）加强人才队伍建设，积极开展国内外学术交流与技术合作；

（五）加强数据、资料、成果的科学性和真实性审核、保存，注重知识产权保护工作；

（六）每年定期报送年度工作总结和来年工作计划，主动参与、配合国家和省有关科技统计调查工作。

第十一条 对纳入省级科技创新平台管理的各类平台，其行政隶属关系不变，省科技厅负责平台业务指导和绩效评估。

第十二条 各设区科技局、省直相关部门及高校、科研院所为科技创新平台管理部门，负责对所辖地区和单位的平台申报、推荐和平台建设运行进行监管。

第十三条 科技创新平台依托单位是科技创新平台建设主体。省科技厅设立科技创新平台建设专项经费，用于补助省级以上科技创新平台的建设和管理。鼓励多元投资和社会资本参与科技创新平台建设。

第四章 评 估

第十四条 省科技厅对各类科技创新平台进行指导，组织制定各类平台评估指标，并定期开展评估工作。评估分为资格评估和绩效评估。

第十五条 资格评估是针对申请加入省级科技创新平台管理的平台而开展的评估。评估通过的，授予科技创新平台牌匾和证书。

第十六条 绩效评估是针对已纳入省级科技创新平台管理的平台定期开展的业务评估。省科技厅对科技创新平台实行动态管理，三年开展一次绩效评估。对于绩效评估不合格者，限期整改，对整改不合格的，行文摘牌，退出省级科技创新平台管理。

第十七条 绩效评估结果分为：优良、合格、不合格。评为优良的产业技术创新重大（引进）研发平台，可申请加挂“产业技术创新研究院”牌匾。

第十八条 根据工作需要，对通过第九条（二）方式正在建设的科技创新平台的完成情况，省科技厅可进行中期检查。对未按规定进行建设的，予以警告提醒，并责成整改；对严重违反规定的，可采取停止拨付结转经费、中止科技创新平台项目执行等处罚措施。

第五章　奖　励

第十九条　根据不同的平台类别，采取安排科技计划项目经费、管理运行费、后补助经费等方式予以奖励。优先支持解决产业重大共性关键技术的省级科技创新平台。

第二十条　产业技术创新重大研发平台和产业技术创新公共服务平台，按科技计划平台项目经费予以补助；产业技术创新引进重大研发平台，按新增研发仪器设备的一定比例予以补助；省级工程技术研究中心、省级重点实验室及科技资源共享平台，按绩效评估择优予以运行费补助；科技创新服务平台按评估考核情况予以后补助。

第六章　附　则

第二十一条　本办法中涉及项目和经费管理的按《福建省科技计划项目管理办法》和《福建省科技计划项目经费管理办法》执行。

第二十二条　根据本办法制订各类科技创新平台管理实施细则。

第二十三条　原《福建省科技创新平台建设计划管理办法（试行）》作废。

第二十四条　本办法自发布之日起施行，由福建省科技厅负责解释。

关于印发《广西大型科学仪器协作共用网管理暂行办法（修订）》的通知

桂科条字〔2014〕10号

各市科技局、区直各有关部门、各有关单位：

为进一步推动我区大型科学仪器协作共用事业发展，增强科技创新驱动发展能力，根据全国、全区科技大会精神，我厅对2000年制定的《广西大型仪器协作共用网管理暂行办法（修订）》（桂科条字〔2000〕第40号）进行了修订。现将修订后的《广西大型科学仪器协作共用网管理暂行办法（修订）》印发给你们，请遵照执行。

广西壮族自治区科学技术厅

2014年3月12日

广西大型科学仪器协作共用网管理暂行办法（修订）

第一章　总　则

第一条　为加快推动我区大型科学仪器协作共用事业发展，有效促进大型科学仪器设备资源开放与共享，提高大型科学仪器设备使用效率，实施创新驱动发展战略，根据国家科学技术进步法和《广西壮族自治区中长期科学和技术发展规划纲要（2006—2020年）》（桂政发〔2006〕21号），制定本暂行办法。

第二条　本办法中的“大型科学仪器协作共用网”是指运用现代信息、网络技术建立跨系统、跨部门、跨区域的大型科学仪器设备协作共用平台；入网仪器机组是指经批准加入广西大型科学仪器协作共用网（以下简称协作共用网）的大型科学仪器设备及其相关的管理和操作人员；协作共用网成员单位（以下简称成员单位）是指加入协作共用网的仪器设备拥有单位。

第三条　协作共用网的宗旨：按照平等自愿、优势互补、信息互通、开放共享的原则，加强成员单位之间的协同合作，为广西经济社会发展提供科学仪器设备和专业化服务，促进大型科学仪器设备的综合利用和有效配置，避免重复购置和低水平建设。

第二章　组织机构与职责

第四条　由自治区科技厅牵头，联合财政厅、发改委、教育厅等部门共同组成的广西大型科学仪器协作共用管理委员会（以下简称管委会）是协作共用网的领导决策机构，负责协作共用网的协调与管理工作，研究决定协作共用网建设规划与运行的重大问题。

第五条　管委会办公室设在科技厅，是管委会的日常办事机构，负责协作共用网的建设及日常事务管理工作。其主要职责是：

（一）研究起草协作共用网的有关管理文件；

（二）负责审定入网科学仪器设备清单，发布大型科学仪器设备资源共享信息；

（三）受理专项资金补助申请，审定专项资金补助安排意见；

（四）组织开展入网仪器绩效考核和自治区本级新购大型科学仪器设备联合评议工作；

（五）向管委会报告工作总结；

（六）管委会交办的其他工作。

第六条　管委会下设的咨询专家组由大型科学仪器技术、使用和管理等方面专家组成。其主要职责是：

（一）开展申请加入协作共用网仪器设备性能和技术水平的评估工作；

（二）开展协作共用网年度绩效考评工作；

（三）开展技术交流、培训、测试方法及标准研究、仪器设备功能开发等活动；

（四）开展自治区本级新购大型科学仪器设备联合评议等工作；

（五）管委会办公室交办的其他工作。

第七条 经科技厅认定或授权的区域入网仪器服务中心（以下简称区域服务中心）是协作共用网的分支机构，配合管委会办公室负责本区域协作共用网的日常事务管理工作。

第三章 仪器机组的入网与运行管理

第八条 自治区本级财政资金购置的大型科学仪器设备所在机组应当加入协作共用网，同时鼓励其他仪器机组加入协作共用网。

入网仪器机组应具备以下条件：

（一）仪器性能指标达到区内现有装备的先进水平或具有特殊功能且应用领域较广；

（二）仪器运行正常，且购置年限不超过 5 年、运行故障率不高于 5%；

（三）可提供 30% 以上对外服务机时；

（四）仪器机组人员中，最少有一名中级以上技术职称并具有该类仪器三年以上实践经验的分析测试技术人员。

第九条 仪器机组入网的申请与批准

仪器机组入网申请需填写《广西大型科学仪器协作共用入网仪器机组申请表》，报送管委会办公室；管委会办公室不定期组织专家评估，提出推荐意见，并报经管委会批准，通知申请单位。仪器机组入网也可在协作共用网上申报。

第十条 成员单位须指定一名联络员，主要负责与区域服务中心的工作联络、绩效考核资料汇交等工作。

第十一条 入网仪器机组实行优胜劣汰、有进有出的动态管理，管委会办公室不定期地对入网仪器机组进行调整，达不到要求的取消其入网资格，以保持入网仪器技术指标先进性。

第十二条 成员单位的权利和义务

成员单位享有以下权利：

（一）大型科学仪器机组加入协作共用网不缴纳任何费用；

（二）通过协作共用网发布协作信息，统一对外宣传，共享协作共用网信息资源的权利；

（三）免费享受协作共用网组织的技术培训和指导的权利；

（四）入网仪器可以享受大型仪器协作共用专项资金运行补贴和奖励；

（五）申报广西大型仪器协作共用平台建设项目的权利；

（六）开展协作共用测试服务，按规定收取有关费用的权利；

（七）自愿退出协作共用网的权利。

成员单位应承担以下义务：

（一）入网仪器设备资源纳入协作共用网信息管理系统，并全面向全社会开放，网内仪器设备为社会提供有偿服务；

（二）责成入网仪器机组接受定期的考核评估和管理，及时报送总结材料，积极参加管委会办公室组织的各项活动；

（三）为用户保守技术秘密和商业秘密；

（四）为用户提供优质的分析测试服务；

（五）保持仪器设备正常完好，保证用户随时使用；无正当理由不得拒绝用户使用入网仪器设备要求；

（六）不得向用户收取规定以外的任何费用。

第四章　绩效考核与奖惩

第十三条　管委会办公室以运行绩效为核心制定评价指标体系，采取定量评价与定性评价相结合的考核方式，每年一次组织专家对各入网仪器设备的运行和开放共享情况进行绩效考核。

第十四条　对于在全区大型科学仪器协作共用工作中严格遵守服务承诺，取得良好社会效益和经济效益的入网仪器机组和个人，给予绩效奖励。

第十五条　相关行为的处罚

对于在大型科学仪器协作共用工作中弄虚作假，套取专项资金，以及给用户造成不良影响和损失等行为的成员单位，管委会视情况分别给予通报批评、取消入网资格、收回已拨补贴资金的处罚。

第五章　附　则

第十六条　本办法由广西科学技术厅负责解释。

第十七条　本办法自公布之日起执行。

海南省科学技术厅关于印发《海南大型科学仪器协作共用平台管理办法（试行）》的通知

琼科规〔2020〕1号

各有关单位：

为保障海南大型科学仪器协作共用平台持续、规范、有序、高效运行，推动海南省科研基础设施和大型科研仪器的开放共享，充分释放服务潜能，提高使用效率，根据科技部、发展改革委、财政部印发的《国家重大科研基础设施和大型科研仪器开放共享管理办法》（国科发基〔2017〕289号）和财政部、科技部印发的《中央财政科技计划（专项、基金等）后补助管理办法》（财教〔2019〕226号）以及海南省财政经费管理的有关规定，结合我省实际，我厅制定了《海南大型科学仪器协作共用平台管理办法（试行）》。现予印发，请遵照执行。

海南省科学技术厅

2020年5月19日

海南大型科学仪器协作共用平台管理办法（试行）

第一章　总　则

第一条　为保障海南大型科学仪器协作共用平台（简称大仪平台）持续、规范、有序、高效运行，推动海南省科研基础设施和大型科研仪器的开放共享，充分释放服务潜能，提高使用效率，根据科技部　发展改革委　财政部印发的《国家重大科研基础设施和大型科研仪器开放共享管理办法》（国科发基〔2017〕289号）和财政部、科技部印发的《中央财政科技计划（专项、基金等）后补助管理办法》（财教〔2019〕226号）以及海南省财政经费管理有关规定，结合我省实际，制定本办法。

第二条　大仪平台是根据海南省科技创新发展需要，为有效盘活现有科研条件存量，减少不必要的重复购置，促进资源共享，提高全省重大科研基础设施和大型科研仪器（简称科研设施与仪器）利用率设立的基础性公共科技条件平台。

第三条　大仪平台遵循“平等自愿、优势互补、信息互通”的总体要求，坚持“政府引导、资源统筹、分类管理、开放共享、促进创新”的建设原则，旨在提升科研设施与仪器基础条件和专业化服务能力，为我省科技创新驱动经济发展提供条件支持。

第四条　本办法适用于参加科研设施与仪器协作共用的单位及其入网科研设施与仪器。

第二章　主要任务

第五条　运维海南大型科学仪器协作共用网（简称协作共用网）。按照科技部制定的统一标准和规范，运用现代信息网络技术，完善科研设施与仪器信息管理系统，实现科研设施与仪器预约、服务、使用效益评价、后补助申报等方面的管理。

第六条　建立科研设施与仪器协作共用组织体系。进一步加强科研设施与仪器协作共用的管理，为推进科研设施与仪器协作共用提供组织保障。

第七条　促进科研设施与仪器专业人才队伍建设。组织开展相关技术和业务交流、培训和分析测试方法研究等活动，提高专业人才队伍服务水平。

第八条　加强与国家有关部门和区域的互联互通。与国家及其他区域的重大科研基础设施和大型科研仪器管理平台对接，在更大的范围、更广的领域和更高的层次上推进海南科研设施与仪器的协作共用，更好地为科技创新服务。

第三章　组织机构与职责

第九条　海南省科学技术厅（以下简称省科技厅）是大仪平台的主管部门，主要职责：

（一）贯彻执行国家和海南省政府制定的科研设施与仪器开放共享政策。

（二）制定大仪平台开放共享管理和考核评价制度。

（三）建立科研设施与仪器开放共享后补助管理机制。

（四）审定科研设施与仪器开放共享后补助实施方案及资金使用事项。

（五）指导制定和执行年度工作计划，组织实施科研设施与仪器开放共享工作。

第十条 设立海南大型科学仪器协作共用管理办公室（简称大仪办），作为大仪平台的运行管理工作机构，具体负责大仪平台的建设和运行管理工作。大仪办日常工作由省科技厅或委托第三方机构负责。大仪办的主要职责：

（一）受理并组织审核加入协作共用网的单位及其科研设施与仪器名单，入网科研设施与仪器信息的采集和日常数据上传，发布协作共用开放共享信息，清理不再满足共享条件的已入网科研设施与仪器，保障共享设备的有效性。

（二）对入网科研设施与仪器的协作共用开放共享情况进行调研、分析和总结，协助组织入网科研设施与仪器的运行绩效评价，推进科研设施与仪器的开放共享。

（三）受理并审核后补助申报材料，组织专家审议后补助分配方案。

（四）负责为成员单位搭建交流平台、组织大仪平台宣传推介会议；组织成员单位开展学术交流、业务或技术培训等活动。

（五）受理用户对大仪平台有关业务的咨询及对成员单位检测服务的投诉，投诉处理结果报省科技厅备案，重大问题处理报省科技厅审议。

（六）负责协作共用网站和信息管理系统的持续建设与维护升级。

（七）负责大仪平台相关文件资料的分类保管和存档。

（八）协助修订大仪平台相关管理制度。

（九）贯彻执行省科技厅相关决议，每年第一个季度向海南省科技厅报告上年度大仪平台的工作总结和下一年度的工作计划。

（十）完成省科技厅交办的其他工作。

第十一条 成立“大仪共享评审专家库”，专家成员由科研设施与仪器入网成员单位专家、相关大仪开放共享管理或检测技术服务专家组成，专家库由大仪办负责管理。专家库成员的主要职责：

（一）审议申请加入协作共用网的科研设施与仪器信息。

（二）评价成员单位和入网科研设施与仪器的技术水平、服务质量及绩效，对相关后补助费用提出安排建议。

（三）对科研设施与仪器协作共用方面的学术、测试技术和应用研究提出指导和咨询建议。

（四）根据本省产业发展需求，对大仪平台建设提出规划建议。

（五）协助大仪办开展技术咨询、技术交流、培训以及测试方法与标准研究、科研设施与仪器功能开发等活动。

第四章　加入条件和程序

第十二条　申请加入大仪平台的单位需要具备以下条件：

（一）申请单位应具有独立法人资格。

（二）具备达到大仪平台要求的科研设施、仪器设备及场所（限于本省区域内），具有相应的专业人员。

（三）具有保证科研设施与仪器开放共享的相关条件、资质及能力，开放管理制度健全。

第十三条　大型科学装置、科学仪器中心、科学仪器服务单元和单台套价值在20万元及以上的科研设施与仪器，采取管理单位自愿申报、大仪办择优加入的方式。

公共财政投入的50万元以上大型科研设施与仪器（机组）必须加入大仪平台，且自仪器完成安装使用验收之日起30个工作日内，将科研设施与仪器名称、规格、功能等信息和开放制度提交大仪办；支持国防科研单位在不涉密条件下加入大仪平台，强化军民科研设施与仪器统筹共享，开展军民科技协同创新；鼓励非公有制单位加入大仪平台，实现资源统筹、互通有无、开放共享。

第十四条　加入大仪平台的程序。申请单位填写单位及科研设施与仪器入网信息相关表格，报送大仪办，必要时提交设备原值证明材料。大仪办组织专家对申请单位及科研设施与仪器信息进行审议，申报单位须得到评审专家组人数2/3及以上同意方可通过，经省科技厅批准后，成为大仪平台成员单位及入网科研设施与仪器机组。

第五章　成员单位的权利与义务

第十五条　成员单位享有的权利：

（一）申请后补助。根据入网科研设施与仪器的开放共享情况，申请协作共用补助经费的后补助，包括仪器设备使用后补助、运行后补助和优秀机组评估等。

（二）优先参加大仪平台组织的各项学术交流、技术培训、宣传、展览、考察、咨询等活动，优先获取相关技术或服务信息。

（三）通过协作共用网站，向社会发布典型服务事例。

（四）可按照成本补偿和非盈利原则收取材料消耗费和水、电等运行费，还可根据人力成本收取服务费。服务收入纳入单位预算，由单位统一管理，用于科研设施与仪器等科技资源的更新维护、运行补助及人员绩效支出。

（五）对大仪平台的建设和管理提出意见或建议。

第十六条　成员单位的义务：

（一）遵守国家重大科研基础设施和大型科研仪器国家网络管理平台及海南省大仪平台的有关规定。

（二）贯彻落实国家及省级关于大型科研设施与仪器开放共享的政策，组织制定实施本单位相关制度。

（三）积极参加大仪平台组织的各项活动。

（四）凡成员单位均须参加年度评估，接受大仪办和专家组对科研设施与仪器和机组人员的评估。

（五）及时上报不再满足开放共享条件的科研设施与仪器，并向大仪办提出该科研设施与仪器退出大仪平台的申请。

（六）成员单位须指派一名联络员，负责与大仪办联络沟通相关工作。

（七）负责本单位科研设施与仪器的管理、维护和开放共享，保证为用户提供科学、公正、准确、及时的服务。

（八）负责本单位科研设施与仪器技术人才队伍建设，保障科研设施与仪器开放共享服务质量和水平。

（九）成员单位可按照国家科技部制定的统一标准规范建立本单位在线服务平台，并与省级管理平台对接，定期报送科研设施与仪器开放信息，亦可直接通过省级管理平台进行报送。

（十）通过在线服务平台，发布符合开放条件的科研设施与仪器信息，公布服务方式、服务内容和服务流程，建立开放和服务情况记录，向社会提供开放共享服务。

（十一）核定相应的服务成本，制定相应服务项目的收费标准，坚持诚信和优质服务的原则，做到有偿服务，合理收费。

（十二）开放共享服务一般须与用户签订协议，按照服务协议完成检测服务；根据具体服务内容明确知识产权归属、保密要求、损害赔偿、违约责任和争议处理等事项。

（十三）妥善保管测试服务获得的实验数据和相关资料，遵守有关知识产权保护的规定，为用户保守技术和商业秘密，遵守职业道德。

第六章　补助经费与开支

第十七条　通过省级科技计划专项对大仪平台进行补助（以一简称补助经费），按照“入网共享、先用后补”的原则实施共享服务后补助和奖励。

第十八条　补助经费的管理和使用遵循公开、公正、合理、有效的原则。主要用于协作共用网仪器设备使用后补助、成员单位运行后补助、年度优秀机组评估以及平台建设维护等。

（一）使用后补助

高校、科研院所、企业等单位在进行科学研究、产品研发、质量控制、技术改进时使用到非本单位的协作共用网内大型仪器，可申请使用后补助。后补助金额按申请单位实际缴纳费用的20%～40%计算，最高额度不超过10万元。

（二）运行后补助

1. 协作共用网成员单位利用入网仪器为高校、科研院所、企业等单位在科学研究和技术创新方面提供了开放共享服务，可申请运行后补助。后补助金额按该成员单位机组上年度开放共享费用的20%～40%计算，最高额度不超过20万元。成员单位开具发票的单位名称与入网单位名称不一致的，不得申请后补助。

2. 对新入网仪器，第一年按照入网仪器总价值5‰比例一次性给予奖励，第二年起按照后补贴方式进行申请。

3. 协作共用网成员单位利用入网仪器进行法定认证、执法检查、商业验货、承担政府招标或强检任务等活动不属于本补助经费支持范围。

（三）优秀机组评估

对协作共用网内仪器，大仪平台每年进行一次机组评估。大仪办组织专家对仪器使用效率、运行状况、服务机时数、服务质量等进行综合评议，提出表彰奖励方案报省科技厅审批。每个单位推荐的名额按不超过本单位入网仪器的35%进行推荐，最多不超过8个名额。

1. 评选范围

（1）已加入协作共用网且对外提供共享服务的机组；

（2）积极开展大型科学仪器设施共享服务工作，为做好共享服务工作提供了良好的组织保障和条件保障；

（3）共享服务工作按有效对外服务机时数量、服务样品数、服务事例突出等进行优选；

（4）遵守承诺，能提供优质服务，有专门的对外共享服务管理制度和内部激励措施，贯彻执行效果好。

2. 评选等级及奖励

评定等级分为优秀、良好，奖励金额分别为1万元、0.5万元。

（四）大仪平台建设维护和日常管理经费

用于大仪平台网站维护和软硬件购置，大仪办日常运行、大仪平台业务培训等支出。

第十九条　拨付到单位的后补助及奖励经费用于入网仪器设备的运行耗材、维修维护、功能开发、升级改造、人员技术业务培训等。

第二十条　补助经费申请程序

（一）申请。申报单位按照省科技厅发布的补助经费年度申请通知要求，提交后补助及奖励申请表，连同其他证明材料在规定时间内提交至大仪办。

（二）受理。大仪办按照省科技厅发布的补助经费年度申报时间要求集中受理申请，对申请单位所报材料的真实性、完整性、规范性进行审查，并与协作共用网数据库中数据进行比对，核查通过后提交大仪平台专家组评审。申请单位逾期不报，视同放弃补助申请。

（三）评审。大仪办组织大仪平台专家组对申报仪器设备的功能、检测项目内容一致性和真实性、使用机时及检测收费情况等进行评审，根据评审结果提出后补助及奖励方案。

（四）下达。省科技厅经厅务会议和厅党组会议审议，在省科技厅官网上公示后补助及奖励名单，公示期7天，期满无异议，由省科技厅下达年度后补助及奖励名单。

第七章　监督与管理

第二十一条　申报单位提供的申请、证明材料应真实可靠。经核实，如属弄虚作假的，追回补助经费。

第二十二条　对于经核实长期使用效率低、闲置的科研设施与仪器，或者科研设施与仪器拥有单位由于工作职能变化不再从事测试服务的，大仪办可以根据国家有关规定，对公共财政资助的科研设施与仪器向政府有关部门提出调配建议。

第二十三条　大仪办在接到投诉调查或在评审中发现成员单位、入网机组存在下述行为，经核查确认属实的，将报省科技厅予以通报和相应处罚：

（一）未履行本管理办法规定的成员单位职责，造成用户损失的，不能享受当年的运行后补助，并赔偿用户相应经济损失。

（二）由于仪器操作人员的失误导致分析测试结果错误、产生严重影响或造成用户经济损失者，取消该仪器当年的运行后补助（已经拨付的，追回已拨经费）和仪器在网资格，且3年内不得重新申请入网。

（三）虚报机时和测试收入，或采取其他手段骗取补助经费各项后补助和奖励经费，或由于成员单位（或入网机组）的失职导致测试结果错误或其他重大事故，产生严重社会影响或造成用户的重大经济损失的，取消其成员单位大仪平台共用资格，收回年度已拨后补助和奖励资金，5年内不得加入大仪平台。

第二十四条　大仪平台管理实行责任倒查和追究制度。

（一）对于不按规定如实上报科研设施与仪器数据、不按规定公开共享信息、共享效果差、使用效率低的成员单位（或入网机组），省科技厅视情况轻重采取约谈、通报批评、限期整改等措施，必要时在申报科技计划（专项、基金等）项目时通过不准购置科研设备等方式予以处罚。

（二）对有违规行为的评审专家，予以警告、阶段性或永久性取消评审资格等处理；对有违规行为的大仪办及其工作人员，予以约谈、责令限期整改、解除委托协议、阶段性或永久性取消大仪工作管理资格等处理。

（三）省科技厅及其相关工作人员存在滥用职权、玩忽职守、徇私舞弊等违法违纪行为的，按照《公务员法》《行政监察法》等有关规定追究相关人员的责任。处理结果可进行通报或公布，并纳入省科技计划管理信用记录。

（四）涉嫌违法、违纪的，移交司法机关和纪检部门。

第八章　附　则

第二十五条　本管理办法由省科技厅负责解释。

第二十六条　本管理办法自 2020 年 6 月 20 日起试行。

关于印发《陕西省科技资源开放共享平台建设管理办法》的通知

陕科发〔2017〕26号

各设区市科技局、杨凌示范区科教局、韩城市科技局、各高新技术产业开发区管委会、各有关单位：

为进一步贯彻落实《科技部财政部国家发展改革委员会关于印发〈国家科技创新基地优化整合方案〉的通知》（国科发基〔2017〕250号）和《科技部发展改革委员会关于印发〈国家重大科研基础设施和大型科研仪器开放共享管理办法〉的通知》（国科发基〔2017〕289号）等文件精神，省科技厅对原《陕西省科技资源开发共享平台建设管理办法》（陕科条发〔2012〕40号）进行了修改、完善。现印发给你们，请认真贯彻执行。

陕西省科学技术厅

2017年12月26日

陕西省科技资源开放共享平台建设管理办法

第一章　总　则

第一条　为贯彻落实《科技部财政部国家发展改革委关于印发〈国家科技创新基地优化整合方案〉的通知》（国科发基〔2017〕250号）和《科技部　发展改革委　财政部关于印发〈国家重大科研基础设施和大型科研仪器开放共享管理办法〉的通知》（国科发基〔2017〕289号）等文件精神，更好实施《陕西省“十三五”科学和技术发展规划（2016—2020年）》，布局建设一批省级高水平科技资源开放共享平台（以下简称共享平台），推动各类科技资源开放共享，充分释放服务潜能，提高使用效率，特制定本办法。

第二条　共享平台是科学研究、技术创新的基础支撑和条件保障，面向全省科技创新、经济社会发展、追赶超越等需求，开展检验检测、集成创新、科技信息等开放共享服务，主要包括专业检验检测平台、科技基础条件及信息平台、集成创新共享平台、科技资源统筹中心。

第三条　共享平台为全省构建战略性、基础性、公益性的科技资源服务体系，支撑引领全省科技进步与经济社会发展。建设共享平台应坚持如下原则：

（一）坚持统筹规划和重点突出结合的原则。加强顶层设计，统筹布局，突出重点，增创优势，全面提升共享平台的支撑与保障能力。

（二）坚持机制创新和技术创新结合的原则。创新共享平台运行机制、提高共享平台技术创新能力，增强开放共享服务能力。

（三）坚持能力提升和择优支持结合的原则。强化共享平台绩效考核，推进共享平台做优做强做大，全面提高共享平台的服务质量和效益。

（四）坚持政府引导和市场导向结合的原则。发挥政府引导作用，推进共享平台遵循市场规律，激发开放共享服务积极性。

第四条　共享平台建设纳入陕西省创新能力支撑计划资助范围，由陕西省科学技术厅（以下简称省科技厅）负责组织建设和管理。

第二章　建设重点和条件

第五条　省科技厅鼓励各牵头部门根据各自的特点和自身发展实际，建立差异化、特色化的运行管理模式。鼓励高等院校、科研院所、企业等各类创新主体，采取自建或联建的方式，建设省级共享平台。鼓励高等院校、科研院所联合企业设立共享平台公司，以公司为主体对外提供开放共享服务。

第六条 省科技厅重点在新兴学科、交叉学科等优先领域，在支柱产业、新兴产业等重点领域，在人口健康、生态环境等社会发展领域，布局新建一批共享平台，优化提升一批共享平台，有效支撑科技和经济社会的协调发展。

鼓励重点实验室、工程技术研究中心等各类科研平台、基地发挥自身科技资源、技术水平和人才力量的优势，面向社会开展科技资源共享服务。对于达到科技资源共享指标的重点实验室、工程技术研究中心等各类科研平台、基地，按照我省科技创新券管理的相关要求，通过科技创新券给予支持，并纳入资源共享服务体系。

（一）专业检验检测平台。围绕我省支柱产业、战略性新兴产业和优势特色产业发展，支持高等院校、科研院所、企业和检验检测认证机构等建设专业检验检测平台，面向研发设计、生产制造、售后服务全过程提供检验检测、分析测试等专业化技术服务。

（二）科技基础条件及信息共享平台。围绕科技条件平台支撑和保障能力建设，支持大型科学仪器设备、实验动物、自然科技资源等科技基础条件平台的建设、维护、升级改造及共享服务；支持科技情报机构、高等院校、科研院所、企业等建设科技信息共享平台，提供科学数据、科技信息检索与查新、科技情报分析挖掘、知识产权咨询、科技智库等开放共享服务。

（三）产业技术集成和中试共享服务平台。围绕我省战略性新兴产业、支柱产业和地方优势特色产业，鼓励企业、科研院所、高等院校等创新主体，依托科技产业园区、高新区等产业集聚区，以新机制、新模式建设一批专业化的产业技术集成和中试共享服务平台，发挥展示、承载、服务、示范功能，提供关键性、基础性共性技术，提供技术标准、产业技术信息和成果转移转化、应用推广等服务。

（四）科技资源统筹中心。围绕各级政府、企业、高等院校、科研院所、科研人员和创业者对各类科技资源的共享服务需求，建设以省科技资源统筹中心为核心，设区市分中心、行业分中心、区县（科技园区）分中心等为支撑的、多级联动的科技资源统筹服务体系，加快科技成果转移转化，引导和完善创新要素的流动和配置，培育科技资源共享云生态体系。

第七条 共享平台建设牵头单位应具备以下条件：

（一）依法设立的独立法人单位，且无科研诚信不良记录，无行政处罚记录，未在国家企业信用信息公示系统列入经营异常名录与严重违法失信企业名单。

（二）共享服务的方向清晰、用户群体（服务对象）明确、商业模式合理，最近三年开放共享服务的成功案例不少于 10 个。

（三）拥有建设共享平台所需的科技人才团队，其中固定（专职）人员 10 人以上、中高级职称或硕士研究生及以上学历人员比例不低于 60% 。

（四）拥有共享平台建设所需的资金筹措能力，能够成为共享平台运行与管理的投入主体，自有资金投入占共享平台建设总投入的比例不低于 50% 。

（五）拥有保障共享平台建设、运行与服务所需的固定场所。

除科技信息共享平台外，其他共享平台应拥有保障共享平台建设、运行与服务所需的固定场所和必要的设备设施条件。

（六）建立了共享平台的管理与服务团队，拥有健全、完善、有效的服务体系和规章制度。

（七）多家单位合作建设的共享平台，应有合作协议、经费筹措与投入方案、运行管理等相关办法。

第三章　认定程序

第八条　省科技厅每年六月底发布年度共享平台建设重点方向、内容等具体要求。

第九条　牵头单位在前期建设的基础上，按照共享平台建设要求填写相关申报材料，经申报单位主管部门审核后报省科技厅。

第十条　省科技厅会同有关部门，组织专家或委托评估机构对共享平台建设牵头单位及共建单位的共享平台前期建设情况进行可行性论证（评估）和实地考察。

第十一条　通过专家论证或评估机构评估后，经省科技厅审定通过的共享平台，给予专项经费后补助，并授予“陕西省×××共享平台”称号。

第四章　实施与管理

第十二条　共享平台建设的专项经费使用与管理按《陕西省人民政府关于改进加强省级财政科技计划和项目资金管理的实施意见》执行。

第十三条　省科技厅为省共享平台的归口管理部门，与牵头单位签订共享平台建设合同，明确牵头单位与共建单位的责任和义务。省共享平台的建设及运行管理采取“统一规划、分层指导、共同管理”的机制。省科技厅按合同方式支持共享平台建设。牵头单位及共建单位必须依法依规，按合同规定完成建设任务，每年向省科技厅提交共享平台年度报告。

第十四条　涉及合同变更的事项，由牵头单位提出申请，报省科技厅审核批准后执行。

第十五条　共享平台的建设期限为三年，完成建设内容、满足验收条件的共享平台，由牵头单位向省科技厅提出验收申请。省科技厅组织共享平台验收。验收不合格的，限期整改。整改不合格的，收回财政专项资金，并计入科研失信和陕西省失信联合惩戒机制名单。

第十六条　专项经费投入共享平台形成的固定资产、文献与数据资源、科技成果和知识产权等，授权建设单位享有，并依法依规纳入全省科技资源开放共享体系，对外开放共享。

第五章　绩效考核

第十七条　省科技厅定期或不定期组织专家或委托评估机构对共享平台建设的中期执行情况进行检查。对检查中发现问题的共享平台，限期整改；对问题严重者予以撤销，追回财政专项资金，并在三年内不得申请共享平台建设。

第十八条　省科技厅每两年组织一次绩效考核。绩效考核的内容重点包括共享平台的建设水平、共享服务规模与质量等方面。考核方式包括材料评估、现场考核和综合评价。

第十九条　绩效考核结果分优秀、良好、合格和不合格。其中，优秀比例不超过参与绩效考核的共享平台总数的 30% 。考核结果向社会公布。

第二十条　对因市场竞争、法律法规变化等因素造成绩效考核不合格的共享平台，经科技厅组织专家论证后，取消“陕西省×××共享平台”称号。

第六章　附　则

第二十一条　本办法自 2017 年 12 月 26 日起实施。2012 年 4 月 1 日印发的《陕西省科技资源开放共享平台建设管理办法》（陕科条发〔2012〕40 号）文件同时废止（或失效）。

关于印发《新疆维吾尔自治区科学仪器协作共用网管理暂行办法》的通知

新科条字〔2009〕121号

各有关单位：

为了进一步整合我区现有科学仪器设备资源，规范和推进科学仪器设备协作共用工作，实现我区科学仪器设备的优势互补、资源共享，自治区科技厅和财政厅共同制定了《新疆维吾尔自治区科学仪器协作共用网管理暂行办法》，现印发给你们，请遵照执行。

新疆维吾尔自治区科学技术厅

新疆维吾尔自治区财政厅

2009年9月8日

新疆维吾尔自治区科学仪器协作共用网管理暂行办法

第一章　总　则

第一条　为了进一步整合我区现有科学仪器设备资源，优化配置增量，减少和避免重复购置，提高仪器设备的综合利用效益，改变科学仪器设备部门所有、封闭和条块分割等状况，实现科学仪器设备的资源开放、共享、优势互补，决定建立“新疆维吾尔自治区科学仪器协作共用网”（以下简称协作共用网），现结合我区实际情况，制定本管理办法。

第二条　自治区境内的科研机构、高等院校、重点实验室、工程技术研究中心、高新技术企业、分析测试单位、科技企业等拥有单台（套）价值在20万元以上设备的单位可申请加入协作共用网。入网设备主要用于科学实验、分析测试、计算等科学研究和开发活动（除特殊保密用途外）。

第三条　为保证科学仪器设备协作共用工作的开展，建立协作共用网网站，对我区科学仪器设备资源进行信息整合，形成信息网络，达到仪器设备的拥有量、分布状况、协作共用等社会共知的目的。

第四条　协作共用网面向全社会开放，实行有偿服务。入网的仪器设备所属单位为网员单位，网员单位之间开展的仪器设备协作共用，享受补贴和奖励政策。

第二章　组织机构和职责

第五条　自治区科技厅、财政厅成立自治区科学仪器设备协作共用领导小组（以下简称领导小组）其主要职责是：

1. 指导和协调协作共用网管理中的重大事宜；
2. 指导和规划协作共用网的发展方向、规模、目标任务和仪器设备的总体布局；
3. 审定仪器设备运行相关制度、补贴方案、考核办法及升级改造、维修方案；
4. 表彰和奖励入网仪器设备资源共享先进集体和个人；
5. 筹措专项资金，审定、评议资金的年度预算、投向和效果。

第六条　领导小组下设自治区科学仪器设备协作共用网管理办公室（以下简称协作共用网管理办公室）。协作共用网管理办公室设在新疆分析测试研究院（新疆分析测试中心）。其主要职责是：

1. 负责自治区科学仪器设备协作共用的组织协调工作；
2. 制定自治区科学仪器设备协作共用工作管理制度，管理专项资金；
3. 负责协作共用网的管理工作，与全国和区域科学仪器设备协作共用网的对接及承办相关业务；

4. 受理仪器设备加入协作共用网的申请，进行入网资格审查、仪器设备性能评价、调整进出共用网仪器设备的种类和数量；

5. 审定入网仪器设备、收费标准，负责运行效绩的考核；

6. 组织开展科学仪器设备技术交流、培训、宣传及方法研究和功能开发工作；

7. 提出协作共用仪器设备的运行补贴或对入网仪器设备单位的奖励方案和意见；

8. 建立协作网信息管理平台，汇集新疆科学仪器设备资源库、专家库、专家库以及协作共用网运转动态信息、应用信息、分析方法信息等向全社会提供。印发协作共用网简报，负责协作共用网网站建设、运行和管理工作；

9. 受理用户的咨询和投诉；

10. 负责协作网工作计划及工作总结；

11. 负责管理专家库；

12. 负责领导小组交办的其他工作。

第七条　具有副高以上技术职务的实验室管理专家、分析测试专家、仪器设备专家，通过单位推荐和自荐等方式申请入专家库。专家库专家的主要职责是：

1. 对网内仪器设备进行技术评估；

2. 协助开展入网仪器设备的年度考核和检查，对服务质量和技术水平进行评议；

3. 参与论证仪器设备升级改造、维修方案；

4. 协助开展技术培训、仪器设备改造和功能开发、方法研究等方面工作。

第三章　入网程序

第八条　凡符合科学仪器设备协作共用网组成范围的部门和单位，满足下列条件者，均可申请入网。入网时按规定填写《新疆科学仪器设备协作共用网入网申请表》，报送协作共用网管理办公室：

1. 仪器设备原值 10 万元以上；

2. 仪器设备性能指标达到区内现有同类装备的先进水平或具有特殊功能且应用领域较广；

3. 仪器设备运行正常，运行故障率小于 10%，能提供足够的对外服务机时，并同意仪器信息在协作网上发布；

4. 仪器设备组有固定操作使用人员，其中至少有 1 名具有 3 年以上实践经验的中级或以上技术职称的分析检测专业人员；

5. 能履行对外服务承诺，保证提供公正、准确和及时的服务。

第九条　仪器设备入网审批程序：

1. 收到《新疆科学仪器设备协作共用网入网申请表》后，协作共用网管理办公室定期召集专家对申请入网仪器设备进行技术评估；

2. 协作共用网管理办公室根据专家咨询评估意见，受理仪器设备入网工作，并确定入网单位的管理部门和负责人；

3. 对批准入网的科学仪器设备，协作共用网管理办公室向申请入网单位发出入网书面通知书，与入网单位签订《入网科学仪器设备服务保证书》，并进行公告或网上发布。

第十条 入网仪器设备实行动态管理，有进有出，符合条件的科学仪器设备随时可申请入网，以保证网内仪器设备性能指标的先进性和较高的协作共用服务质量和水平。

第四章 入网仪器设备的协作共用程序

第十一条 协作共用网内的仪器设备面向全社会开放，任何单位和个人（以下简称用户）均可提出使用网内仪器设备的申请。

第十二条 用户可根据协作共用网管理办公室发布的入网仪器设备信息，了解仪器设备的所在单位、仪器状况、技术指标、应用范围、收费标准等情况，也可向仪器设备组直接询问，根据具体业务需求向协作共用网管理办公室提出使用申请，也可通过“新疆科学仪器设备协作共用网网站”进行网上申请。

第十三条 用户应事先与仪器设备组联系，商定具体服务项目和完成时间，或委托协作共用网管理办公室协调。

第十四条 用户需填写并提交《科学仪器设备协作共用登记表》，由协作共用网管理办公室审核盖章，通知相关仪器设备组。登记表一式两联，一联留协作共用网管理办公室存档，一联由用户与实验物品一同交到仪器设备组的单位，办理相关委托手续及具体事宜。

第十五条 服务任务完成后，服务单位按要求向用户提供准确可靠的实验数据和结果，按收费标准收取费用。

第十六条 网员单位每年 11 月 15 日前将收到的《科学仪器设备协作共用登记表》和收费发票复印件，汇总上报给协作共用网管理办公室，由办公室审查核实，提出补贴或奖励方案，报领导小组审核批准。

第五章 收费标准的确定

第十七条 协作共用仪器设备实行有偿服务，原则上只收取成本费用。已实行政府定价和政府指导价的项目，按政府定价和政府指导价执行，其余项目实行市场调节价，由双方协商确定。经职能部门批准的仪器设备服务收费标准，需报协作共用网管理办公室备案。

第十八条 各单位在申报入网仪器设备时，应明确上报本单位现行的收费标准和遵照原则，由协作共用网管理办公室组织专家评议，经与上报单位协商，适当调整过高或过低的收费标准，形成该单位的协作共用网收费执行标准，在网上发布或公布后执行。遇特殊情况单位可与用户协商，在此基础上调高或降低，但调高额度不能超过 20%，降低额度不限。

第六章　使用入网仪器设备的补贴

第十九条　网员单位之间需要通过仪器设备提供所需的分析测试等实验数据的，享受补贴。网员单位需填写《科学仪器设备协作共用登记表》，向协作共用网管理办公室提出申请，经领导小组批准后由协作共用网管理办公室按实际收取费用的一定比例进行补贴。补贴标准为：

1. 承担国家和省部级科研项目的，补贴 15%；
2. 承担在读博士生、研究生论文的，补贴 20%；
3. 承担其他研发和实验项目的，补贴 5%。其中第 1、第 2 项在填写《科学仪器设备协作共用登记表》时均需提供相关证明材料。

承担上述业务的仪器设备所在单位按收费标准扣除经批准的补贴额度后收取费用，补贴费用由协作共用网管理办公室对仪器所属单位进行补贴。

第二十条　获得协作共用网补贴的用户，应在相关的课题项目成果、项目总结、论文、会议资料等中注明“获新疆科学仪器设备协作共用网资助”。

第七章　协作共用网运行资金的管理

第二十一条　协作共用网运行资金主要来源：

1. 财政拨款；
2. 部门和单位资助；
3. 社会捐赠或赞助；
4. 其他。

第二十二条　协作共用网运行资金的主要用途：

1. 用于参加协作共用网的仪器设备对外提供测试服务的运行补贴和优秀仪器设备组及单位的奖励；
2. 网内技术人员培训、学术交流活动费用；
3. 协作共用网管理工作费用，包括网站建设和维护费用、专家评议和咨询费用、日常管理和办公费用等。

第二十三条　共用网运行资金由在新疆分析测试研究院（协作共用网管理办公室）单独核算，专款专用。

第八章　网员单位义务

第二十四条　仪器设备的拥有单位加入协作共用网不收取任何费用，不改变仪器设备的产权和使用权，并享受规定的补贴和奖励。

第二十五条　加入协作共用网的单位应履行以下义务：

1. 符合入网条件的仪器设备应加入协作共用网参与协作共用；
2. 不以营利为目的；
3. 制订相关规章制度，保证入网科学仪器设备的完好运行和高效使用，并提供足够的对外服务机时；
4. 保证结果的及时、准确、可靠；
5. 为用户保守技术秘密；
6. 认真做好实验项目的记录，建立健全实验资料档案。

第九章　奖励和处罚

第二十六条　协作共用网管理办公室负责入网仪器设备的年度考核和检查，对各网员单位开展的协作共用的数量和质量进行评议。对遵守服务承诺，提供优质服务，仪器设备利用率高的仪器设备组，报领导小组批准后，对网员单位及仪器设备组进行表彰和奖励。

第二十七条　在实施协作共用过程中，如有下列现象给予相应处罚：

1. 违反服务承诺，给用户造成影响和损失；
2. 因仪器设备操作使用人员失职造成测试数据严重差错的；
3. 有弄虚作假行为的；
4. 泄露用户技术秘密造成损失的。

处罚方式包括网内通报批评、停发补贴费用等，情节严重的取消网员资格。

第十章　附　则

第二十八条　本办法由自治区科技厅、财政厅负责解释

第二十九条　本办法自发布之日起执行。

附件　1. 新疆维吾尔自治区科学仪器设备协作共用网入网申请表（略）

2. 新疆维吾尔自治区科学仪器协作共用网入网仪器设备服务保证书（略）

3. 科学仪器设备协作共用登记表（略）

关于印发《宁波市大型科学仪器设备协作共用网管理办法》的通知

甬科计〔2007〕35号　甬财政教〔2007〕233号

各县（市、区）科技局、财政局，“三区一岛”管委会科技管理部门、财政局，市各有关单位：

为了进一步推进全市大型科学仪器的协作共用，提高全市范围内大型科学仪器的使用效率，创造良好的科研开发与技术创新条件，我们制定了《宁波市大型科学仪器协作共用网管理办法》。现将该《办法》印发给你们，请遵照执行。

宁波市科学技术局
2007年4月23日

宁波市大型科学仪器设备协作共用网管理办法

为进一步提高我市大型科学仪器设备协作共用效率，规范大型科学仪器设备协作共用网（以下简称大型仪器网）的管理，特制定本办法。

第一条 大型科学仪器设备协作共用是指大型科学仪器设备资源信息共享和协作共用。资源信息共享指大型科学仪器设备信息在互联网上发布，使单位和个人及时了解可提供服务的大型科学仪器设备；协作共用指通过补贴等方式，鼓励大型科学仪器设备面向社会服务，支持单位和个人使用入网的大型科学仪器设备。

大型科学仪器设备协作共用实行自愿原则。

第二条 宁波市科技局委托宁波市生产力促进中心组建大型仪器网服务中心（以下简称服务中心）。其主要职责是：

（一）负责大型仪器网的运行管理、专家库建设以及入网大型仪器协作共用的绩效评议；

（二）常年受理大型仪器入网申请；

（三）办理入网仪器分析测试服务的补贴事宜；

（四）组织专家对入网的仪器和分析检测服务质量进行评议；

（五）对入网仪器开展协作、协调和相关统计汇总工作，对用户提供咨询服务。

第三条 根据高校大型科学仪器设备的相对集聚的特点，在宁波大学、浙江大学宁波理工学院、浙江万里学院、宁波工程学院等高校设立大型仪器服务分中心，由服务中心与服务分中心签订共同管理协议，服务分中心主要负责本校仪器协作共用的日常管理。

第四条 拥有入网仪器的单位为大型仪器网的会员单位，由服务中心与会员单位签订共同管理协议。会员单位职责是：

（一）及时将本单位符合条件的大型科学仪器设备入网，并纳入大型仪器网信息管理系统，面向社会开放；

（二）为用户提供及时可靠的分析测试服务；

（三）妥善保管对外服务的分析测试数据，遵守有关知识产权保护的规定，为用户保守技术秘密和商业秘密；

（四）不得弄虚作假套取仪器协作共用补贴；

（五）严格执行批准的收费标准；

（六）保持仪器设备正常运行，保证用户随时使用；无正当理由不得拒绝用户使用入网仪器设备要求。

第五条 大型仪器入网对象：在甬企事业单位拥有的大型科学仪器设备。

第六条 大型仪器入网条件：

（一）仪器性能指标达到本市现有装备的先进水平或具有特殊功能；

（二）仪器运行正常、运行故障率不高于5%；

（三）能提供30%以上的对外服务机时；

（四）仪器操作人员中有三年以上分析测试实践经验，并有中级以上职称的技术人员；

（五）单台仪器价值在20万元以上；

（六）愿意将仪器信息在网上发布。

第七条　大型仪器入网程序。拥有大型仪器设备的单位向服务中心报送《入网仪器申请表》。服务中心按照入网条件，组织专家分批对申请入网的仪器进行评议，并将评议结果汇总后报市科技局。市科技局根据评议结果对入网仪器进行核准，服务中心将核准后的入网仪器在市大型仪器共用网和市科技信息网的网站上公布。

第八条　用户根据大型仪器网上的仪器协作共用信息，可与仪器所在单位联系相关分析测试事宜。委托的分析测试为有偿服务，收费按会员单位公布的、且经物价部门核准的标准执行（不需物价部门核准的分析测试服务收费按市场价执行）。入网仪器单位完成委托任务后，填写由服务中心制发的《宁波市大型科学仪器设备共用平台委托分析测试登记表》，并须委托人签字认可。

第九条　凡拥有入网仪器并开展对外分析测试服务的事业单位可向服务中心申请大型科学仪器设备协作共用补贴经费。

第十条　会员单位每年元月15日前向服务中心提交上年度的《宁波市大型科学仪器设备共用网年度自评表》、《大型仪器协作共用情况调查表》、《宁波市大型科学仪器设备共用平台委托分析测试登记表》、《宁波市大型仪器协作共用仪器运行补贴申请表》以及入网仪器设备服务收费的发票复印件等材料。服务中心对会员单位提交材料的真实性和完整性进行审核，并组织专家对会员单位的仪器使用率、仪器运行状况、分析测试服务质量等方面进行评议。

第十一条　服务中心根据大型仪器的评议结果，提出经费补贴方案，报市科技局核准并经市财政局会签后下发文件，会员单位按文件通知到服务中心办理拨款手续。

第十二条　补贴经费按以下方法计算：

$$补贴额=(\sum 各入网仪器的委托服务测试收入\times 补贴系数)\times 绩效系数$$

委托服务测试收入是指入网仪器设备为本市内各单位的研发活动提供测试服务、开有《宁波市服务业统一发票》的测试服务收入。

补贴系数：补贴系数＝大型仪器年度财政科技经费补贴预算÷各入网大型仪器委托服务测试总收入。补贴系数一般不超过20%。

绩效系数：根据专家对会员单位大型仪器在上年度的共享服务情况的评议结果和服务中心的抽查情况，确定申请补助的会员单位年度绩效系数，绩效系数具体按照《宁波市大型科学仪器设备共用网年度自评表》所列指标进行打分计算。

每家会员单位年度补助经费最高不超过40万元。

第十三条　会员单位可把不超过10%的补贴经费奖励给在共享服务中做出贡献的

机组科技人员和管理人员。除此之外，补贴资金只能用于入网仪器更新、改造的相关费用支出，不得用于抵充或弥补科研经费等其他用途。

第十四条 有下列情况之一的，将取消会员单位资格：

（一）违反委托测试协议，给委托方造成损失和影响，且情节严重者；

（二）由于仪器操作人员的失职而导致分析测试结果错误、产生严重影响或造成用户的经济损失者；

（三）采取弄虚作假等手段虚报测试收入的；

（四）因对委托方技术秘密泄露造成委托方损失的；

（五）入网仪器设备性能不能满足相关分析测试服务的。

第十五条 本管理办法由宁波市科学技术局负责解释。

第十六条 本管理办法自发布之日起执行。2004 年发布的《宁波市大型科学仪器设备协作共用网运行管理办法（试行）》同时废止。

【管理办法与细则·联合评议】

关于发布《上海市新购大型科学仪器设施联合评议管理办法》的通知

沪科规〔2019〕12号

各有关单位：

为促进大型科学仪器设施的共享，提高科技资源使用效率，根据《上海市促进大型科学仪器设施共享规定》，我委会同市财政局、市发展改革委制定了《上海市新购大型科学仪器设施联合评议管理办法》，自2019年12月10日起施行。

特此通知。

上海市科学技术委员会
上海市财政局
上海市发展和改革委员会
2019年11月9日

上海市新购大型科学仪器设施联合评议管理办法

第一条（目的与依据）

为规范本市新购大型科学仪器设施评议工作，减少重复浪费、促进资源共享，提高本市财政资金的使用效益，根据《国务院关于国家重大科研基础设施和大型科研仪器向社会开放的意见》（国发〔2014〕70号）、《中央级新购大型科研仪器设备查重评议管理办法》（财科教〔2019〕1号），以及《上海市促进大型科学仪器设施共享规定》（以下简称《共享规定》），制订本办法。

第二条（定义及范围）

本办法所称"大型科学仪器设施"，是指以市或者区财政资金全额或者部分出资新购、新建的，价格在50万元及以上（含自筹资金部分），用于科学研究和技术开发活动的单台（套）科学仪器和实验设施。

对申请市级财政资金用于配套国家项目的，如该项目已通过国务院有关部门评议的，本市不再予以评议，但须将评议结果及相关材料报送联合评议办公室。

第三条（评议工作准则）

遵循"统筹规划、合理布局、需求导向、开放共享"的原则，对新购大型科学仪器设施的必要性进行评议。

第四条（评议组织协调机构）

本市建立市级新购大型科学仪器设施联合评议工作协调机制，在上海研发公共服务平台协调指导小组下设立"上海市新购大型科学仪器设施联合评议办公室"（以下简称联合评议办公室），由市科委、市财政局、市发展改革委等单位共同组成，办公室设在市科委。

第五条（申报报告编制）

申请购置大型科学仪器设施的单位，应先编制大型科学仪器设施购置申请报告，报告内容包括：购置建设目标的必要性、科研项目的需求程度、共享方案、购置的预算方案和实施管理能力等内容。

第六条（评议组织实施）

联合评议办公室负责制定大型科学仪器设施评议的标准、程序、方法，组织实施本市市级财政经费安排范围内的联合评议工作，并将评议结果在20个工作日内，反馈申请单位。

市级建设财力安排的项目，凡涉及大型科学仪器设施的，由项目审批部门在委托项目评估时，将大型科学仪器设施购置的必要性和可行性作为一项重要内容进行评估。

其他市级财政经费安排的项目，凡涉及大型科学仪器设施的，相关单位需先送联合评议办公室对其购置的必要性和可行性进行评议，评议结果作为安排项目经费的重要参考。

第七条（评议方法和内容）

收到评议申请后，联合评议办公室组织技术、经济、管理等相关领域的专家或委托中介机构，按照公开、公平、公正、规范的原则，对申购的大型科学仪器设施及其预算进行评议。联合评议办公室可根据实际情况邀请申购单位主管部门列席评议会议。

综合评议内容包括：

（一）相关科学发展和科研需要购置仪器设施的必要性；

（二）仪器设施功能、指标的先进性、适用性、业务指标的合理性；

（三）本市现有同类仪器设施的资源状况（如分布、使用状况）；

（四）申请单位现有大型科学仪器设施的使用情况；

（五）新购仪器设施的安装条件、技术队伍等配套支撑保障；

（六）新购仪器设施的共用共享方案；

（七）购置经费预算的合理性；

（八）实施计划安排（供货来源、采购方式、运行经费、预期效益）；

符合下列条件之一的建议购置：

（一）申购单位及所在地区无同类仪器设备或有同类仪器设备但其功能无法满足当前研究需要。

（二）申购单位及所在地区虽有同类设备但机时饱满（原则上年平均机时达 1200 小时以上），无法满足当前研究需要。

（三）申购单位及所在地区虽有同类仪器设备，但由于实验性质和条件所限不适合共享。

（四）申购仪器设备为在线仪器设备或对已有设备的配套和升级改造等。

具有下述情况之一的不建议购置：

（一）申购单位及本地区现存同类仪器设备较多且功能可以满足当前研究需要，可以通过共享支撑当前研究（一般按照现有共享仪器设备利用机时不足 1200 小时来判断）。

（二）申购仪器设备与本项目的研究方向不符。

（三）对申购仪器设备刻意拆分、打包或未使用规范名称。

（四）申购单位缺乏合适的专职/兼职实验管理人员、仪器设备操作人员。

第八条（评议结果）

联合评议结果作为有关部门审批购置的重要参考。经费（项目）审批部门应当优先批准在同等条件下对利用率高、共享服务工作良好的管理单位的购置申请。

经获准购置、建设大型科学仪器设施的，经费（项目）审批部门应当在项目合同或者项目批准文件中，明确该大型科学仪器设施在满足本单位科学研究和技术开发活动需要的同时，向社会提供共享服务的相关要求。

有关单位对评议结果有异议的，应提请联合评议办公室进行研究并提出处理意见。

第九条（信息报送）

新购、新建的大型科学仪器设施完成安装、调试验收之日起十五日内，其管理单位应当按本市相关规定向上海研发公共服务平台报送其名称、类别、型号、应用范围等基本信息。新购、新建的大型科学仪器设施的有关信息经汇总、分类后，向社会公布。

第十条（监督制度）

市科委会同市财政局等部门负责综合评议制度设计，推进完善评议管理；预算主管部门要加强对所属预算单位申购仪器设备管理，督促其按规定报送相关共享信息。

第十一条（惩戒措施）

对有关单位提交虚假材料申购仪器设施或项目管理部门未按规定提交联合评议等行为，联合评议办公室将会同有关部门，按照有关规定扣减仪器设备购置预算、计入法人单位科研严重失信行为记录等方式，予以惩戒。

第十二条（其他）

为应对应急突发事件需购置大型科研仪器设备的，可不进行联合评议。涉及国防领域大型科研仪器设备购置，不适用本办法。购置单台（套）价格在50万元以下的，主管部门要合理统筹利用仪器设备资源，减少重复购买，提高资源和资金利用效率。

第十三条（各区职责）

各区政府可参照本办法对区财政资金全额或者部分出资新购、新建的大型科学仪器设施进行评议。评议结束后，应将评议结果报联合评议办公室备案。

第十四条（解释）

本办法由市科委会同相关部门负责解释。

第十五条（实施日期）

本办法自2019年12月10日起施行，有效期至2024年12月9日。

关于印发《江苏省省级新购大型科学仪器设备联合评议工作管理办法》的通知

苏财教〔2016〕255 号

省各有关主管部门、单位：

为贯彻落实《国务院关于开展国家重大科研基础设施和大型科研仪器向社会开放的意见》（国发〔2014〕70 号）和《省政府关于重大科研基础设施和大型科研仪器向社会开放的实施意见》（苏政发〔2015〕106 号），从源头控制大型科学仪器设备的重复购置，提高仪器设备的利用率和财政资金的使用效益，促进我省科技资源高效利用，现将修订后的《江苏省省级新购大型科学仪器设备联合评议工作管理办法》印发给你们，请认真贯彻执行。

江苏省财政厅
江苏省科学技术厅
江苏省教育厅
2016 年 12 月 26 日

江苏省省级新购大型科学仪器设备联合评议工作管理办法

第一条 为规范我省新购大型科学仪器设备联合评议工作，减少重复浪费，促进资源共享，提高财政资金的使用效益，根据《国务院关于国家重大科研基础设施和大型科研仪器向社会开放的意见》（国发〔2014〕70号）、《江苏省关于重大科研基础设施和大型科研仪器向社会开放的实施意见》（苏政发〔2015〕106号）精神，结合我省实际，制定本办法。

第二条 本办法所称“大型科学仪器设备”是指在本省行政区域内、利用省级财政资金购置的单台（套）价格在50万元及以上，用于科学研究、技术开发及其他科技活动的科学仪器设备。

第三条 本办法所称“联合评议”是指高校、科研院所等单位（以下简称管理单位）申请购置单台（套）价格在100万元及以上的大型科学仪器设备时，由省财政厅、科技厅、教育厅等相关部门从全省科学研究、技术创新的实际出发，联合对新购大型科学仪器设备的合理性等方面进行综合评议。

管理单位申请购置单台（套）价格在50万~100万元的大型科学仪器设备时，由管理单位自行委托专业评估机构或组织专家进行综合评议。

第四条 联合评议工作遵循统筹规划、合理布局、需求导向的原则，以新增资源为切入点，进一步提高大型科学仪器设备的使用效率和财政资金的使用效益。

第五条 建立省级新购大型科学仪器设备联合评议工作协调机制。由省财政厅、科技厅、教育厅等部门联合成立“工作组”，负责组织开展联合评议工作。“工作组”办公室设在省财政厅教科文处。

第六条 “工作组”在组织联合评议工作时，委托江苏省大型科学仪器设备共享服务平台理事会办公室（以下简称省大仪平台理事会办公室，办公地点：南京市龙蟠路175号，江苏省生产力促进中心，办公电话：025-85485860）具体实施联合评议工作。

第七条 从2017年起，省财政资金原则上不再支持管理单位新购通用型大型科学仪器设备，鼓励管理单位使用第三方专业服务机构大型科学仪器设备进行检测。管理单位可以申请购置使用频率高且通过租用方式无法满足需求、或者无法租用的专用大型科学仪器设备。

第八条 管理单位申请购置大型科学仪器设备，应当提交《江苏省省级新购大型科学仪器设备联合评议申请报告》（以下简称《申请报告》）至省大仪平台理事会办公室。

《申请报告》内容包括：管理单位现有大型科学仪器设备的使用情况，拟购大型科学仪器设备的共享方案、购置经费预算方案和实施管理能力等。

第九条　省大仪平台理事会办公室收到各部门集中报送的《申请报告》后，及时组织专家开展联合评议，并提出评议意见。

联合评议内容主要包括：

（一）本省现有同类仪器设备的资源状况（如分布、共享、使用状况）；

（二）管理单位现有大型科学仪器设备的使用情况；

（三）新购大型仪器设备功能、技术指标、使用范围等；

（四）新购大型科学仪器设备的开放共享方案；

（五）购置经费预算的合理性；

（六）实施计划安排，包括购置方式、运行经费、预期效益等。

存在以下两种情况之一，联合评议原则上不予通过。一是本地区同类仪器设备数量较多且利用率较低；二是本单位相同型号的大型科学仪器设备开放效果差且利用率低。

第十条　在省财政预算中专项申请购置大型科学仪器设备预算的，评议时间原则上为编制年度部门预算“一上”之前；在省级各类计划项目中申请购置大型科学仪器设备的，评议时间一般在项目立项后、项目合同签订前进行，评议意见作为合同附件。

第十一条　省大仪平台理事会办公室在评议结束后的10个工作日内将评议意见反馈给委托部门，同时抄送“工作组”。评议意见自出具之日起，有效期为3～6个月。如被评单位对评议意见有异议，可在收到评议意见之日起7个工作日内向“工作组”提出复议申请，逾期视为无异议。

第十二条　“工作组”对评议意见和单位复议申请进行协调、审核、汇总，提出最终评议意见，提交省财政厅及相关主管部门。

第十三条　相关部门单位以评议意见为依据，将新购大型仪器设备列入下年度新增资产配置预算，省财政厅根据部门预算流程审批下达，并列入政府采购计划。未经正常评议程序的购置预算方案原则上不予立项。

省各招投标机构或管理单位采购部门应将评议意见作为新购大型科学仪器设备招标的重要依据。对于未开展或未通过联合评议的大型科学仪器设备，原则上不准购置。

第十四条　省各有关部门、管理单位应严格执行省财政厅及相关主管部门审批的大型科学仪器设备购置计划和预算。如确需调整变更预算的，应及时向省财政厅及相关主管部门提出申请，经批准后，按调整变更的预算执行。

第十五条　管理单位要制订有关规章制度，保证大型科学仪器设备的正常运行和高效使用。在保证本单位科研任务的前提下，积极向社会开放共享。

第十六条　本办法由江苏省财政厅负责解释。

第十七条　本办法自2017年1月1日起实施，原《江苏省省级新购大型科学仪器设备联合评议工作管理办法（试行）》（苏财教〔2005〕86号）同时废止。

关于印发《浙江省省级财政资金新购大型科学仪器设备联合评议试行办法》的通知

浙科发条〔2008〕30号

各市、县（市、区）科技局，各市财政局、发改委、教育局，杭州关区各关、办事处，有关高校、科研院所：

为了减少大型科学仪器设备的重复购置和不必要的高配置购置，推进我省大型科学仪器设备资源的合理布局和对外开放，逐步建立共建共享机制，提高大型科学仪器设备的使用效率和财政资金的使用绩效，规范省级财政新购大型科学仪器设备联合评议工作，促进创新型省份建设，现将《浙江省省级财政资金新购大型科学仪器设备联合评议试行办法》印发给你们，请参照执行。

浙江省科学技术厅
浙江省财政厅
浙江省发展和改革委员会
浙江省教育厅
杭州海关
2008年2月1日

浙江省省级财政资金新购大型科学仪器设备联合评议试行办法

第一章　总　则

第一条　为了减少大型科学仪器设备的重复购置和不必要的高配置购置，推进我省大型科学仪器设备资源的合理布局和对外开放，逐步建立共建共享机制，提高大型科学仪器设备的使用效率和财政资金的使用绩效，规范省级财政资金新购大型科学仪器设备联合评议（以下简称联合评议）工作，特制定本试行办法。

第二条　本试行办法中的“联合评议”是指有关单位在政府资助的各类项目中申请使用省级财政资金购置大型科学仪器设备时，由省科技厅、财政厅、发改委、教育厅等省级有关行政主管部门（以下简称省有关部门）和杭州海关从全省科学研究、技术创新和高等教育实际出发，联合对新购大型科学仪器设备的必要性、合理性和科学性等方面进行的综合评议。

第三条　联合评议工作由省大型科学仪器设备协作共用领导协调小组统一协调，按照“谁主管，谁负责”的原则，由下达项目的科技、教育等省级行政主管部门牵头组织。省大型科学仪器设备协作共用办公室（挂靠在省科技信息研究院，以下简称省大仪办）根据省有关部门的委托，组织具体实施工作。

第二章　联合评议范围和程序

第四条　凡是申请用省级财政资金购置的单台价格在 50 万元以上和成套试验设备价格在 100 万元（含自筹资金部分）以上的大型科学仪器设备，均列入联合评议范围。

第五条　申请购置第四条所列范围的大型科学仪器设备的单位在申报各类项目时，须填写《新购大型科学仪器设备申请表》（以下简称《申请表》）二份。《申请表》的内容包括：

（一）购置仪器设备的必要性；

（二）新购仪器设备协作共用的形式；

（三）国内外同类设备性能；

（四）项目实施管理和使用能力。

第六条　根据我省大型科学仪器设备资源分布情况和经济社会发展需求，省大仪办受省有关部门委托并经其联合审定，每年发布一次《大型科学仪器设备购置指导性意见》，并作为是否购置大型科学仪器设备的参考依据。

《大型科学仪器设备购置指导性意见》委托省大仪办具体组织制定，由省有关部门和杭州海关联合审定和发布。

第七条 各省有关部门在项目初审通过后正式立项前，应将《申请表》委托省大仪办组织专家进行联合评议。

第八条 省大仪办在收到各有关省级行政主管部门委托的《申请表》后，应及时组织相关领域的专家，对有关部门提出的新购大型科学仪器设备及其预算进行综合评议。

第九条 专家组对申请单位新购大型科学仪器设备购置的必要性、仪器设备选型的适用性和经费预算的合理性等进行评议，形成评议意见。

第十条 省大仪办应及时将专家组评议中形成的评议意见反馈给委托单位。如申请单位对结果有异议，可在收到评议意见之日起 2 个星期内向省大仪办提出复议申请。

第十一条 省有关部门以评议意见为主要依据，结合财力情况核定、下达各单位新购大型科学仪器设备的预算。未经联合评议程序的新购预算方案不予立项。

第十二条 各单位应严格执行已审批的大型科学仪器设备购置计划和预算。如确需调整变更的，应按程序报经原审批部门审核同意。

第十三条 受省有关部门的委托，省大仪办应每年组织专家对联合评议工作进行一次评估总结，以不断提高联合评议的质量和效果，提高财政资金使用绩效。

第三章 附 则

第十四条 本试行办法由浙江省科学技术厅负责解释，并自发文之日起试行。

关于印发《广西壮族自治区本级新购大型科学仪器设备联合评议试行办法》的通知

桂财教〔2014〕112号

区直有关部门：

为从源头上控制大型科学仪器设备重复购置，推进我区大型科学仪器设备的合理布局和对外开放，逐步建立健全共建共享机制，提高大型科学仪器设备的使用效率和财政资金的使用效益，我们参照《中央级新购大型科学仪器设备联合评议工作管理办法（试行）》，制定了《广西壮族自治区本级新购大型科学仪器设备联合评议试行办法》，现印发给你们，请遵照执行。执行过程中如有意见和建议，请及时函告财政厅、科技厅等有关部门。

广西壮族自治区财政厅
广西壮族自治区科学技术厅
广西壮族自治区教育厅
广西科学院
广西壮族自治区农业科学院
2014年7月22日

广西壮族自治区本级新购大型科学仪器设备联合评议试行办法

第一章　总　则

第一条　为从源头上控制大型科学仪器设备重复购置，推进我区大型科学仪器设备的合理布局和对外开放，逐步建立健全共建共享机制，提高大型科学仪器设备的使用效率和财政资金的使用效益，规范自治区本级财政资金新购大型科学仪器设备联合评议（以下简称联合评议）工作，制定本办法。

第二条　本办法所称“大型科学仪器设备”是指价格在50万元以上，在科学研究、技术开发及其他科技活动中使用的单台或成套仪器、设备。

第三条　本办法所称“联合评议”是指有关单位（企业）申请全部或部分使用自治区本级财政资金购置大型科学仪器设备时，由财政厅、科技厅等有关部门从广西科学研究、技术创新的实际出发，联合对新购大型科学仪器设备的必要性、合理性等方面所进行的综合评议。

自治区直属高等院校和科研单位申请使用自治区本级财政安排的归属“教育支出”和“科学技术支出”功能科目的项目资金购置大型科学仪器设备的，除另有规定外，列入联合评议范围。

凡申请使用科技厅管理的自治区本级科技计划经费和科技专项经费购置大型科学仪器设备的，无论申请单位隶属关系，均列入联合评议范围。

第四条　联合评议工作由财政厅、科技厅（自治区大型仪器协作共用管理委员会）、教育厅、广西农科院、广西科学院等部门统一组织协调。自治区大型仪器协作共用管理委员会办公室（挂靠广西分析测试研究中心，以下简称自治区大仪办）受财政厅和科技厅等有关部门的委托，负责组织具体实施工作。

第二章　联合评议的程序

第五条　自治区大仪办要建立全区大型科学仪器设备资源库及相关信息管理系统，每年发布一次《广西大型科学仪器设备购置需求指导性报告》，作为新购大型科学仪器设备的参考依据。

第六条　申请购置大型科学仪器设备的单位（企业）在申报各类项目时，须填写《新购大型科学仪器设备申请表》（以下简称《申请表》，见附件1），并按财政厅预算编制的时间要求，将《申请表》一式两份报送自治区大仪办。《申请表》的内容包括：

（一）结合科学发展和科研需求分析说明新购仪器设备的必要性；

（二）绩效目标（新购仪器设备的预计利用率、预计用户数量、对外开放时间等）；

（三）申请单位及其所属市范围内同类仪器设备的情况；

（四）仪器设备功能及相关性能指标；

（五）新购仪器设备共享共用措施和方案；

（六）购置经费预算方案；

（七）新购仪器设备的安装条件、技术队伍等配套支撑保障情况。

第七条　自治区大仪办自收到《申请表》之日起，在 20 个工作日内，组织相关领域的专家，按照定量与定性相结合的评议方法，完成对申请单位（企业）新购大型科学仪器设备购置的评议，形成专家组综合评议意见。评议意见内容主要包括：

（一）购置仪器设备的必要性；

（二）绩效目标的可行性和合理性；

（三）广西现有同类仪器设备的资源状况（如分布、共享、使用状况）；

（四）仪器设备功能、指标的先进性、适用性，业务指标的合理性；

（五）申请单位现有大型科学仪器设备的使用情况、绩效考核结果；

（六）共用共享措施和方案的合理性；

（七）购置经费预算方案的合理性；

（八）新购仪器设备的安装条件、技术队伍等配套支撑保障情况是否合理；

（九）实施计划安排（供货来源、采购方式、预期效益等）；

（十）国内外同类设备性能、价格比较。

自治区大仪办在规定时间内没有形成专家组综合评议意见的，申请单位（企业）可向科技厅、财政厅等有关部门申诉。

第八条　专家综合评议采取会议评议与网络评议相结合的方式进行。

第九条　自治区大仪办应于专家综合评议结束后 7 个工作日内将专家组综合评议意见（见附件 2）反馈给申请单位（企业）。如申请单位（企业）对结果有异议，可在收到综合评议意见之日起 7 个工作日内向自治区大仪办提出复议申请，逾期视为无异议。自治区大仪办办理复议申请的时间，自接到申请单位（企业）复议申请之日起，不得超过 7 个工作日。

第十条　自治区大仪办在对专家评议结果进行协调、审核、汇总后，出具联合评议报告，报科技厅、财政厅等有关部门。

第三章　联合评议结果的应用

第十一条　相关主管部门以联合评议报告为主要依据，编报、审核有关单位（企业）新购大型科学仪器设备预算，并按部门预算编制的时间要求，建立新购大型科学仪器设备项目库，随部门预算将所属单位下一年度大型科学仪器设备购置计划集中报送财政厅。财政厅以评议意见为依据，结合财力等情况进行审核，随部门预算下达各部门（单位）新购大型科学仪器的预算。未经联合评议程序的新购预算方案原则上不予立项。

第十二条 各单位（企业）应严格执行已审批的大型科学仪器设备购置计划和预算，并在申报采购计划时附上联合评议报告，确需调整变更的，应按规定程序报批。

第十三条 各单位（企业）在新购大型科学仪器设备投入运行以后，应及时申请加入广西大型仪器协作共用网，并对社会开放服务。

第十四条 受财政厅、科技厅委托，自治区大仪办每年组织专家对联合评议工作进行评估总结，并对经联合评议后购置的大型科学仪器设备的运行情况，结合立项绩效目标，定期进行绩效考评，并建立相应的考评档案。考评结果作为相关单位下一轮项目立项、预算安排的重要依据。

第四章　附　则

第十五条 自治区直属高等院校和科研单位申请使用中央财政安排的归属“教育支出”和“科学技术支出”功能科目的项目资金购置大型科学仪器设备的，参照本办法执行。

第十六条 本办法由财政厅、科技厅商有关部门共同负责解释，自发布之日起施行。

附件：1. 新购大型科学仪器设备联合评议申请表（略）

2. 新购大型科学仪器设备专家组综合评议意见（略）

关于印发《贵州省新购大型科研仪器设备联合评议管理办法（试行）》的通知

黔科通〔2016〕155 号

省内各高等院校、科研院所、行业检测机构、有关企事业单位、各类重点实验室、工程（技术）中心、分析测试中心、野外科学观测站及有关单位：

为贯彻落实《国务院关于国家重大科研基础设施和大型科研仪器向社会开放的意见》（国发〔2014〕70 号）以及《省人民政府办公厅关于转发省科技厅重大科研基础设施和大型科研仪器向社会开放实施方案的通知》（黔府办函〔2015〕197 号），从源头上控制省级财政资金购买大型科研仪器设备，避免重复购置和不必要的高配置购置，推进我省大型科研仪器设备资源的合理布局和充分共享，提高大型科研仪器设备的使用效率，省科技厅、省财政厅、省教育厅联合制定了《贵州省新购大型科研仪器设备联合评议管理办法（试行）》，现印发给你们，请遵照执行。

贵州省科学技术厅
贵州省财政厅
贵州省教育厅
2016 年 10 月 26 日

贵州省新购大型科研仪器设备联合评议管理办法（试行）

第一章　总　则

第一条　为贯彻落实《国务院关于国家重大科研基础设施和大型科研仪器向社会开放的意见》（国发〔2014〕70号），规范财政性资金新购大型科研仪器设备联合评议（以下简称联合评议）工作，从源头上控制大型科研仪器设备的重复购置和不必要的高配置购置，推进我省大型科研仪器设备资源的合理布局和充分共享，提高大型科研仪器设备的使用效率，根据财政部、科技部、教育部、中国科学院联合制定的《中央级新购大型科研仪器设备联合评议工作管理办法（试行）》精神，结合我省实际，制定本办法。

第二条　本办法所称的大型科研仪器设备是指财政性资金购买的单台/套价格在20万元以上（含20万元），用于科学研究、技术开发及其他科技活动的仪器和设备。

第三条　联合评议工作遵循“统筹规划、突出共享、合理配置、需求向导”的原则，以新增资源为切入点，逐步建立和完善大型科学仪器设备共建、共用、共享机制。

第四条　联合评议不收取任何费用，联合评议专家咨询费等评议费用从省级应用技术研究与开发资金管理费中支出。联合评议是财政资金安排仪器设备采购的必要条件，评议结果是安排财政资金购买大型科研仪器设备的重要依据。

第二章　联合评议的组织与范围

第五条　省科技厅会同省财政厅、省教育厅等相关部门建立省级新购大型科研仪器设备联合评议工作协调机制，按照“谁主管，谁负责”的原则，由下达项目的科技、教育等省级行政主管部门牵头组织联合评议前期工作。贵州省新购大型科学仪器设施联合评议办公室（挂靠在贵州省信息技术创新服务中心，以下简称联合评议办公室）根据省有关部门的委托开展联合评议工作。

第六条　联合评议办公室根据仪器类别从我省专家库中抽取3～5名相关专业、学科领域的技术专家和管理专家组成专家组，设专家组组长1名。

第七条　凡省级财政预算科研单位、高等院校以及其他公益性事业单位申请财政性资金购置大型科研仪器设备，除另有规定外，均列入联合评议范围。申请使用财政性资金购置大型科研仪器设备用于配套各类科研项目的，除另有规定外，均应列入联合评议范围。

第八条　为避免重复购置，闲置浪费，提高全省大型科研仪器设备使用效率，鼓励非财政性资金购置大型科研仪器设备的单位委托联合评议办公室对新购大型科学仪器设备进行联合评议。

第三章 联合评议申报流程

第九条 申请省级项目资金购置大型科研仪器设备的单位，应当按照省级项目管理的要求，对大型科研仪器设备进行技术和经济可行性论证，在报送项目预算申报书时，将《贵州省新购大型科研仪器设备联合评议申请表》（一式二份）报送至主管单位，由主管单位审核后转报“联合评议办公室”进行评议。申请表的内容包括：

（一）购置仪器设备的用途和必要性；

（二）仪器设备功能指标的先进性、实用性、合理性；

（三）新购仪器设备的预计利用率、用户量、对外开放时间等；

（四）申请单位现有大型科研仪器设备的使用情况；

（五）本省范围内现有同类仪器设备的分布及使用情况；

（六）新购仪器设备的共用共享方案；

（七）购置及运行维护经费预算；

（八）新购仪器设备的安装条件、技术队伍等配套支撑保障。

第四章 联合评议程序

第十条 联合评议办公室收到委托单位或申请单位新购大型科研仪器设备联合评议申请表后，组织相关专家进行综合评议，形成评议意见，评议结果在20个工作日内反馈给委托或申请单位。如申请单位对结果有异议，可在收到评议意见之日起5个工作日内向联合评议办公室提出复议申请，联合评议办公室收到复议申请10个工作日内反馈复议结果给委托或申请单位。

第十一条 联合评议结果是相关主管部门安排大型科学仪器设备购置预算的重要依据，未经联合评议的新购大型科研仪器设备原则上不予安排仪器设备购置经费。

第十二条 评议结果为有必要购置的，相关主管部门应当在项目合同获准的批准文件中，明确该大型科研仪器设备在满足本单位科学研究和技术开发活动需要的同时，向社会提供共享服务的相关要求。评议结果为建议调整的，申请单位应调整经费预算，同时报相关主管部门。

第十三条 评议结果为不必要购置和暂缓购置，但科研确有需要的，相关审批部门在批准项目时，可视具体情况安排一定额度的经费，用于项目实施过程中使用其他单位共享的大型科研仪器设备的相关费用支出。

第五章　管理措施

第十四条　省各有关部门、单位应严格执行大型科研仪器设备购置计划和预算。如果需要调整变更，应提前向相关主管部门报告，经批准后，按调整变更的预算执行。

第十五条　通过联合评议的大型科研仪器设备按省固定资产采购相关规定进行采购，新购大型科研仪器设备完成安装、调试验收之日起 30 日内，其管理单位应当向省大型科学仪器共享服务平台管理中心报送其名称、类别、型号、应用范围等基本信息。相关信息经整合后，通过贵州省大型科研仪器共享服务平台向社会公布。

第十六条　省科技厅、省财政厅、省教育厅等部门不定期对使用财政性资金购置的大型科研仪器设备的运行、使用和共享情况进行检查和考评。

第六章　附　则

第十七条　本办法由省科技厅、省财政厅、省教育厅负责解释。

第十八条　本办法自发布之日起实施。

附件：《贵州省新购大型科研仪器设备联合评议申请表》（略）

【管理办法与细则·绩效考核和激励】

关于印发《北京市重大科研基础设施和大型科研仪器向社会开放评价考核实施细则（试行）》的通知

京科发〔2016〕688 号

各有关单位：

为落实《关于国家重大科研基础设施和大型科研仪器向社会开放的意见》（国发〔2014〕70 号）、《关于加强首都科技条件平台建设进一步促进重大科研基础设施和大型科研仪器向社会开放的实施意见》（京政办发〔2016〕34 号），全面推动本市重大科研基础设施和大型科研仪器向社会开放服务，我们制定了《北京市重大科研基础设施和大型科研仪器向社会开放评价考核实施细则（试行）》，现印发给你们，请参照执行。

北京市科学技术委员会　北京市财政局
北京市教育委员会　北京市人民政府国有资产监督管理委员会
北京市质量技术监督局　北京市卫生和计划生育委员会
北京市农村工作委员会　北京市经济和信息化委员会
北京市人力资源和社会保障局　北京市发展和改革委员会
中关村科技园区管理委员会　中华人民共和国北京海关
2016 年 12 月 26 日

北京市重大科研基础设施和大型科研仪器向社会开放评价考核实施细则（试行）

第一章　总　则

第一条　为贯彻国务院《关于国家重大科研基础设施和大型科研仪器向社会开放的意见》（国发〔2014〕70号），落实《关于加强首都科技条件平台建设进一步促进北京市重大科研基础设施和大型科研仪器向社会开放的实施意见》（京政办发〔2016〕34号），做好北京市重大科研基础设施以及大型科研仪器（以下简称科研设施与仪器）开放共享的督导、评价与考核工作，特制定本实施细则。

第二章　考核对象和内容

第二条　考评对象：拥有应对外开放共享科研设施与仪器的市属企事业单位（以下简称管理单位）。

第三条　评价考核主要包括以下几方面的内容：科研设施与仪器的运行情况、开放共享的信息系统建设情况，以及开放制度建设情况、开放程度、服务质量、服务收费和开放效果等。

（一）运行情况：包括科研设施与仪器的运行及支撑保障

1. 科研设施与仪器的运行：重点考核管理单位的科研设施与仪器是否正常运行，是否能提供及时有效的测试检测与研发等服务。

2. 支撑保障：重点考核管理单位服务科研设施与仪器的内部组织机构建设、专业服务机构（测试分析中心）建设，管理单位中负责科研设施与仪器开放的部门对本单位科研设施与仪器开放的统筹管理、运行督查、责任落实中的主导作用，以及专业化、职业化实验技术人员服务队伍的配置与建设情况。

（二）开放共享信息系统建设情况

管理单位在线服务平台可以通过以下四种方式之一进行建设和信息开放：第一，改造已有信息系统同首都科技条件平台信息系统进行对接和信息开放；第二，依托第三方机构建立在线服务平台，同首都科技条件平台信息系统进行对接和信息开放；第三，使用分配的用户账号直接登录首都科技条件平台信息系统公布开放资源；第四，利用首都科技条件平台信息系统提供的模版生成在线开放和服务平台。

（三）开放制度建设情况

重点考核是否建立了科研设施与仪器开放共享管理制度并纳入日常管理。管理制度应涵盖科研设施与仪器开放、运行、维护、使用、科研设施与仪器购置必要性评价

（查重评议）、服务收入管理及绩效分配、激励措施（包括实验技术人员职称评定及薪酬待遇评价、实验技术人员的培训进修等等）等方面。

收费标准和原则建立情况：管理单位对外开放为用户提供服务时制定的相关收费标准，以及服务收入管理情况。

（四）开放程度：包括科研设施与仪器信息报送、科研设施与仪器信息质量、开放促进措施

1. 科研设施与仪器信息报送：是否已摸清科研设施与仪器底数，主要包括本单位价值在50万元及以上、财政经费购置、用于科研目的、能够有余量对外开放的科研类科学仪器设备的数量及占比，以及科研仪器与设施信息数据在首都科技条件平台信息系统填报的情况。

2. 科研设施与仪器信息质量：重点考核管理单位信息汇交到首都科技条件平台信息系统质量情况，包括所整合的科研仪器与设施数据信息应符合数据标准和技术规范要求，数据信息完整、准确，用户信息检索方便性及检索信息完整性。

3. 开放促进措施：开展针对分散的科研设施与仪器建立集中集约的措施（主要包括是否建立了分析测试中心开展科研设施与仪器的集中服务；认定的开放实验室利用开放的科研设施与仪器对外开展科研服务情况；是否针对本单位的学科或领域优势，集中集约地利用科研设施与仪器开展特色分析测试服务或科研服务；是否对课题组采购的科研设施与仪器进行对外开放服务或委托管理及促进开放服务）。利用、委托或建立专业服务机构，促进机构与本单位重点实验室专家合作渠道的顺畅性；利用互联网手段推动科研设施与仪器应用情况；与企业联合共建实验室、公共服务平台情况；进口设备开展科研服务情况；创新券参与情况；是否成为首都科技条件平台成员单位。

（五）开放效果：包括科研设施与仪器服务量、服务成效

1. 服务总量：重点考核科研设施与仪器对外提供服务的总量，根据仪器类型和服务方式的不同，包括设备机时服务、样品测试数量、分析测试服务、培训等，以及服务客户类型及数量等情况。

2. 服务成效：包括科技支撑效果、社会效益、经济效益等情况。

科技支撑效果：重点考核管理单位利用科研设施与仪器对外开放共享过程中所支撑的科学研究和技术创新取得的突出贡献，包括服务于省部级计划项目的数量，以及对论文、论著发表、科技报告、发明专利、科学数据、科技成果及获奖等的支撑情况。

社会效益：重点考核科研设施与仪器对外开放共享服务过程中支撑重大工程、企业创新、服务民生、应急事件、科学普及、政府决策等方面所产生的社会效益。

经济效益：重点考核管理单位科研设施与仪器对外开展测试分析、科研合作等服务收入情况，以及典型服务案例等。

对接首都科技条件平台服务成效：开放科研设施与仪器开放量、服务企业量、服务合同额等。

（六）服务质量

重点考核以管理单位开放服务的满意程度，包括管理单位和入网仪器机组接收服务需求的积极性与主动性、服务的及时性等。结合通过首都科技条件平台信息系统用户评价及意见监测、第三方对用户随机抽查、用户反馈、管理单位自查等方法形成的管理单位用户满意度情况调查结果进行综合评价。

第三章　组织实施及考核程序

第四条　各委办局根据本细则对本系统的管理单位进行考核并依初步考核结果，督促对本系统管理单位改进。

第五条　主管部门（是指市级部门预算中安排有科研设施与仪器采购内容的市政府组成部门、派出机构等）负责督促所属管理单位对科研设施与仪器的开放纳入日常运行管理，对所属管理单位科研设施与仪器的运行等情况进行评价考核。

第六条　评价考核每年进行一次。按百分制计算，结果分为优秀、良好、合格、不合格 4 个等级。

（一）评价得分 85 分及以上为优秀；

（二）评价得分 75 分（含 75 分）至 85 分之间为良好；

（三）评价得分 60 分（含 60 分）至 75 分之间为合格；

（四）有以下情况之一的考核为不合格：

1. 考核得分低于 60 分；

2. 无不可抗拒因素，逾期不上报考核申请材料；

3. 上报材料内容和数据严重虚假，或有其他重大违规违法行为。

第七条　考核程序：

（一）发布通知。市科委联合市财政局拟定评价考核通知后，通过各主管部门向各管理单位发布。

（二）组织考核。各主管部门对所属的管理单位进行考核评价。

（三）形成考评结果。在对各管理单位评价考核的基础上，形成本主管部门科研设施与仪器开放共享情况报告。将本部门报告和管理单位评价考核结果于每年 1 月初报送市科委。

（四）监督评价。市科委、市财政局共同成立由技术、财务、管理等方面的专家组成的督导小组，对管理单位开放共享情况进行督导评价，每年 4 月份向社会公布科研设施与仪器开放共享评价结果。对于评价效果不好的管理单位，市科委、市财政局会同主管部门在网上予以通报、限期整改。

第八条　评价考核结果作为主管部门与财政局是否批准新购置科研设施与仪器的重要参考依据，也作为首都科技条件平台后补贴的参考依据。

第四章　附　则

第九条　本细则由市科委、市财政局、市教委、市发展改革委、市国资委、市质监局、市卫生计生委、市农委、市经济信息化委、市人力社保局等部门协调会通过，由市科委与市财政局负责解释。自发布之日起30日后试行。

关于印发《黑龙江省大型仪器设备共享补贴及奖励办法（试行）》的通知

黑科联发〔2010〕83号

各有关单位：

现将《黑龙江省大型仪器设备共享补贴及奖励办法（试行）》印发给你们，请遵照执行。

黑龙江省科学技术厅
黑龙江省财政厅
黑龙江省教育厅
2010年10月28日

黑龙江省大型仪器设备共享补贴及奖励办法（试行）

第一章　总　则

第一条　为了促进我省大型仪器设备资源的整合共享，调动仪器设备所属单位及相关管理人员参与共享的积极性，盘活科技资源存量并提高大型仪器设备的使用率，进而推动我省科技资源的进一步优化配置，加快我省科技基础条件建设，更好地为省内科研机构、科研人员及科技型中小企业创新创业提供资源共享服务，省政府决定对加盟全省科技创新创业共享服务平台的单位，予以资金补贴和奖励。为加强资金管理，提高资金使用效益，特制定本办法。

第二章　补贴及奖励的评定原则、范围及资金来源

第二条　本办法所指的大型仪器设备共享，是指运用信息、网络等技术手段，整合省内分散在各高等院校、科研院所和其他企事业单位的原值在20万元以上的大型科学仪器设备信息，面向社会各界提供检测、测试、试验、分析等开放服务。

第三条　补贴及奖励的测评工作，将本着“公平、公正和公开”的原则，由省科技厅主管部门组织相关专家进行测评，并将评定结果在省科技厅官方网站向社会公布。该项测评活动每年度进行一次。

第四条　黑龙江省行政区划内高等院校、科研院所和相关企业，凡拥有大型仪器设备资源且同意加盟共享服务平台的单位，在签署共享合作协议成为加盟成员后，即有资格参加我省大型仪器设备共享补贴及奖励的申报和评定。

第五条　补助和奖励资金由省科技专项资金解决，通过省财政国库集中支付。

第三章　具体的补贴及奖励办法

第六条　已签订大型仪器设备共享合作协议的加盟成员单位，可根据其加盟仪器设备的原值、稀缺程度和对社会的贡献率，由专家测评组进行评定后，给予加盟单位一次性的共享加盟补贴。

第七条　已签订共享合作协议的加盟成员单位，其单台（套）大型仪器设备由专家测评组根据仪器设备的对外服务次数、机时数、样品数、用户满意度以及服务收入等参数进行评定后，可依照优秀、良好和合格3个层级分别给予年度一次性的奖励。

第八条　在大型仪器设备共享服务工作中，表现突出且服务业绩优异的操作及管理人员，可获评共享服务先进个人荣誉称号并给予表彰奖励。

第九条 凡属非财政资金投入购置的大型仪器设备，其所属单位一经成为加盟成员后，在同等条件下参评可相应上浮不高于21%的补贴额度。

第四章 具体申报参评程序

第十条 测评时限：拟为上一工作年度的1月1日起，至当年的12月31日止。

第十一条 申报程序：所有参评申报补贴及奖励的单位，均需通过一个简化的申报程序进行申报。申报报告递交时间为下一工作年度的1月1日至1月31日。参评单位需填报相关补贴及奖励的申请材料，并附本单位大型仪器设备参加共享服务的原始记录及相关权威机构的鉴定数据等，一并提交省科技厅相关主管部门及专家测评组进行评定。

第十二条 相关抽查和检测：为确保参评单位提供的申报材料真实有效，主管部门拟采用回访用户或抽查相关原始记录等手段，对所有申报材料进行抽检核定。

第五章 资金的用途、管理和监督

第十三条 参加我省大型仪器设备共享服务的加盟成员单位，在申领一次性加盟补贴后，须将所获补贴用于大型科学仪器设备管理部门及机组人员加盟共享服务中的业务培训、数据采集、数字化转换等费用支出，以及加盟共享服务机组标识标样的购置，仪器设备因入网服务所产生的维修和升级改造、功能开发等相关业务费用的补助。

第十四条 荣获全省大型仪器设备共享服务的年度优秀加盟单位，其所获奖励资金，原则上应用于该加盟单位大型仪器设备的维修、维护和一线操作人员的劳务补助。

第十五条 省科技厅主管部门须加强对共享补贴及奖励资金使用的严格审核和管理，并将资金的使用情况定期上报省财政厅备案，接受审计部门的监督检查。

第十六条 如有加盟成员单位，在申评过程中有弄虚作假以及不按本办法使用补贴或奖励资金的情况发生，将按《财政违法行为处罚处分条例》（国务院发第427号）的有关规定，予以严肃处理。

第六章 附 则

第十七条 本办法由省科技厅会同省财政厅、省教育厅负责解释。

第十八条 本办法自发布之日起试行。

上海市人民政府办公厅关于延长《上海市大型科学仪器设施共享服务评估与奖励办法》有效期的通知

沪府办发〔2017〕81 号

各区人民政府，市政府各委、办、局：

经评估，2013 年 3 月市政府办公厅转发的《上海市大型科学仪器设施共享服务评估与奖励办法》（沪府办发〔2013〕15 号）需继续实施，其有效期延长至 2022 年 12 月 31 日。

特此通知。

上海市人民政府办公厅

2017 年 12 月 21 日

上海市大型科学仪器设施共享服务评估与奖励办法

第一条（目的）

为促进大型科学仪器设施的共享，提高其利用率，增强科技创新能力，调动本市大型科学仪器设施管理单位和相关人员提供共享服务的积极性，根据《上海市促进大型科学仪器设施共享规定》，制订本办法。

第二条（适用范围）

本市行政区域内高等学校、科研院所、企事业等管理单位（以下统称管理单位）的大型科学仪器设施共享服务评估和奖励工作，适用本办法。

第三条（定义）

本办法所称的大型科学仪器设施，是指单台（套）原值为30万元及以上、用于科学研究和技术开发活动的科学仪器和实验设施。

本办法所称的共享，是指本市行政区域内的管理单位将大型科学仪器设施向社会开放，由非关联单位、个人用于科学研究和技术开发的行为。

第四条（奖励资金）

本市设立大型科学仪器设施共享服务奖励资金，所需经费列入市科委部门预算。

第五条（评估与奖励原则）

本市大型科学仪器设施共享服务评估与奖励，按照“公开、公平、公正”的原则，每年度进行一次。

第六条（评估与奖励对象）

凡以市或区县财政全额或者部分出资购置、建设的大型科学仪器设施的所在管理单位，都应接受仪器设施共享服务情况的评估。鼓励以其他资金，包括中央财政、社会资金等全额购置、建设的大型科学仪器设施的所在管理单位参加评估。

在大型科学仪器设施共享服务年度评估中，评估结果为合格及以上的管理单位，可申请共享服务奖励。

第七条（评估内容）

对管理单位大型科学仪器设施共享服务情况的评估内容包括：大型科学仪器设施共享服务业绩、共享服务管理、服务队伍与能力、信息公开等情况。

第八条（评估奖励程序）

每年由市科委会同市各有关主管部门组织实施大型科学仪器设施共享服务评估与奖励，评估期为上年7月1日到当年6月30日。

（一）市科委会同有关主管部门根据市级财政全额或者部分出资购置、建设的大型科学仪器设施情况及加盟研发公共服务平台的大型科学仪器设施管理单位，确定评估单位。

（二）纳入评估范围的管理单位通过上海研发公共服务平台的科学仪器共享服务系

统，按照要求填报评估与奖励材料。

（三）市科委组织专家或委托中介机构进行评估。评估结果分为优秀、合格和不合格。其中，优秀名额不超过参加评估的管理单位数量的 10%。实施评估时，应选择不低于 10% 的管理单位进行现场抽查和用户满意度调查。现场抽查包括共享服务相关原始记录和大型科学仪器设施运行管理情况的核实等。

（四）通过上海研发公共服务平台网站，向社会公布奖励结果。

（五）对获得奖励的单位和个人，其奖金在下一年度发放。

第九条（奖励分类与条件）

大型仪器共享服务奖励分为管理单位共享服务奖和先进个人奖。

（一）管理单位共享服务奖授予当年度大型仪器共享服务评估合格及以上的管理单位。

（二）先进个人奖授予在共享服务工作量、服务质量、服务态度、功能开发等方面表现突出的操作人员，以及在共享管理制度建设、人才队伍建设、运行与服务管理等方面取得明显成效的管理人员。先进个人名额，原则上不超过共享大型仪器操作人员和管理人员的 2%。

第十条（奖励金额确定）

管理单位共享服务奖的奖励经费，根据管理单位通过上海研发公共服务平台公开基本信息且服务记录备案的大型科学仪器设施共享服务工作量，以及管理单位绩效评估等级确定。单台（套）大型科学仪器设施的年度奖励金额不超过 5 万元。

以非财政资金全额出资购置、建设的大型仪器，在同等条件下，上浮 10% 的奖励金额。

第十一条（先进个人奖励）

对先进个人发放奖励资金 2000 元，并颁发荣誉证书。先进个人可优先参加上海市科技、教育、人事等有关主管部门组织的培训与交流活动。

第十二条（优秀单位奖励）

对评估优秀的管理单位发放奖励资金，并颁发年度先进集体荣誉证书；先进集体申请以市或者区县级财政资金全额或部分出资新购、新建大型科学仪器设施的，有关主管部门应在同等条件下优先批准其申请购置。对连续 3 年评为先进集体的管理单位当年授予示范单位，次年免予现场抽查。

第十三条（评估反馈）

对大型科学仪器设施共享服务评估与奖励情况，由市科委会同市财政局通报有关主管部门和管理单位。建立健全本市大型科学仪器设施共享信息库，为本市大型科学仪器设施的新购（新建）评议、科研基地建设等提供依据。

第十四条（奖励资金用途）

管理单位的共享服务奖励资金，可用于共享大型科学仪器设施的运行维护、功能开发、升级改造、服务推广、信息管理与维护、操作（管理）人员的能力培训与补贴等。

第十五条（资金管理与监督）

管理单位对奖励资金的开支行使管理和监督权，应做到手续完备、账目明晰、内容真实、核算准确，确保奖励资金的合理使用。管理单位有弄虚作假、截留、挪用、挤占奖励资金等行为的，由市科委、市财政局依法追回奖励资金；情节严重的，依法追究法律责任。

申报材料弄虚作假的，取消该单位当年及3年内的奖励资格。

第十六条（区县配套政策）

区县政府可参照本办法，对区域内大型科学仪器设施共享服务情况给予相应激励。

第十七条（施行日期）

本办法自印发之日起施行，有效期至2017年12月31日。原《上海市大型科学仪器设施共享服务评估与奖励暂行办法》（沪府办发〔2008〕2号）同时废止。

关于印发《上海市大型科学仪器设施共享服务评估与奖励办法实施细则》的通知

沪科规〔2018〕3 号

各有关单位：

为了贯彻落实《上海市促进大型科学仪器设施共享规定》，提高大型科学仪器设施的共享利用率，增强科技创新能力，根据《上海市促进大型科学仪器设施共享服务评估与奖励办法》（沪府办发〔2017〕81 号），结合本市共享服务工作的要求，特制订《上海市大型科学仪器设施共享服务评估与奖励办法实施细则》，现印发给你们，请遵照执行。

特此通知。

上海市科学技术委员会

2018 年 6 月 19 日

上海市大型科学仪器设施共享服务评估与奖励办法实施细则

第一条（目的） 为了贯彻落实《上海市促进大型科学仪器设施共享规定》，提高大型科学仪器设施使用效率，增强科技创新能力，根据《上海市大型科学仪器设施共享服务评估与奖励办法》（沪府办发〔2017〕81号，以下简称《办法》），制订本实施细则。

第二条（适用对象） 本实施细则适用于本市行政区域内申请大型科学仪器设施共享服务评估和奖励的高等学校、科研院所、企事业等管理单位（以下统称管理单位）。

第三条（定义范围） 《办法》第三条所称的“科学研究和技术开发的行为”包括新技术、新产品、新工艺和新材料的研制开发等科技创新活动，不包括法定认证、执法检查、商业验货、商业摄制、医疗服务、电信计费、大批量验货等。

第四条（申报条件） 申请共享服务奖励的大型科学仪器设施须完成信息报送并加盟上海研发公共服务平台，且自愿向社会开放提供共享服务。

第五条（评估内容） 《办法》第七条所称的“共享服务业绩”包括：年度仪器开机机时达标率、年度共享服务机时数达标率、年度共享服务仪器的平均用户数、年度共享服务仪器的平均服务收入和年度共享服务取得的社会效益；所称的“共享服务管理”包括：单位的组织保障与激励措施、内部的服务质量管理和用户管理；所称的“服务队伍与能力”包括：技术人员配备情况、技术人员技能培训情况和单位的服务资质与服务水平；所称的“信息公开”包括：仪器信息填报的数量、完整性及信息的及时更新率、年度新增仪器信息报送及加盟仪器信息的年度增加量。

第六条（评估程序） 依据《办法》第八条，每年市科委会同各有关主管部门组织实施大型科学仪器设施共享服务评估与奖励工作。

（一）市科委在每年5月份发布年度评估与奖励申报通知。

（二）市科委委托受理机构收集申报材料并对材料的规范完整性进行审查，组织专家对管理单位的有效上报材料进行评估打分。

（三）随机选取每个评估管理单位的5家用户进行用户满意度调查。

（四）根据评估得分对管理单位的大型科学仪器设施共享服务情况进行排序，确定评估结果，低于60分的为不合格（满分100分）。

第七条（奖励条件） 《办法》第九条所称的“先进个人奖”分为管理类和技术类，由管理单位自荐、主管部门推荐和专家建议相结合产生。

第八条（奖励金额确定） 根据各台（套）仪器共享服务的机时、收费、用户数量，并结合管理单位的大型仪器共享服务评估结果确定其服务成效值。计算公式为：

单台（套）仪器服务成效值＝评估结果调整系数×[单台（套）仪器对外服务机时/所有仪器当年度平均服务机时＋单台（套）仪器对外服务收费/所有仪器当年度平均服

务收费 + 单台（套）仪器对外服务用户数/所有仪器当年度平均服务用户数]

评估结果调整系数根据各单位仪器共享服务评估结果确定，用以调整仪器服务成效值，仪器单位评估结果为优秀的，调整系数为 1.2，评估结果为合格的，调整系数为 1。

仪器根据单位性质分为高等院校科研院所组及其他组，根据评估合格仪器成效值从高到低分为 A ~ E 5 个等级，各等级仪器所占比例及单台（套）仪器奖励金额为：A 级前 5%，50000 元；B 级 5% ~ 15%，30000 元；C 级 15% ~ 75%，10000 元；D 级 75% ~ 95%，5000 元；E 级末 5%，1000 元。

第九条（资金管理与监督） 奖励资金列入市科委部门预算按照部门预算资金的有关规定管理和拨付。

管理单位应将奖励资金的实际使用情况送受理机构备案；受理机构将资金使用情况汇总后报送市科委备案。

第十条（施行日期） 本细则自发布之日起施行，有效期至 2022 年 12 月 31 日。

关于印发《江苏省大型科学仪器开放共享补贴实施细则（试行）》的通知

苏科技规〔2018〕372 号

各设区市科技局（科委）、财政局，省有关部门，各有关单位：

为深入贯彻落实省委省政府《关于深化科技体制机制改革推动高质量发展若干政策》（苏发〔2018〕18 号）精神，加快推进全省大型科学仪器资源开放共享，省科技厅、省财政厅共同研究制定了《江苏省大型科学仪器开放共享补贴实施细则（试行）》。现印发给你们，请遵照执行。

江苏省科学技术厅　江苏省财政厅

2018 年 12 月 18 日

江苏省大型科学仪器开放共享补贴实施细则（试行）

第一条 为深入贯彻落实《国务院关于国家重大科研基础设施和大型科研仪器向社会开放的意见》（国发〔2014〕70号），加快推进全省大型科学仪器资源开放共享，根据省委《关于深化科技体制机制改革推动高质量发展若干政策》（苏发〔2018〕18号）和省政府《关于重大科研基础设施和大型科研仪器向社会开放的实施意见》（苏政发〔2015〕106号）等文件精神，制定本细则。

第二条 本细则所称大型科学仪器主要包括政府预算资金购置的单台套价值在50万元及以上的科学仪器设备。管理单位是指本省行政区域内大型科学仪器所依托管理的法人单位。

第三条 本细则所称大型科学仪器开放共享是指管理单位将大型科学仪器向社会开放，由其他单位、个人用于科学研究和技术开发的行为。

第四条 大型科学仪器开放共享补贴主要包括：对管理单位的绩效奖补和对中小企业用户使用大型科学仪器开展试验检测等研发成本的补贴。

第五条 省科技厅、财政厅等部门组成江苏省大型科学仪器设备共享服务平台（简称省大仪平台）理事会，统筹推进全省大型科学仪器开放共享工作，具体工作由省大仪平台理事会办公室承担。

第六条 省各有关部门、各设区市科技行政部门负责推进本部门、本地区所属管理单位大型科学仪器向社会开放，履行对管理单位开放共享工作的监督和管理职责。管理单位是大型科学仪器开放共享的责任主体，负责制定本单位大型科学仪器开放共享管理办法，组织实施本单位大型科学仪器开放共享工作。

第七条 省大仪平台理事会办公室通过省大仪平台网站向社会公布大型科学仪器设备管理单位和入网仪器设备情况，强化资源宣传和推介。管理单位每年定期通过本单位门户网站和省大仪平台网站向社会公示发布本单位大型科学仪器设备的信息情况、开放共享制度和开放共享结果。

第八条 省大仪平台理事会办公室具体组织对管理单位年度开放共享情况进行绩效评价，评价的内容包括运行使用情况、共享服务成效、组织管理情况等，评价结果经省大仪平台理事会审定后向社会公布。绩效评价对象主要为纳入省大仪平台的省级研究开发机构、高等院校以及其他机构。市级管理单位的绩效评价可参照本细则执行。

第九条 省大仪平台理事会根据省科技厅、省财政厅及省大仪平台年度预算安排和绩效评价结果，对绩效评价较好的管理单位分档给予绩效奖补，原则上单个管理单位当年度的奖补总额不高于100万元。对评价较差的管理单位给予公开通报、责令限期整改，并视情节采取限制新购仪器、在申报科技计划（专项、基金等）项目时不准购置仪器设备、核减管理单位年度预算经费等措施予以约束。

第十条 鼓励管理单位通过集约化管理、市场化运作、社会化托管等模式，建设

"开放实验室"，提升管理单位大型科学仪器统筹管理和开放服务水平。

第十一条 "开放实验室"应具备统筹管理单位全部大型科学仪器的能力，仪器资源具有一定数量和规模，且利用率较高；建有统一的仪器共享信息管理服务平台，建立健全仪器开放共享制度，拥有统筹管理机构、专业服务团队；按市场化机制独立运营，开放共享服务业绩较好等基本条件。符合条件的授予"开放实验室"称号，纳入省级科技公共服务平台序列，加大奖补力度。

第十二条 管理单位获得的绩效奖补经费，主要用于从事开放共享服务人员的奖励等。

第十三条 对中小企业使用大型科学仪器资源支出成本给予适当的用户补贴（创新券）。申领用户补贴的企业应当符合《科技型中小企业评价办法》（国科发政〔2017〕115 号）的有关要求。用户补贴主要支持科技型中小企业利用长三角三省一市大型科学仪器共享平台等资源，开展新技术、新产品、新工艺研究开发的活动。

第十四条 中小企业用户补贴采取省市联动、常年受理、集中发放的方式，由省级补贴、市级补贴共同组成。符合条件的企业提出申请，省市联动审核后，省大仪平台理事会办公室提出用户补贴建议，经省大仪平台理事会审定后发放，原则上省市联动补贴总额不超过企业试验检测支出经费总额的 50%，单个企业当年度省级补贴总额不超过 10 万元。

第十五条 大型科学仪器开放共享、补贴等工作，接受全社会监督。对有弄虚作假骗取补贴资金的单位，将记入不良信用记录，并在一定时期内取消其申请资格。

第十六条 本细则由省科技厅会同省财政厅负责解释。

第十七条 本细则自 2019 年 1 月 1 日起施行，实施期限为 5 年。

关于印发《江苏省科技资源统筹服务考核评价实施细则》的通知

苏资统办〔2021〕1号

各有关单位：

为进一步推动我省科技资源统筹集成与开放服务，充分发挥考核评价导向作用，提升科技资源对我省科技创新和经济社会发展的基础性支撑作用，根据《江苏省科技资源统筹服务管理办法（试行）》，结合工作实际，研究制定了《江苏省科技资源统筹服务考核评价实施细则》，现印发给你们，请遵照执行。

江苏省科技资源统筹服务平台理事会办公室

2021年1月14日

江苏省科技资源统筹服务考核评价实施细则

第一条 为规范我省科技资源统筹服务考核评价工作，全面了解和检查科技资源管理单位和专业机构的统筹服务绩效，推动科技资源开放共享，提升科技资源对我省科技创新和经济社会发展的基础性支撑作用，根据《江苏省科技资源统筹服务管理办法（试行）》，特制定本实施细则。

第二条 考核评价对象是省属高等学校、科研院所等法人单位，省级科技资源共享平台（科学仪器、工程文献、农业种质、生物样本等）的子平台或共建单位等公共科技资源管理单位（统称管理单位），以及加入江苏省科技资源统筹服务平台（简称省统筹平台）的专业化服务机构（简称专业机构）。考核评价周期原则上为 1 年。

第三条 考核评价工作坚持“公开、公平、公正”原则，分类实施、重点突出、注重实效。其中，对管理单位的考核评价主要包括资源整合能力、开放服务成效、运行管理水平等；对专业机构的考核评价主要包括其在省统筹平台的实际服务量、响应速度、服务信用、用户评价等。针对不同类别的考核评价对象，分别制定相应的考核评价指标体系。

第四条 省科技资源统筹服务中心（简称省统筹中心）受省统筹平台理事会办公室（简称理事会办公室）委托，具体组织实施考核评价；主管部门负责指导本部门、本地区管理单位和专业机构的考核评价工作；管理单位和专业机构应按要求做好考核评价相关工作。

第五条 管理单位的考核评价材料主要包括年度报告、相关佐证材料，涉及保密的内容须进行脱密；专业机构的考核评价材料主要包括其在省统筹平台实际开展服务活动产生的相关数据、用户评价及现场抽查情况等。

第六条 考核评价主要包括年度报告、形式审查、专家评价等程序，可采取用户评价、系统在线测评、现场抽查和综合评价等方式。其中，用户评价、系统在线测试主要依托省统筹平台线上系统开展；现场抽查、综合评价由省统筹中心组织专家实施。

第七条 省统筹中心根据不同考核评价对象、资源类别等，结合省统筹平台建设进展，确定考核评价方案，明确具体采用的考核评价方式及相应程序，并于考核评价年度的 12 月底前下发考核评价通知。

第八条 考核评价对象按要求填报考核评价材料，经法人单位审核后按规定程序和日期提交至省统筹中心。年度报告应在法人单位内部提前公示。

第九条 省统筹中心负责对考核评价材料进行形式审查，组织专家开展考核评价。专家组由相关科技资源领域的技术、管理、服务及财务等方面专家组成，从省级相关专家库中抽取，实行回避制度。

第十条 采用现场抽查方式的，省统筹中心根据形式审查情况抽取部分考评对象，主要对基础设施建设、开放服务绩效、省级奖补资金使用等情况进行核查，包括听取汇报、现场考察或访谈、查阅资料，并就相关事项进行质询等程序。

第十一条　采用综合评价方式的，综合评价专家组一般由 5 ~7 名专家组成，根据年度报告、现场抽查、用户评价及系统在线测评等情况进行考核评价。

第十二条　省统筹中心根据考核评价情况提出考核评价结果及其应用、相关经费安排的建议，并及时报请理事会办公室审议并公示。考核评价工作原则上于考核年度次年的 3 月底前完成。

第十三条　考核评价工作严格执行我省科技项目信用管理相关规定。管理单位应如实开展科技服务、填写年度报告等，对考核评价材料的真实性、完整性、合法性、有效性负责，严禁科研不端行为；管理单位、专业机构及其主管部门不得以任何方式影响考核评价的公正性，整个考核评价阶段不得安排与考核评价工作无关的任何活动；考核评价专家和工作人员应当严格遵守国家法律法规、保密规定，科学、公正、独立地行使职责和权利，不得对外披露或扩散考核评价相关过程信息，不得收取考核评价对象任何评审费用、礼品、礼金、有价证券或支付凭证等。

第十四条　本细则自发布之日起施行。

浙江省科学技术厅等5部门关于印发《浙江省大型科研仪器设备开放共享绩效评价办法（试行）》的通知

浙科发基〔2020〕71号

各市、县（市、区）科技局、财政局、教育局、卫健局、市场监管局，有关高等学校、科研院所、新型研发机构：

现将《浙江省大型科研仪器设备开放共享绩效评价办法（试行）》印发给你们，请结合实际抓好贯彻落实。

浙江省科学技术厅
浙江省财政厅
浙江省教育厅
浙江省教育厅浙江省卫生健康委员会
浙江省市场监督管理局
2020年12月22日

浙江省大型科研仪器设备开放共享绩效评价办法（试行）

第一章　总　则

第一条　为贯彻落实《浙江省人民政府办公厅关于进一步推进我省重大科研基础设施和大型科研仪器设备开放共享的实施意见》，科学评价并积极推动我省大型科研仪器设备开放共享，建立激励约束机制，切实提高使用绩效，制定本办法。

第二条　纳入本办法评价范围的大型科研仪器设备是指完全或主要利用财政资金或国有资本出资购置、建设，单台（套）价值在30万元及以上的通用大型科研仪器设备（以下简称大型科研仪器设备），类型根据《科技平台大型科学仪器设备分类与代码》（GB/T 32847—2016）标准确定。政府预算资金为主购置的大型科研仪器，除法律法规另有规定，均应向社会开放。鼓励国有企业非财政资金购置的科研仪器加入，实现开放共享。

第三条　大型科研仪器设备开放共享绩效评价原则上每年开展一次，对象是浙江省拥有应当开放大型科研仪器设备的高等学校、科研院所、新型研发机构和省级创新载体依托单位等（以下简称管理单位）。

第四条　专用科研仪器设备、使用大型科研仪器设备开展法定检验检测或计量检定不纳入本办法评价范围。管理单位应当加强专用大型科研仪器设备管理，鼓励开放共享，服务科研创新，提高使用绩效。

第五条　绩效评价坚持定性评价与定量评价相结合，主要围绕组织管理、运行使用、开放共享等方面，包括管理单位大型科研仪器设备的开放共享管理制度建设、管理系统对接、设备入网共享、共享服务成效等方面。

第二章　组织实施

第六条　省科技厅会同省财政厅、省教育厅、省卫生健康委、省市场监督管理局等省级有关部门及各设区市科技局组织开展绩效评价工作，推动大型科研仪器设备开放共享。省级有关部门及各设区市科技局负责本系统、本地区相关单位大型科研仪器设备开放共享。具体评价工作可委托具备相应能力和条件的第三方机构负责。

第七条　绩效评价采取试点先行、分步实施的方式组织开展，在科研仪器多、大型仪器集中、开放共享需求大的高等学校、科研院所、新型研发机构等事业单位开展评价，在取得经验的基础上逐步向其他单位推开。在评价过程中，充分考虑不同大型科研仪器设备的应用领域、使用功能、服务半径、共享需求等因素，避免评价一刀切。

第八条 绩效评价工作程序

（一）数据采集。管理单位按要求将本单位科研仪器管理系统与浙江省大型科学仪器设备协作共用平台（以下简称省大仪平台）进行对接（无自建管理系统的直接使用省大仪平台），通过物联网设备和系统软件融合实现数据采集。数据采集过程中按规定做好数据安全和保密工作。

（二）定量打分。第三方机构根据《浙江省大型科研仪器设备开放共享绩效评价评分标准》，对各管理单位大型科研仪器设备开放共享情况进行打分。

（三）实地核查。按照“双随机”原则，组织专家对初步评价排名前 30% 、30%~70% 及后 30% 的管理单位，按不低于 5% 的比例进行实地抽查，对相关数据进行比对、核实。

（四）综合评价。根据定量打分和实地核查情况，对管理单位大型科研仪器设备开放共享情况进行分类排序并确定评价结果。绩效评价结果向社会公开发布。

第九条 管理单位应当做好大型科研仪器设备开放共享数据的维护工作，对相关数据和材料的真实性、有效性负责，存在弄虚作假等科研失信行为的，按考核不合格处理，并按科研诚信案件调查处理规则记入信息数据库。

第三章 结果运用

第十条 大型科研仪器设备开放共享绩效评价结果分为优、良、中、差 4 个等次。按照高等学校、科研院所、新型研发机构等不同分类进行排名，每一类单位优秀比例不超过 15% 。评价结果由第三方专业机构定期发布。

第十一条 评价结果作为科研仪器设备购置审核、资产管理、财政补助资金安排的重要依据，对开放共享和对外服务开展情况好、用户评价高的单位给予奖补。鼓励各管理单位对服务水平高、服务绩效好的机构或专业服务人员给予奖励。

第十二条 大型科研仪器设备开放共享评价结果作为管理单位科研仪器设备更新和承担科技计划项目的重要依据。对绩效评价结果为优秀的单位，在布局重大科技基础设施、购置科研设施和仪器审核、申报各级各类科技计划（专项、基金）项目等方面予以优先支持；对开放共享评价结果优秀的单位，优先推广应用创新券。

第十三条 管理单位应当切实履行主体责任，对不按规定如实报送科研设施和仪器数据、公开开放与利用信息，以及开放效果差、使用效率低的管理单位，予以通报、限期整改并采取停止管理单位新购仪器设备、在申报科技计划（专项、基金）等项目时不准购置仪器设备等方式予以约束。

第十四条 对使用效率低、开放共享差的大型科研仪器设备，由主管部门按规定在单位内部或跨单位无偿划拨，管理单位也可以根据实际需求在单位内部调配。各管理单位应当根据国家总体布局的需要，加强与长三角其他地区的合作，主动参与全国及长三角地区大型科研仪器设备协作共用网络建设，打造跨部门、跨领域、多层次的网络服务体系。

第四章　附　则

第十五条　本办法由浙江省科技厅负责解释。

第十六条　本办法自 2021 年 1 月 1 日起实施。

福建省科学技术厅印发《福建省重大科研基础设施和大型科研仪器向社会开放服务绩效评价暂行办法》的通知

闽科财〔2016〕8号

各有关设区市科技局、财政局：

为支持设区市农科院所建设，经研究决定，将“都市特色园艺作物种质资源保护与创新利用”等8项区域发展科技项目列入2016年省科技项目计划（新上市级第十一批），现将科技计划项目经费下达给你们，具体项目经费和列支科目详见附件。

请按《福建省科技计划项目管理办法》的要求，认真组织实施。经费使用按照《福建省级科技计划项目经费管理办法》执行，单独设账，独立核算，专款专用，严禁截留挪用。年终及时报送项目执行情况和经费决算，项目完成后及时验收，并报送经费总决算。

福建省科学技术厅
福建省财政厅
2016年9月29日

福建省重大科研基础设施和大型科研仪器向社会开放服务绩效评价暂行办法

第一章　总　则

第一条　为加快推动我省重大科研基础设施和大型科研仪器（以下简称科研设施仪器）向社会开放服务，建立健全绩效评价激励机制，提高科研设施和仪器配置使用效益，根据《福建省人民省政府关于推进重大科研基础设施和大型科研仪器向社会开放服务的实施意见》（闽政〔2016〕4号）和《福建省大型科学仪器设备协作共用管理办法（试行）》（闽科财〔2007〕12号）等有关规定，特制定本暂行办法。

第二条　科研设施仪器向社会开放服务是指科研设施仪器为教学单位、科研机构、企业等用户开展科学研究、技术开发等创新创业活动提供的分析、测试、检测、试验等专业技术服务。

第三条　科研设施仪器向社会开放服务绩效评价（以下简称绩效评价）应当坚持公开透明、客观公正、严格规范、注重实效的原则。

第四条　绩效评价工作采用专家评审和用户评议相结合的方式，每年进行一次评价。

第五条　绩效评价对象为加入福建省大型科研仪器网络管理平台（以下简称省大仪网络管理平台）的科研设施仪器及其所属独立法人管理单位（以下简称仪器管理单位）。

科研设施仪器是指大型科学装置、科学仪器中心、科学仪器服务单元和单台（套）价值在30万元及以上的科学仪器设备。科学仪器设备主要包括分析仪器、物理性能测试仪器、计量仪器、电子测量仪器、海洋仪器、地球探测仪器、大气探测仪器、特种检测仪器、激光器、工艺试验仪器、计算机及其配套设备、天文仪器、医学科研仪器、核仪器、其他仪器等15类。

第六条　省科技厅是绩效评价的主管部门，负责制定绩效评价方案，组织实施绩效评价和监督检查等工作。

第二章　评价内容及指标

第七条　绩效评价采取定性分析与定量测算相结合的办法，对仪器管理单位和科研设施仪器开放服务情况进行评分。

第八条　仪器管理单位绩效评价重点考核所属科研设施仪器开放服务、购置查重评议、制度体系建设、用户评价、科学技术普及和服务科技创新贡献等情况。具体绩效评价指标主要包括：

（一）科研设施仪器开放率（定量测算）。仪器管理单位向省大仪网络管理平台报送科研设施仪器数占本单位按规定应该向社会全部开放总数的比率。

（二）新购科研仪器设备查重评议率（定量测算）。仪器管理单位年度新购 50 万元以上科研仪器设备中进行了查重评议工作的比率。

（三）开放制度建设和运行情况（定性分析）。仪器管理单位应建立必要的组织机构、开放制度、实验人员考核奖惩制度，以及在线服务平台运行管理情况等。

（四）对外服务样品率（定量测算）。对外服务样品（项目）数占单位本年度测试样品（项目）总数的比率。

（五）服务质量管理制度或体系的建设运行情况（定量测算）。建立相应的质量保证制度、方法或管理体系以及通过认证认可情况。

（六）用户评价（定性分析）。客户满意程度、用户投诉情况，是否出现重大质量事故等情况进行综合评价。

（七）科学技术普及活动开展情况（定量测算）。管理单位是否设立科学技术普及教育基地，承担科学技术普及行动计划项目，开展各类科学技术普及活动等情况。

（八）服务科技创新项目比例（定量测算）。服务科学研究（含计划项目）、技术开发等创新创业项目占全部对外服务项目总数的比例。

第九条　科研设施仪器绩效评价重点考核科研设施仪器开放服务及质量、实验管理团队、服务科技创新贡献等情况。具体绩效评价指标主要包括：

（一）机时利用率（定量测算）。年度测试开机时间数与参加评价的同类科研设施仪器平均开机时间数的比率，维护开机时间不得计算在内。

（二）科研设施仪器实验管理团队应满足开放服务的要求（定性分析）。

（三）对外服务样品率（定量测算）。对外服务样品数与参加评价的同类科研设施仪器平均对外服务样品数的比率。

（四）检测和服务质量控制措施（定性分析）。在检测和服务质量控制方面采取的措施或建立的制度。

（五）服务科技创新项目比例（定量测算）。服务科学研究（含计划项目）、技术开发等创新创业项目占全部对外服务项目总数的比例。

（六）科研成果情况（定量测算）。用户利用科研设施仪器开展科学研究和技术开发，取得专利、完成新产品开发、获得各级科技奖励、发表论文等成果情况。

第十条　按照法规或者强制性标准要求必须开展的强制检测和法定检测，或商业性检测服务，均不纳入绩效评价范围。

第三章　组织实施

第十一条　省科技厅每年在省大仪网络管理平台上发布开展绩效评价工作通知，明确评价指标、权重和评分标准。

第十二条　绩效评价工作由省科技厅委托第三方专业机构（以下简称评价机构）组织实施。

第十三条　仪器管理单位根据省科技厅发布绩效评价通知，向评价机构报送相关数据和材料。仪器管理单位主要负责人对本单位提供的绩效评价资料的真实性和完整性负责。

第十四条　评价机构按绩效评价内容和指标要求对仪器管理单位报送的数据和材料进行审核，并可采用电话咨询、现场抽查、核实材料等方式对报送的数据和材料进行抽查核实。通过审核后进行分类，每类至少组织 3 位科研设施仪器专家按评分标准进行打分。

第十五条　绩效评价实行百分制。按优秀、良好、较好 3 个等级进行评价。86 分以上为优秀、75 ~ 85 分为良好、60 ~ 74 分以上为较好。

第十六条　绩效评价结果在省大仪网络管理平台公示，公示期不少于 7 个工作日，各相关单位或人员对结果有异议的，应在公示期内向省科技厅或评价机构提出。

第十七条　绩效评价结果经公示无异议或异议不成立的，评价机构编制年度评价报告，报送省科技厅，由省科技厅确定最终评价结果。

第十八条　仪器管理单位及科研设施仪器管理人员应保存科研设施仪器运行及开放服务相关的资料，包括开机记录、服务协议、发票等相关资料，以备抽查核实。

第四章　评价应用

第十九条　根据绩效评价结果，对仪器管理单位和科研设施仪器给予运行费奖励补助，对开放服务工作成绩特别突出的单位、个人可另行给予表彰、奖励。

第二十条　评价机构根据省科技厅最终确定的评价结果和年度专项经费，编制年度科研设施仪器奖励补助方案，报省科技厅批准后，拨付到仪器管理单位。

第二十一条　绩效评价运行奖励补助经费主要用于科研设施仪器运行补助、人员培训、工作经费和相关人员奖励，其中人员奖励经费不纳入单位绩效工资总额。

第二十二条　绩效评价结果为较好及以上的仪器管理单位或科研设施仪器，在接受社会服务机构提供的维修服务、测试技术咨询，可以申请省级科技创新券补助。

第二十三条　省科技厅或评价机构接到投诉经调查核实，或在评价中发现仪器管理单位、科研设施仪器管理人员存在下述行为的，将予以通报和处罚。

（一）仪器管理单位不按规定要求报送以财政性资金建设、购置的科研设施仪器信息，在省大仪网络管理平台通知后仍拒绝报送且未说明原因的，予以通报批评。

（二）仪器管理单位、科研设施仪器管理人员虚报评价数据和材料，或采取其他手段骗取奖励补助经费的，取消当年绩效评价结果，已经拨付运行奖励补助经费的如数追回。

（三）仪器管理单位、科研设施仪器管理人员失职导致测试结果错误或其他重大事故，产生严重社会影响或造成用户的重大经济损失的，取消当年绩效评价结果，已经拨付运行奖励补助经费的如数追回。

第五章　附　则

第二十四条　本暂行办法由省科技厅负责解释。

第二十五条　本暂行办法自印发之日起实施。

河南省科学技术厅　河南省财政厅关于印发《河南省科研设施和仪器向社会开放共享双向补贴实施细则》的通知

豫科〔2018〕137 号

各省辖市、省直管县（市）科技局、财政局，省直有关部门，各有关单位：

为进一步促进全省科研设施和仪器面向社会开放共享，全面激发开放共享动力和活力，更好的服务大众创业、万众创新，根据《河南省人民政府关于促进重大科研基础设施和大型科研仪器向社会开放的意见》（豫政〔2016〕56 号）、《河南省科研设施和仪器向社会开放共享管理办法》（豫科〔2018〕136 号）等有关制度规定，我们制定了《河南省科研设施和仪器向社会开放共享双向补贴实施细则》，现印发给你们，请认真贯彻执行。

河南省科学技术厅　河南省财政厅

2018 年 9 月 18 日

河南省科研设施和仪器向社会开放共享双向补贴实施细则

第一章　总　则

第一条　为贯彻落实《国务院关于国家重大科研基础设施和大型科研仪器向社会开放的意见》（国发〔2014〕70号）、《河南省人民政府关于促进重大科研基础设施和大型科研仪器向社会开放的意见》（豫政〔2016〕56号）、《河南省科研设施和仪器向社会开放共享管理办法》（豫科〔2018〕136号）等文件精神，促进全省科研设施和科研仪器向社会开放共享，服务大众创业、万众创新，特制定本细则。

第二条　本细则所称的科研设施和仪器主要是指本省行政区域内加入河南省科研设施和仪器共享服务平台（以下简称“省共享服务平台”，网址 http：//www. hniss. cn）的可用于开展科学研究和技术开发等科技创新活动的科研设施和仪器等。

第三条　本细则所称的管理单位是指对科研设施和仪器拥有所有权的法人单位，包括高等学校、科研院所、新型研发机构、企事业单位等。

第四条　本细则所称的用户主要是指在省共享服务平台注册并利用省共享服务平台上的科研设施和仪器进行科学研究和技术开发等科技创新活动的高新技术企业、科技型中小企业、创新创业团队。

第五条　本细则所称的开放共享是指管理单位将本单位的科研设施和仪器纳入省共享服务平台向社会开放共享，为非关联单位、创新创业团队等用于开展科学研究和技术开发等科技创新活动的行为。按照法律法规或者强制性标准要求必须开展的强制检测和法定检测等非科技创新活动，不在支持范围。

第六条　本细则所称的双向补贴主要是指对管理单位科研设施和仪器开放共享服务绩效进行奖补及对用户使用科研设施和仪器服务支出进行补贴。

第二章　管理职责

第七条　省科技厅、财政厅负责研究制定本省科研设施和仪器双向补贴的政策措施，组织实施本省科研设施和仪器开放共享双向补贴工作。

第八条　各省直部门、省辖市、省直管县（市）科技、财政行政主管部门负责协调推进本部门、本地区科研设施和仪器开放共享双向补贴工作，落实开放共享的激励政策。鼓励对本部门、本地区双向补贴进行配套支持。

第九条　管理单位作为开放共享责任主体，负责制定本单位的开放共享管理办法，制定并公开发布开放共享服务价格目录，组织实施本单位科研设施和仪器向社会开放共享工作。

第十条　省科技厅、财政厅委托省共享服务平台开展全省科研设施和仪器开放共享绩效评价，组织实施双向补贴工作。

第三章　管理单位开放共享绩效奖补

第十一条　管理单位开放共享服务绩效奖补对象为纳入省共享服务平台且开放共享绩效评价结果为合格及以上的管理单位。

第十二条　管理单位开放共享服务绩效奖补流程

（一）管理单位通过省共享服务平台对外提供开放共享服务并留存完整服务记录。

（二）管理单位通过省共享服务平台在线提交绩效评价申请，连同其他证明材料一起提交至主管部门，主管部门审核后提交至省科技厅、财政厅。

（三）省科技厅、财政厅委托省共享服务平台对管理单位年度开放共享情况进行绩效评价，结果向社会公示，作为管理单位绩效奖补的重要依据。

（四）省科技厅、财政厅依据评价结果提出补贴计划建议，按相关程序审批后向社会公示，公示无异议拨付奖补经费。

第十三条　管理单位开放共享服务绩效奖补金额

（一）管理单位开放共享服务绩效奖补金额等于单台（套）科研设施和仪器后补助金额的总和；单台（套）科研设施和仪器后补助金额等于其开放共享服务收入乘以补贴系数。

（二）根据对管理单位的绩效评价结果，优秀单位补贴系数为20%；合格单位补贴系数为10%；不合格单位不予奖补。

（三）同一年度，单台（套）科研设施和仪器补贴金额不高于10万元，单个单位奖补总额不高于100万元。

第十四条　管理单位获得的开放共享服务绩效奖补资金，可用于科研设施和仪器的运行维护、耗材成本、人员绩效、服务平台建设等与开放共享工作相关费用支出。

第四章　用户科研设施和仪器使用补贴

第十五条　用户补贴对象需符合以下条件之一：

（一）在我省登记注册，具有独立法人资格，符合《高新技术企业认定管理办法》（国科发火〔2016〕32号）规定条件，通过省科技厅、财政厅、税务局审核认定且在有效期内的高新技术企业。

（二）在我省登记注册，具有独立法人资格，符合《科技型中小企业评价办法》（国科发政〔2017〕115号）规定条件，在科技型中小企业评价系统取得有效编号的企业。

（三）入驻省级及以上科技企业孵化器、大学科技园、众创空间、星创天地等创新创业孵化载体的创新创业团队。

第十六条 用户补贴采用科技创新券形式发放，形式为电子券，通过省共享服务平台进行申领、审核、使用及兑现。

第十七条 用户使用省共享服务平台科研设施和仪器提供的服务，可根据其相关证明材料给予30%的补助。

第十八条 用户在省共享服务平台注册并通过资格审查后即拥有一定额度的科技创新券。高新技术企业、科技型中小企业每年额度为20万元；创新创业团队每年额度为10万元；额度当年用完为止，逾期失效。

第十九条 科技创新券的使用遵循先申用先兑付原则。省科技厅、财政厅根据财政预算发布年度总额度，当年用户申请用券总金额达到预算控制数后停止申用。

第二十条 科技创新券的使用流程

（一）用户在线搜索所需服务资源，与管理单位沟通达成一致后，在线签订或上传服务合同（协议），递交用券申请。

（二）省科技厅委托省共享服务平台对用券申请进行审核。审核通过后，用户即可在结算时凭券抵扣相应补助金额，管理单位无正当理由不得拒绝接收科技创新券。用户对审核结果有异议的可发起复议申请，由省科技厅组织专家复议。

（三）完成服务后，管理单位上传服务结果。

（四）用户按约定完成支付，查收结果，评价本次服务。

第二十一条 科技创新券的兑现

（一）管理单位凭持有的科技创新券及相关服务证明材料提出兑现申请。

（二）省科技厅、财政厅对兑现申请材料进行审核，审核结果经公示无异议后予以兑现。

（三）用户使用国家平台其他省（区、市）科研设施和仪器资源的，由用户自行支付，并收集全部证明材料，向省科技厅、财政厅提出兑现申请。经审核通过后，可获取与使用省内开放共享服务同等补贴待遇。

第五章 附 则

第二十二条 管理单位和用户应保证申报材料及凭证的真实性、有效性、合法性，如有弄虚作假，一经发现将取消补贴资格，追回补助资金，记入科技诚信档案，并向社会公布，在购置仪器、申请科技计划等方面予以约束。情节严重的将追究相关法律责任。

第二十三条 省科技厅、财政厅会同相关主管部门建立投诉渠道，接受社会对科研设施和仪器开放共享双向补贴工作的意见和监督。

第二十四条 本细则由省科技厅、财政厅负责解释。

第二十五条 本细则自印发之日起执行，有效期3年。

湖南省科学技术厅　湖南省财政厅关于印发《湖南省科研基础设施和科研仪器向社会开放共享双向补贴实施细则（试行）》的通知

湘科发〔2018〕44号

各市州科技局、财政局，省直管试点县市科技行政主管部门、财政局，省直有关单位，国家级、省级高新技术产业开发区管委会：

现将《湖南省科研基础设施和科研仪器向社会开放共享双向补贴实施细则（试行）》印发给你们，请组织实施。本细则在试行实施过程中出现的新情况、新问题及有关建议请及时反馈。

湖南省科学技术厅

湖南省财政厅

2018年3月16日

湖南省科研基础设施和科研仪器向社会开放共享双向补贴实施细则（试行）

第一章　总　则

第一条　为落实《科技部　发展改革委　财政部关于印发〈国家重大科研基础设施和大型科研仪器开放共享管理办法〉的通知》（国科发基〔2017〕289 号）、《湖南省人民政府办公厅关于印发〈湖南省促进重大科研基础设施和大型科研仪器向社会开放实施方案〉的通知》（湘政办发〔2015〕68 号）、《湖南省人民政府办公厅关于印发〈湖南省加大全社会研发经费投入行动计划（2017—2020 年）〉的通知》（湘政办发〔2017〕77 号）等文件精神，推进我省科研基础设施和科研仪器（以下简称科研设施和仪器）向社会开放共享，特制定本细则。

第二条　省科技厅、省财政厅通过湖南省科研设施和科研仪器开放共享服务平台（以下简称共享平台）推进本省科研设施和仪器向社会开放共享工作，对本省加入共享平台的科研设施和仪器向社会开放共享实行双向补贴，双向补贴工作的申请、受理等均依托共享平台进行。

第三条　本细则所指的双向补贴包括管理单位科研设施和仪器开放共享服务后补助、科研设施和仪器用户使用补贴。双向补贴经费由省级财政科技专项资金统筹安排。

第四条　本细则所指的科研设施和仪器是本省行政区域内加入共享平台的可用于开展科学研究和技术开发等科技创新活动的各类科研设施和仪器。

第五条　本细则所指的管理单位是科研设施和仪器所依托管理的法人单位，包括高等学校、科研院所以及其他机构。

第六条　本细则所指的用户是利用共享平台上的科研设施和仪器进行科学研究和技术开发等科技创新活动的中小企业、创新创业团队（个人）等。

第七条　本细则所指的开放共享是管理单位将加入共享平台的科研设施和仪器向社会开放共享，由非关联法人单位、创新创业团队（个人）等用于科学研究和技术开发等科技创新活动的行为。

第二章　管理职责

第八条　省科技厅负责组织推进全省科研设施和仪器向社会开放共享双向补贴工作，主要职责是研究制定本省科研设施和仪器双向补贴的政策措施，组织实施本省科研设施和仪器双向补贴工作。省财政厅会同推进本省科研设施和仪器双向补贴工作，会同省科技厅提出补贴计划并下达补贴经费。省直有关部门负责协调推进所属管理单位的开放共享双向补贴工作。

第九条　各市州（省直管试点县市）科技行政主管部门、国家级及省级高新技术产业开发区管委会负责协调推进本区域内科研设施和仪器开放共享双向补贴工作，落实开放共享激励政策。

第十条　省科技厅按照《湖南省人民政府关于推进政府购买服务工作的实施意见》（湘政发〔2014〕20 号）的要求委托第三方专业机构承担科研设施和仪器开放共享双向补贴的具体业务工作，包括受理申报材料、协助组织专家核查等。

第三章　管理单位开放共享服务后补助

第十一条　管理单位开放共享服务后补助对象为本省内加盟共享平台并对外提供开放共享服务的管理单位。管理单位开放共享服务后补助对象分为两类。

（一）普通类管理单位，指的是高等学校、科研院所等非以检验检测、技术服务为主营业务的管理单位。

（二）特殊类管理单位，指的是检验检测机构、第三方实验室等以检验检测、技术服务为主营业务的管理单位（含医院、科技型企业等）。

第十二条　管理单位开放共享服务后补助流程：

（一）管理单位在线申请加入共享平台，审核通过后将本单位符合条件的科研设施和仪器加入共享平台，对外提供开放共享服务并留存在线服务记录。

（二）管理单位通过共享平台在线提交《湖南省科研基础设施和科研仪器管理单位开放共享服务后补助申请书》，共享服务记录以共享平台留存的上年度 8 月 1 日至本年度 7 月 31 日期间的记录为准。每年度 8 月 1 日至 9 月 15 日集中受理管理单位开放共享服务后补助申请。

（三）管理单位提交书面申请材料至主管部门，主管部门审核后提交至省科技厅。

（四）省科技厅委托第三方专业机构进行审核。

（五）省科技厅会同省财政厅依据审核结果提出后补助计划，按程序审批后向社会公示，公示无异议后下达后补助经费。

第十三条　管理单位开放共享服务后补助金额：

（一）管理单位后补助总额等于该单位加入共享平台的单台（套）科研设施和仪器后补助金额的总和。

（二）单台（套）科研设施和仪器后补助金额等于其开放共享服务收入乘以补贴系数，开放共享服务收入是指管理单位将本单位加入共享平台的科研设施和仪器向社会开放共享所获得的收入。同一年度，单台（套）科研设施和仪器后补助金额不超过 5 万元。

（三）普通类管理单位补助系数不超过 20%；特殊类管理单位补助系数不超过 10%。

第十四条 管理单位获得的开放共享服务后补助资金，可用于开放共享的科研设施和仪器的运行维护、升级改造、日常管理等相关费用支出。

第十五条 鼓励各主管部门、市州（省直管试点县市）等根据实际情况对管理单位开放共享服务给予配套支持。

第四章 科研设施和仪器用户使用补贴

第十六条 科研设施和仪器用户使用补贴对象为：

（一）中小企业：在本省注册并在本省纳税的具有独立法人资格的中小企业，与开展合作的单位无任何隶属、共建、产权纽带等关联关系。

（二）创新创业团队（个人）：尚未注册企业，不具备独立法人资格，入驻省内科技企业孵化器、众创空间、星创天地等创业平台，创业项目具有产品研发及转化所需的测试研发工作。创新创业团队（个人）申请补贴由所入驻的科技企业孵化器等创业平台统一组织。

第十七条 科研设施和仪器用户使用补贴范畴为：各社会用户使用加盟共享平台的科研设施和仪器、各类科技创新平台等提供的检验检测服务等产生的费用（不包含法定认证、执法检查、强制检测、商业验货、大批量验货、医疗服务等）。

第十八条 科研设施和仪器用户使用补贴流程：

（一）用户服务申请：用户登录共享平台注册账户，在线提交服务需求，与管理单位达成服务意向后线下开展合作并签订技术合同，并将服务结果反馈回共享平台，实现服务过程的全流程痕迹化管理。

（二）用户补贴申请：每年度 8 月 1 日至 9 月 15 日集中受理用户补贴兑现申请。

1. 用户在线填写并提交《湖南省科研基础设施和科研仪器用户使用补贴兑现申请书》，其中用户申请补贴的实际金额以共享平台留存的上年度 8 月 1 日至本年度 7 月 31 日期间的记录为准。

2. 用户打印申请表，连同其他证明材料一起提交至市州（省直管试点县市）科技行政主管部门审核后提交至省科技厅。

3. 省科技厅委托第三方专业机构对申请材料进行核查。

4. 省科技厅会同省财政厅依据核查结果提出补贴计划，按相关程序审批后向社会公示，公示无异议后下达补贴经费。

第十九条 用户符合补贴要求的服务金额在 5 万元以下的按不超过 30% 的比例补贴；超过 5 万元的部分按不超过 15% 的比例补贴；同一企业或创新创业团队（个人）同一年度最高补贴金额不超过 10 万元。

第二十条 鼓励各市州（省直管试点县市）等根据实际情况对中小企业、创新创业团队（个人）使用科研设施和仪器进行配套补贴。

第五章　附　则

第二十一条　申请单位（个人）应保证申报材料及凭证的真实性、有效性、合法性，如有弄虚作假，一经发现将取消补贴资格，收回补助资金，在共享平台予以公布，并记入科技诚信档案。构成违法的，将按照相关法律法规追究法律责任。

第二十二条　省科技厅、省财政厅会同相关主管部门建立投诉渠道，接受社会对科研设施和仪器开放共享双向补贴工作的意见和监督。

关于印发《广西大型科研仪器开放共享绩效考核暂行办法》的通知

桂科基字〔2017〕99 号

各市科技局，区直各有关部门，各有关单位：

为深入贯彻落实《国务院关于国家重大科研基础设施和大型科研仪器向社会开放的意见》（国发〔2014〕70 号）精神，加快推进我区大型科研仪器向社会开放共享，根据《广西壮族自治区人民政府办公厅关于印发广西重大科研基础设施和大型科研仪器向社会开放实施方案的通知》（桂政办发〔2016〕16 号）要求，我厅制定了《广西大型科研仪器开放共享绩效考核暂行办法》。现印发给你们，请认真贯彻执行。

广西壮族自治区科学技术厅

2017 年 10 月 19 日

广西大型科研仪器开放共享绩效考核暂行办法

第一章　总　则

第一条　为深入贯彻落实《国务院关于国家重大科研基础设施和大型科研仪器向社会开放的意见》（国发〔2014〕70号）和《广西重大科研基础设施和大型科研仪器向社会开放实施方案》（桂政办发〔2016〕16号）精神，推动我区大型科研仪器向社会开放共享，进一步提高科学仪器设备资源使用效率，充分发挥大型科研仪器对我区实施创新驱动发展战略的服务和支撑作用，制定本办法。

第二条　本办法所称的大型科研仪器，是指用于科学研究、技术开发及其他科技创新活动，原值价格在50万元及以上的单台或成套科学仪器资源（含配套附件或软件），主要包括分析仪器、物理性能测试仪器、计量仪器、电子测量仪器、海洋仪器、地球探测仪器、大气探测仪器、特种检测仪器、激光器、工艺试验仪器、计算机及其配套设备、天文仪器、医学科研仪器、核仪器、其他仪器等15类。

第三条　本办法所称管理单位是指大型科研仪器所依托管理的法人单位。本办法适用于在广西壮族自治区行政区域内的高等学校、科研院所和企事业等管理单位。

第四条　本办法所称的开放共享，是指管理单位将大型科研仪器向社会开放，由非关联单位和个人用于科学研究、技术开发及其他科技创新活动的行为。对于单台套价值在50万元以下的科学仪器设备，采取管理单位自愿申报的形式参加绩效考核。

第五条　凡以政府预算资金全额或者部分出资购置的大型科研仪器的所在管理单位，都应接受自治区大型科研仪器开放共享绩效考核。鼓励以其他资金购置的大型科研仪器的所在管理单位参加绩效考核。

第六条　自治区大型科研仪器开放共享绩效考核，按照“公开、公平、公正”的原则，每年度进行一次。

第二章　组织管理

第七条　自治区科技厅（以下简称科技厅）会同自治区各有关主管部门共同组成广西大型仪器协作共用管理委员会（以下简称管委会），负责统筹协调全区大型科研仪器开放共享工作。

第八条　广西大型仪器协作共用管理委员会办公室（以下简称大仪办）设在科技厅，办公室主任由相关业务处领导兼任。大仪办是管委会的日常办事机构，负责开展与大型科研仪器开放共享相关具体事务工作，主要职责包括：

（一）负责大型科研仪器开放共享日常管理工作，组织协调管理单位面向社会提供开放共享服务；

（二）编制大型科研仪器开放共享的年度绩效考核工作方案，具体开展实施大型科研仪器开放共享年度绩效考核工作；

（三）根据绩效考核结果编制自治区大型仪器协作共用相关财政经费年度后补助方案，执行具体的经费补助工作；

（四）监督相关经费用途和使用效果，受理用户、管理单位的咨询和投诉；

（五）管委会交办的其他工作。

第九条 建立健全广西大型科研仪器开放共享管理专家委员会，负责开展与大型科研仪器开放共享相关的技术咨询工作，主要职责包括：

（一）为管理单位提供专业化技术咨询服务；

（二）为大型科研仪器开放共享绩效考核和自治区大型仪器协作共用相关财政经费年度后补助方案编制等工作提供科学决策参考；

（三）接受委托参与开展大型科研仪器开放共享绩效考核相关工作；

（四）协助开展分析测试人员的技术培训；

（五）接受大仪办委托开展提供其他专业技术服务。

第十条 管理单位是落实大型科研仪器开放共享工作的独立法人单位，主要职责包括：

（一）将本单位所有符合条件的科研仪器纳入广西大型科研仪器共享网络管理及服务平台统一管理；

（二）配合大仪办做好对大型科研仪器开放共享的绩效考核，负责审核相关材料的完整性、真实性和准确性；

（三）按相关规定申请、管理和使用自治区大型仪器协作共用相关财政经费，激励和引导本单位大型科研仪器开放共享活动。

第三章 组织实施

第十一条 科技厅负责组织实施各年度的大型科研仪器开放共享绩效考核工作，具体工作事务由大仪办承担。

第十二条 自治区大型科研仪器开放共享绩效考核时间节点为上年7月1日到当年6月30日。

第十三条 自治区大型科研仪器开放共享绩效考核主要包括以下程序：

（一）纳入绩效考核范围的管理单位通过登陆广西大型科研仪器共享网络管理及服务平台，按照要求填报绩效考核材料。

（二）大仪办委托第三方专业机构组织专家委员会对管理单位所报送的绩效考核相关材料进行考核，并将结果上报科技厅。实施考核时，应选择不低于10%的管理单位进行现场抽查和用户满意度调查。现场抽查内容包括：共享服务相关原始记录、大型科学仪器设施运行管理情况等。

（三）科技厅向社会公示年度绩效考核结果，接受社会监督。

第十四条　管理单位是自治区大型科研仪器开放共享绩效考核的主体。对其主要考核内容包括：服务效果、服务质量、信息公开、组织管理等，具体说明如下：

（一）服务效果：年度运行的机时数、年度对外服务的机时数、共享仪器的年度样品数、共享仪器的年度收入、共享仪器的年度服务量等。

（二）服务质量：支撑服务情况、用户评价情况、资质和授权情况等。

（三）信息公开：仪器信息开放率、仪器信息的完整度等。

（四）组织管理：制度建设、人才队伍建设等。

第十五条　按照高等学校、科研院所和企事业等管理单位类别，分类组织实施绩效考核。

第十六条　对不同类型的科研仪器，采用加权方式计算考核指标，依据《科技平台大型科学仪器设备分类与代码》（GB/T 32847—2016）进行分类评价。通用科学仪器重点评价用户使用率、用户的反馈意见、有效服务机时、服务质量以及相关研究成果的产出、水平与贡献等；专用科学仪器重点评价对科研任务支撑服务情况、人才队伍建设情况以及相关研究成果的产出、水平与贡献等。

第四章　考核奖惩

第十七条　自治区大型科研仪器开放共享绩效考核结果分为优秀、良好、合格和不合格。其中，优秀名额不超过当年度参加考核的管理单位数量的10%，良好名额不超过30%。

第十八条　自治区大型科研仪器开放共享绩效考核结果是安排自治区大型仪器协作共用相关财政经费后补助，以及开展自治区新购大型科学仪器设备联合评议等工作的重要依据。

第十九条　自治区大型科研仪器开放共享绩效考核结果由科技厅通报有关主管部门和管理单位。利用政府预算资金购置大型科研仪器、设备后，不履行大型科研仪器、设备等科学技术资源共享使用义务的，由有关主管部门责令改正，对直接负责的主管人员和其他直接责任人员依法给予处分。

第二十条　对开放效果差、大型科研仪器使用效率低、不参加绩效考核或考核结果为不合格的管理单位，科技厅将予以通报，由有关主管部门责令整改；并视情节采取在申报科技计划（专项、基金）项目时不准购置仪器设备等措施予以约束。

第五章　附　则

第二十一条　本办法由科技厅负责解释。

第二十二条　本办法自颁布之日起施行。2006 年 8 月 24 日发布的《广西大型科学仪器设备协作共用绩效考核管理办法（试行）》（桂科条字〔2006〕42 号）同时废止。

重庆市科学技术局　重庆市财政局关于印发《重庆市大型科研仪器设备开放共享评价考核办法》的通知

渝科局发〔2019〕117 号

各有关单位：

为深入贯彻落实《国务院关于国家重大科研基础设施和大型科研仪器向社会开放的意见》（国发〔2014〕70 号），根据科技部　发展改革委　财政部《国家重大科研基础设施和大型科研仪器开放共享管理办法》（国科发基〔2017〕289 号），促进全市大型科研仪器设备开放共享，切实提高科技资源配置和使用效率，更好地为创新创业提供服务，结合重庆市科技资源开放共享管理办法相关要求，市科技局、市财政局联合制定了《重庆市大型科研仪器设备开放共享评价考核办法》，现印发给你们，请认真贯彻执行。

重庆市科学技术局　重庆市财政局

2019 年 9 月 4 日

重庆市大型科研仪器设备开放共享评价考核办法

第一章　总　则

第一条　为深入贯彻落实《国务院关于国家重大科研基础设施和大型科研仪器向社会开放的意见》（国发〔2014〕70号），根据科技部　发展改革委　财政部《国家重大科研基础设施和大型科研仪器开放共享管理办法》（国科发基〔2017〕289号），促进全市大型科研仪器设备开放共享，切实提高科技资源配置和使用效率，更好地为创新创业提供服务，结合重庆市科技资源开放共享管理办法相关要求，制订本办法。

第二条　评价考核对象是本市行政区域内，加入重庆科技资源共享平台的高等学校、科研院所、企事业等大型科研仪器设备依托管理的法人单位（以下统称“管理单位”）。原则上对已纳入重庆科技资源共享平台的单台（套）原值在50万元以上（含50万元）的大型科研仪器设备开放共享情况进行考核。

第三条　凡以财政资金全额或者部分出资购置的大型科研仪器设备管理单位，都应接受开放共享评价考核。鼓励以其他资金购置的大型科研仪器设备管理单位参加评价考核。

第四条　评价考核工作按照“公开、公平、公正”的原则，市科技局委托第三方专业机构开展评价考核工作，实施年度考核。

第五条　依据评价考核结果，对全市大型科研仪器设备开放效果好、用户评价高的管理单位，统筹市级科技发展专项资金给予相应后补助激励。

第二章　考核责任主体与职责

第六条　市科技局负责大型科研仪器设备开放共享评价考核的组织管理工作。其主要职责：

（一）研究制定全市大型科研仪器设备开放共享评价考核标准规范和评价办法；

（二）协调、解决考核过程中的重大问题；

（三）对评价考核工作进行监督、检查，对发现问题指导整改；

（四）审定考核结果，并向社会公开。

第七条　第三方专业机构负责开放共享评价考核具体工作的组织实施。其主要职责：

（一）制订大型科研仪器设备开放共享评价考核工作方案；

（二）制订考核规程，发布考核通知；

（三）组织专家根据上报资料进行评价考核，审核有关报告、数据和证明资料，必要时进行现场核查；

（四）提出考核结果建议名单。

第八条 管理单位是科研仪器设备开放共享的责任主体。其主要职责：

（一）配合市科技局等相关部门做好开放共享评价考核工作；

（二）督促并审查所属部门提供评价考核材料，确保材料真实、准确，并在单位内部进行公示。

第三章 考核内容

第九条 大型科研仪器设备开放共享评价考核指标包括组织管理、信息公开、服务成效 3 个方面。

（一）组织管理：包括管理单位信息管理、管理制度、技术团队结构与规模、技术团队能力、技术团队培训、服务资质等。

1. 管理单位信息管理，主要考核管理单位信息的完善性和准确性；

2. 管理制度，大型科研仪器管理的规范性和科学性，共享服务的方式、服务流程的标准化和体系化，服务收入分配和支出的合理性等；

3. 技术团队结构与规模，技术团队结构是否合理，规模体量是否与管理单位设备规模匹配；

4. 技术团队能力，技术团队的支撑服务能力，包括新仪器、新功能、新方法研究等能力；

5. 技术团队培训，大型科研仪器技术人员当年参加过的相关技能培训；

6. 服务资质，管理单位或实验室通过国家（市）计量认证、实验室认可等。

（二）信息公开：包括设备信息、设备信息维护及更新、检测服务信息、检测服务信息维护及更新、信息报送等。

1. 设备信息，在重庆科技资源共享平台入网的大型科研仪器设备信息；

2. 设备信息维护及更新，在重庆科技资源共享平台入网的大型科研仪器信息准确性和完善性、信息更新及时性；

3. 检测服务信息，在重庆科技资源共享平台发布的检测服务信息，包括检测内容、检测周期、参考价格等；

4. 检测服务信息维护及更新，在重庆科技资源共享平台发布的检测服务信息完善性、信息更新及时性；

5. 信息报送，管理单位通过重庆科技资源共享平台上报大型科研仪器开展共享服务相关的新闻及支持重大科技计划、经济建设和社会事业的典型事例或重要成效的简报。

（三）服务成效：包括服务数量、用户评价、社会效益、科技支撑效果等。

1. 服务数量，包括年平均服务机时、年平均测试样品数、年平均服务收入和年服务用户数；

2. 用户评价，包括服务态度、服务效率、用户的投诉及评分、有无出现重大事故或恶劣影响等；

3. 社会效益，主要包括支撑重大工程、企业创新、服务民生、科学普及等方面所产生的社会效益；

4. 科技支撑效果，指支撑科学研究和技术创新取得的贡献，具体包括论文论著发表、专利获取、标准制定、科研成果获奖等情况。

第四章 考核程序

第十条 重庆市大型科研仪器设备开放共享评价考核服务周期为上年7月1日到当年6月30日。

第十一条 由市科技局会同市财政局组织实施大型科研仪器设备的评价考核工作。

第十二条 组织程序。采取材料审核与现场抽查相结合的方式进行。

（一）发布通知。原则上在每年9月份发布年度评价考核通知，管理单位根据通知要求进行填报并提交相关纸质材料。

（二）组织考核。第三方专业机构负责收集申报材料与形式审查，并组织专家进行考核评估。

（三）现场抽查。市科技局可根据需要，委托第三方专业机构选择不低于10%的参评单位进行现场抽查。现场抽查包括：现场问询、查询相关原始记录、服务成效、制度建设等。

第五章 考核结果与运用

第十三条 考核等次。考核结果分为优秀、良好、合格、不合格4个等级。其中，优秀名额不超过当年度参加考核管理单位数量的5%，良好名额不超过10%。年度评价考核结果向社会公布。

第十四条 结果运用。考核结果作为科技创新基地考核评估的重要指标和大型科研仪器设备更新等方面的重要依据。考核结果为优秀的给予10万元一次性激励性后补助，良好的给予5万元一次性激励性后补助。激励经费主要用于共享服务人员（包括辅助管理人员）激励支出等。

第十五条 对于符合条件的仪器设备存在“应入未入”、不履行共享义务、无正当理由不参加评价考核或考核结果不合格的管理单位，由行政主管部门责令半年期限整改，在网上予以通报，并采取停止管理单位新购仪器设备、在申报科技计划项目时不准购置仪器设备等方式予以约束。对于通用性强但开放共享差的仪器设备，可按相关规定在部门内或跨部门无偿划拨，管理单位也可以在单位内部调配。

第十六条 对考核过程中有弄虚作假行为的管理单位，追缴补助经费，纳入科研诚信管理并予以通报。

第六章 附 则

第十七条 本办法自发布之日起施行。

四川省科学技术厅关于印发《四川省重大科研基础设施与大型科研仪器开放共享评价考核实施细则》的通知

川科财〔2018〕44 号

各市（州）科技（知）局，省级有关部门，有关单位：

为落实《四川省重大科研基础设施和大型科研仪器开放共享管理暂行办法》（川科财〔2018〕9 号），推动我省重大科研基础设施和大型科研仪器的开放共享，科技厅研究制定了《四川省重大科研基础设施与大型科研仪器开放共享评价考核实施细则》。现印发给你们，请遵照执行。

四川省科学技术厅

2018 年 9 月 17 日

四川省重大科研基础设施与大型科研仪器开放共享评价考核实施细则

第一章 总 则

第一条 为健全我省科技创新体系，提高科技资源的配置和使用效率，建立奖惩机制，促进相关政策落实落地，根据《国家科技基础条件平台运行服务绩效考核指标》和《四川省重大科研基础设施和大型科研仪器开放共享管理暂行办法》（川科财〔2018〕9 号），制定本细则。

第二条 本细则适用于四川省行政区域内重大科研基础设施和大型科研仪器依托管理的法人单位。

第二章 组织实施

第三条 科技厅负责重大科研基础设施和大型科研仪器开放共享评价考核工作的统一安排部署和组织实施，对评价考核工作进行监督、检查，负责评价考核结果应用。

第四条 科技厅委托第三方机构负责评价考核具体工作的组织实施。

第五条 管理单位是科研设施与仪器开放共享的责任主体，负责按要求配合科技厅等相关部门做好开放共享评价考核工作，并接受社会监督。

第三章 评价内容及指标

第六条 根据大型科研仪器和重大科研基础设施的不同类型特点，制定相应的评分细则，实施分类考核。

第七条 大型科研仪器开放共享评价考核指标包括组织管理、信息公开、服务成效 3 个方面。

（一）组织管理：包括管理单位信息管理、管理制度、技术团队结构与规模、技术团队能力、技术团队培训、服务资质。

1. 管理单位信息管理，主要考核管理单位信息的完善性和准确性；

2. 管理制度，即大型科研仪器管理的规范性和科学性，共享服务的方式、服务流程的标准化和体系化，服务收入分配和支出的合理性等；

3. 技术团队结构与规模，即技术团队结构是否合理，规模体量是否与管理单位设备规模匹配；

4. 技术团队能力，即技术团队的支撑服务能力，包括新仪器、新功能、新方法研究等能力；

5. 技术团队培训，即大型科研仪器技术人员当年参加过的相关技能培训；

6. 服务资质，即管理单位或实验室通过国家（省）计量认证、实验室认可等。

（二）信息公开：包括设备信息、设备信息维护及更新、检测服务信息、检测服务信息维护及更新、信息报送。

1. 设备信息，主要指在四川省重大科研基础设施与仪器开放服务网络管理平台（以下简称网络管理平台）填报的大型科研仪器信息；

2. 设备信息维护及更新，即在网络管理平台填报的大型科研仪器信息准确性和完善性、信息更新及时性；

3. 检测服务信息，即在网络管理平台发布的检测服务信息，包括检测内容、检测周期、参考价格等；

4. 检测服务信息维护及更新，即在网络管理平台发布的检测服务信息完善性、信息更新及时性；

5. 信息报送，管理单位通过网络管理平台上报大型科研仪器开展共享服务相关的新闻及支持重大科技计划、经济建设和社会事业的典型事例或重要成效的简报。

（三）服务成效：包括服务数量、用户评价、社会效益、科技支撑效果。

1. 服务数量，包括年平均服务机时、年平均测试样品数、年平均服务收入和年服务用户数；

2. 用户评价，包括服务态度、服务效率、用户的投诉及评分、有无出现重大事故或恶劣影响等；

3. 社会效益，主要包括支撑重大工程、企业创新、服务民生、应急事件、科学普及、政府决策等方面所产生的社会效益；

4. 科技支撑效果是指支撑科学研究和技术创新取得的贡献，具体包括论文论著发表、专利获取、标准制定、科研成果获奖等情况。

第八条　重大科研基础设施开放共享评价考核指标：包括组织管理、运行情况、开放共享、运行效果 4 个方面。

（一）组织管理：包括管理单位信息管理、管理制度、运行管理模式及效果、团队结构与规模、团队能力、团队培训。

1. 管理单位信息管理，主要考核管理单位信息完善性和准确性；

2. 管理制度，即重大科研基础设施管理的规范性和科学性，共享服务的方式、服务流程的标准化和体系化，服务收入分配和支出的合理性等；

3. 运行管理模式及效果，指重大科研基础设施运行管理的规范性和科学性，运行管理机构的设置和工作情况；

4. 团队结构与规模，即技术队伍团队结构是否合理，规模体量是否与重大科研基础设施规模匹配；

5. 团队能力，即技术团队的支撑服务能力，包括新仪器、新功能、新方法研究等能力；

6. 团队培训，即技术人员当年参加过的相关技能培训。

（二）运行情况：包括运行效率、故障率。

1. 运行效率，即实际实验数量与计划实验数量的比值；

2. 故障率，指全年故障时间与总运行时间的比值。

（三）开放共享：包括共享率、国际合作、用户评价。

1. 共享率，指对外服务量与服务总量的比值；

2. 国际合作，即国际合作研究量与服务总量的比值；

3. 用户评价，包括服务态度、服务效率、用户的投诉及评分、有无出现重大事故或恶劣影响等。

（四）运行效果：包括支撑科技创新与重大工程、重点成果、收入。

1. 支撑科技创新与重大工程，包括支撑省部级以上重大科学研究任务情况、重大科技工程情况，支撑企业创新情况等；

2. 重点成果，包括论文论著发表、专利获取、标准制定、科学数据获取、国内和国际获奖等情况；

3. 收入，指重大科研基础设施对外服务获得的收入。

第四章　评价程序

第九条　评价考核以年度为周期。管理单位根据科技厅通知要求，在网络管理平台上填报材料，并提交相关纸质材料。

第十条　受托机构对管理单位提交的材料进行形式审查。

第十一条　科技厅指导受托机构成立评价考核工作专家组，专家组一般由技术专家、财务专家等组成，专家执行回避制度。

第十二条　评价考核以会议评价和现场检查相结合方式进行，评价结果由受托机构汇总后上报科技厅。

第十三条　评价结果分为优秀、良好、合格、不合格 4 个等级。有以下情况之一者，管理单位直接评为不合格：

（1）无特殊理由在规定期限内不上报材料的；

（2）上报材料内容和数据虚假，或有违规违法行为的。

第五章　评价结果运用

第十四条　评价结果在科技厅网站公示不少于 7 天，公示无异议后，向行政主管部门和管理单位通报，并向社会公布，接收社会监督。

第十五条　科技厅根据绩效评价考核结果，对开放效果好、用户评价高的管理单位提出后补助奖励方案。

第十六条　对于符合条件的仪器存在“应入未入”和连续两年评价为不合格的管理单位，科技厅将在科技计划（专项、基金）项目的仪器设备购置上予以限制。

第六章　附　则

第十七条　本细则由科技厅负责解释。

第十八条　本细则自公布之日起施行，有效期5年。

关于印发《贵州省大型科研仪器设备共享服务评估与补助暂行办法》的通知

黔科通〔2016〕179号

省内各高等院校、科研院所、行业检测机构、有关企事业单位、各类重点实验室、工程（技术）中心、分析测试中心、野外科学观测站及有关单位：

为贯彻落实《国务院关于国家重大科研基础设施和大型科研仪器向社会开放的意见》（国发〔2014〕70号）以及《省人民政府办公厅关于转发省科技厅重大科研基础设施和大型科研仪器向社会开放实施方案的通知》（黔府办函〔2015〕197号），合理科学评价管理单位仪器设备运行情况、开放共享制度的合理性、开放程度、服务质量和开放效果等，促进仪器设备管理单位对外提供开放共享服务，省科技厅、省财政厅联合制定了《贵州省大型科研仪器设备共享服务评估与补助暂行办法》，现印发给你们，请遵照执行。

贵州省科学技术厅

贵州省财政厅

2016年12月13日

贵州省大型科研仪器设备共享服务评估与补助暂行办法

一、总　则

第一条　为促进贵州省大型科研仪器设备的共用共享，提高仪器设备资源利用率，充分调动贵州省大型科研仪器设备管理单位和相关人员提供共享服务的积极性，更好地为我省科技创新创业服务，根据《国务院关于国家重大科研基础设施和大型科研仪器向社会开放的意见》（国发〔2014〕70 号）、《省人民政府办公厅关于转发贵州省科技厅关于加强重大科研基础设施和大型科研仪器向社会开放的实施方案》（黔府办函〔2015〕197 号），制定本办法。

第二条　本办法所称的大型科研仪器设备是指单台（套）原值为 20 万元及以上，用于科学研究、技术开发及其他科技活动的仪器和设备。

入网单位是指加入贵州省大型科学仪器共享服务平台的仪器管理单位。

本办法所称的共享，是指入网单位通过贵州省科研仪器共享服务平台将本单位的大型科学仪器设备向社会开放，供非关联单位、个人用于科学研究和技术开发的行为。

第三条　入网单位服务评估坚持“客观公正、科学合理”的原则，实行“统一组织、年度考核”的管理方式，每年进行一次。

二、评估范围及内容

第四条　贵州省省内科研院所、高等院校、企事业等单位的大型科学仪器设备共享服务评估和后补助工作，适用本办法。

第五条　凡以省级财政性资金购置、建设的大型科研仪器设备管理单位都应接受仪器设备共享服务评估。鼓励以其他资金，包括中央财政、社会资金等购置、建设的大型科研仪器设备的管理单位参加评估。

在大型科研仪器设备共享服务年度评估中，评估结果为合格及以上的入网单位，可申请年度仪器共享服务补助。

第六条　评估的主要内容包括：在线服务平台建设（共享信息网络建设）、仪器设备利用率、对外服务机时、共享服务效益、相关资质认证、共享管理制度建设、服务队伍与能力建设及信息公开等情况。

三、评估流程

第七条　每年由省科技厅会同各有关主管部门组织实施大型科研仪器设备共享服务

评估与补助工作，评估期为上一年9月1日到当年8月31日。

第八条 纳入评估范围的仪器管理单位需通过贵州省科研仪器共享服务平台仪器共享服务评估及补助系统，按要求填报相关材料。结合公共在线服务平台系统中服务记录及用户评价信息，评估方式为省科技厅委托第三方评估机构进行评估。

第九条 对共享服务分平台和行业检测服务中心的评估，原则上按第八条和现场考察相结合的方式进行。现场随机抽查数不低于总数的10%。现场抽查包括共享服务相关原始记录和大型科学仪器设备运行管理情况、用户满意度的核实等。

第十条 评估结果分为优秀、良好、合格、不合格。

第十一条 评估结果由评估小组报主管单位审定后确定，并通过贵州省科技厅门户网站和贵州省科研仪器共享服务平台向社会公示。同时，建立健全本省大型科研仪器设备共享信息库，为本省新购（新建）大型科研仪器设备联合评议提供依据。

四、补　助

第十二条 管理单位共享服务补助给予当年大型科研仪器共享服务评估合格及以上的入网单位。

第十三条 管理单位共享服务补助经费，根据管理单位通过贵州省科研仪器共享服务平台仪器服务备案系统备案的共享服务工作量，以及仪器管理单位年度绩效评估等级确定，最高补助金额不超过30万元，补助资金来源于省级应用技术研究与开发资金。

第十四条 对评估优秀的管理单位以省级财政性资金全额或部分出资购置、新建大型科研仪器设备的，有关主管部门应在同等条件下优先批准其申请。

五、补助资金用途

第十五条 管理单位的共享服务补助资金，可用于共享大型科学仪器设备的运行维护、功能开发、升级改造、服务推广、信息管理与维护、操作（管理）人员的能力培训等。

第十六条 管理单位对补助资金的开支行使管理和监督权，应做到账目清晰、内容真实、核算准确，确保补助资金的合理使用。如有弄虚作假、截留、挪用、挤占补助资金等行为，由省科技厅、省财政厅依法追回补助资金，情节严重的，依法追究法律责任。

申报材料弄虚作假的，取消该单位当年及3年内的补助资格。

六、附　则

第十七条 本办法自印发之日起实施。

关于印发《青海省大型科学仪器设备开放共享服务评估考核办法》的通知

青科发政〔2018〕145号

各有关单位：

为提高我省大型科学仪器设备的开放共享水平，促进资源共享，建立共享服务量化考核指标体系，实现共享服务的督察、考核机制，依据《国务院关于国家重大科研基础设施和大型科研仪器向社会开放的意见》（国发〔2014〕70号）、《青海省大型科研仪器开放共享服务管理办法》（青科发政〔2016〕139号），现将《青海省大型科学仪器设备开放共享服务评估考核办法》印发给你们，请认真遵照执行。

青海省科学技术厅

2018年10月12日

青海省大型科学仪器设备开放共享服务评估考核办法

第一章　总　则

第一条　为贯彻落实《国务院关于国家重大科研基础设施和大型科研仪器向社会开放的意见》（国发〔2014〕70号）、青海省政府《关于重大科研基础设施和大型科研仪器向社会开放的意见》（青政〔2015〕45号）的有关规定，提高我省大型科学仪器设备（以下简称大仪设备）的开放共享水平，促进资源共享，依据《青海省大型科研仪器开放共享服务管理办法》（青科发政〔2016〕139号），为规范开展青海省大仪设备开放共享服务评估考核工作，特制订本办法。

第二条　评估考核工作在社会公开监督下按照“科学规范、客观公正”的原则，每两年进行一次。

评估考核工作应以大仪设备对外和协作共用的经济性、效率性和有效性为出发点，按照规范的程序和要求，结合被评价仪器的特点，设置科学规范的评价指标与标准，采用科学的方法进行评价。

评估考核应做到客观公正，严格评估程序，对被评单位网上实时申报资料进行分类统计和抽查核实，聘请专家对照设置的指标与标准进行评估，评估结果在网上予以公示，公示结果有异议时，进行专家现场复核确认。

第二章　评估考核范围

第三条　凡以省市或其他财政全额或者部分出资购置、建设的大仪设备的所在管理单位，须接受仪器设施共享服务情况的评估；鼓励以其他资金，包括中央财政、社会资金等全额购置、建设的大仪设备的所在管理单位参加评估。

加入省大仪设备开放共享服务平台的所有仪器管理单位均须参加年度的评估考核。

第三章　评估考核内容

第四条　省级科技行政主管部门委托第三方服务机构组织开展评估考核工作，第三方服务机构按照要求接收考核材料、组织专家评审、开展现场抽查等工作。评估考核表及相关指标体系由省级科技行政主管部门根据青海省实际情况，在开展评估考核工作时制定。

第五条　评估考核主要包括以下内容。

1. 制度建设情况：保障激励措施，如共享服务管理制度、内部激励措施等；服务质量管理情况，如用户档案、用户服务申请响应情况、用户满意度调查表等。

2. 大仪设施信息公开的情况：信息公开的内容包括对外服务的场地、设备设施总量和已共享的大仪平台设备设施数量。

3. 服务队伍与能力建设管理情况：技术人员配备情况、技术服务人员数量、技术人员技能培训情况及单位服务资质等。

4. 大仪设备共享服务业绩和经济社会效益情况：仪器单位经济效益指标（对外分析测试服务成本收入、经济效益等）；仪器设备利用率指标（分析测试的样品数或项目数、有效机时数、服务单位数、用户满意度、典型案例等）；社会效益指标（完成分析测试科研项目、发表研究论文、发表专利、社会影响和社会效益、标准方法编制和修订）和统计与报告的及时准确性指标（统计数据上网登记、总结报告）等。

5. 仪器对外共享服务的其他业绩证明材料。

第四章　评估考核程序

第六条　评估考核工作采取单位自查、现场核查、专家评审相结合的方式。

单位自查：按照下达的指标体系逐项自查。对自查中发现的问题及时纠正，并形成单位自查工作报告，加盖单位公章，报送第三方服务机构。

现场核查：各管理单位根据当年开展评估考核工作的要求填报评估考核表，并报第三方服务机构，由第三方服务机构组织专家组对填报信息资料齐全的管理单位进行现场核查。现场核查包括制度建设情况、共享服务相关原始记录和科研设施与仪器运行管理情况等考核内容的核实。

专家评审：由第三方服务机构组织相关专家对所有参与评估考核且填报信息资料齐全的管理单位进行综合评定，专家组对参评单位进行量化考核，主要包括大型科研仪器共享服务业绩、大型科研仪器信息公开、共享服务管理及制度建设、服务队伍与能力建设及其他相关工作开展情况。

第五章　评估考核结果

第七条　根据管理单位自查报送资料、专家现场核查意见、专家组评审结果，进行汇总排序。

第八条　评估考核结果经审核通过后，通过青海省科学技术厅门户网站、青海省大型科研设施与仪器开放共享服务平台和相关媒体向社会公示、公布。评估考核评定结果公示 7 日内，对评估考核结果有异议的，可书面报省级科技行政主管部门，由省级科技行政主管部门组织第三方服务机构在 15 个工作日内对考核结果进行复核，并将复核意见书面通知被考核单位，复核意见为最终评估考核结果。逾期未提出异议的，视为接受评估考核结果。评估考核结果将作为实施大型科研仪器共享服务补贴、大仪设备购置补助、科技项目立项、管理单位开放共享考核等的重要依据。

第九条 对于评估不合格的单位将予以通报批评，并限期整改，如整改后仍不合格，两年内不予申请大型科研仪器共享服务补贴。

第六章 附 则

第十条 各管理单位在参加评估工作中应实事求是，不得弄虚作假，主管部门不得以任何方式影响评估的公正性，凡发现弄虚作假、违反学术道德情况的按有关规定处理。

第十一条 第三方服务机构、工作人员、评估专家应当严格遵守国家法律法规，科学、公正、独立地行使职责和权利，对评估考核工作所涉及的相关过程信息、知识产权、评估结果等负有保密义务。

第十二条 本管理办法自2018年11月10日起施行，有效期至2020年11月9日。

【管理办法与细则·资金管理】

河北省科学技术厅关于印发《河北省省级科技创新券实施细则》的通知

冀科资规〔2020〕1号

各市（含定州、辛集市）科技局，雄安新区管委会改革发展局，国家高新区管委会，省有关部门，有关单位：

为深入贯彻落实中共河北省委、河北省人民政府《关于深化科技改革创新推动高质量发展的意见》（冀发〔2019〕4号）等有关文件精神，更好发挥科技创新券的作用，省科技厅会同有关部门对《河北省科技创新券实施细则（试行）》（冀科计〔2016〕22号）进行了修订，现予以印发，请认真贯彻执行。

河北省科学技术厅

2020年1月20日

河北省省级科技创新券实施细则

第一章　总　则

第一条　为深入落实中共河北省委、河北省人民政府《关于深化科技改革创新推动高质量发展的意见》（冀发〔2019〕4号），切实加强河北省省级科技创新券（简称“创新券”）的管理，充分发挥创新券的作用，降低科技型中小企业创新成本，激发创新活力，提高各类研发机构提供创新服务的主动性和积极性，推动创新资源的开放共享，特制定本细则。

第二条　本细则所称创新券，是由政府向科技型中小企业免费发放的电子权益凭证，主要用于支持科技型中小企业利用高等学校、科研院所等创新服务提供机构的资源开展研发活动和科技创新。

第三条　创新券资金来源于省财政科技资金，专项用于对科技型中小企业发放科技创新券。其使用和管理必须遵守国家有关法律法规和财务规章制度，遵循公开普惠、专款专用、据实列支的原则。

创新券管理过程中发生的相关费用，以政府购买服务方式支付。

第四条　创新服务提供机构通过提供创新服务获得服务费用，可按照有关规定，作为成果转化类收益由其依托单位自行处置。

第二章　工作机构及职责

第五条　省科技厅负责重要政策制定、编制年度预算、组织考评监督、协调各地工作等。

第六条　设立创新券专项办公室和工作机构。办公室设在省科技投资中心，负责创新券日常管理：提出预算建议；协助发布集中兑付通知，受理投诉；监测创新券运行情况，提出政策修订建议；管理“河北省科技创新券信息管理平台”（简称“信息平台”）；资金兑付拨付；省科技厅交办的创新券管理其他工作。工作机构由省科技厅根据需要委托熟悉科技创新业务、具备一定创新券工作基础的事业单位，主要负责创新券工作辅导、宣传培训、监督督导、京津冀创新券工作对接以及省科技厅委托的其他创新券业务等。

第七条　各市（含定州、辛集市）、雄安新区、国家级高新区的科技管理部门是创新券管理工作的地方归口管理部门，受省科技厅委托，负责省级创新券属地的管理工作，对创新券的申领、发放、使用、兑付等各环节进行合规性和完整性审核，兑付创新券。相关工作可委托专业机构具体实施。

第八条　创新服务提供机构负责为科技型中小企业提供创新服务，对创新活动的合规性和真实性负责。创新服务提供机构依托单位是创新服务提供机构提供服务的责任主体，要强化法人责任，切实履行工作监督、创新服务审核职责。

（一）以下机构或其所属的研发平台自动获得创新服务提供机构资格：

1. 国家级重点实验室；

2. 教育部“双一流”建设高校，中央部委直属高校，省部共建协同创新中心；

3. 京津冀互认的开放实验室；

4. 国家驻冀科研机构；

5. 河北省属重点骨干大学、省属公益性科研机构；

6. 在河北省大型科研仪器设备资源开放共享服务平台（简称大型仪器平台）上注册登记的大型科研仪器设备开放共享服务管理单位（限于科研仪器设备开放共享服务）。

以上省内创新服务提供机构要及时登录信息平台备案机构相关信息；省外创新服务提供机构首次与省内科技型中小企业合作时登录信息平台，备案机构相关信息。

（二）其他创新服务提供机构经省科技厅审定后获得创新服务提供资格。省内创新服务提供机构主要从高等院校和科研院所、新型研发机构等机构中遴选，自愿申报，择优录取。

第九条　创新券的申领、发放、兑付审核，以及与之相关的信息查询、信息备案、信息发布等工作均依托“信息平台”在线进行。

第三章　支持对象与支持范围

第十条　创新券支持对象需同时满足下列条件：

1. 在有效期内的河北省科技型中小企业；

2. 无不良诚信记录；

3. 与合作的创新服务提供机构无任何隶属、共建、产权纽带等利益关联关系。

第十一条　以下科技型中小企业，为创新券重点支持对象：

1. 高新技术企业；

2. 省科技厅认定的创新英才所在企业；

3. 省级及以上创新创业大赛获奖企业；

4. 省级及以上国际科技合作基地依托企业；

5. 省级及以上劳模和工匠人才创新工作室所在企业；

6. 省科技厅确定的其他科技型中小企业。

第十二条　创新券支持科技型中小企业与创新服务提供机构合作开展的与其创新活动直接相关的技术开发、技术转让、试验测试、创新方法培训等服务。按照法律法规或者强制性标准要求必须开展的强制检测和法定检测等非科技创新活动，不纳入支持范围。

第四章　申领与使用

第十三条　科技型中小企业须在信息平台进行注册，并提交以下材料：

1. 创新服务合同；

2. 创新服务合同双方、创新服务提供机构的依托单位诚信承诺书；

3. 根据需要临时明确需提交的材料。

第十四条　科技型中小企业每年的创新券累计申领额度按自然年标定，上限为10万元，符合本细则第十一条规定的企业每年累计申领额度上限为15万元。

第十五条　创新券每次限按服务合同总金额的50%申领，企业每年根据需要可多次申领。

第十六条　地方归口管理部门对创新券申领材料进行审核，确定创新券使用额度，5个工作日内完成。

第十七条　创新券仅限申领企业自身使用，不得转让、买卖。

第五章　兑　付

第十八条　创新活动完成后，由企业先行支付全额服务费用，并提出兑付申请。

第十九条　创新券在12个月内未提出兑付申请的自动作废。由于特殊原因不能提出兑付申请的，须提前1个月在线提交延期兑付申请。

第二十条　申请兑付需提交以下材料：

1. 根据填报材料自动生成的《河北省省级科技创新券兑付申请表》；

2. 用券企业项目资金支付凭证及发票；

3. 企业对服务结果的验收报告或认可情况；

4. 服务结果佐证（如检测报告、技术解决方案等）、创新成果佐证（如专利权、著作权、新产品、新工艺、样机佐证材料）以及项目实施情况总结等；

5. 其他必要的辅助材料。

第二十一条　创新券原则上每季度兑付1次，可根据实际情况增加兑付次数。

第二十二条　地方归口管理部门将审核通过的兑付清单公示5个工作日，并在每季度结束后15日内，将公示无异议的兑付清单报省科技厅备案，备案通过后省科技厅下达批复，由省科技投资中心将经费拨付地方归口管理部门指定账户。地方归口管理部门按省科技厅批复的兑付清单将资金拨付到相关单位。

第六章　绩效评价及监督管理

第二十三条　省科技厅负责拟定专项资金绩效目标，组织对专项资金使用效果开展绩效评价。相关市县科技管理部门按照省科技厅拟定的专项资金绩效目标，开展相关专项资金使用绩效评价并编制绩效报告。

第二十四条　科技型中小企业、创新服务提供机构及其依托单位等严格落实中共河北省委办公厅、河北省人民政府办公厅印发的《关于加强科研诚信建设的实施意见》（冀办字〔2019〕1号），加强创新券实施全过程的科研诚信管理，恪守职业规范和科学道德，对科研失信行为承担相应责任。凡存在弄虚作假，阻挠、故意规避有关部门监督检查等行为的，给予以下处理：

1. 创新券自动失效、停止兑付或追回已兑付资金；

2. 取消相应资格，省内企业或机构3年内不得享受省级科技主管部门的项目、资金、平台、人才、奖励等政策支持；

3. 视情形列入科研诚信失信名单，对有关责任单位、责任人给予警告、实行限期整改；

4. 构成违纪的，由有关部门对责任单位或责任人处以纪律处分，涉嫌犯罪的依法移送司法机关处理。

第二十五条　鼓励各地按照支持科技型中小企业创新、推动创新资源开放共享的原则，设立本地创新券专项资金，制定管理制度时可因地制宜设置本地创新券支持方式、范围、对象等。

第七章　附　则

第二十六条　本细则自颁布之日起施行。《河北省科技创新券实施细则（试行）》（冀科计〔2016〕22号）同时废止。

第二十七条　本细则由省科技厅负责解释。

山西省科学技术厅　山西省财政厅关于印发《山西省科技创新券实施管理办法（试行）》的通知

晋科发〔2017〕86号

各市科技局、财政局，省直有关部门，各有关单位：

为了更好地发挥科技创新券在我省创新驱动发展中的作用，根据试点情况，省科技厅和省财政厅对原《山西省科技创新券实施管理办法（试行）》进行了修订，现将修订后的办法印发给你们，请认真贯彻执行。

山西省科学技术厅
山西省财政厅
2017年8月2日

山西省科技创新券实施管理办法（试行）

第一章　总　则

第一条　为贯彻落实中共山西省委、山西省人民政府《关于实施科技创新的若干意见》（晋发〔2015〕12号）和山西省人民政府《关于大型科研设施与仪器等科技资源向社会开放共享的实施意见》（晋政发〔2016〕4号），降低科技型中小微企业创新投入成本，盘活全省科技创新资源，激发全社会创新创业活力，促进产学研合作，做好科技创新券（以下简称创新券）组织实施，制定本办法。

第二条　创新券是由政府向科技型中小微企业免费发放的一种权益凭证，主要用于支持科技型中小微企业充分利用国家级与省级重点实验室、工程技术研究中心、科技基础条件平台及高等院校、科研院所等资源开展研发和科技创新活动。

第三条　创新券采取省和设区的市（以下简称各市）联动方式组织实施，由企业到所在市指定部门兑现。省级专项资金根据各市创新券资金预算总额按比例切块下达各市，各市创新券专项资金应不低于省级切块经费。

第四条　创新券以年度为周期，实行自愿申领、自主使用、事后补助、兑完为止的支持方式。鼓励各市根据实际积极探索实施创新券的新机制和新模式，鼓励县级财政安排专项资金实施创新券，更好发挥创新券的政策效应。

第五条　创新券使用和管理应遵守国家有关法律法规和财务管理制度，遵循公开普惠、公正透明、专款专用、据实列支的原则。

第二章　机构与职责

第六条　省科技厅、省财政厅是创新券组织实施的宏观管理部门。主要职责是：

（一）制定创新券实施政策，统筹省级专项资金安排，研究实施过程中的有关重大事项；

（二）组织创新券管理系统平台开发，开展宣传培训，指导各市创新券实施；

（三）组织开展创新券实施情况监督检查和绩效考评。

第七条　市科技局、市财政局是本市创新券组织实施的主管部门。主要职责是：

（一）研究制定本市创新券政策及实施管理办法，落实专项资金，解决实施过程中出现的问题；

（二）负责本市创新券的申请、发放、兑现及宣传培训等工作；

（三）配合省级部门开展创新券监督检查和绩效考评。

第八条　省科技厅和省财政厅委托山西省科技资源开放共享管理服务中心（以下

简称管理服务中心）作为创新券日常运行管理机构，主要职责是：

（一）承担创新券管理系统平台建设与运维的有关工作；

（二）组织科技资源管理单位在创新券管理系统中注册，并对其开放共享和服务情况进行绩效考评；

（三）承担对各市创新券实施情况的监督检查和绩效考评；

（四）承担省科技厅和省财政厅委托的其他任务。

第三章　对象与范围

第九条　申请创新券的科技型中小微企业应在省内注册，具有独立法人资格，且符合科技部、财政部、国家税务总局印发的《科技型中小企业评价办法》（国科发政〔2017〕115号）规定的条件。

各市应通过创新券加强对高新技术开发区、科技孵化器、众创空间、星创天地、双创基地等入驻企业的支持。

第十条　创新券支持范围包括：

（一）利用省级科技资源开放共享网络管理服务平台信息资源，购买测试检测、科学数据、科技查新、生物（种质）资源等创新服务。

（二）与省内高等院校、科研院所及创新平台基地开展合作研发。

按照法律法规或者强制性标准要求必须开展的检测活动、工业设计类服务等不纳入支持范围。

第十一条　纳入省级科技资源开放共享网络管理服务平台的各管理单位须在创新券管理系统注册，并公布服务内容和服务规范。

管理单位可委托专业服务机构作为代理，承办开展创新服务和合作研发的相关事宜。

第十二条　省内各重点实验室、工程技术研究中心、科技基础条件平台等创新平台基地应发挥资源优势，积极开展面向科技型中小微企业的开放共享服务和技术研发合作。

第四章　发放与兑现

第十三条　科技型中小微企业在创新券管理系统中填报相关信息进行注册。

第十四条　市科技局在10个工作日内完成企业注册信息审核，审核通过后即发放5万元创新券。

第十五条　企业在相关创新活动完成后，将服务或研发合同、支付凭证、结果报告等有关证明材料上传创新券管理系统申请兑现，并通知服务提供方或合作研发方通过系统进行确认。

第十六条　服务提供方和合作研发方在5个工作日内完成兑现申请信息确认，实现创新券绑定。

第十七条　兑现申请在5万元以内的，按实际发生费用进行补助；兑现申请超过5万元的，超出部分按定额比例方式进行补助，定额比例由各市确定，每家企业每年度创新券补助总额不超过20万元。

第十八条　各市可采取分批或定期处理等方式对上传材料进行审核，并在创新券系统及各市科技局网站进行公示，公示期不少于5个工作日。公示无异议后，企业持相关证明材料原件到指定部门兑现。

第十九条　创新券实行有效期管理制，在有效期内未开展相关科技创新活动的自动作废。

第五章　监督与考评

第二十条　管理服务中心通过创新券管理系统平台和实地抽查的方式对各市创新券实施情况进行监督检查，监督检查结果报省科技厅和省财政厅。

第二十一条　创新券实行年度绩效考评制度。各市创新券年度实施情况及成效须于下年度1月底前报送省科技厅和省财政厅。管理服务中心聘请有关专家或委托专业评价机构开展绩效考评，绩效考评结果在省科技厅网站公示。

第二十二条　省科技厅和省财政厅根据监督检查情况和绩效考评情况对各市下年度省级创新券经费切块比例进行调整，绩效考评为优秀的给予奖补支持。

第二十三条　创新券不得转让、赠送和买卖，对创新券实施过程中弄虚作假、套取财政资金的企业，追回已支持的财政资金，违规企业3年内不再给予创新券支持，构成犯罪的依法追究刑事责任。

第六章　附　则

第二十四条　各市根据本办法制定创新券实施细则，报省科技厅和省财政厅备案。

第二十五条　本办法自发布之日起施行。省科技厅、省财政厅于2016年2月4日印发的《山西省科技创新券实施管理办法（试行）》（晋科发〔2016〕22号）同时废止。

山东省科学技术厅　山东省财政厅关于印发《山东省创新券使用管理办法》的通知

鲁科字〔2019〕66号

各市科技局、财政局，各有关单位：

为进一步促进科研设施和科研仪器等科技资源开放共享，增强创新活力，激发创新潜能，提高科技创新水平，支撑经济高质量发展，省科技厅、省财政厅联合制定了《山东省创新券使用管理办法》。现印发给你们，请认真贯彻执行。

山东省科学技术厅　山东省财政厅

2019年7月15日

山东省创新券使用管理办法

第一章　总　则

第一条　为深入贯彻落实《中共山东省委　山东省人民政府关于深化科技体制改革加快创新发展的实施意见》、《中共山东省委　山东省人民政府关于推进新旧动能转换重大工程的实施意见》、《山东省人民政府关于印发支持实体经济高质量发展的若干政策的通知》和《科技部　发展改革委　财政部关于印发〈国家重大科研基础设施和大型科研仪器开放共享管理办法〉的通知》等精神，进一步促进科研设施和科研仪器（以下简称科研设施与仪器）等科技资源开放共享，增强创新活力，激发创新潜能，提高科技创新水平，支撑经济高质量发展，制定本办法。

第二条　创新券是面向山东省行政区域内中小微企业和创业（创客）团队（以下简称使用方）无偿发放，用于补助其使用共享科研设施与仪器开展科技创新活动、购买科技创新服务的制度安排，是促进科技资源开放共享、支撑创新创业的普惠性激励政策。

第三条　创新券资金从省科技创新发展资金中安排，列入年度财政预算。

创新券资金的使用和管理遵守国家有关法律法规和财务规章制度，遵循广泛引导、公开普惠、科学管理与专款专用的原则。

第二章　组织管理

第四条　省科技厅会同省财政厅组织实施创新券工作。省科技厅负责创新券的政策制定、决策指导、资金拨付、监督检查和绩效评价工作，研究确定创新券实施过程中的重大事项；省财政厅负责创新券资金保障等工作。

第五条　省科技厅依托山东省大型科学仪器设备协作共用网（以下简称省仪器设备网）建设山东省创新券管理服务平台，实现创新券网上在线发放、审核、统计分析和日常管理等工作。

创新券使用管理的具体事务性工作，可由省科技厅委托第三方机构协助完成。

第六条　设区市科技局负责本市中小微企业、创业（创客）团队及科技服务机构的入网审核、政策宣传、创新券审核、统计等工作；市财政局负责协助开展经费使用监督等工作。

第七条　省级以上科技企业孵化器、众创空间、专业化众创空间和大学科技园等创新创业孵化载体，负责为入驻企业和创业（创客）团队提供政策咨询服务，协助申请和兑付创新券等工作。

第三章　支持对象、范围和补助标准

第八条　本办法所支持的中小微企业应满足以下条件：

（一）注册地在山东省行政区域内，具有独立企业法人资格，职工总数不超过500人、年销售收入不超过2亿元，具有健全的财务机构、管理规范，无不良诚信记录；

（二）与开展合作的科技服务机构之间无任何隶属、共建、相互参股等关联关系。

第九条　本办法所支持的创业（创客）团队应满足以下条件：

（一）不具备法人资格，还未注册企业；

（二）入驻省级以上科技企业孵化器、众创空间、专业化众创空间和大学科技园等创新创业孵化载体；

（三）创新项目需具有产品研发及成果转化所需的检测、试验、分析等研发工作。

第十条　山东省行政区域内高等院校、科研院所以及国家和省重点实验室、技术创新中心、工程技术研究中心、临床医学研究中心、新型研发机构等创新创业载体作为科技创新服务供给方（以下简称供给方），必须按规定在省仪器设备网注册成为会员，对外开展相关科技创新服务。

鼓励企业等其他科技资源集中的单位在省仪器设备网注册成为会员，使用创新券对外开展科技创新服务。

第十一条　创新券的支持范围是供给方依托科研设施与仪器为使用方提供的检测、试验、分析、合作研发、委托研发、研发设计、标准制定等科技创新服务。

按照法律法规或者强制性标准要求开展的强制检测、法定检测以及生产性常规检测、批量检测、产品质量抽检、环境检测等非科技创新活动，或已列入各级各类科技计划（基金、专项）或其他财政性资金支持的科技创新活动不纳入创新券支持范围。

第十二条　创新券的补助标准：对符合本办法第十一条规定的科技创新活动发生的费用，给予枣庄、临沂、德州、聊城、滨州、菏泽等6市和省财政直管县的使用方60%的补助，其他地区40%的补助；同一企业或团队每年最高补助50万元。

第四章　使用与兑付

第十三条　以财政性资金为主建设的供给方依托省仪器设备网对外提供科技创新服务，可以根据人力成本等收取服务费，并按照成本补偿和非盈利性原则收取材料消耗费和水、电等运行费。

供给方开展科技创新服务所得收入用于弥补上述人力成本、材料消耗费和水、电等运行费后仍有盈余的，可按单位横向课题经费进行管理，或参照单位科技成果转化收益相关分配政策，用于奖励提供科技创新服务的科技人员及团队。

第十四条　供给方是提供科技创新服务的责任主体，要健全完善创新券使用服务管理制度，安排专职人员负责服务工作，并在省仪器设备网公开科技创新服务内容、服务流程、收费标准、服务电话等信息，保证服务质量；在服务过程中，保护使用方形成的知识产权、科学数据和技术秘密。

第十五条　符合本办法规定的使用方登录省仪器设备网并注册成为会员，即可获得创新券使用资格。

第十六条　使用方通过省仪器设备网预约使用科研设施与仪器开展科技创新服务，与供给方协商在线下完成服务后，在网上提交服务合同、发票、服务结果证明（检测试验分析活动还需提供科技创新相关性证明）等材料，在线打印创新券。创业（创客）团队由入驻的创新创业孵化载体统一提交材料。

第十七条　创新券资金列入省科技厅部门预算，按规定及时拨付下达。

第十八条　创新券实行实名制，不得转让、买卖，不得重复使用。创新券每月兑付一次，自科技创新服务完成之日起 6 个月内有效，在山东省行政区域内实行通用通兑。创新券兑付程序是：

1. 使用方应于每月前 7 个工作日内向所在设区市科技局提交前期已经使用的、加盖单位公章的创新券。

2. 设区市科技局应在每月的第 8 至第 12 个工作日内审核兑付申请材料，在线提交兑付审核意见和兑付申请表。

3. 省科技厅应在每月的第 13 至第 17 个工作日内将兑付资金拨付到使用方。

第十九条　设区市科技局每月将审核后的创新券进行汇总，连同兑付申请表，加盖公章后寄（送）到省科技厅。省科技厅按各市审核上报情况拨付补助资金，并向社会公开。

第二十条　省科技厅对服务制度健全、提供服务量大、用户评价高、综合效益突出的供给方，按其上年度实际服务的创新券总额的 10%~30% 给予奖励补助。根据综合评价结果，按 10%、20%、30% 3 个档次进行补助。同一供给方每年最高补助 200 万元。

奖励补助资金主要用于奖励提供科技创新服务的科技人员及团队，也可用于科研设施与仪器的运行维修维护、升级改造、分析测试技术及方法研究、临时聘用人员补助及实验技术人员的学习培训等。

第五章　监督管理

第二十一条　供给方和使用方应按照诚实守信的原则申请、使用创新券，如实填写网上信息、提供相关资料，并自觉接受相关部门的监督检查。

第二十二条　省科技厅将对各市和供给方创新券工作情况进行评价，评价结果向社会公布。对不按规定公开开放信息、提供科技创新服务、创新券使用效率低的供给方予以通报，并在新购仪器设备、申请省级科技计划项目及创新平台等方面予以约束。

第二十三条　省、市科技部门会同财政部门对创新券使用情况进行监督检查和飞行抽查。对创新券使用中有弄虚作假、以不正当手段套取补助资金或奖励资金等违规行为，给予以下处理：

（一）追回被套取的资金，将不良记录纳入科研诚信管理，并向社会公布；

（二）3 年内，取消使用方使用创新券资格或供给方享受创新券奖励资格；

（三）对违规的省级重点实验室、技术创新中心、工程技术研究中心、临床医学研究中心、新型研发机构、科技企业孵化器、众创空间、专业化众创空间、大学科技园等给予 1 年黄牌警告，停止经费支持，限期整改；整改不到位的给予摘牌。

（四）对严重违反财经纪律的责任人，按有关规定依法依规予以处理。

第六章　附　则

第二十四条　本办法由省科技厅、省财政厅负责解释。

第二十五条　本办法自 2019 年 10 月 1 日起施行，有效期至 2022 年 9 月 30 日。原《山东省创新券管理使用办法》（鲁科字〔2018〕122 号）同时废止。

关于印发《广西大型仪器协作共用专项资金管理暂行办法》和《广西大型仪器协作共用专项资金管理暂行办法实施细则》的通知

桂科条字〔2009〕74号

各市科技局，区直及中央驻桂各科研院所、高等院校，南宁、桂林、柳州、北海高新技术产业开发区，各有关单位：

广西大型仪器协作共用网自1998年建立以来，对实现广西大型科学仪器设备的开放共享，提高大型科学仪器的利用率和使用水平，减少仪器设备的重复购置起到了积极的促进作用。为适应新形势下建设“创新型广西”的要求，更好地为自主创新服务，进一步加强大型科学仪器设备协作共用的管理，我厅制定了《广西大型仪器协作共用专项资金管理暂行办法》和《广西大型仪器协作共用专项资金管理暂行办法实施细则》。现印发给你们，请遵照执行。

原《广西大型仪器协作共用专项资金管理暂行办法（修订）》（桂科条字〔2000〕第40号）同时废止。

广西壮族自治区科学技术厅

2009年10月19日

广西大型仪器协作共用专项资金管理暂行办法

第一条 为了贯彻落实《广西壮族自治区中长期科学和技术发展规划纲要(2006—2020年)》,加快推动我区大型仪器协作共用事业发展,自治区科技厅设立广西大型仪器协作共用专项资金(以下简称专项资金)。为了规范专项资金的管理和使用,有效促进我区大型仪器资源开放与共享,更好地为科技创新和经济建设服务,根据《自治区科技基础条件平台建设专项资金管理暂行办法》以及国家和自治区有关财务管理制度,制定本暂行办法。

第二条 专项资金的管理和使用遵循公开、公正、合理、有效的原则。专项资金主要用于广西大型仪器协作共用网(以下简称协作共用网)的运行补贴费、分析测试补助费、奖励费和管理费用。

自治区科技厅负责专项资金的年度预算编制和管理;自治区财政厅负责专项资金的监督管理;由自治区科技厅、自治区财政厅、自治区发改委、自治区教育厅等部门共同组成的广西大型仪器协作共用管理委员会(以下简称管委会)负责统筹协调专项资金管理,审定资金投向,考评资金使用效果;广西大型仪器协作共用咨询专家组负责专项资金管理的技术咨询工作。

第三条 管委会的主要职责

(一)审定协作共用网的发展方向、目标和任务。

(二)审议专项资金管理使用中的重大事宜,审定专项资金的投向和开支范围。

(三)审批协作共用网的运行补贴费、分析测试补助费、奖励费和管理费用。

(四)监督专项资金的使用。

第四条 管委会办公室设在自治区科技厅,办公室主任由相关业务处领导兼任。办公室是管委会的日常办事机构,负责专项资金日常事务管理。其职责是:

(一)受理和审核专项资金补助申请,提出专项资金补助安排意见。

(二)组织专家组或委托具有资质的中介机构开展入网仪器(机组)绩效考核。

(三)向管委会报告专项资金年度使用情况。

(四)管委会交办的其他工作。

第五条 经自治区科技厅认定或授权的区域入网仪器服务中心(以下简称区域服务中心),要建立健全管理组织机构,其依托单位应当指定一名在职领导负责区域服务中心的业务,并配备专门人员负责协助管委会办公室做好专项资金的日常管理工作。具体履行以下职责:

(一)受理本区域专项资金补助申请,并审核汇总报送管委会办公室。

(二)协助开展本区域入网仪器(机组)绩效考评工作。

(三)指导和检查本区域入网仪器的分析测试业务工作,以及专业技术培训工作。

(四)向管委员会办公室报告年度工作和年度专项资金使用情况。

（五）管委会办公室交办的其他工作。

第六条　专项资金来源

（一）自治区本级财政拨款。

（二）国内外科学仪器厂商和社会赞助。

（三）其他。

第七条　专项资金的主要用途

（一）协作共用网的运行补贴费，主要用于协作共用网入网仪器成员单位的仪器运行补贴费用。

（二）协作共用网的分析测试补助费，主要用于在项目开发或科研课题中使用协作共用网仪器进行分析测试的单位和个人的补助费用。

（三）协作共用网的奖励费，主要用于入网仪器单位（机组）和个人的年度绩效奖励费用。

（四）协作共用网的管理费，主要用于各区域服务中心的日常管理工作补助费用。

第八条　专项资金使用原则及申请对象范围

（一）专项资金采取事后限额补助原则，资金实行单独核算，专款专用。

（二）凡申请分析测试补助费者，须符合以下条件：

1. 承担国家级、部级、省级、地市（厅）级政府部门下达的课题或者由厅级政府部门以上备案的自选课题，以及由高新技术开发区管理委员会备案的高新技术企业承担自选课题的法人单位和个人。

2. 没有参加广西大型仪器协作共用网的单位，或无法提供检测条件的入网仪器单位需要使用协作共用网的仪器进行分析测试的项目。

（三）凡申请运行补贴费者，须具有协作共用网入网资格的成员单位（机组）。

第九条　专项资金申请审批程序

（一）专项资金申请

1. 凡申请入网仪器运行补贴费和分析测试补助费者，须在完成相关分析测试工作以后，就近向区域服务中心提出申请或直接向管委会办公室提出申请。

2. 奖励费和管理费用，由各区域服务中心根据年度绩效考核结果和自身年度工作任务完成情况，直接向管委会办公室分别提出申报。

（二）专项资金审批

1. 管委会办公室每月汇集审核一次入网仪器运行补贴费和分析测试补助费的申请报告，并将资金补贴安排方案上报管委会审批。

2. 管委会办公室每年汇集一次奖励费、管理费申请，并提出经费安排方案报管委会审批。

3. 管委会审批后，以书面形式下达各区域服务中心和申请人。

第十条　奖励与处罚

（一）对在专项资金管理使用过程中做出突出成绩的入网仪器单位或个人给予表彰

奖励。

（二）对虚报机时和测试收入的入网仪器单位（机组），除追回已拨付的运行补贴费外，取消其入网资格。

（三）对徇私舞弊，弄虚作假的区域服务中心，除取消其区域管理资格外，并向社会公告。同时建议有关部门给予纪律处分。构成犯罪的，依法移送司法机关追究刑事责任。

第十一条 自治区科技厅授权管委会制定本暂行办法实施细则。

第十二条 本暂行办法由广西壮族自治区科学技术厅负责解释。

第十三条 本暂行办法自发布之日起施行。

广西大型仪器协作共用专项资金管理暂行办法实施细则

为了提高广西大型仪器协作共用专项资金（以下简称专项资金）的使用效益，促进我区大型科学仪器设备资源的开放与共享，提高入网仪器的利用率和分析测试水平，根据《广西大型仪器协作共用专项资金管理暂行办法》（以下简称《暂行办法》）制定本实施细则。

第一条　专项资金主要用于维护广西大型仪器协作共用网（以下简称协作共用网）的运行，包括协作共用网的运行补贴费、分析测试补助费、奖励费和管理费用。

第二条　入网仪器运行补贴的范围，限于为自治区范围内各有关单位或个人承担的国家级、省（部）级、地市（厅）级政府部门下达的课题或者由厅级政府部门以上备案的自选课题，以及为高新技术企业承担的符合《暂行办法》第八条第（二）款规定的项目或课题提供检测服务的入网仪器单位（机组）。（本单位入网仪器为本单位所承担的上述项目提供的检测服务，不能享受此项补贴）。

第三条　分析测试补助的范围，按暂行办法第八条有关规定执行。

第四条　申请入网仪器运行补贴费，须同时提供以下材料：

（一）《广西大型仪器协作共用网运行补贴费申请表》（原件一式三份）。

（二）检测报告、收费通知单（或委托协议书）、收费发票的复印件（提供原件验证）。

第五条　申请分析测试补助费，须同时提供以下材料：

（一）《广西大型仪器协作共用网分析测试补助费申请表》（原件一式三份）。

（二）立项或备案文件，项目合同或课题任务书（提供原件验证）。

（三）入网仪器单位出具的检测报告、收费通知单（或委托协议书）、缴费发票的复印件（提供原件验证）。

第六条　专项资金补贴额度

（一）入网仪器运行补贴费，按申请者为暂行办法第八条所规定的范围和对象提供分析测试服务后实际收取费用的50%计算，但每课题补贴额度不得超过5000元。

（二）分析测试补助费，按申请者实际缴纳分析测试费用的30%计算，但每项课题补助额度不得超过3000元。

（三）奖励及管理费，由管委会根据年度绩效考核结果，并结合实际工作情况确定。

第七条　专项资金申请与审批程序

（一）凡申请入网仪器运行补贴费和分析测试补助费者，向所属区域入网仪器服务中心（以下简称区域服务中心）提出申请，经各区域服务中心审核汇总后报送管委会办公室。没有设立区域服务中心的，可直接向管委会办公室提出申请。管委会办公室每月汇集一次，上报管委会审定。

（二）管委会审批后，管委会办公室在10个工作日内将补贴费直接划拨给申请者。依托单位可按30%的入网仪器运行补贴费奖给机组相关仪器管理人员。

第八条 根据《广西大型科学仪器设备协作共用绩效考核管理办法（试行）》的有关规定，协作共用网每年进行一次先进仪器机组和先进个人评选活动。在各单位推荐或由仪器机组和个人自荐的基础上，经各区域服务中心审核后报送管委会办公室，管委会办公室组织专家组或委托中介机构核实评估后，报管委会审定（没有设立区域服务中心的，直接向管委会办公室推荐）。

第九条 每年召开一次全区大型仪器协作共用网工作会议，表彰、奖励先进单位机组和先进个人。

第十条 入网仪器单位机组、人员或享受专项资金补贴的研究课题组成员有下述不良行为的，经管委会检查，确认事实后，处理如下：

（一）由于仪器操作人员的失职导致分析测试结果错误、产生严重影响或造成用户的经济损失者，取消该仪器当年的运行补贴（已经拨付的，如数追回）和仪器在网资格，且2年内不得重新申请入网。

（二）对弄虚作假虚报分析测试收入冒领运行补贴者，除追回全部补贴外，取消该仪器在网和重新申请入网的资格。

（三）对弄虚作假申请并获得分析测试补助者，除追回全部补贴和通报其所在单位外，3年内停止受理所涉及课题和人员任何新课题的补贴申请。

第十一条 本实施细则自发布之日起施行。本实施细则由广西大型仪器协作共用管理委员会负责解释。

四川省科学技术厅　四川省财政厅关于印发《四川省关于进一步加强推广应用科技创新券实施意见》的通知

川科基〔2020〕2 号

各市（州）、扩权试点县（市）科技局、财政局：

为创新财政科技投入使用方式，推进科技资源开放共享，进一步激发创新活力，助推创新驱动发展战略深入实施，科技厅会同财政厅制定了《四川省关于进一步加强推广应用科技创新券实施意见》，现印发给你们，请遵照执行。

四川省科学技术厅　四川省财政厅

2020 年 1 月 2 日

四川省关于进一步加强推广应用科技创新券实施意见

第一条 为贯彻落实《中共四川省委关于全面创新改革驱动转型发展的决定》（川委发〔2015〕21号）和《四川省人民政府关于全面推进大众创业、万众创新的意见》（川府发〔2015〕27号）精神，进一步推动各地开展科技创新券工作，推进科技资源开放共享，助推创新驱动发展战略深入实施，根据《四川省科技计划项目专项资金管理办法》（川财规〔2019〕10号），特制定本实施意见。

第二条 本实施意见所指科技创新券（以下简称创新券），是指由市（州）科技部门面向科技型中小微企业、创新团队和创业者（以下简称创新主体）无偿发放，用于创新主体向科技服务机构购买科技服务并抵扣一定比例服务费用的记录凭证。市（州）科技、财政部门向科技服务机构按取得的创新券兑付补助。科技厅、财政厅对开展创新券工作的市（州）给予补助，对提供创新券服务的科技服务机构给予奖补，所需资金在省级科技计划中统筹安排。

第三条 本实施意见所指科技服务是指检验检测认证、科技咨询、设计研发、专利代理、技术转移中介服务、科技评估及科研设施设备共享等为科技创新提供的服务。按照法律规定或者强制性标准开展的强制性检测和法定检测等相关活动或列入科技专项资金资助的在研项目，不纳入本意见支持范畴。科技服务机构是指具备条件和能力、可提供上述服务的机构。享受本意见市（州）兑付和省级奖补的科技服务机构不再重复享受省级财政科技资金其他服务类项目的重复资助。

第四条 科技厅负责创新券政策制定、统筹协调、培训推广、监督管理和绩效评价，搭建维护四川省科技创新券管理服务平台（以下简称省级创新券平台）；财政厅负责资金预算安排、资金下达。各市（州）科技部门会同财政部门制定本地创新券管理办法，开展当地创新券线上管理服务工作。

第五条 推广应用创新券工作依托省级创新券平台开展。省级不直接向创新主体发放创新券。各市（州）创新券申领、发放、使用等工作均在平台上运行。创新主体在平台注册，科技服务机构在平台登记备案。

第六条 科技厅、财政厅对各市（州）按不超过上一年创新券兑付总金额的60%进行补助。单一使用主体年度兑付额超过20万元部分不计入市（州）获得省级补助的基数。补助资金由市（州）科技、财政部门统筹用于创新券推广应用工作。

第七条 科技厅、财政厅对各科技服务机构按不超过上一年创新券服务合同总金额的15%进行奖补，同一家科技服务机构每年获得奖补资金最高不超过100万元。各服务机构可将奖补资金统筹安排用于弥补服务成本、仪器设备维护维修等支出。创新券兑付市（州）开展了机构奖补工作的科技服务机构可自主选择享受省级或市（州）奖补，但不得重复享受省、市（州）奖补。

第八条 科技厅根据各市（州）科技部门和各科技服务机构在省级创新券平台上

形成的统计数据，提出对市（州）的补助和对机构的奖补方案会商财政厅，并按规定完成审批后予以补助和奖补。

第九条　市（州）创新券推广应用情况作为地方获得省级科技计划专项资金因素法分配资金的重要测算依据，以及科技系统先进集体和科技工作先进个人评选的重要依据。

第十条　各市（州）科技和财政行政部门应当建立健全创新券申请、受理、审核、评估的监管机制，防止通过恶意串通、弄虚作假骗取财政资金；每年应对创新券的实施情况进行定期检查和绩效评价，并将各方有关创新券的申请、使用、兑付情况纳入诚信管理体系。

第十一条　科技厅组织或委托第三方机构对各市（州）实施创新券工作情况适时开展绩效评价，财政厅可对各市（州）创新券资金使用情况进行抽查。绩效评价和监督检查结果作为以后年度财政资金安排的重要参考。对以弄虚作假等手段套取骗取财政资金等违法违规行为的，按照《中华人民共和国预算法》《财政违法行为处罚处分条例》等有关法律法规处理并追回财政资金，三年内不再给予创新券资金支持。涉嫌犯罪的，依法移交司法机关处理。

第十二条　本实施意见由科技厅、财政厅负责解释。

第十三条　本实施意见自下发之日起30日后生效。原《四川省推广应用科技创新券实施意见（试行）》（川科财〔2017〕45号）废止。

关于印发《陕西省科技创新券管理暂行办法》的通知

陕科条发〔2016〕188号

各设市（区）科技局，各相关单位：

为贯彻落实《陕西省人民政府关于促进科技资源开放共享的指导意见》（陕政发〔2015〕53号），创新财政科技投入方式，推进科技资源开放共享，激发全社会的创新创业活力，省科技厅制定了《陕西省科技创新券管理暂行办法》，现印发给你们，请遵照执行。

陕西省科学技术厅

2016年11月16日

陕西省科技创新券管理暂行办法

第一章　总　则

第一条　为贯彻落实《陕西省人民政府关于促进科技资源开放共享的指导意见》（陕政发〔2015〕53号），创新财政科技投入方式，推进科技资源开放共享，激发全社会创新创业活力，省科学技术厅组织实施科技创新券（以下简称创新券）。为切实加强创新券的管理，特制定本办法。

第二条　创新券主要用于鼓励本省中小微企业和创业团队购买相关科技服务或使用各类科技资源，开展创新创业活动。

第三条　创新券资金从省级财政科技专项中安排，列入年度财政预算。

第四条　创新券的使用和管理遵守国家有关法律、行政法规和财务规章制度，遵循公开透明、专款专用的原则。

第二章　发放对象

第五条　创新券发放对象包括：

（一）在省内注册的具有独立法人资格的中小微企业，符合工业和信息化部、国家统计局、发展和改革委员会、财政部《关于印发中小企业划型标准规定的通知》（工信部联企业〔2011〕300号）规定的企业划型标准。

（二）由经认定的省级以上科技企业孵化器、众创空间、星创天地统一申请，用于支持入孵企业或团队。

（三）陕西省大型科学仪器设备协作共用网成员单位及经省科技厅认定的新型研发机构。

（四）省科技厅支持市（区）建立的科技成果转移转化机构。

第三章　创新券形式与使用范围

第六条　创新券采用网络认证的电子票据模式，有效期1年，通过创新券管理信息系统在有效期内按规定使用。创新券不得转让、买卖、重复使用。在有效期内未能使用的创新券，逾期自动作废。

第七条　创新券每年发放一次。每个申请者申请的最高额度不超过20万元。

第八条　创新券用于支持开展以下活动：

（一）使用大型仪器设备、共性技术研发平台等设备（平台），或购买成果评价等技术创新服务，每个单位给予不超过20万元补贴。

本办法所称大型科学仪器设备是指省内高等院校、科研院所、企事业单位拥有的，在陕西大型科学仪器协作共用网登记备案的，面向社会开展共享、共用的仪器设备。

本办法所称共性技术研发平台，是指省级以上重点实验室、工程（技术）研究中心、企业技术中心，及由民营科技企业联盟牵头组建并经省科技厅认定的技术创新服务平台。

（二）科技成果转移转化。对科技成果成功在省内完成转化的，对成果吸纳方按成果交易额不超过5%给予奖励，每家单位每年不超过10万元。

（三）支持省级孵化器、众创空间、星创天地入驻企业（团队）购买各类创业孵化服务或科技服务。

（四）科技金融服务。为科技型中小微企业（尤其是瞪羚企业）贷款或科技创新创业人员和团队融资提供的资产评估、担保、保险、法律、财务等服务业务。

（五）支持市（区）科技企业开展科技成果转移转化等科技活动，由市（区）成果转移转化机构统一领取、发放。

第四章　组织机构与职责

第九条　省科技厅成立创新券管理委员会，负责创新券的政策制定、决策指导、资金预算、年度计划、监督执行、绩效评价及研究确定创新券实施过程中的有关重大事项。创新券管理委员会主任由省科技厅主管领导担任。

第十条　创新券管理委员会委托专业机构具体负责建设并运营管理陕西省科技创新券管理信息系统（以下简称创新券管理信息系统），组织创新券的申请受理、审核发放、结算兑现、日常管理等工作。

第五章　申请与审核

第十一条　创新券管理委员会定期发布下一年度创新券申请通知，符合条件的申请者通过“创新券管理信息系统”提交申请。申请者需在系统提交的证明材料主要包括：

（一）营业执照副本（未领取加载统一社会信用代码营业执照的企业，还需提交税务登记证副本和组织机构代码证副本）；

（二）法定代表人身份证；

（三）近两年的财务报表（包括资产负债表、损益表）；

（四）计划使用创新券的科研活动简介或项目计划书等证明材料。

第十二条　申请者提交申请后，创新券管理委员会办公室组织专家对申请者提交的材料进行审核确认。

第十三条　创新券管理委员会办公室根据年度创新券申请总额和经费总额，按比例确定创新券发放额度。

第六章　使用与兑现

第十四条　创新券持有者购买相关科技服务或使用科技资源，须签订正式合同，并按规定比例支付相应的服务费用；承接创新券的机构必须开具制式发票。

第十五条　承接创新券的机构应由创新券管理委员会审核认证，具体以创新券管理委员会发布的创新券服务机构名录为准。

第十六条　承接创新券的机构凭持有的创新券向专业机构申请兑现。

第十七条　创新券每季度兑现一次，专业机构根据创新券承接机构收取的创新券及相关服务证明材料，经审核后予以兑现。

第七章　绩效评价和监督管理

第十八条　创新券管理委员会每年对创新券使用、管理等情况进行总结，并确定下一年度创新券发放规模、额度及重点支持方向等。

第十九条　创新券管理委员会对承接创新券的机构进行考核评价，评价结果向社会公布。对于考核结果合格的承接机构，按照考核结果给予一定的奖励。对于不按规定提供服务、服务效果差、服务效率低的机构，取消服务资格并予以通报。考核结果将作为其申请省级科技计划项目的重要依据

第二十条　创新券实行实名制，使用和管理遵守国家有关法律、行政法规和财务规章制度，不得提供虚假信息。对于违反以上规定的单位停拨或追回财政资金，构成违法的按照相关法律法规处理。

第二十一条　对通过创新券骗取财政资金的申请者和承接机构，将视情节轻重对有关责任单位实行限期整改、给予警告、追回财政资金，列入信用“黑名单”，不再给予财政科技资金支持。构成违纪的，由有关部门对责任单位或责任人处以纪律处分。涉嫌犯罪的，依法处理。

第二十二条　为维护申请者的合法权益，参与创新券申请、兑现及管理的各单位和人员须严格遵守保密规定不得泄露申请者的商业信息。对违反有关规定的单位或个人按照相关法律法规处理。

第八章　附　则

第二十三条　本办法自 2016 年 11 月 16 日起施行。

关于印发《新疆科学仪器设备协作共用专项资金使用办法》的通知

新科条字〔2011〕150 号

各有关单位：

为加强自治区科学仪器协作共用专项资金管理，提升科学仪器协作共用的运行能力和利用效率，促进自治区科学仪器资源的开放共享，特制定《新疆科学仪器设备协作共用专项资金使用办法》，现印发给你们，请遵照执行。

新疆维吾尔自治区科学技术厅

2011 年 12 月 6 日

新疆科学仪器设备协作共用专项资金使用办法

第一章　总　则

第一条　为促进自治区科学仪器资源的开放共享，全面提升新疆科学仪器协作共用的运行能力和利用效率，自治区设立了“新疆维吾尔自治区科学仪器协作共用专项资金”（以下简称专项资金），对参与科学仪器协作共用的单位和集体予以补贴和奖励。为加强专项资金管理，根据《新疆维吾尔自治区科学仪器协作共用网管理暂行办法》，特制定本办法。

第二章　资金来源及补贴、奖励范围

第二条　资金来源：财政拨款。

第三条　科学仪器设备的开放与共享，是指自治区境内的科研机构、高等院校、重点实验室、工程技术研究中心、高新技术企业、分析测试单位、科技企业等拥有单台（套）价值在20万元以上设备的单位面向社会各界提供科学实验、分析测试、计算等科学研究和开发活动。均在奖励和补贴范围。

第四条　奖励和补贴工作，本着“公正、公平、公开”的原则，由新疆维吾尔自治区科学仪器协作共用网管理办公室（以下简称协作共用网管理办公室）组织相关专家对所有入网仪器设备的单位进行考核和检查，进行评议和审定。每年度进行一次。

第五条　专项资金由协作共用网管理办公室单独核算，专款专用。专项资金的85%用于对网内仪器设备对外提供服务的运行补贴、仪器设备维修补贴和对优秀个人及单位的奖励。15%用于协作共用网管理的日常工作费用、网站建设和维护费用、专家评议和咨询费用、技术人员培训、学术交流活动费用。

第三章　具体的补贴及奖励办法

第六条　补贴办法

根据入网仪器设备共享服务的运行维护成本、对外服务机时数、服务对象等方面的评议结果、对仪器设备拥有单位进行年度一次性共享补贴。

第七条　奖励办法

1. 根据对入网单位科学仪器设备按照遵守服务承诺、服务质量、工作量、仪器设备利用率等方面的评议结果，依照优秀、良好和合格3个层次对单位分别给予年度一次性奖励。

2. 凡在大型仪器设备共享服务工作中，表现突出且服务业绩优异的操作及管理人员，经各单位推荐和组织评审后，给予个人表彰和奖励。

第四章　具体申报程序

第八条　评议时限：拟为上一年度的12月1日起，至当年的11月30日止。

第九条　申报程序：网员单位在当年度的12月1日至12月15日将《科学仪器设备协作共用登记表》、收费发票复印件及相关材料汇总上报给协作共用网管理办公室。

第十条　相关抽查和核实：为确保申请单位提供的申报材料真实有效，拟采用回访用户或抽查相关原始记录等手段，每年对部分申报材料进行抽查和核实。

第五章　资金的用途、管理和监督

第十一条　凡申领到补贴的网员单位，须将所获补贴用于大型科学仪器设备管理部门及机组人员在共享服务中的业务培训、数据采集、劳务补助的费用支出，以及对共享服务机组标识标样的购置，仪器设备的维修和升级改造、功能开发等相关业务费用的补助。

第十二条　自治区科技厅主管部门负责对专项资金使用的审核和管理，并将专项资金的使用情况，定期上报自治区财政厅备案，接受审计部门的监督检查。

第十三条　网员单位在申评过程中有弄虚作假，以及不按本细则使用补贴或奖励资金的情况发生，将取消补贴和奖励的资格。

第六章　附　则

第十四条　本细则由协作共用网管理办公室负责解释。

第十五条　本细则自发布之日起试行。

关于印发《青岛市科技创新券管理实施细则（试行）》的通知

青科规〔2020〕5号

各区（市、功能区）、西海岸新区科技主管部门、财政局，市直有关部门，驻青高校、科研院所，各有关单位：

为贯彻落实《国务院关于强化实施创新驱动发展战略进一步推进大众创业万众创新深入发展的意见》（国发〔2017〕37号）和《中共中央办公厅国务院办公厅关于促进中小企业健康发展的指导意见》（中办发〔2019〕24号）精神，充分发挥科技创新券作用，推动科技资源开放共享，激发中小企业创新创业活力，营造良好的创新创业环境，市科技局、市财政局共同研究制定了《青岛市科技创新券管理实施细则（试行）》。现印发给你们，请遵照执行。

青岛市科学技术局　青岛市财政局

2020年8月31日

青岛市科技创新券管理实施细则（试行）

第一章 总 则

第一条 为进一步完善创新创业环境，更好地发挥科技创新券（以下简称创新券）作用，推动大型科学仪器和实验设施等科技资源开放共享，支持科技型中小企业加大研发投入，开展科技创新创业活动，根据《国务院关于强化实施创新驱动发展战略进一步推进大众创业万众创新深入发展的意见》《中共中央办公厅国务院办公厅关于促进中小企业健康发展的指导意见》《青岛市科技计划项目管理暂行办法》等有关规定，结合实际，制定本细则。

第二条 本细则所称创新券是指利用市级财政科技专项资金，支持科技型中小企业向服务机构购买专业服务的一种政策工具。创新券采用电子券形式，由企业申请使用和兑付。

第三条 本细则所称服务机构是指提供科技服务的企业、高等院校、科研机构和科技服务机构等。

第四条 创新券资金来源于市财政科技专项资金，遵循鼓励创新、诚实守信、公开透明、科学管理原则，使用和管理遵守国家有关法律法规和财务规章制度。

第五条 市科技局负责制定本市创新券相关政策，编制预算和年度申请指南，建设服务机构库，管理和监督创新券的使用，对执行情况进行监督检查和绩效评价。委托青岛市科技研发服务中心开展创新券申领、使用、兑付审核和服务机构入库等相关日常管理和服务工作。

第二章 支持对象与内容

第六条 本细则所支持的科技型中小企业应满足以下条件：

（一）注册地在青岛市行政区域内，且为“全国科技型中小企业信息库”入库企业；

（二）无严重违背科研诚信记录，未列入失信联合惩戒对象名单；

（三）购买的科技服务应与企业创新创业而开展的科研活动有直接相关性；

（四）与开展合作的服务机构之间无任何隶属、共建、投资与被投资、产权纽带等影响公平公正市场交易的关联关系。

第七条 创新券支持的服务范围包括：

（一）研究开发服务，主要包括工业（产品）设计、集成电路设计、技术开发、技术转让、技术咨询、技术服务、中试及工程化开发等服务；

（二）检验检测服务，主要包括产品检验、指标测试、产品性能测试、集成电路封装测试等服务。

创新券仅限于购买入库服务机构已登记的科技服务。具体服务事项将结合实际需要，由市科技局发布指南和动态更新。

第八条　创新券不支持以下服务：

（一）按照法律法规或者强制性标准要求必须开展的强制检测和法定检测服务；

（二）与企业自身研发和科技创新无关的服务；

（三）质量管理体系等认证、商标服务、财务审计、企业上市辅导等服务；

（四）一般性的市场数据分析和商务法律咨询服务；

（五）工程项目等非研发类项目可行性报告、高新技术企业、科技型中小企业申报咨询等服务；

（六）已获得市级财政科技专项资金支持的项目。

第九条　对符合创新券支持范围的服务项目，按单个项目实际支付服务费最高50%的比例予以兑付，单个企业年兑付不超过20万元。创新券实行配额制度，当年有效。企业应当在有效期内使用创新券，逾期未使用的，自动失效。

同一企业不重复享受创新券补助政策和研发投入奖励政策。

第三章　服务机构入库

第十条　创新券服务机构实行动态管理，自愿申报，择优选取，经审核、公示后，将符合条件的服务机构予以公布。服务机构入库有效期为2年，期满后重新申请入库。

第十一条　申请入库的服务机构应当符合以下条件：

（一）在青岛市注册、具有独立法人资格；

（二）具备相关专业服务能力，有一定数量的专职人员，并具有从事相关科技服务一年以上的业务基础；

（三）具备相应的服务资质，有明确的服务内容、服务规范、收费标准，具体要求以当年发布的《创新券服务机构入库申请指南》为准；

（四）无诚信异常记录，未列入失信联合惩戒对象名单；

（五）事业单位所提供的服务收费应按相关财务制度和收费管理规定执行。

第十二条　青岛市行政区域内高等院校、科研院所以及国家和省、市重点实验室、工程技术研究中心、临床医学研究中心、新型研发机构等创新创业载体作为科技创新服务供给方，应积极申请列入创新券服务机构名录，相关业绩作为对高校院所、新型研发机构开展大型科学仪器共享、科技成果转化等绩效评价的重要依据。

第十三条　为推动胶东经济圈一体化发展，和强化与京津冀、长江经济带、粤港澳大湾区的创新资源链接，支持企业跨区域使用创新券购买科技服务，相关创新券服务机构根据需要择优入库。

第十四条 服务机构申请入库程序：

（一）市科技局发布服务机构入库申请指南；

（二）服务机构按照入库申请指南在线填报申请书，并向市科技行政主管部门提交以下材料：

1. 上年度财务审计报告，其中服务机构属于事业单位的，提交通过审查的事业单位财务决算报表；

2. 科技服务内容及收费标准一览表，其中服务机构属于事业单位的，提交执行国家和省市相关财务制度和收费管理规定的标准；

3. 相关科技服务资质文件。

（三）市科技局组织或委托专业机构组织审核；

（四）公示拟入库服务机构名单，公示无异议后公布名单。

第四章 创新券申请、使用与兑付

第十五条 符合条件的企业登录创新券管理系统，在线填报申请书，申请获得当年创新券使用资格。

第十六条 获得创新券使用资格的企业与入库服务机构开展合作。其中，合作项目属技术开发、技术转让、技术咨询、技术服务的，须进行技术合同认定登记。

第十七条 创新券向企业兑付，原则上每季度兑付一次。企业在科技创新服务完成当年申请有效。程序如下：

（一）企业在合同履行完毕后，登录创新券管理系统，提交服务合同、支付凭证、服务结果证明等材料，申请兑付；

（二）青岛市科技研发服务中心组织受理申请、兑付材料审核；

（三）市科技局审定兑付名单、兑付金额并公示；

（四）市科技局根据创新券年度专项资金预算下达计划、办理资金拨付。在预算额度内的，按照企业申请顺序兑付，超出预算部分结转下一年度兑付。

第五章 监督管理

第十八条 为加强对创新券实施过程的监督和跟踪管理，每年对上年度获得创新券兑付资金的企业进行抽查。

第十九条 兑付申报企业对材料真实性、合法性负责。获得兑付资金支持的企业，应接受市科技、财政、审计部门及其委托的第三方机构的监督检查。企业和服务机构有下列行为之一的，应当终止项目，创新券不予兑付或依法追回已兑付资金，相关企业列入科研诚信异常名录，并按照《财政违法行为处罚处分条例》《青岛市科技计划项目科研诚信管理工程规程（试行）》等规定追究相应责任，涉嫌犯罪的，移送司法机关处理。

（一）转让、赠送和买卖创新券的；

（二）在创新券申请、兑付或者服务机构入库过程中提供虚假信息的；

（三）故意隐瞒服务机构与企业存在影响公平公正市场交易的关联关系的；

（四）采取虚构创新券合同或者提高合同金额等方式，套取创新券资金的；

（五）其他弄虚作假、套取财政资金的行为。

第二十条　服务机构存在弄虚作假、或违反职业道德产生不良社会影响的，取消服务资格，列入科研诚信异常名录，并按有关规定追究相应责任。

第六章　附　则

第二十一条　鼓励各区（市）制定创新券配套补助措施，支持企业创新创业活动。

第二十二条　本细则具体执行中的问题由市科技局负责解释。

第二十三条　本细则自 2021 年 1 月 1 日起施行，有效期至 2022 年 12 月 31 日。